高等学校电子信息类教材

U0210417

MATLAB/Simulink
与控制系统仿真（第4版）

王正林 王胜开 陈国顺 王祺 编著

电子工业出版社
Publishing House of Electronics Industry
北京·BEIJING

内 容 简 介

本书从应用角度出发，全面系统地介绍了 MATLAB/Simulink 及其在自动控制中的应用，结合 MATLAB/Simulink 的操作使用，通过大量的典型实例，全面阐述了自动控制的基本原理，以及控制系统分析与设计的主要方法。全书共 13 章，包括自动控制系统与仿真概述、MATLAB 计算基础、Simulink 仿真、控制系统数学模型、时域分析法、根轨迹分析法、频域分析法、控制系统校正与综合、线性系统状态空间分析、线性系统状态空间设计、非线性系统、离散控制系统、最优控制系统等。各章通过精心设计的应用实例、综合实例和习题帮助读者理解并掌握自动控制原理，以及 MATLAB/Simulink 相关功能、工具的使用。

本书各章节之间既相互联系又相对独立，读者可根据自己需要选择阅读。本书可作为自动化、控制工程、电气工程、信息、机电、测控、计算机等专业高等院校学生和研究生的教学参考用书，也可供相关领域的工程技术和研究人员参考。

本书配有教学课件，读者可以登录华信教育资源网（www.hxedu.com.cn）免费注册后下载。

图书在版编目 (CIP) 数据

MATLAB/Simulink 与控制系统仿真 / 王正林等编著. —4 版. —北京：电子工业出版社，2017.5
高等学校电子信息类教材
ISBN 978-7-121-31315-8

I. ①M… II. ①王… III. ①自动控制系统—系统仿真—Matlab 软件—高等学校—教材 IV. ①TP273-39

中国版本图书馆 CIP 数据核字 (2017) 第 072752 号

责任编辑：田宏峰
印　　刷：三河市良远印务有限公司
装　　订：三河市良远印务有限公司
出版发行：电子工业出版社
　　　　　北京市海淀区万寿路 173 信箱　　邮编：100036
开　　本：787×1092　1/16　印张：25.75　字数：660 千字
版　　次：2005 年 7 月第 1 版
　　　　　2017 年 5 月第 4 版
印　　次：2023 年 12 月第 16 次印刷
定　　价：59.00 元

凡所购买电子工业出版社图书有缺损问题，请向购买书店调换。若书店售缺，请与本社发行部联系，联系及邮购电话：(010) 88254888，88258888。

质量投诉请发邮件至 zlts@phei.com.cn，盗版侵权举报请发邮件至 dbqq@phei.com.cn。

本书咨询联系方式：tianhf@phei.com.cn。

第 4 版前言

本书自 2005 年第 1 版出版以来，十余年一直受到读者的欢迎与好评，而且已经被国内多所院校作为电子信息类课程的教材和教辅参考书，根据读者的需求、控制系统的发展，以及 MATLAB/Simulink 软件版本的升级，我们再次进行了升级完善。

社会生产力的不断发展和人们生活质量的不断提高，必将对控制理论、技术、系统与应用提出越来越多、越来越高的要求，因此有必要进一步加强、加深对这方面的研究。作为控制理论与控制工程及其计算机仿真的强有力工具，MATLAB/Simulink 得到了业界的一致认可，在控制系统仿真、分析与设计方面得到了广泛应用，其自身也因此得到了迅速发展，功能不断扩充。实践已表明 MATLAB/Simulink 的确是一个功能强大、形象逼真、便于操作的仿真软件工具。

为了更好地推动 MATLAB/Simulink 在控制系统仿真、分析与设计中的应用，在借鉴以往类似书籍与教材经验并弥补其中不足的基础上，我们结合日常的科研和教学工作编撰了此书。全书从实用角度出发，通过大量典型的样例，对 MATLAB/Simulink 的功能、操作及其在自动控制中的应用进行详细论述。书中所述的大部分内容和例子，我们均已在本科生和研究生有关控制理论与控制工程的科研和教学实践中做过试验与验证，是我们多年来教学与科研的结晶。

全书共 13 章，内容包括 MATLAB/Simulink 介绍、控制系统数学模型、时域分析法、根轨迹分析法、频域分析法、控制系统校正与综合、线性系统状态空间分析与设计、非线性系统、离散控制系统等。各章通过精心设计的应用实例来帮助读者理解并掌握自动控制原理，以及 MATLAB/Simulink 在控制系统仿真中的应用。全书内容深入浅出、图文并茂，各章节之间既相互联系又相对独立，读者可根据自己需要选择阅读。本书既可作为自动控制、电气工程、机械电子、信息、计算机仿真、计算机应用等大专院校学生和研究生教学参考用书，也可供相关领域工程技术和研究人员参考。

对已故恩师汪仁先教授表示衷心的感谢。

在本书编写过程中，孙一康教授、余达太教授、尹怡欣教授、安世奇教授、刘增良教授、彭开香教授给予了大力指导与支持，在此一并表示感谢。

由于时间仓促、作者水平和经验有限，书中错漏之处在所难免，敬请读者指正。

编 著 者
2017 年 3 月

目　　录

第 1 章

自动控制系统与仿真概述

1.1 引言

本章描述自动控制系统的基本概念及自动控制系统仿真的基本知识，介绍自动控制系统与仿真的概念、组成、分类，以及 MATLAB 控制系统仿真等基础知识。通过本章，读者对自动控制系统与仿真以及本书的主要内容能有整体的认识。

本章的知识点及要求概括如下。

序号	知 识 点	了解	熟悉	掌握	精通
1	开环和闭环系统的结构		√		
2	反馈系统的品质要求			√	
3	控制系统的分类		√		
4	控制系统仿真的基本过程及发展趋势		√		
5	MATLAB/Simulink 适合仿真的特点	√			
6	MATLAB 中常用的控制类工具箱	√			
7	python 中控制系统相关的包	√			

1.2 自动控制系统基本概念

在现代工业生产过程中，为了提高产品质量和生产效率，需要对生产设备和工艺过程进行控制，使被控的物理量按照期望的规律变化。这些被控的设备或过程称为控制对象或对象，被控的物理量称为被控制量或输出量。

在实际的条件下，生产设备或工艺过程有许多外部作用，一般只考虑对输出量影响最大的量，这些量称为输入量。

从对被控对象和输出量的影响来看，输入量可分为两种类型：一种输入的作用是为了保证对象的行为达到所要求的目标，这一类输入量称为控制量或给定量；另一种输入的作用则相反，它妨碍对象的行为达到目标，这类作用称为扰动作用，这种输入量称为扰动量。

控制的任务实际上就是形成控制作用的变化规律，使得不管是否存在扰动对象都能得到所期望的行为。

所谓自动控制系统，就是指在无人直接操作或干预的条件下，通过控制器使控制对象自动地按照给定的规律运行，使被控量能够按照给定的规律变化。系统是指为完成一定要求和任务的部件或功能的组合，它们相互影响，协调地完成给定的要求和任务。能够实现自动控制的系统称为自动控制系统。

1.2.1 开环控制系统与闭环控制系统

如果控制系统的输出量对系统没有控制作用，则这种系统称为开环控制系统。图 1.1 表示了开环控制系统输入量与输出量之间的关系。

这里，给定量直接经过控制器作用于控制对象，不需要将输出量反馈到输入端与给定量进行比较，所以只有给定量影响输出量。当出现外部扰动或内部扰动时，若没有人的干预，输出量将不能按照给定量所希望的状态去工作。

闭环控制系统是把输出量检测出来，经过物理量的转换，再反馈到输入端与给定量进行比较（相减），并利用比较后的偏差信号，经过控制器或调节器对控制对象进行控制，抑制内部或外部扰动对输出量的影响，从而减小输出量的误差。图 1.2 表示了闭环控制系统输入量、输出量和反馈量之间的关系。

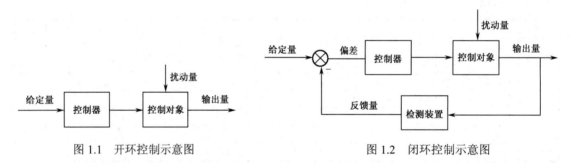

图 1.1　开环控制示意图　　　　　　　图 1.2　闭环控制示意图

这种系统把输出量直接或间接地反馈到输入端形成闭环，参与系统的控制，所以称为闭环控制系统。由于系统是根据负反馈原理按偏差进行控制的，因此也称为反馈系统或偏差控制系统。

在现代工业生产中，按照偏差控制的闭环系统种类繁多，尽管它们的控制任务不同，具体结构不完全相同，但是，检测偏差、利用偏差信号对控制对象进行控制，以减小或纠正输出量的偏差这一控制过程都是相同的。

这种系统的特点可归纳如下。

（1）在开环系统中，只有输入量对输出量产生控制作用；从控制结构上看，只有从输入端到输出端、从左向右的信号传递通道（该通道称为正向通道）。在闭环控制系统中，除正向通道外，还必须有从右向左、从输出端到输入端的信号传递通道，使输出信号也参与控制作用，该通道称为反馈通道。闭环控制系统就是由正向通道和负反馈通道组成的。

（2）为了检测偏差，必须直接或间接地检测输出量，并将其变换为与输入量相同的物理量，以便与给定量相比较，得出偏差信号，所以闭环系统必须有检测环节、给定环节和比较环节。

（3）闭环控制系统是利用偏差量作为控制信号来纠正偏差的，因此系统中必须具有执行纠正偏差这一任务的执行机构。闭环系统正是靠放大了的偏差信号来推动执行机构，进一步对控制对象进行控制的。只要输出量与给定量之间存在偏差，就自动纠正输出量与期望值之间的误差，因此可以构成精确的控制系统。

反馈控制系统广泛地应用于各个工业部门，如加热炉的温度控制、机器手的控制等。

在有些系统中，将开环控制和闭环控制结合在一起，构成一个开环-闭环控制系统，这种系统称为复合控制系统。

本书中提到的自动控制系统主要是指闭环控制系统。

1.2.2　闭环控制系统组成结构

闭环控制系统有各种不同的形式，但是概括起来，一般均由以下基本环节组成，如图 1.3 所示。

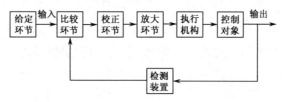

图 1.3　闭环控制系统结构图

（1）给定环节：它是设定被控制量的给定值的装置，如电位器等，给定环节的精度对被控制量的控制精度有较大的影响，现代的控制系统一般采用控制精度高的数字给定装置。

（2）比较环节：比较环节将所检测的被控制量和给定量进行比较，确定两者之间的偏差量。该偏差量由于功率较小或者物理性质不同，还不能直接作用于执行机构，所以在执行机构与比较环节之间还有中间环节。

（3）中间环节：中间环节一般是放大元件，将偏差信号变换成适于控制执行机构工作的信号。根据控制的要求，中间环节可以是一个简单的功率放大环节，或者是将偏差信号变换为适于执行结构工作的物理量，如液压伺服放大器。常常除了要求中间环节将偏差信号放大以外，还希望它能按某种规律对偏差信号进行运算，用运算的结构控制执行机构，以改善被控制量的稳态和暂态性能，这种中间环节常称为校正环节。

（4）执行机构：一般由传动装置和调节机构组成，执行机构直接作用于控制对象，使被控制量达到所要求的数值。

（5）控制对象或调节对象：它是指要进行控制的设备或过程，相应地，控制系统所控制的某个物理量就是系统的输出量或被控量，闭环控制系统的任务就是控制这些系统输出量的变化规律，以满足生产工艺的要求。

（6）检测装置或传感器：用于检测被控制量，并将其转换为与给定量统一的物理量。检测装置的精度和特性直接影响控制系统的控制品质，它是构成自动控制系统的关键元件，所以一般应要求检测装置的测量精度高、反应灵敏、性能稳定等。

在控制系统中，通常把比较环节、校正环节和放大环节合在一起称为控制装置。

1.2.3 反馈控制系统品质要求

在反馈控制系统中，当扰动量或给定量（或给定量的变化规律）发生变化时，被控量偏离了给定量（或给定量的变化规律）而产生偏差，通过反馈控制的作用，经过短暂的过渡过程，被控量又趋于或恢复到原来的稳态值，或按照新的给定量（或给定量的变化规律）稳定下来，这时系统从原来的平衡状态过渡到新的平衡状态。我们把被控量处于变化状态的过程称为动态或暂态，而把被控量处于相对稳定的状态称为静态或稳态。

反馈控制系统品质要求可以归结为稳定性（长期稳定性）、快速性（相对稳定性）和准确性（精度）。

（1）稳定性。稳定性对于不同的系统有不同的要求。对于恒值系统，要求当系统受到扰动后，经过一定时间的调整能够回到原来的期望值；对于随动系统，要求被控制量始终跟踪参量的变化。稳定性是对系统的基本要求，不稳定的系统不能实现预定任务。稳定性通常由系统的结构决定，与外界因素无关。

（2）快速性。快速性是指对过渡过程的形式和快慢提出的要求，一般称为动态性能或暂态性能。一个自动控制系统还应能满足暂态性能的要求。如果控制对象的惯性很大，系统的反馈又不及时，则被控量在暂态过程中将产生过大的偏差，到达稳态的时间加长，并呈现各种不同的暂态过程。

一般来说，在合理的结构和适当的系统参数下，一个系统的暂态过程多属于衰减振荡过程，即被控量变化很快并产生超调，经过几个振荡后，达到新的稳定工作状态。为了满足生产工艺的要求，往往要求系统的暂态过程不仅是稳定的，并且进行得越快越好，振荡程度越小越好。前者是暂态过程的稳定性问题，后者是暂态过程的性能问题。这些都是设计闭环控制系统时必须研究的问题。

（3）准确性。准确性通常用稳态误差来表示，所谓稳态误差是指系统达到稳态时，输出量的实际值和期望值之间的误差。这一性能表示稳态时的控制精度，一个设计合理的自动控制系统其稳态特性应能满足工艺的要求。

在参考输入信号作用下，当系统达到稳态后，其稳态输出与参考输入所要求的期望输出之差称为给定稳态误差。显然，这种误差越小，表示系统的输出跟随参考输入的精度越高。

一个闭环控制系统往往在满足稳态精度和暂态品质之间存在着矛盾，例如，要求稳态精度高，往往不能得到很好的暂态性能，因此必须兼顾这两方面的要求，根据具体情况合理解决。

1.3 自动控制系统分类

自动控制系统广泛应用于各类工业部门。随着生产规模的不断扩大和生产能力的不断提高，以及自动化技术和控制理论的发展，自动控制系统也日益复杂和日趋完善。例如，由单输入单输出的控制系统发展为多输入多输出的系统；由具有常规控制仪表和控制器的连续控制系统，发展到由计算机作为控制器的直接数字控制系统，从而实现最优控制。由于各式各样自动控制系统的不断发展，很难确切地对自动控制系统进行分类。现将常见的几种自动控制系统概括介绍如下。

1.3.1　线性系统和非线性系统

按不同系统的特征方程式，可将自动控制系统分为线性系统和非线性系统。

线性系统是由线性元件组成的系统，该系统的特征方程式可以用线性微分方程描述。叠加性和齐次性是鉴别系统是否为线性系统的根据。线性微分方程的各项系数为常数时，称为线性定常系统。线性定常系统可以用拉普拉斯变换解微分方程，并由此定义出系统传递函数这一系统动态数学模型。根轨迹法和频率法就是在这一基础上发展起来的分析和设计线性系统的有效方法。多输入多输出系统所采用的状态空间、传递矩阵等分析方法，将在有关章节中论述。

如果系统微分方程的系数与自变量有关，则为非线性微分方程，由非线性微分方程描述的系统称为非线性系统。在自动控制系统中，即使只含一个非线性环节，这一系统也是非线性的。

对于非线性系统的理论与研究远不如线性系统那样完整，一般只能满足于近似的定性描述和数值计算。任何物理系统的特性，精确地说都是非线性的，但在误差允许范围内，可以将非线性特性线性化，近似地用线性微分方程来描述，这样就可以按照线性系统来处理。

非线性系统的暂态特性与其初始条件有关，从这一点来看，它与线性系统有很大的区别。例如，当偏差的初始值很小时，系统的暂态过程是稳定的，而当偏差量的初值较大时，则可能不稳定。线性系统的暂态过程与初始条件无关。

1.3.2　离散系统和连续系统

从数学模型角度而言，连续系统各部分信号均以模拟的连续函数形式表示，以前的大部分闭环系统都属于连续系统。

从数学模型角度而言，离散系统的某一处或几处信号是以脉冲序列或数字形式表示的，目前的计算机控制系统都属于离散系统。

离散系统的主要特点是：在系统中使用脉冲开关或采样开关，将连续信号转变为离散信号。通常对以离散信号取脉冲形式的系统，称为脉冲控制系统；而对于采样数字计算机或数字控制器，其离散信号以数字形式传递的系统称为采样数字控制系统。图 1.4 是典型的采样数字控制系统结构示意图。

由于被控对象的输入量和输出量是模拟信号，而计算机的输入量和输出量是数字信号，所以要有将模拟量转换为数字量的模/数转换（A/D）装置和把数字量转换为模拟量的数/模转换（D/A）装置。

研究离散系统的方法和研究连续系统的方法类似。

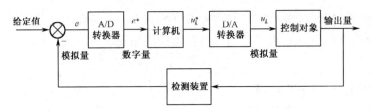

图 1.4　典型的采样数字控制系统结构

1.3.3　恒值系统和随动系统

在现代生产应用中使用最多的闭环自动控制系统，按给定量的不同特征，可将系统分为恒值系统和随动系统。

恒值系统往往要求被控制量保持在恒定值，其给定量是不变的，如恒温、恒速、恒压等自动控制系统。

在随动系统中，给定量是按照事先不知道的时间函数变化，要求输出量跟随给定量的变化而变化，因此也称为同步随动系统，如自动火炮的控制系统。

1.4　控制系统仿真基本概念

系统仿真作为一种特殊的试验技术，在 20 世纪 30～90 年代的半个多世纪中经历了飞速发展，到今天已经发展成为一种真正的、系统的实验科学。伴随着计算机的诞生和以相似理论为基础的模拟技术的应用，仿真作为一种研究、发展新产品、新技术的科学手段，在航空、航天、造船、兵器等与国防科研相关的行业中首先发展起来，并产生了巨大的社会效益和经济效益。当今，随着科学技术的迅猛发展，仿真已成为各种复杂系统研制工作的一种必不可少的手段，在控制、航空、航天、通信、物流、交通等领域有着广泛的应用。

以武器的作战使用训练为例，1930 年前后，美国陆、海军航空队就使用了林克式仪表飞行模拟训练器。当时其经济效益相当于每年节约 1.3 亿美元，而且少牺牲 524 名飞行员，此后，固定基座及三自由度飞行模拟座舱陆续大量投入使用。1950～1953 年，美国首先利用计算机来模拟战争，防空兵力或地空作战被认为是具有最大训练潜力的应用范畴。20 世纪 60 年代，目标探测、捕获、跟踪和电子对抗已经进入了仿真系统。70 年代利用放电影方式，在大球幕内实现了多目标、飞机-导弹作战演习。随着 80 年代数字计算机的高速发展，训练仿真开始蓬勃发展，甚至呈现了两个新概念，即武器系统研制与训练装置的开发同步进行，以及训练装置作为武器系统可嵌入的组成部分而进入整个计算机软件系统。至于武器的控制与制导（C&G）系统研制、试验与定型中仿真技术的应用则更为普遍。在 80 年代对于导弹的研制中，由于采用仿真使飞行试验数量减小了 30%～40%，节约研制经费 10%～40%，缩短周期 30%～60%，这足以说明系统仿真在工程应用中的重大意义。

仿真的基本思想是利用物理的或数学的模型来类比模仿现实过程，以寻求对真实过程的认识，它所遵循的基本原则是相似性原理。

1.4.1　计算机仿真基本概念

计算机仿真是基于所建立的系统仿真模型，利用计算机对系统进行分析、研究的技术与方法。

1. 模型

模型是对现实系统有关结构信息和行为的某种形式的描述，是对系统特征与变化规律的一种定量抽象，是人们认识事物的一种手段或工具。模型可以分为以下三类。

（1）物理模型：指不以人的意志为转移的客观存在的实体，如飞行器研制中的飞行模型、船舶制造中的船舶模型等。

（2）数学模型：指从一定的功能或结构上进行相似，用数学的方法来再现原型的功能或结构特征。

（3）仿真模型：指根据系统的数学模型，用仿真语言转化为计算机可以实现的模型。

2. 仿真分类

可以从模型角度和计算机类型角度对不同的仿真系统进行分类。

按模型可分为：

（1）物理仿真：采用物理模型，有实物介入，具有效果逼真、精度高等优点，但造价高或耗时长，大多在一些特殊场合下采用（如导弹、卫星一类飞行器的动态仿真，发电站综合调度仿真与培训系统等），具有实时、在线的特点。

（2）数学仿真：采用数学模型，它在计算机上进行，具有非实时、离线的特点，经济、快速、实用。

按计算机类型可分为：

（1）模拟仿真：采用数学模型，在模拟计算机上进行的仿真实验。这是一种早期的仿真手段，现在基本被淘汰。它的特点是描述连续物理系统的动态过程比较自然、逼真，具有仿真速度快、失真小、结果可靠的优点，但受元器件性能影响，仿真精度较低，对计算机控制系统的仿真较困难，自动化程度低。模拟计算机的核心是运算部分，它由我们熟知的"模拟运算放大器"为主要构成部件。

（2）数字仿真：采用数学模型，在数字计算机上借助数值计算方法所进行的仿真实验。它是在 20 世纪 60 年代随着计算机的发展而发展起来的，其特点是计算与仿真的精度较高。理论上计算机的字长可以根据精度要求来"随意"设计，因此其仿真精度可以是无限的，但是由于受到误差积累、仿真时间等因素影响，其精度也不易定得太高。它对计算机控制系统的仿真比较方便，仿真实验的自动化程度较高，可方便地实现显示、打印等功能，但计算速度比较低，在一定程度上影响到仿真结果的可信度。随着计算机技术的发展，速度问题会在不同程度上有所改进与提高。数字仿真没有专用的仿真软件支持，需要设计人员用高级程序语言编写求解系统模型及结果输出程序。

（3）混合仿真：结合了模拟仿真与数字仿真的技术与特点。

（4）现代计算机仿真：采用先进的微型计算机，基于专用的仿真软件、仿真语言来实现，其数值计算功能强大、易学易用，它是在 20 世纪 80 年代发展起来的，是当前主流的仿真技术与方法。

3．仿真应用

仿真技术有着广泛的应用，而且应用的深度和广度也越来越大，目前主要应用在以下方面。

（1）航空与航天工业，包括飞行器设计中的三级仿真体系（即纯数学仿真）、半实物仿真、实物仿真或模拟飞行实验，飞行员及宇航员训练用飞行仿真模拟器等。

（2）电力工业，包括电力系统动态模型实验，电力系统负荷分配、瞬态稳定性，以及最优潮流控制，电站操作人员培训模拟系统等。

（3）原子能工业，包括模拟核反应堆，核电站仿真器，用来训练操作人员以及研究异常故障的排除处理等。

（4）石油、化工及冶金工业。

（5）非工程领域，如医学、社会学、宏观经济和商业策略的研究等。

4．仿真技术应用意义

仿真技术的应用具有重要的意义，主要体现在以下方面。

（1）经济：大型、复杂系统直接实验的费用是十分昂贵的，如空间飞行器一次飞行实验的成本在 1 亿美元左右，而采用仿真实验仅需其成本的 1/10～1/5，而且设备可以重复使用。

（2）安全：某些系统，如载人飞行器、核电装置等，直接实验往往会有很大的危险，甚至是不允许的，而采用仿真实验可以有效降低危险程度，对系统的研究起到保障作用。

（3）快捷：提高设计效率，如电路设计、服装设计等。

（4）具有优化设计和预测的特殊功能：对一些真实系统进行结构和参数的优化设计是非常困难的，这时仿真可以发挥它特殊的优化设计功能。例如，在非工程系统，如社会、管理、经济等系统，由于其规模及复杂程度巨大，直接实验几乎是不可能的，这时通过仿真技术与方法的应用可以获得对系统的某种超前认识。

1.4.2　控制系统仿真

控制系统仿真是系统仿真的一个重要分支，它是一门涉及自动控制理论、计算数学、计算机技术、系统辨识、控制工程及系统科学的综合性新型学科，它为控制系统的分析、计算、研究、综合设计，以及控制系统的计算机辅助教学等提供了快速、经济、科学及有效的手段。

控制系统仿真是以控制系统模型为基础，采用数学模型替代实际控制系统，以计算机为工具，对控制系统进行实验、分析、评估及预测研究的一种技术与方法。

控制系统仿真通过控制系统的数学模型和计算方法，编写程序运算语句，使之能自动求解各环节变量的动态变化情况，从而得到关于系统输出和所需要的中间各变量的有关数据、曲线等，以实现对控制系统性能指标的分析与设计。

1.4.3 控制系统计算机仿真基本过程

控制系统仿真包括以下几个基本步骤：问题描述、模型建立、仿真实验、结果分析，其流程如图 1.5 所示。

（1）建立数学模型。控制系统模型是指描述控制系统输入、输出变量以及内部各变量之间关系的数学表达式，可分为静态模型和动态模型，静态模型描述的是控制系统变量之间的静态关系，动态模型描述的是控制系统变量之间的动态关系。最常用、基本的数学模型是微分方程与差分方程。控制系统数学模型的建立将在第 4 章中进行详细论述。

（2）建立仿真模型。由于计算机数值计算方法的限制，有些数学模型是不能直接用于数值计算的，如微分方程，因此原始的数学模型必须转换为能够进行系统仿真的仿真模型。例如，在进行连续系统仿真时，就需要将微分方程这样的数学模型通过拉普拉斯变换转换成传递函数结构的仿真模型。

（3）编写仿真程序。控制系统的仿真涉及很多相关联的量，这些量之间的联系要通过编制程序来实现，常用的数值仿真编程语言有 C、FORTRAN 等，近年来发展迅速的综合计算仿真软件，如 MATLAB/ Simulink 也可以用来编写仿真程序，而且编写起来非常迅速、界面友好，已得到了广泛应用，本书将结合 MATLAB/Simulink 来对控制系统仿真进行阐述。

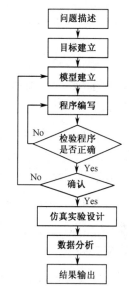

图 1.5　计算机仿真流程图

（4）进行仿真实验并分析实验结果。在完成以上工作后，就可以进行仿真实验了，通过对仿真结果的分析来对仿真模型与仿真程序进行检验和修改，如此反复，直至达到满意的实验效果为止。

1.4.4 计算机仿真技术发展趋势

随着计算机技术的发展与进步，与之紧密结合的计算机仿真技术也得到了飞速发展，其发展趋势主要体现在以下方面。

（1）硬件方面：基于多 CPU 并行处理技术的全数字仿真将有效提高仿真系统的速度，大大增强数字仿真的实时性。

（2）应用软件方面：直接面向用户的数字仿真软件不断推陈出新，各种专家系统与智能化技术将更深入地应用于仿真软件开发之中，使得在人机界面、结果输出、综合评判等方面达到更理想的境界。

（3）分布式数字仿真：充分利用网络技术进行分布式仿真，投资少、效果好。

（4）虚拟现实技术：综合了计算机图形技术、多媒体技术、传感器技术、显示技术及仿真技术等多学科，使人仿佛置身于真实环境之中，这就是仿真追求的最终目标。

1.5　MATLAB/Simulink 下的控制系统仿真

在控制系统仿真初期，往往需要仿真技术人员自己用 Basic 等语言去编写数值计算程序。例如，如果想求得系统的阶跃响应数据并绘制阶跃响应曲线，则首先需要编写一个求解微分方程的子程序，然后将原系统模型输入给计算机，通过计算机求出阶跃响应数据，最后编写一个画图的子程序，将所得的数据以曲线的方式绘制出来。显然，求解这样简单的问题需要花费很多的时间，并且由于没有纳入规范，往往不能保证求解结果的正确性。

自 MATLAB 问世以来，其应用范围越来越广，软件工具越来越完善，特别是 MATLAB 的控制系统工具箱及 Simulink 的问世，给控制系统的分析和设计带来了极大的方便，现已成为风行国际的、有力的控制系统计算机辅助分析工具。

控制系统的 MATLAB/Simulink 仿真有两种途径。

（1）在 MATLAB 的命令行窗口下，运行 M 文件，调用指令和各种用于系统仿真的函数，进行系统仿真。

（2）直接在 Simulink 窗口上进行面向系统结构方框图的系统仿真。

这两种方式可解决任意复杂系统的动态仿真问题。

1.5.1　MATLAB 适合控制系统仿真的特点

MATLAB 具有以下主要特点，非常适合于控制系统的仿真。

（1）强大的运算功能：MATLAB 提供了向量、数组、矩阵、复数运算，求解高次微分方程、常微分方程的数值积分等强大的运算功能，这些运算功能使控制理论及控制系统中经常遇到的计算问题得以顺利解决。

（2）特殊功能的 Toolbox 工具箱：MATLAB 的 Toolbox 工具箱包括控制领域里常用的算法包，如模糊控制工具箱、鲁棒控制工具箱等，这些工具箱使得控制系统的计算与仿真变得方便。

（3）高效的编程效率：MATLAB 提供了丰富的库函数，这些库函数都可以直接调用，而不必将其子程序的命令或语句逐一列出，大大提高了编程效率。在科学与工程应用的数值计算领域里，与传统使用 Basic、FORTRAN 和 C 等语言设计程序相比，编程效率将提高好几倍。

（4）简单易学的编程语言：MATLAB 的编程语言是脚本语言，这种解释性的语言简单易学。

（5）方便友好的编程环境：MATLAB 提供了友好的用户界面和方便的帮助系统，十分方便操作者使用。

1.5.2　Simulink 适合控制系统仿真的特点

Simulink 是 MATLAB 重要的扩展，是一个用于动态系统建模和仿真的软件包，适用于连续系统和离散系统，也适用线性系统和非线性系统。它采用系统模块直观地描述系统典型环节，因此可十分方便地建立系统模型而不需要花较多时间编程。正由于这些特点，Simulink 广泛流行，被认为是最受欢迎的仿真软件。

Simulink 实际上是面向结构的系统仿真软件，采用模型化图形输入，Simulink 提供了若干按功能分类的基本的系统模块，用户只需要知道这些模块的输入输出及模块功能，而不必考察模块内部是如何实现的，通过对这些基本模块的调用，再将它们连接起来就可以构成所需的系统模型，进而进行仿真与分析。利用它进行系统仿真非常简单，只需要如下的几个步骤。

（1）启动 Simulink，进入 Simulink 窗口。

（2）在 Simulink 窗口下，借助 Simulink 模块库，创建系统框图模型并调整模块参数。

（3）设置仿真参数后，启动仿真。

（4）输出仿真结果。

随着 MATLAB 软件的不断升级，以及功能强大的 Toolbox 的出现，MATLAB 将成为控制系统计算与仿真一个越来越强有力的工具，使控制系统的计算与仿真较传统方法发生革命性的变化，MATLAB 正成为国内外控制领域内最流行的计算与仿真软件。

1.6　MATLAB 中控制相关的工具箱

MATLAB 拥有一个专用的产品系列，用于解决不同领域的问题，称之为工具箱（Toolbox），工具箱用于 MATLAB 的计算和画图，通常是 M 文件和高级 MATLAB 语言集合，用户可以方便地修改函数和源代码，或增加新的函数。用户还可以很方便地结合使用不同工具箱中的技术来设计针对某个问题的用户解决方案。

MATLAB 工具箱是用 MATLAB 语言编写的特定应用方向的工具。控制方面的工具箱是 MATLAB 中一类非常重要的工具箱，它以众多的经典和现代控制系统设计技术极大地扩展了 MATLAB 的功能。

MATLAB 中与控制相关的基础工具箱主要有 6 个，即控制系统工具箱（Control System Toolbox）、系统辨识工具箱（System Identification Toolbox）、模型预测控制工具箱（Model Predictive Control Toolbox）、鲁棒控制工具箱（Robust Control Toolbox）、神经网络工具箱（Neural Network Toolbox）和模糊逻辑工具箱（Fuzzy Logic Toolbox）。

下面简要对这 6 个工具箱进行介绍，读者如果需要应用这些工具箱，则需要深入对其进行研究。

1. 控制系统工具箱

控制系统工具箱可用于前馈和反馈控制系统的建模、分析和设计，可以提供经典和现代的控制系统设计方法，包括根轨迹、极点配置、LQG 设计等。同时，工具箱提供的图形用户界面还可以帮助用户简化控制设计的过程。

控制系统工具箱具有强大的开放性和可扩展性，允许工程师创建适应自身应用需要的 M 文件，或与 MathWorks 公司的其余产品协同工作，可以从系统辨识工具箱中直接导入被控对象，还可以将控制系统的设计导入 Simulink 中与 Simulink 模型集成。

除了丰富的 M 函数,该工具箱还给用户提供了两个非常方便的图形用户界面:LTI Viewer 和 SISO Tool，可分别用于控制系统的时频分析和控制器的设计。

（1）LTI Viewer（Linear-Time-Invariant Viewer，线性时不变系统 Viewer），使用者可在图形化界面中同时通过图表得知一个或数个系统的变化，也就是说使用者可在图形化界面中分析系统的时域和频域特性。

（2）SISO（Single-Input，Single-Output）系统设计工具，可以帮助使用者以图形化的方式调整系统的增益值、极点与零点的方式综合设计、分析校正器，并同时观察闭环响应与稳定裕量等。

控制系统工具箱不仅可以进行 SISO 系统的设计和分析，还可以完成 MIMO 系统的相应工作，它是控制系统设计人员需要掌握的工具箱。

本书中所讲的控制系统仿真，使用了控制系统工具箱中的大量函数及工具，非常方便。控制系统工具箱的主要功能有:

- 线性系统的传递函数、状态空间、零极点增益和频率响应模型;
- 线性模型的串联、并联、反馈连接和一般框图连接;
- 用于分析稳定性和性能指标的阶跃响应、奈奎斯特图，以及其他时域和频域工具;
- 根轨迹图、波特图、LQR、LQG 及其他经典工具和状态空间控制系统设计方法;
- 自动 PID 控制器调节;
- 模型表示方式转换、连续时间模型离散化和高阶系统的低阶近似;
- 针对精确度和性能而优化的 LAPACK 和 SLICOT 算法。

2. 系统辨识工具箱

系统辨识工具箱提供了许多用于辨识和建模的专用函数，使用时序噪声数据建立复杂系统的简化模型。

系统辨识工具箱提供了基于预先得到的输入/输出数据，建立动态系统数学模型的工具。工具箱采用灵活的图形用户界面，帮助管理数据和模型。

从测量系统的输入/输出开始，利用系统辨识工具箱，可以得到描述系统动态行为的参数化数学模型。工具箱支持绝大多数标准的模型结构，包括 AR、ARX、ARMAX、输出误差、Box-Jenkins、ARARX、ARMA 和 ARARMAX 等。工具箱还支持在离散或连续时域中定义的广义线性状态空间模型，这些模型可以包括任意个输入和输出。

系统辨识工具箱的主要功能有:

- 控制系统设计;
- 信号处理;
- 时序分析;
- 振动分析。

3. 模型预测控制工具箱

模型预测控制工具箱是使用模型预测控制策略的完整工具集，这些技术主要用来解决大规模、多变量过程控制问题，这种过程中对运算量及受控变量有一定约束。

模型预测控制工具箱根据由 MATLAB 所建立的被控对象模型或是从线性 Simulink 模型内被控对象模型，来设计、分析与仿真模型预测控制器。模型预测控制工具箱的主要功能有：

- 模型预估计控制器的设计和仿真；
- 生成内置的线性对象模型；
- 模型预测控制器的设计和仿真。

4．鲁棒控制工具箱

鲁棒控制工具箱提供了用于多变量控制系统设计和分析的高级算法，用来解决多变量控制系统中未建模非线性动态环节、建模误差等引起的不确定性。鲁棒控制工具箱主要功能有：

- LQG/LTR 最佳化控制的合成；
- 多变量的频率响应；
- H2、H∞最佳化控制合成；
- 高阶模型的简化；
- 奇异值的模型简化；
- 可对频谱进行因式分解及建立模型。

5．神经网络工具箱

神经网络工具箱提供了神经网络设计和模拟的工具，包括对网络体系的支持，对 Simulink 的支持和与控制系统应用程序的接口。神经网络工具箱的主要功能有：

- BP、Hopfield、Kohnen、自组织、径向基函数等网络；
- 竞争、线性、Sigmoidal 等传递函数；
- 前馈、递归等网络结构；
- 性能分析。

6．模糊逻辑工具箱

模糊逻辑工具箱可以很容易通过图形界面来设计模糊决策与规则，并可将模糊逻辑工具箱所设计的结构放到 Simulink 上执行，可结合不同领域的应用。此外在 Simulink 模拟时可对模糊逻辑的参数进行适应性的调整。模糊逻辑工具箱的主要功能有：

- 自适应神经——模糊学习；
- 模糊聚类；
- Sugeno 推理。

1.7 Python 中控制系统相关的包

本书是讲 MATLAB 的仿真，似乎和 Python 挨不着，但是目前 Python 是势头非常火爆，在美国的很多高校，Python 已经逐步取代了 MATLAB 的位置，成为计算机专业、甚至是控制专业的首选语言，而且在 github 上已经有了控制系统相关的包，因此，我们还是先了解一下，开拓一下思路，有兴趣的读者可以自己试试。

1.7.1　Python 与 MATLAB 对比

Python 是一门可以被应用到很多领域、功能强大、面向对象、跨平台的动态编程语言，自 1990 年出现至今，历经发展，已经成为最流行的编程语言之一。

相对于 MATLAB，Python 的优劣势如下。

- 最大的优势：免费，当然，对于学校学生而言，这不是个问题，MATLAB 也有高校版和免费版使用，但是对于工业界，免费的吸引力很大。
- Python 次大的优势：开源，可以大量更改里面算法细节，MATLAB 是商业软件，不开源，对用户来说，很多地方是"黑盒子"。
- 可移植性：MATLAB 必然不如 Python，但如果主要做研究，尤其是原型开发，这方面需求不是很高。
- 生态：是计算机语言生命力非常重要的方面，第三方生态，MATLAB 不如 Python。比如 3D 的绘图工具包，如 GUI；又比如更方便的并行，使用 GPU、Functional 等。长期来看，Python 的科学计算、系统仿真生态会比 MATLAB 好。
- Python 语言更加优美：尤其是如果程序有一定的面向对象的需求，构建较大一点的仿真系统，直接用 Python 比用 MATLAB 混合的方案肯定要简洁不少。
- Python 除了科学计算方面还有很多应用，MATLAB 则主要是科学计算与建模。Python 应用范围比较广是它的优势，MATLAB 在科学计算信号处理方面有很多成熟的模块可供调用。
- MATLAB 相比于 Python 最大的优势是：它专门就是给数值计算开发的，在数值计算这个领域库最多、用的人最多、现成的资料最多，在控制系统仿真，有着非常成熟的应用。

1.7.2　Python 的控制系统包

Python 目前的控制系统的包是 control 0.7.0，它的开源的资料主要有如下。

- Project home page: http://python-control.sourceforge.net。
- Source code repository: https://github.com/python-control/python-control。
- Documentation: http://python-control.readthedocs.org/。
- Issue tracker: https://github.com/python-control/python-control/issues。
- Mailing list: http://sourceforge.net/p/python-control/mailman/。

这个包的主要特色有：

- 支持线性系统的时域和频域分析；
- 支持控制系统方框图的串联、并联和反馈连接；
- 支持时域响应计算，如阶跃响应、脉冲响应等；
- 支持频域响应计算，如 Bode 图和 Nyquist 图等；
- 支持控制系统的分析，如稳定性、稳定裕度、可观测性、可达性等分析；
- 支持常见的控制系统设计方法，如极点配置法、线性二次型调节器设计法等；
- 支持常见的预估器设计方法，如卡尔曼滤波器设计等。

第 2 章

MATLAB 计算基础

2.1 引言

本章介绍 MATLAB 的产生与发展过程，并对 MATLAB 的常用工具箱及特点进行介绍，然后对 MATLAB 计算及仿真的基础知识、控制系统中常用的符号运算和积分变换运算的基本命令进行比较详细的描述。通过本章，读者对 MATLAB 能有一个比较全面的了解，并能熟练使用 MATLAB 计算与仿真的基本功能。

本章的知识点及要求概括如下。

序号	知 识 点	了解	熟悉	掌握	精通
1	MATLAB 软件的发展、构成及常用工具箱		√		
2	MATLAB 的桌面操作环境及基本操作				√
3	MATLAB 的基本运算			√	
4	拉氏变换及 Z 变换的 MATLAB 实现			√	
5	MATLAB 的基本绘图操作			√	
6	MATLAB 程序设计的流程及原则		√		

2.2 MATLAB 概述

经过 30 余年的补充与完善，以及多个版本的升级换代，MATLAB 已发展成一个包含众多工程计算、仿真功能及工具的庞大系统，是目前世界上最流行的仿真计算软件。MATLAB 软件和工具箱（Toolbox），以及 Simulink 仿真工具，为自动控制系统的计算与仿真提供了强有力的支持。

2.2.1 MATLAB 发展历程

MATLAB 的产生是与数学计算紧密联系在一起的。1980 年，美国新墨西哥州大学计算机系主任 Cleve Moler 在给学生讲授线性代数课程时，发现学生在高级语言编程上花费很多的时间，于是着手编写供学生使用的 FORTRAN 子程序库接口程序，他将这个接口程序取名为 MATLAB（即 Matrix Laboratory 的前三个字母的组合，意为矩阵实验室）。这个程序获得了很大的成功，受到学生的广泛欢迎。

20 世纪 80 年代初期，Moler 等一批数学家与软件专家组建了 MathWorks 软件开发公司，继续从事 MATLAB 的研究和开发，1984 年推出了第一个 MATLAB 商业版本，其核心软件是用 C 语言编写的。而后，它又添加了丰富多彩的图形图像处理、多媒体、符号运算，以及与其他流行软件的接口功能，使得 MATLAB 的功能越来越强大。

MathWorks 公司正式推出 MATLAB 后，于 1992 年推出了具有划时代意义的 MATLAB 4.0 版本，之后陆续推出了几个改进和提高的版本。2004 年 9 月正式推出 MATLAB Release 14，即 MATLAB 7/Simulink 6.0，这是非常重要的一个版本。

此后，几乎形成了一个规律，每年的 3 月份和 9 月份推出当年的 a 和 b 版本。

MATLAB 经过几十年的研究与不断完善，现已成为国际上最为流行的科学计算与工程计算软件工具之一，现在的 MATLAB 已经不仅是一个最初的"矩阵实验室"了，它已发展成为一种具有广泛应用前景、全新的计算机高级编程语言，可以说它是"第四代"计算机语言。

自 20 世纪 90 年代，在美国和欧洲大学中，将 MATLAB 正式列入研究生和本科生的教学计划，MATLAB 软件已成为应用代数、自动控制理论、数理统计、数字信号处理、时间序列分析、动态系统仿真等课程的基本教学工具，成为学生所必须掌握的基本软件之一。在研究单位和工业界，MATLAB 也成为工程师们必须掌握的一种工具，被认为进行高效研究与开发的首选软件工具。

2.2.2　MATLAB 系统构成

MATLAB 系统由 MATLAB 开发环境、MATLAB 数学函数库、MATLAB 语言、MATLAB 图形处理系统和 MATLAB 应用程序接口（API）五大部分构成。

（1）MATLAB 开发环境。MATLAB 开发环境是一套方便用户使用 MATLAB 函数和文件的工具集，其中许多工具是图形化用户接口。它是一个集成化的工作区工作区，可以让用户输入、输出数据，并提供了 M 文件的集成编译和调试环境，包括 MATLAB 桌面、命令行窗口、M 文件编辑调试器、MATLAB 工作区工作区和在线帮助文档。

（2）MATLAB 数学函数库。MATLAB 数学函数库包括了大量的计算算法，从基本运算（如加法、正弦等）到复杂算法，如矩阵求逆、贝塞尔函数、快速傅里叶变换等。

（3）MATLAB 语言。MATLAB 语言是一个高级的基于矩阵/数组的语言，具有程序流控制、函数、数据结构、输入/输出和面向对象编程等特色。用户既可以用它来快速编写简单的程序，也可以用来编写庞大的复杂应用程序。

（4）MATLAB 图形处理系统。图形处理系统使得 MATLAB 能方便图形化显示向量和矩阵，而且能对图形添加标注和打印，包括强力的二维、三维图形函数、图像处理和动画显示等函数。

（5）MATLAB 应用程序接口（API）。MATLAB 应用程序接口（API）是一个使 MATLAB 语言能与 C、FORTRAN 等其他高级编程语言进行交互的函数库，该函数库的函数通过调用动态链接库（DLL）实现与 MATLAB 文件的数据交换，其主要功能包括在 MATLAB 中调用 C 和 FORTRAN 程序，以及在 MATLAB 与其他应用程序间建立客户/服务器关系。

2.2.3　MATLAB 常用工具箱

工具箱是 MATLAB 的关键部分，它是 MATLAB 强大功能得以实现的载体和手段，是对 MATLAB 基本功能的重要扩充。MATLAB 每年通常会增加一些新的工具箱，有时也会合并一些工具箱，因此，在一般情况下，工具箱的列表不是固定不变的，有关 MATLAB 工具箱的最新信息可以在 http://www.mathworks.com/products 中看到。

较为常见的 MATLAB 工具箱包括以下几类。

（1）控制类工具箱。包括：控制系统工具箱（Control System Toolbox）、系统辨识工具箱（System Identification Toolbox）、鲁棒控制工具箱（Robust Control Toolbox）、模糊逻辑工具箱（Fuzzy Logic Toolbox）、神经网络工具箱（Neural Network Toolbox）、模型预测控制工具箱（Model Predictive Control Toolbox）。

（2）应用数学类工具箱。包括：最优工具箱（Optimization Toolbox）、曲线拟合工具箱（Curve Fitting Toolbox）、统计工具箱（Statistics Toolbox）、偏微分方程工具箱（Partial Differential Equation Toolbox）。

（3）信号处理类工具箱。包括：信号处理工具箱（Signal Processing Toolbox）、通信系统工具箱（Communications System Toolbox）、小波分析工具箱（Wavelet Toolbox）。

（4）其他常用的工具箱。包括：符号数学工具箱（Symbolic Math Toolbox）、并行计算工具箱（Parallel Computing Toolbox）。

2.3　MATLAB 桌面操作环境

MATLAB 为用户提供了全新的桌面操作环境，了解并熟悉这些桌面操作环境是使用 MATLAB 的基础。下面介绍 MATLAB 的启动、主要功能菜单、命令行窗口、工作区工作区、文件管理和帮助管理等。

2.3.1　MATLAB 启动和退出

以 Windows 操作系统为例，进入 Windows 后，选择"开始"→"程序"→"MATLAB"，便可以进入如图 2.1 所示的 MATLAB 主窗口；如果安装时选择在桌面上生成快捷方式，也可以单击快捷方式直接启动 MATLAB。

在启动 MATLAB、命令行窗口显示帮助信息后，将显示符号"fx »"，符号"fx »"表示 MATLAB 已准备好，正等待用户输入命令，这时就可以在提示符"fx »"后面输入命令，按下回车键后，MATLAB 就会解释执行所输入的命令，并在命令后面给出计算结果。如果在输入命令后再以分号结束，则不会显示结果。

退出 MATLAB 系统的方式有两种：

（1）在文件菜单（File）中选择"Exit"或"Quit"。

（2）用鼠标单击窗口右上角的关闭图标。

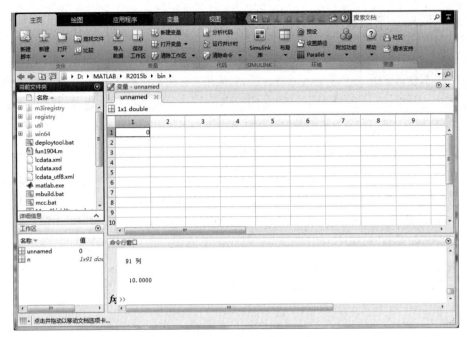

图 2.1　MATLAB 主窗口

2.3.2　MATLAB 命令行窗口

MATLAB 的命令行窗口用于 MATLAB 命令的交互操作，具有两大主要功能：

（1）提供用户输入命令的操作平台，用户通过该窗口输入命令和数据；

（2）提供命令执行结果的显示平台，该窗口显示命令执行的结果。

在命令行窗口内执行的 MATLAB 主要操作有：

● 运行函数和输入变量；

● 控制输入和输出；

● 执行程序，包括 M 文件和外部程序；

● 保存一段日志；

● 打开或关闭其他应用窗口；

● 各应用窗口的参数选择。

计算机安装好 MATLAB 之后，双击 MATLAB 图标，就可以进入命令行窗口，此时意味着系统处于准备接受命令的状态，可以在命令行窗口中直接输入命令语句。

MATLAB 语句形式为：≫变量=表达式。

通过等号将表达式的值赋予变量。当输入回车键时，该语句被执行。语句执行之后，窗口自动显示出语句执行的结果。

使用方向键和控制键可以编辑、修改已输入的命令，↑回调上一行命令，↓回调下一行命令。使用"more off"表示不允许分页，"more on"表示允许分页，"more（n）"表示指定每页输出的行数。回车前进一行，空格键显示下一页，"q"结束当前显示。

如果命令语句超过一行或者太长希望分行输入，则可以使用多行命令继续输入。例如，输入下列式子时，可以通过两行输入。

```
>> S=1-12+13+4+...
9+4+18;
>> S
S =    37
```

说明：三个小黑点是"连行号"，分号"；"的作用是指令执行结果将不显示在屏幕上，但变量 S 将驻留在内存中。

2.3.3　MATLAB 工作区

MATLAB 工作区是用来接收 MATLAB 命令的内存区域。

1. 工作区的常用操作命令

MATLAB 还有几个常用的工作区操作的命令，分别是 who、whos、clear、clear 变量名、size(a)和 length(a)，其功能描述如下。

- who：显示当前工作区中所有变量的一个简单列表。
- whos：列出变量的大小、数据格式等详细信息。
- clear：清除工作区中所有的变量。
- clear 变量名：清除指定的变量。
- size(a)：获取向量 a 的行数与列数。
- length(a)：获取向量 a 的长度，并在屏幕上显示。如果 a 是矩阵，则显示的参数为行数中的最大数。

其他一些有用的命令有：

- disp(x)：显示 x 的内容，它可以是矩阵或字符串。
- cd、chdir、pwd：显示目前的工作目录。
- what：返回目前目录下 M、MAT、MEX 文件的列表。
- echo：控制运行文字指令是否显示。
- clc：擦除 MATLAB 工作区中所有显示的内容。
- clf：擦除 MATLAB 工作区中的图形。
- hold：控制当前图形窗口对象是否被刷新。
- dir、ls：列出指定目录下的文件和子目录清单 path 显示目前的搜索路径。
- pack：搜集内存碎块以扩大内存空间。
- quit：退出工作区。

2. 工作区的数据存取函数

MATLAB 提供了以下保存（save）和载入（load）工作区的函数。

（1）save 函数。save 命令是将 MATLAB 工作区中的变量存入磁盘。

- save：将当前 MATLAB 工作区中所有变量以二进制格式存入名为 matlab.mat（默认）的文件中。

- save dfile（文件名）：将当前工作区中所有变量以二进制格式存入 dfile.mat 文件中，扩展名自动产生。
- save dfile x：只把变量 x 以二进制格式存入 dfile.mat 文件中，扩展名自动产生。
- save dfile.dat x -ascii：将变量 x 以 8 位 ASCII 码形式存入 dfile.mat 文件中。
- save dfile.dat x -ascii -double：将变量 x 以 16 位 ASCII 码形式存入 dfile.mat 文件中。
- save（fname，'x'，'-ascii'）：fname 是一个预先定义好的包含文件名的字符串，该用法将变量 x 以 ASCII 码格式存入由 fname 定义的文件中；由于在这种用法中，文件名是一个字符变量，因此可以方便地通过编程的方法存储一系列数据文件。

（2）load 函数。load 命令是将磁盘上的数据读入到工作区。

- load：把磁盘文件 matlab.mat（默认的文件名）的内容读入内存，由于存储.mat 文件时已包含了变量名的信息，因此调回时已直接将原变量信息带入，不需要重新赋值变量。
- load dfile：把磁盘文件 dfile.mat 的内容读入内存。
- load dfile.dat：把磁盘文件 dfile.mat 的内容读入内存，这是一个 ASCII 码文件，系统自动将文件名（dfile）定义为变量名。
- x=load（fname）：fname 是一个预先定义好的包含文件名的字符串，将由 fname 定义文件名的数据文件读入变量 x 中，使用这种方法可以通过编程方便地调入一系列数据文件。

2.3.4　MATLAB 文件管理

MATLAB 提供了一组文件管理命令，包括列文件名、显示或删除文件、显示或改变当前目录等，相关的命令及功能如表 2.1 所示。

表 2.1　MATLAB 常用文件管理命令

命　　令	功　　能	命　　令	功　　能
what	显示当前目录下所有与 MATLAB 相关的文件及它们的路径	type filename	在命令行窗口中显示文件 filename
dir	显示当前目录下所有的文件	delete filename	删除文件 filename
which	显示某个文件的路径	cd ..	返回上一级目录
cd path	由当前目录进入 path 目录	cd	显示当前目录

2.3.5　MATLAB 帮助使用

MATLAB 的所有函数都是以逻辑群组方式进行组织的，而 MATLAB 的目录结构就是以这些群组方式来编排的，几个常用的帮助如下。

- helpwin：帮助窗口。
- helpdesk：帮助桌面，浏览器模式。
- lookfor：返回包含指定关键词的项。
- demo：打开示例窗口。

　　MATLAB 还提供了丰富的 help 命令，如表 2.2 所示，在命令行窗口中输入相关命令就可以获得相关的帮助。

表 2.2　MATLAB 常用帮助命令

命　　令	功　　能	命　　令	功　　能
help matfun	矩阵函数－数值线性代数	help datafun	数据分析和傅里叶变换函数
help general	通用命令	help ops	操作符和特殊字符
help graphics	通用图形函数	help polyfun	多项式和内插函数
help elfun	基本的数学函数	help lang	语言结构和调试
help elmat	基本矩阵和矩阵操作	help strfun	字符串函数
help control	控制系统工具箱函数	—	—

2.4　MATLAB 数值计算

　　MATLAB 是一门计算语言，它的运算指令和语法基于一系列基本的矩阵运算，以及它们的扩展运算，它支持的数值元素是复数，这也是 MATLAB 区别于其他高级语言的最大特点之一，它给许多领域的计算带来了极大方便。为了更好地利用 MATLAB 语言的优越性和简捷性，首先需要对 MATLAB 的数值类型、数组矩阵的基本运算、符号运算、关系运算和逻辑运算进行介绍，并给出应用实例，本节的内容是后面章节的基础。

2.4.1　MATLAB 数值类型

　　MATLAB 包括 4 种基本数据类型，即双精度数组、字符串数组、元胞数组、结构数组。数值之间可以相互转化，这为其计算功能开拓了广阔的空间。

1. 变量与常量

　　变量是数值计算的基本单元。与 C 语言等其他高级语言不同，MATLAB 语言中的变量无须事先定义，一个变量以其名称在语句命令中第一次合法出现而定义，运算表达式变量中不允许有未定义的变量，也不需要预先定义变量的类型，MATLAB 会自动生成变量，并根据变量的操作确定其类型。

　　（1）MATLAB 变量命名规则。MATLAB 中的变量命名规则如下。

- 变量名区分大小写，因此 A 与 a 表示的是不同的变量；
- 变量名以英文字母开始，第一个字母后可以使用字母、数字、下画线，但不能使用空格和标点符号；
- 变量名长度不得超过 31 位，超过的部分将被忽略；
- 某些常量也可以作为变量使用，如 i 在 MATLAB 中表示虚数单位，但也可以作为变量使用。

常量是指那些在 MATLAB 中已预先定义其数值的变量，默认的常量如表 2.3 所示。

　　（2）MATLAB 变量的显示。任何 MATLAB 语句的执行结果都可以在屏幕上显示，同时赋值给指定的变量，没有指定变量时，赋值给一个特殊的变量 ans，数据的显示格式由 format 命令控制。format 只影响结果的显示，不影响其计算与存储。MATLAB 总是以双字长浮点数（双精度）来执行所有的运算。如果结果为整数，则显示没有小数；如果结果不是整数，则输出形式如表 2.4 所示的几种形式。

表 2.3　MATLAB 默认常量

名　称	说　明	名　称	说　明
pi	圆周率	eps	浮点数的相对误差
INF（或 inf）	无穷大	i（或 j）	虚数单位，定义为 $\sqrt{-1}$
NaN（或 nan）	代表不定值（即 0/0）	nargin	函数实际输入参数个数
realmax	最大的正实数	nargout	函数实际输出参数个数
realmin	最小的正实数	ANS（或 ans）	默认变量名，以应答最近一次操作运算结果

表 2.4　MATLAB 的数据显示格式

格　式	含　义	格　式	含　义
format （short）	短格式（5 位定点数）	format long e	长格式 e 方式
format long	长格式（15 位定点数）	format bank	2 位十进制格式
format short e	短格式 e 方式	format hex	十六进制格式

（3）MATLAB 变量的存取。工作区中的变量可以用 save 命令存储到磁盘文件中。输入命令"save<文件名>"，将工作区中全部变量存到"<文件名>.mat"文件中去，若省略"<文件名>"则存入文件"matlab.mat"中；命令"save<文件名><变量名集>"将"<变量名集>"指出的变量存入文件"<文件名>.mat"中。

用 load 命令可将变量从磁盘文件读入 MATLAB 的工作区，其用法为"load<文件名>"，它将"<文件名>"指出的磁盘文件中的数据依次读入名称与"<文件名>"相同的工作区中的变量中去。若省略"<文件名>"则"matlab.mat"从中读入所有数据。

用 clear 命令可从工作区中清除现存的变量。

2．字符串

字符是 MATLAB 中符号运算的基本元素，也是文字等表达方式的基本元素，在 MATLAB 中，字符串作为字符数组用单引号（'）引用到程序中，还可以通过字符串运算组成复杂的字符串。字符串数值和数字数值之间可以进行转换，也可以执行字符串的有关操作。

3．元胞数组

元胞是元胞数组（Cell Array）的基本组成部分。元胞数组与数字数组相似，以下标来区分，单元胞数组由元胞和元胞内容两部分组成。用花括号{ }表示元胞数组的内容，用圆括号( )表示元胞元素。与一般的数字数组不同，元胞可以存放任何类型、任何大小的数组，而且同一个元胞数组中各元胞的内容可以不同。

【例 2-1】　元胞数组创建与显示举例。

解：MATLAB 程序代码如下。

```
A(1, 1)={'An example of cell array'};
A(1, 2)={[1 2;3 4]}; A{2, 1}=tf (1, [1, 8]); A{2, 2}={A(1, 2);'This is an example'};
celldisp(A)   %显示该元胞数组
```

元胞数组 A 第 1 行用元胞数组标志法建立一个字符串和一个矩阵；第 2 行用元胞内容编址法，建立一个传递函数和一个由两个元素组成的元胞组，该元胞组分别是矩阵和字符串，最后，用 celldisp 函数显示该元胞数组 A。

4．结构数组

与元胞数组相似，结构数组（Structure Array）也能存放各类数据，使用指针方式传递数值。结构数组由结构变量名和属性名组成，用指针操作符"."连接结构变量名和属性名。例如，可用 parameter.temperature 表示某一对象的温度参数，用 parameter.humidity 表示某一对象的湿度参数等，因此，该结构数组 parameter 由两个属性组成。

5．对象

面向对象的 MATLAB 语言采用了多种对象，如自动控制中常用的传递函数模型对象（tf object）、状态空间模型对象（ss object）和零极点模型对象（zpk object），一些对象之间可以相互转换，例如，可以从传递函数模型对象转化为零极点模型对象，这将在后面具体介绍。

2.4.2　矩阵运算

MATLAB 软件的最大特色是强大的矩阵计算功能，所有的计算都是以矩阵为单元进行的，可见矩阵是 MATLAB 的核心。下面以表格的形式列出 MATLAB 提供的每类矩阵运算的函数，并各举一个实例进行说明，同类函数的用法基本类似，详细的用法及函数内容说明可参考联机帮助。

1．矩阵基本概念

由 m 行 n 列构成的矩阵 a 称为 $m×n$ 阶矩阵，它总共由 $m×n$ 个元素组成，矩阵元素记为 a_{ij}，其中 i 表示行，j 表示列。

当 $m=n$ 时，矩阵 a 称为方阵。当 $i≠j$ 时，所有的 $a_{ij}=0$，且 $m=n$，得到的矩阵称为对角阵。

当对角阵的对角线上的元素全为 1 时，称为单位阵，记为 I。

对于 $m×n$ 阶矩阵 w，当 $w_{ij}=a_{ji}$ 时，称 w 是 a 的转置矩阵，记为 $w=a'$。

对于 a 为 $m×1$ 的形式时，称 a 是 m 个元素的列向量，对于 a 为 $1×n$ 的形式时，称 a 是 n 个元素的行向量。

2．矩阵建立与访问

矩阵的表现形式和数组相似，它以左方括号"["开始，以右方括号"]"结束，每一行元素结束用行结束符号（分号"；"）或回车符分割，每个元素之间用元素分割符号（空格或"，"）分隔。建立矩阵的方法有直接输入矩阵元素、在现有矩阵中添加或删除元素、读取数据文件、采用现有矩阵组合、矩阵转向、矩阵移位及直接建立特殊矩阵等。

【例 2-2】 创建矩阵举例。

解： MATLAB 程序代码如下。

```
>> a=[1 2 3;4 5 6]
```

运行结果是创建了一个 2×3 的矩阵 *a*，*a* 的第 1 行由 1、2、3 这 3 个元素组成，第 2 行由 4、5、6 这 3 个元素组成，输出结果如下：

```
a = 1     2     3
    4     5     6
```

接着输入：

```
>> b=[a;11,12,13]    %添加一行元素[11,12,13]
```

运行结果是创建了一个 3×3 的矩阵 *b*，*b* 矩阵是在 *a* 矩阵的基础上添加一行元素 11、12、13，组成一个 3×3 矩阵，输出结果如下：

```
b = 1     2     3
    4     5     6
    11    12    13
```

MATLAB 中对矩阵元素的访问如下所示。

- 单个元素的访问：b(3, 2)→12，访问了第 3 行和第 2 列交叉的元素。
- 整列元素的访问：b(:, 3)→[3, 6, 13]，访问了第 3 列中的所有元素。
- 整行元素的访问：b(1, :)→[1, 2, 3]，访问了第 1 行中的所有元素。
- 整块元素的访问：b(2:3, 2:3)→[5, 6; 12, 13]，访问了一个（2×2）的子块矩阵。

3．特殊矩阵生成

MATLAB 提供了很多个特殊矩阵的生成函数，表 2.5 列出了一些常用的生成函数，关于其他的特殊矩阵生成函数及使用格式，请参见联机帮助。

表 2.5　MATLAB 常用特殊矩阵生成函数

函　　数	功 能 说 明	函　　数	功 能 说 明
zeros( )	生成元素全为 0 的矩阵	tril( )	生成下三角矩阵
ones( )	生成元素全为 1 的矩阵	eye( )	生成单位矩阵
rand( )	生成均匀分布随机矩阵	company( )	生成伴随矩阵
randn( )	生成正态分布随机矩阵	hilb( )	生成 Hilbert 矩阵
magic( )	生成魔方矩阵	vander( )	生成 vander 矩阵
diag( )	生成对角矩阵	hankel( )	生成 hankel 矩阵
triu( )	生成上三角矩阵	hadamard( )	生成 hadamard 矩阵

【例 2-3】 特殊矩阵生成函数举例。

解： MATLAB 程序代码如下。

```
>> a=[1, 2, 3; 4, 5, 6; 7, 8, 9]; b=tril(a)    %生成下三角矩阵
```

运行结果是生成了 b 矩阵，它是调用下三角矩阵生成函数 tril( )生成的 a 矩阵的下三角矩阵，输出结果如下：

```
b =  1    0    0
     4    5    0
     7    8    9
```

4. 矩阵基本运算

矩阵与矩阵之间可以进行如表 2.6 所示的基本运算。

注意：在进行左除 "/" 和右除 "\" 时，两矩阵的维数必须相等。

表 2.6　矩阵基本运算

操 作 符 号	功 能 说 明	操 作 符 号	功 能 说 明
+	矩阵加法	/	矩阵的左除
−	矩阵减法	'	矩阵转置
*	矩阵乘法	logm( )	矩阵对数运算
^	矩阵的幂	expm( )	矩阵指数运算
\	矩阵的右除	inv( )	矩阵求逆

【例 2-4】　矩阵基本运算举例。

解：MATLAB 程序代码如下。

```
>> a=[1,2;3,4];  b=[3,5;2,9];  div1=a/b;      %矩阵的左除
>> div2=b\a                                   %矩阵的右除
```

两矩阵 a，b 进行了左除和右除运算，输出结果如下：

```
div1 =                  div2 =
   0.2941    0.0588        -0.3529   -0.1176
   1.1176   -0.1765         0.4118    0.4706
```

5. 矩阵函数运算

MATLAB 提供了多种关于矩阵的函数，表 2.7 列出了一些常用的矩阵函数运算。

表 2.7　常用矩阵函数运算

函 数 名	功 能 说 明	函 数 名	功 能 说 明
rot90( )	矩阵逆时针旋转 90°	eig( )	计算矩阵的特征值和特征向量
flipud( )	矩阵上下翻转	rank( )	计算矩阵的秩
fliplr( )	矩阵左右翻转	trace( )	计算矩阵的迹
flipdim( )	矩阵的某维元素翻转	norm( )	计算矩阵的范数
shiftdim( )	矩阵的元素移位	poly( )	计算矩阵的特征方程的根

【例 2-5】　矩阵函数运算举例。

解：MATLAB 程序代码如下。

```
>> a=[1, 3, 5; 2, 4, 6; 7, 9, 13];  [b, c]=eig(a)      %求取矩阵的特征值和特征向量
```

通过函数 eig( ) 计算矩阵 a 的特征向量 b 和特征值 c，输出结果如下：

```
b =-0.3008   -0.7225    0.2284
   -0.3813   -0.3736   -0.8517
   -0.8742    0.5817    0.4717
c =   19.3341         0          0
```

```
        0     -1.4744          0
        0          0     0.1403
```

6．矩阵分解运算

矩阵分解常用于方程求根，表 2.8 列出了一些常用的矩阵分解运算。

表 2.8　常用矩阵分解运算函数

函　数　名	功　能　说　明	函　数　名	功　能　说　明
eig( )	矩阵的特征值分解	svd( )	矩阵的奇异值分解
qr( )	矩阵的 QR 分解	chol( )	矩阵的 Cholesky 分解
schur( )	矩阵的 Schur 分解	lu( )	矩阵的 LU 分解

【例 2-6】　矩阵分解运算函数举例。

解：MATLAB 程序代码如下。

```
>> a=[6, 2, 1; 2, 3, 1; 1, 1, 1];  [L, U, P]=lu(a)   %对矩阵进行 LU 分解
```

通过函数 lu( )对矩阵 a 进行 LU 分解，得到上三角阵 U、下三角阵 L、置换矩阵 P，输出结果如下：

```
L = 1.0000          0          0       U =  6.0000     2.0000     1.0000
    0.3333     1.0000          0             0     2.3333     0.6667
    0.1667     0.2857     1.0000             0          0     0.6429
P = 1     0     0
    0     1     0
    0     0     1
```

2.5　关系运算和逻辑运算

除了传统的数学运算外，MATLAB 还支持关系运算和逻辑运算。如果你已经有了一些编程经验，那对这些运算不会陌生。这些操作符号函数的目的是提供求解真/假命题的答案。关系运算和逻辑运算主要用于控制基于真/假命题的各 MATLAB 命令（通常在 M 文件中）的流程或执行次序。

作为所有关系表达式和逻辑表达式的输入，MATLAB 把任何非 0 数值当作真，把 0 当作假。所有关系表达式和逻辑表达式的输出，对于真输出为 1，对于假输出为 0。

MATLAB 为关系运算和逻辑运算提供了关系操作符和逻辑操作符，如表 2.9 和表 2.10 所示。

表 2.9　关系运算符

符　号	功　能
<	小于
<=	小于等于
>	大于
>=	大于等于
==	等于
~=	不等于

表 2.10　逻辑运算符

符　号	功　能
&	逻辑与
|	逻辑或
~	逻辑非

此外，MATLAB 还提供了若干关系运算函数和逻辑运算函数，分别如表 2.11 和表 2.12 所示。

表 2.11　关系运算函数

函　数　名	功　　能	函　数　名	功　　能
all	所有向量为非零元素时为真	xor	逻辑异或运算
any	任一向量为非零元素时为真		

表 2.12　逻辑运算函数

函　数　名	功　　能	函　数　名	功　　能
bitand	位方式的逻辑与运算	bitcmp	位比较运算
bitor	位方式的逻辑或运算	bitmax	最大无符号浮点整数
bitxor	位方式的逻辑异或运算	bitshift	将二进制移位运算

位方式的逻辑运算在自动控制系统中应用较少，它在逻辑控制系统中应用较多，故在此不多做介绍。

2.6　符号运算

MATLAB 提供了符号数学工具箱（Symbolic Math Toolbox），大大增强了 MATLAB 的功能。符号数学工具箱的特点为：

- 适用于广泛的用途，而不是针对一些特殊专业或专业分支；
- 使用字符串来进行符号分析，而不是基于数组的数值分析。

2.6.1　符号运算基础

符号数学工具箱是操作和解决符号表达式的符号数学工具箱（函数）集合，有复合、简化、微分、积分，以及求解代数方程和微分方程的工具。另外还有一些用于线性代数的工具，求解逆、行列式、正则形式的精确结果，找出符号矩阵的特征值而没有由数值计算引入的误差。工具箱还支持可变精度运算，即支持符号计算并能以指定的精度返回结果。

（1）符号表达式。符号表达式是代表数字、函数、算子和变量的 MATLAB 字符串，或字符串数组。不要求变量有预先确定的值，符号方程式是含有等号的符号表达式。符号算术是使用已知的规则和给定符号恒等式求解这些符号方程的实践，它与代数和微积分所学到的求解方法完全一样。符号矩阵是数组，其元素是符号表达式。

MATLAB 在内部把符号表达式表示成字符串，与数字变量或运算相区别；否则，这些符号表达式几乎完全像基本的 MATLAB 命令。

（2）符号变量和符号表达式。在 MATLAB 中，用 sym 或 syms 命名符号变量和符号表达式，定义多个符号变量之间用空格分开。例如：

- "sym a" 定义了符号变量 a，"syms a b" 定义了符号变量 a 和 b；

- "X=sym ('x')" 创建变量 x，"a=sym ('alpha')" 创建变量 alpha；
- "syms a b c x ; f=sym ('a*x^2+b*x+c')" 创建变量表达式 f=ax^2+bx+c ；
- "fcn=sym ('f(x)')" 创建函数 f(x)。

2.6.2　控制系统中常用的符号运算

符号变量和数字变量之间可转换，也可以用数字代替符号得到数值。符号运算种类非常之多，常用的符号运算有代数运算、积分和微分运算、极限运算、级数求和、进行方程求解等。

出于篇幅的考虑，下面仅对控制系统中常用的符号运算进行介绍，至于其他的符号运算，读者可参考 MATLAB 的帮助文档或其他关于符号函数工具箱的书籍，此处不再赘述。

控制系统中常用的符号运算有微积分、拉普拉斯变换和 Z 变换等积分变换，下面分别进行介绍。

diff 是求微分最常用的函数，其输入参数既可以是函数表达式，也可以是符号矩阵。

常用的格式是：diff（f, x, n），表示 f 关于 x 求 n 阶导数。

int 是求积分最常用的函数，其输入参数可以是函数表达式。

常用的格式是：int（f, r, x0, x1）。其中，f 为所要积分的表达式，r 为积分变量，若为定积分，则 x0，x1 为积分上下限。

【例 2-7】　已知表达式 $f=\sin(ax)$，分别对其中的 x 和 a 求导。

解：输入如下 MATLAB 程序代码。

```
>> syms a x                    %定义符号变量 a 和 x
>> f=sin(a*x)                  %创建函数 f
>> dfx=diff(f, x)             %对 x 求导
>> dfa=diff(f, a)             %对 a 求导
```

运行程序，输出结果如下：

```
f =sin(a*x)
dfx =cos(a*x)*a               %f 对 x 求导的结果
dfa =cos(a*x)*x               %f 对 a 求导的结果
```

【例 2-8】　已知表达式 $f = x\lg(1+x)$，求对 x 的积分和 x 在[0,1]上的积分值。

解：输入如下 MATLAB 程序代码。

```
>>syms x                       %定义符号变量 x
>>f=x*log(1+x)                 %创建函数 f
>>int1=int(f,x)               %对 x 积分
>>int2=int(f,x,0,1)          %求[0,1]区间上的积分
```

运行程序，输出结果如下：

```
int1 =1/2*(1+x)^2*log(1+x)+3/4+1/2*x-1/4*x^2-(1+x)*log(1+x)   %积分表达式
int2 =1/4                      %积分值
```

2.7　复数和复变函数运算

复数及在其基础上发展起来的复变函数这一重要的数学分支，解决了许多实变函数无法解决的问题，有着广泛的工程应用。

复变函数是控制工程的数学基础，常用来描述控制系统模型的传递函数就属于复变函数。MATLAB 支持在运算和函数中使用复数或复数矩阵，还支持复变函数运算。下面讲述 MATLAB 中的基本复数运算，以及留数运算、泰勒级数、傅里叶变换、拉普拉斯变换和 Z 变换。

2.7.1　复数运算基础

1. 复数的一般表示

MATLAB 是以 i 或 j 字元来代表虚部复数运算的。

一个复数可表示为：$x = a + bi$，其中 a 称为实部，b 称为虚部。

也可写成复指数形式：$x = re^{i\theta}$。其中 r 称为复数的模，又记为 $|x|$；θ 称为复数的幅角，又记为 $\arctan(x)$，且满足如下关系：

$$r = \sqrt{a^2 + b^2}, \quad \tan\theta = \frac{b}{a}$$

具体采用哪种表示方法取决于实际问题。一般而言，第一种问题适合处理复数的代数运算，第二种方法适合处理复数旋转等涉及幅角改变的问题。

一个复数也可以看成关于实部和虚部的符号函数。因此，既可以直接构造复数，也可以用符号函数构造复数。下面分别介绍这两种构造方法。

（1）用直接法构造两种形式的复数。直接法就是利用符号 i 或 j 来表示复数单位，将复数看成完整的一个表达式输入。其具体形式也有两种，可以用实部和虚部形式表示，也可以用复指数形式表示。

（2）用符号函数法构造两种形式的复数。所谓符号函数法就是将复数看成函数形式，其实部和虚部看成自变量，用 syms 来构造，用 subs 对符号函数中自变量进行赋值。

【例 2-9】　构造复数实例。试分别使用上述两种方法在 MATLAB 中构造复数 $x = -1 + i$。

解： 在 MATLAB 命令行窗口中输入：

```
x1=-1+i                          %直接法构造,实部虚部形式
x2=sqrt(2)*exp(i*(3*pi/4))       %直接法构造,复指数形式
%符号函数法构造,实部虚部形式
syms a b real;                   %声明a,b为实数型
x3=a+b*i                         %实部虚部形式复数的符号表达
subs(x3,{a,b},{-1,1})            %代入具体值
%符号函数法构造,复指数形式
```

```
syms r ct real;                          %声明 r,ct 为实数型
x4=r*exp(ct*i);                          %复指数形式复数的符号表达
subs(x4,{r,ct},{sqrt(2),3*pi/4})         %代入具体值
```

输出结果为：

```
x1 = -1.0000 + 1.0000i
x2 = -1.0000 + 1.0000i
x3 = -1.0000 + 1.0000i
x4 = -1.0000 + 1.0000i
```

2. 复数矩阵的表示

MATLAB 中矩阵运算贯穿始终，复数矩阵也是其中的一个重要方面。由于复数矩阵的每个元素都是复数，所以对应的复数创建矩阵也有两种，即直接创建和利用符号函数创建。

复数矩阵的直接创建有两种方法：一种是由复数元素构造复数矩阵；另一种是利用两个矩阵分别做实部和虚部构造新的复数矩阵。下面举例说明复数矩阵的直接创建，另一种方法很容易实现，在此不再赘述。

（1）由复数元素构造复数矩阵。复数矩阵的每个元素都是复数，将复数作为矩阵元素并按照矩阵格式进行填充就得到了复数矩阵。

（2）由实矩阵创造复数矩阵。由两个分别作为实部和虚部的同维矩阵构造复数矩阵。

【例 2-10】　由复数元素构造复数矩阵实例，构造复数矩阵 $\begin{bmatrix} 1+i & 1+2i & 1+3i \\ 1-i & 1-2i & 1-3i \end{bmatrix}$。

解： 可直接输入各元素来构造矩阵，此处通过其复指数形式构造。

在 MATLAB 命令行窗口中输入：

```
%直接输入各元素来构造
A1=[sqrt(2)*exp((pi/4)*i) 1+2i 1+3i;sqrt(2)*exp((-pi/4)*i) 1-2i 1-3i] %
%由实矩阵构
A2re=[1 1 1;1 1 1]; A2im=[1 2 3;-1 -2 -3]; A2=A2re+A2im*i
```

输出结果 A1 和 A2 均为：

```
1.0000 + 1.0000i   1.0000 + 2.0000i   1.0000 + 3.0000i
1.0000 - 1.0000i   1.0000 - 2.0000i   1.0000 - 3.0000i
```

3. 复数绘图

对于复数函数的绘图主要有两种形式：一种是直角坐标图，即分别以复数的实部和虚部为坐标画出复数的表示图；另一种为极坐标图，即分别以复数的模和幅角为坐标画图。

MATLAB 提供了绘制极坐标图的函数 polar，它还可绘制出极坐标栅格线，其常用的调用格式为：

```
polar(theta,rho)
```

其中，**theta** 为极坐标极角，**rho** 为极坐标矢径。

【例 2-11】　复数函数绘图实例。画出函数 $y = t + it\sin(t)$ 在两种坐标下的表示图，如图 2.2 所示。

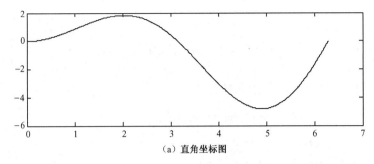
（a）直角坐标图

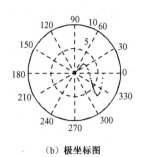
（b）极坐标图

图 2.2　极坐标下复数的表示

解：直角坐标图——以实部为横坐标，以虚部为纵坐标；极坐标图——以模为极半径，以幅角为极角，在 MATLAB 命令行窗口中输入：

```
t=0:0.01:2*pi; y=t+i*t.*sin(t);        %直角坐标表示
r=abs(y); delta=angle(y);              %极坐标表示
subplot(2,1,1)
plot(y)                                %绘制直角坐标图
title('直角坐标图') ; subplot(2,1,2)
polar(delta,r)                         %绘制极坐标图
title('极坐标图')
```

4．复数的结构操作函数

对于一个形如 $x = a + bi$ 的复数，通常希望能够了解它自身的结构性质，包括实部、虚部、模和幅角等。MATLAB 提供了方便的操作函数（见表 2.13）。下面利用实例来说明各个函数的调用方法。

表 2.13　复数的结构操作函数

函　数　名	功　　能	函　数　名	功　　能
real(A)	求复数或复数矩阵 A 的实部	abs(A)	求复数或复数矩阵 A 的模
imag(A)	求复数或复数矩阵 A 的虚部	angle(A)	求复数或复数矩阵 A 的相角，单位为弧度
conj(A)	求复数或复数矩阵 A 的共轭		

在 MATLAB 中，复数的基本运算和实数相同，都使用相同的函数。例如，复数或复数矩阵 x 除以 y，运算命令也是 x/y，与实数运算一样。因此，复数基本运算的内容此处不再赘述。

5．留数及其基本运算

留数的定义：设 a 是 $f(z)$ 的孤立奇点，C 是 a 的充分小的邻域内一条把 a 点包含在其内部的闭路，积分 $\dfrac{1}{2\pi}\displaystyle\int Cf(z)\mathrm{d}z$ 称为 $f(z)$ 在 a 点的留数或残数，记为 $\mathrm{Res}[f(z),a]$。

留数定理：如果函数 $f(z)$ 在闭路 C 上解析，在 C 的内部除去 n 个孤立奇点 $a_1,a_2,\cdots,a_n$ 外也解析，则闭路上的积分满足

$$\int Cf(z)\mathrm{d}z = 2\pi\mathrm{i}\sum_{k=1}^{n}\mathrm{Res}[f(z),a_k]$$

如果能够求得函数 $f(z)$ 在各极点的留数的显式表达，则该闭路积分很容易获得。由罗朗

展开，若 a 是 $f(z)$ 的 m 重极点，则函数在该点的留数可以表示为

$$\mathrm{Res}[f(z),a]=\frac{1}{(m-1)!}\lim_{z\to a}\frac{\mathrm{d}^{m-1}}{\mathrm{d}z^{m-1}}[(z-a)^m f(z)]$$

至此，通过留数定理可以把闭路积分转化为简单的代数计算。

由于在工程中遇到的 $f(z)$ 多数情况下为有理分式，所以可表示为

$$\frac{a_n z^n+a_{n-1}z^{n-1}+\cdots+a_1 z+a_0}{b_m z^m+b_{m-1}z^{m-1}+\cdots+b_m z+b_0}$$

函数 residue 可以求得该有理式的留数，residue 的返回参数有 3 个，分别对应留数向量、极点向量和高阶项。

调用格式：

```
[r, p, k] = residue([aₙ  aₙ₋₁  …  a₀],[bₙ  bₙ₋₁  …  b₀])
```

如果仅对留数感兴趣，后两个参数可省略。

2.7.2　拉普拉斯变换及反变换

在 MATLAB 中，可以采用符号运算工具箱进行拉氏变换（拉普拉斯变换的简称）和拉氏反变换，采用的函数是 laplace 和 ilaplace，使用前，用 syms 函数设置有关的符号变量。在 MATLAB 的符号工具箱中，有拉氏变换和拉氏反变换的运算函数，下面进行简单介绍。

符号变量设置函数 syms 的格式为：syms arg1 arg2…，用于设置符号运算中的变量 arg1、arg2 等。也可以用 arg1=sym('arg1')；arg2=sym('arg2')；…来进行符号变量设置。

当需要说明变量的数据类型时，可采用以下格式：syms arg1 arg2…datatype，其中 datatype 可以是实型（real）、整型（positive）、非实型（unreal）等。

laplace 变换函数的格式为

```
L=laplace(F)
```

其中，F 是时域函数表达式，约定的自变量是 t，得到的拉氏变换函数是 L(s)。

ilaplace 拉氏反变换函数的常用格式为

```
F=ilaplace(L)
```

它将 L 拉氏函数变换为时域函数 F。

【例 2-12】 求函数 $f_1(t)=\mathrm{e}^{at}$（a 为实数）、$f_2(t)=t-\sin t$ 的拉氏变换。

解：MATLAB 程序代码如下。

```
syms t s a                          %创建符号变量
f1=exp(a*t); f2=t-sin(t)            %定义函数
L1=laplace(f1); L2=laplace(f2)      %进行拉氏变换
```

程序运行后，输出的结果为

```
L1 =1/(s-a)
L2 =1/s^2-1/(s^2+1)
```

由运行结果可知， $L[f_1(t)] = \dfrac{1}{s-a}$ ， $L[f_2(t)] = \dfrac{1}{s^2} - \dfrac{1}{s^2+1}$ 。

【例 2-13】 求函数 $F_1(s) = \dfrac{1}{s(1+s^2)}$ 、 $F_2(s) = \dfrac{s+3}{(s+1)(s+2)}$ 的拉氏反变换。

解：MATLAB 程序代码如下。

```
syms t s                                    %创建符号变量
F1=1/( s*(1+s^2) ); F2=(s+3)/((s+1)*(s+2) )  %定义函数
f1=ilaplace(F1); f2=ilaplace(F2)            %进行拉氏反变换
```

程序运行后，输出的结果为

```
f1=1-cos(t)
f2 =2*exp(-t)-exp(-2*t)
```

由运行结果可知， $L^{-1}[F_1(S)] = 1 - \cos(t)$ ， $L^{-1}[F_2(S)] = 2e^{-t} - e^{-2t}$ ， $t \geqslant 0$ 。

2.7.3 Z 变换及其反变换

MATLAB 提供了符号运算工具箱（Symbolic Math Toolbox），可方便地进行 Z 变换和 Z 反变换，进行 Z 变换的函数是 ztrans，进行 Z 反变换的函数是 iztrans。

1. ztrans

函数常用的调用格式如下。

F=ztrans(f)：函数返回独立变量 n 关于符号向量 f 的 Z 变换函数： ztrans(f) $\Leftrightarrow$ F(z)= symsum(f(n)/z^n,n,0,inf)，这是默认的调用格式。

F=ztrans(f, w)：函数返回独立变量 n 关于符号向量 f 的 Z 变换函数，只是用 w 代替了默认的 z： ztrans(f,w) $\Leftrightarrow$ F(w)=symsum(f(n)/w^n,n,0,inf)。

F=ztrans(f, k, w)：函数返回独立变量 n 关于符号向量 k 的 Z 变换函数： ztrans(f,k,w) $\Leftrightarrow$ F(w)= symsum(f(k)/w^k,k,0,inf)。

2. iztrans

函数常用的调用格式如下。

f=iztrans(F)：函数返回独立变量 z 关于符号向量 F 的 Z 反变换函数，这是默认的调用格式。

f=iztrans(F, k)：函数返回独立变量 k 关于符号向量 F 的 Z 反变换函数，只是用 k 代替了默认的 z。

f=iztrans(F, w, k)：函数返回独立变量 w 关于符号向量 F 的 Z 反变换函数。

【例 2-14】 试求函数 $f_1(t) = t$ 、 $f_2(t) = e^{-at}$ 、 $f_3(t) = \sin(at)$ 的 Z 变换。

解：使用 MATLAB 提供的符号工具箱函数进行计算，程序代码如下。

```
syms n a w k z T                            %创建符号变量，T 为采样周期
x1=ztrans(n*T); x1=simplify(x1)             %进行 Z 变换并化简结果
x2=ztrans(exp(-a*n*T)); x2=simplify(x2)
```

```
x3=ztrans(sin(w*a*T), w, z) ;  x3=simplify(x3)
```

运行结果如下：

```
x1 =T*z/(z-1)^2
x2 =z*exp(a*T)/(z*exp(a*T)-1)
x3 =z*sin(a*T)/(z^2-2*z*cos(a*T)+1)
```

可见，变换结果为：$F_1(z) = \dfrac{Tz^{-1}}{(1-z^{-1})^2}$、$F_2(z) = \dfrac{1}{1-\mathrm{e}^{-aT}z^{-1}}$ 和 $F_3(z) = \dfrac{\sin(aT)z^{-1}}{1-2\cos(aT)z^{-1}+z^{-2}}$。

【例2-15】 试求函数 $F_1(s) = \dfrac{1}{s(s+1)}$、 $F_2(s) = \dfrac{s}{s^2+a^2}$、 $F_3(s) = \dfrac{a-b}{(s+a)(s+b)}$ 的 Z 变换。

解： 使用 MATLAB 提供的符号工具箱函数进行计算，由于只有时域的 Z 变换，因此对于拉氏域首先需要进行拉氏反变换，程序代码如下。

```
syms s n t1 t2 t3 a b k z T              %创建符号变量，T 为采样周期
x1= ilaplace(1/s/(s+1), t1);  x1=simplify(x1)   %进行拉氏反变换并化简结果
x2= ilaplace( s/(s^2+a^2), t2) ; x2=simplify(x2)
x3= ilaplace( (a-b)/(s+a)/(s+b), t3) ; x3=simplify(x3)
```

运行结果如下：

```
x1 =1-exp(-t1)
x2 =cos(csgn(a)*a*t2)                     %csgn(a)求 a 的符号
x3 =-exp(-a*t3)+exp(-b*t3)
```

对拉氏反变换结果进行 Z 变换，注意把时间参数 t1, t2, t3 都替换成 n*T，在命令行窗口中输入：

```
>>x1=ztrans(1-exp(-n*T));  x1=simplify(x1)
>> x2=ztrans(cos((a^2)^(1/2)*n*T));  x2=simplify(x2)
>> x3=ztrans(-exp(-a*n*T)+exp(-b*n*T));  x3=simplify(x3)
```

运行结果如下：

```
x1 =z*(-1+exp(T))/(z-1)/(z*exp(T)-1)
x2 =(z-cos(signum(a)*a*T))*z/(z^2-2*z*cos(signum(a)*a*T)+1) %signum(a)求 a 的符号
x3 = -z*(-exp(a*T)+exp(b*T))/(z*exp(a*T)-1)/(z*exp(b*T)-1)
```

可见，变换结果为：$F_1(z) = \dfrac{z}{z-1} - \dfrac{z}{z-\mathrm{e}^{-T}} = \dfrac{z(1-\mathrm{e}^{-T})}{(z-1)(z-\mathrm{e}^{-T})}$、 $F_2(z) = \dfrac{1-\cos(aT)z^{-1}}{1-2\cos(aT)z^{-1}+z^{-2}}$ 和

$$F_3(z) = \dfrac{(\mathrm{e}^{-bT} - \mathrm{e}^{-aT})z^{-1}}{(1-\mathrm{e}^{-aT}z^{-1})(1-\mathrm{e}^{-bT}z^{-1})}。$$

【例2-16】 试求函数 $F_1(z) = \dfrac{2z^2 - 0.5z}{z^2 - 0.5z - 0.5}$ 和 $F_2(z) = \dfrac{z+0.5}{z^2+3z+2}$ 的 Z 反变换。

解： 使用 MATLAB 提供的符号工具箱函数进行计算，程序代码如下。

```
syms z a k T                              %创建符号变量，T 为采样周期
x1=iztrans( (2*z^2-0.5*z)/(z^2-0.5*z-0.5)); x1=simplify(x1)
                                          %进行 Z 反变换并化简结果
x2=iztrans( (z+0.5)/(z^2+3*z+2) ); x2=simplify(x3)
```

运行程序，输出拉氏反变换结果如下：

```
x1 =(-1)^n*2^(-n)+1
x2 =1/2*(-1)^n+3/4*(-1)^(1+n)*2^n
```

可见，变换结果为 $f_1(kT) = \sum_{k=0}^{\infty} f(kT)\delta(t-kT)$ 和 $f_2(kT) = 0.5(-1)^k - 0.75(-2)^k$。

2.8 MATLAB 常用绘图命令

MATLAB 提供了强大的图形用户界面，在许多应用中，常常要用绘图功能来实现数据的显示和分析，包括二维图形和三维图形。在控制系统仿真中，也常常用到绘图，如绘制系统的响应曲线、根轨迹或频率响应曲线等。

MATLAB 提供了丰富的绘图功能，在命令行窗口中输入"help graph2d"可得到所有画二维图形的命令；输入"help graph3d"可得到所有画三维图形的命令。

下面主要介绍常用的二维图形命令的使用方法，三维图形命令的使用方法与此类似。至于这些命令的全部用法请参考在线帮助系统。

1．基本的绘图命令

plot(x1, y1, option1, x2, y2, option2, …)：x1, y1 给出的数据分别为 x、y 轴坐标值，option1 为选项参数，以逐点连折线的方式绘制一个二维图形；同时类似地绘制第二个二维图形。

这是 plot 命令的完全格式，在实际应用中可以根据需要进行简化，如 plot(x, y)、plot(x, y, option)，选项参数 option 定义了图形曲线的颜色（用颜色英文单词的第一个字母表示，如 r 表示红色、g 表示绿色、b 表示蓝色）、线型（如#、*等），以及标示符号，它由一对单引号括起来。

2．图形窗口处理命令

常用的选择图形窗口的命令有：

（1）打开不同的图形窗口命令 figure。figure(1)；figure(2);…; figure(n)，它用来打开不同的图形窗口，以便绘制不同的图形。

（2）图形窗口拆分命令 subplot。subplot(m, n, p)：分割图形显示窗口，m 表示上下分割个数，n 表示左右分割个数，p 表示子图编号。

3．坐标轴相关的命令

在默认情况下，MATLAB 将自动选择图形的横、纵坐标的比例，当然也可以用以下 axis 命令控制。

- axis([xmin xmax ymin ymax])：[xmin xmax ymin ymax]中分别给出 x 轴和 y 轴的最大值、最小值。
- axis equal：x 轴和 y 轴的单位长度相同。

- axis square：图框呈方形。
- axis off ：清除坐标刻度。

在控制系统应用中，还会用到半对数坐标轴，MATLAB 中常用的对数坐标绘制命令有：

- semilogx：绘制以 x 轴为对数坐标（以 10 为底）、y 轴为线性坐标的半对数坐标图形。
- semilogy：绘制以 y 轴为对数坐标（以 10 为底）、x 轴为线性坐标的半对数坐标图形。
- loglog：绘制全对数坐标绘图，即 x、y 轴均为对数坐标（以 10 为底）。

4．文字标示命令

常用的文字标示命令有：

- text(x, y, '字符串')：在图形的指定坐标位置(x, y)处标示单引号括起来的字符串。
- gtext('说明文字')：利用鼠标在图形的某一位置标示说明文字，执行完绘图命令后再执行 gtext('说明文字') 命令，就可在屏幕上得到一个光标，然后用鼠标选择说明文字的位置。
- title('字符串')：在所画图形的最上端显示说明该图形标题的字符串。
- xlabel('字符串')、ylabel('字符串')、zlabel('字符串')：设置 x、y、z 坐标轴的名称，输入特殊的文字需要用反斜杠（\）开头。
- legend('字符串 1', '字符串 2',…, '字符串 n')：在屏幕上开启一个小视窗，然后依据绘图命令的先后次序，用对应的字符串区分图形上的线。

5．在图形上添加或删除栅格命令

- grid：给图形加上栅格线。
- grid on：表示给当前坐标系加上栅格线。
- grid off：表示从当前坐标系中删去栅格线。

grid 命令是一个交替转换命令，即执行一次，转变一个状态（相当于 grid on、grid off）。

6．图形保持或覆盖命令

hold 命令可以保持当前的图形，并且防止删除和修改比例尺。

- hold on：把当前图形保持在屏幕上不变，同时允许在这个坐标内绘制另外一个图形。
- hold off：使新图覆盖旧图。

hold 命令是一个交替转换命令，即执行一次转变一个状态（相当于 hold on、hold off）。

需要注意的是，MATLAB 默认为 hold off，这时的操作会修改图形的属性，因此需要在 plot 之前加上 hold on。

7．应用型绘图命令

应用型绘图命令常用于数值统计分析或离散数据处理，常用的应用型绘图命令有：

- bar(x, y)：绘制对应于输入 x 和输出 y 的高度条形图。
- hist(y, x)：绘制 x 在以 y 为中心的区间中分布的个数条形图。
- stairs(x, y)：绘制 y 对应于 x 的阶梯图。

● stem(x, y)：绘制 y 对应于 x 的散点图。

需要注意的是，对于图形的属性编辑同样可以在图形窗口上直接进行，但图形窗口关闭之后编辑结果不会保存。

【例 2-17】　绘图命令使用举例。绘制[0，4π]区间上的 $x_1=10\sin t$ 和 $x_2=5\cos t$ 曲线，并要求：

（1）x1 曲线的线型为点划线、颜色为红色、数据点标记为加号；x2 曲线为虚线、颜色为蓝色、数据点标记为星号；

（2）标示坐标轴的显示范围和刻度线、添加栅格线；

（3）标注坐标轴名称、标题、相应说明文字。

解：MATLAB 程序代码如下。

```
close all                            %关闭打开了的所有图形窗口
clc                                  %清屏命令
clear                                %清除工作区中所有变量
t=[0:pi/20:4*pi];                    %定义时间范围
hold on                              %允许在同一坐标系下绘制不同的图形
axis([0 4*pi -10 10])                %横轴范围[0,4π]，纵轴范围[-10,10]
plot(t, 10*sin(t), 'r+:')            %线形为点划线、颜色为红色、数据点标记为加号
plot(t, 5*cos(t),'b*--')             %线形为虚线、颜色为蓝色、数据点标记为星号
xlabel('时间 t');  ylabel('幅值 x')   %标注横、纵坐标轴
title('简单绘图实例')                  %添加图标题
legend('x1=10sint:点划线','x2=5cost:虚线')   %添加文字标注
gtext('x1');  gtext('x2')            %利用鼠标在图形标示曲线说明文字
grid on                              %在所画出的图形坐标中添加栅格,注意用在 plot 之后
```

运行后，输出结果如图 2.3 所示。

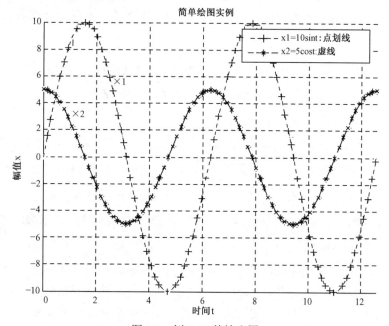

图 2.3　例 2-17 的输出图

2.9　MATLAB 程序设计

2.9.1　MATLAB 程序类型

MATLAB 程序类型包括三种：一种是在命令行窗口下执行的脚本 M 文件；另外一种是可以存取的 M 文件，即程序文件；最后一种是函数文件。脚本 M 文件和程序文件中的变量都将保存在工作区中，这一点与函数文件是截然不同的。

1．脚本 M 文件

脚本 M 文件也称为命令文件，它在命令行窗口中输入并执行，没有输入参数，也不返回输出参数，只是一些命令行的组合。脚本 M 文件可对工作区中的变量进行操作，也可生成新的变量。脚本 M 文件运行结束后，脚本 M 文件产生的变量仍将保留在工作区中，直到关闭 MATLAB 或用相关命令删除。

2．程序文件

以.m 格式进行存取，包含一连串的 MATLAB 指令和必要的注解。需要在工作区中创建并获取变量，也就是说处理的数据为命令行窗口中的数据，没有输入参数，也不会返回参数。程序运行时只需在工作区中输入其名称即可。

在 MATLAB 命令行窗口中选定"File"→"New"→"M-file"，即可建立 M 文件。也可选定"Edit"菜单建立 M 文件，选定"Save"选项即可保存文件。

选定 MATLAB 命令行窗口中的"Edit"菜单可利用键盘编辑键对 M 文件进行全屏幕编辑。M 文件以 ASCII 编码形式存储，在命令行窗口中直接输入文件名就可执行 M 文件。

3．函数文件

与在命令行窗口中输入命令一样，函数接收输入参数后执行并输出结果。用 help 命令可以显示它的注释说明。函数文件具有标准的基本结构。

（1）函数定义行（关键字 function）。

```
function[out1, out2,…]=filename(in1, in2,…)
```

输入和输出（返回）的参数个数分别由 nargin 和 nargout 两个 MATLAB 保留的变量给出。

（2）第一行帮助行，即 H1 行，以%开头，作为 lookfor 指令搜索的行。

（3）函数体说明及有关注解以%开头，用以说明函数的作用及有关内容，作为 M 文件的帮助信息。如果不希望显示某段信息，可在它的前面加空行。

（4）函数体语句：除返回和输入变量这些在 function 语句中直接引用的变量以外，函数体内使用的所有变量都是局部变量，即在该函数返回之后，这些变量会自动在 MATLAB 的工作区中清除。如果希望这些中间变量成为在整个程序中都起作用的变量，则可以将它们设置为全局变量。

2.9.2　MATLAB 程序流程控制

MATLAB 程序有顺序、分支、循环等程序结构，以及子程序结构。

1．顺序程序结构

顺序程序结构的程序从程序的首行开始，逐行顺序往下执行，直到程序最后一行，大多数简单的 MATLAB 程序采用这种程序结构。

2．分支程序结构

分支程序结构的程序根据执行条件满足与否，确定执行方向。在 MATLAB 中，通过 if-else-end 结构、while 结构、switch-case-otherwise 结构来实现。

（1）if，else，elseif 语句。if 条件语句用于选择结构，其格式有以下几种。

```
① if    逻辑表达式
        执行语句
   end
② if    逻辑表达式
        执行语句 1
   else
        执行语句 2
   end
```

如果逻辑表达式的值为真，则执行执行语句 1，然后跳过执行语句 2，向下执行；如果为假，则执行执行语句 2，然后向下执行。

```
③ if    逻辑表达式 1
        执行语句 1
   elseif    逻辑表达式 2
        执行语句 2
   end    …
```

如果逻辑表达 1 的值为真，则执行执行语句 1；如果为假，则判断逻辑表达式 2，如果为真，则执行执行语句 2，否则向下执行。

if 条件语句可以嵌套使用，但是，必须注意 if 语句和 end 语句成对出现。

【例 2-18】　if 条件语句使用举例。

解：MATLAB 程序代码如下。

```
n=input('n=')
if n<=0    A= 'negative'      %判断输入数的正负性
elseif  isempty(n)==1         %判断输入是否为空
A= 'empty'
elseif  rem(n, 2)==0          %除 2 取余数,判断奇偶性
A= 'even'
else
A= 'odd'
end
```

输出结果如下：

```
n =                              A =
 []                              even
A =                              n =
empty                            -4
n =                              A =
4                                negative
```

（2）switch 语句。基本格式为

```
switch  表达式（%可以是标量或字符串）
    case 值 1
        语句 1
    case 值 2
        语句 2
        …
    otherwise
        语句 3
    nd
```

表达式的值和哪种情况（case）的值相同，就执行哪种情况中的语句，如果不同，则执行 otherwise 中的语句。格式中也可以不包括 otherwise，这时如果表达式的值与列出的各种情况都不相同，则继续向下执行。

3．循环程序结构

循环程序结构包括一个循环变量，循环变量从初始值开始计数，每循环一次就执行一次循环体内的语句，执行后，循环变量以一定的规律变化，然后执行循环体内语句，直到循环变量大于循环变量的终止值为止。

常用的循环有 while 和 for 循环。while 循环和 for 循环的区别在于：while 循环结构的循环体被执行的次数不是确定的，而 for 结构中循环体的执行次数是确定的。

（1）for 循环语句。for 语句使用较为灵活，一般用于循环次数已经确定的情况，其格式为

```
for   循环变量=起始值：步长：终止值
    循环体
end
```

步长默认值为 1，可以在正实数或负实数范围内任意指定。对于正数，循环变量的值大于终止值时，循环结束；对于负数，循环变量的值小于终止值时，循环结束。循环结构可以嵌套使用。书写格式不必太过于拘泥，在 Editor 编辑器中会自动进行处理。

for 语句允许嵌套。在程序里，每一个"for"关键字必须和一个"end"关键字配对，否则程序执行时出错。

【例 2-19】　for 循环语句使用举例。

解： MATLAB 程序代码如下。

```
%计算出 1～4 的乘法表
for n = 1:4
```

```
for  m=1:n
r(n,m)=m*n
end
end
```

输出结果如下：

```
r =
    1    0    0    0
    2    4    0    0
    3    6    9    0
    4    8   12   16
```

（2）while 循环语句。while 语句一般用于事先不能确定循环次数的情况，其基本格式为

```
while   表达式
        循环体
end
```

若表达式为真，则执行循环体的内容，执行后再判断表达式是否为真；若不为真，则跳出循环体，向下继续执行。在 while 语句的循环中，可用 break 语句退出循环。

【例 2-20】　while 循环语句使用举例。

解：MATLAB 程序代码如下。

```
%计算 2000 以内的 fibnacci 数
f(1)=1
f(2)=1
i=1
while f(i)+f(i+1)<2000
f(i+2)=f(i)+f(i+1)
i=i+1
end
f
```

程序的输出结果如下：

```
i =
    16
f =
Columns 1 through 8
1 1 2 3 5 8 13 21
Columns 9 through 16
34 55 89 144 233 377 610 987
Column 17
1597
```

2.9.3　MATLAB 程序基本设计原则

MATLAB 程序的基本设计原则如下所述。

（1）%后面的内容是程序的注解，善于运用注解会使程序更具可读性。

（2）养成在主程序开头用 clear 指令清除变量的习惯，以消除工作区中其他变量对程序运行的影响，但注意在子程序中不要用 clear。

（3）参数值要集中放在程序的开始部分，以便维护。要充分利用 MATLAB 工具箱提供的指令来执行所要进行的运算，在语句行之后输入分号使其及中间结果不在屏幕上显示，以提高执行速度。

（4）input 指令可以用来输入一些临时的数据；对于大量参数，则通过建立一个存储参数的子程序，在主程序中通过子程序的名称来调用。

（5）程序尽量模块化，即采用主程序调用子程序的方法，将所有子程序合并在一起来执行全部的操作。

（6）充分利用 Debugger 来进行程序的调试（设置断点、单步执行、连续执行），并利用其他工具箱或图形用户界面（GUI）的设计技巧，将设计结果集成到一起。

（7）设置好 MATLAB 的工作路径，以便程序运行。

MATLAB 程序的基本组成结构如下所示。

```
%说明
清除命令:清除 Workspace 中的变量和图形(clear,close)
定义变量:包括全局变量的声明及参数值的设定
逐行执行命令:指 MATLAB 提供的运算指令或工具箱提供的专用命令
…
控制循环:包含 for,if then,switch,while 等语句
逐行执行命令
…
end
绘图命令:将运算结果绘制出来
```

当然，更复杂的程序还需要调用子程序，或者与 Simulink 及其他应用程序相结合。

第 3 章

Simulink 仿真

3.1 引言

1990 年，MathWorks 软件公司为 MATLAB 提供了新的控制系统模型化图形输入与仿真工具，并命名为 SIMULAB，该工具很快就在控制工程界获得了广泛的认可，使得仿真软件进入了模型化图形组态阶段。1992 年正式将该软件更名为 Simulink。

Simulink 的出现给控制系统分析与设计带来了福音，它有两个主要功能：Simu（仿真）和 Link（链接），即该软件可以利用鼠标在模型窗口上绘制出所需要的控制系统模型，然后利用 Simulink 提供的功能来对系统进行仿真和分析。

在实际工程中，控制系统的结构往往很复杂，如果不借助专用的系统建模软件，则很难准确地把一个控制系统的复杂模型输入计算机，对其进行进一步的分析与仿真，可见，熟悉掌握 Simulink 对于一个当代从事控制方面工作的人来说，非常必要。

通过本章，读者对 Simulink 的基本模块和功能有一个全面了解，并能熟练 Simulink 的基本操作，为使用 Simulink 进行控制系统仿真打下基础。

本章的知识点及要求概括如下。

序号	知识点	了解	熟悉	掌握	精通
1	Simulink 仿真的基本使用及设置			√	
2	Simulink 功能模块的基本操作				√
3	自定义 Simulink 模块		√		
4	S 函数设计	√			

3.2 Simulink 仿真概述

Simulink 是 MATLAB 软件的扩展，它是实现动态系统建模和仿真的一个软件包，与 MATLAB 语言的主要区别在于它与用户交互接口是基于 Windows 的模型化图形输入的，从而使得用户可以把更多的精力投入到系统模型的构建而非语言的编程上。

所谓模型化图形输入是指 Simulink 提供了一些按功能分类的基本系统模块，用户只需要知道这些模块的输入、输出及模块的功能，而不必考察模块内部是如何实现的。通过对这些基本模块的调用，再将它们连接起来就可以构成所需要的系统模型（以.mdl 文件进行存取），进而进行仿真与分析。

Simulink 的版本也随着 MATLAB 的版本进行更新，每年更新两次，但是本书中所用到的仿真方面的工具，基本已经定型了，新版本里的基本功能相差不大。

Simulink 的主要功能有：

- 实现动态系统的建模、仿真与分析；
- 预先对系统进行仿真与分析，进行适当的实时修改，达到仿真的最佳效果；
- 调试和整定控制系统的参数，以提高系统的性能；
- 提高系统开发的效率。

Simulink 仿真主要应用的领域有控制系统、动力学系统、通信系统物理层和数据链路层、数字信号处理系统、电力系统、生物系统、金融系统等。

3.2.1 Simulink 的启动与退出

Simulink 的启动有两种方式：一种是启动 MATLAB 后，单击 MATLAB 主窗口的快捷按钮 来打开 Simulink Library Browser 窗口，如图 3.1 所示；另一种是在 MATLAB 命令行窗口中输入 "Simulink"，结果是在桌面上出现一个称为 Simulink Library Browser 的窗口，在这个窗口中列出了按功能分类的各种模块的名称。

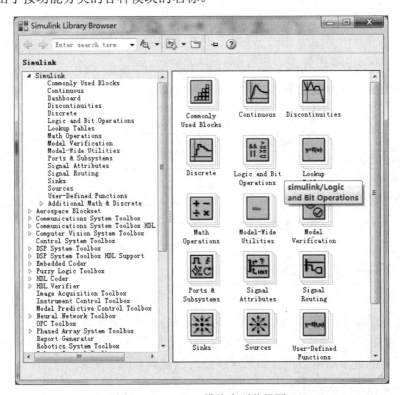

图 3.1　Simulink 模块库浏览界面

　　启动 Simulink 后，能看到你最常用的子模块（Most Frequently Blocks），如图 3.2 所示，在仿真时，一些子模块就可在这里直接拖过去，而不需要再去里面一个一个找了。

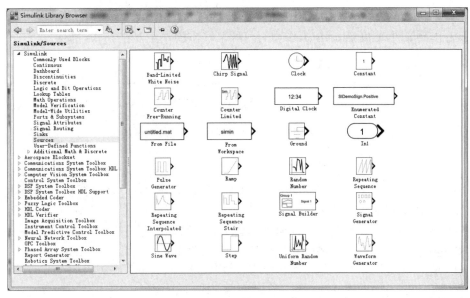

图 3.2　Simulink 模块库窗口

　　Simulink 启动后，便可打开如图 3.3 所示的 Simulink 的仿真编辑窗口，用户此时就可以开始编辑自己的仿真程序了。

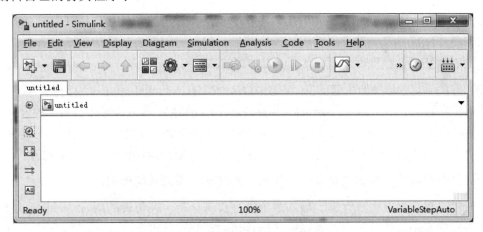

图 3.3　Simulink 仿真编辑窗口

　　Simulink 的退出操作比较简单，只要关闭所有模型窗口和 Simulink 模块库窗口即可。

3.2.2　Simulink 建模仿真

1．Simulink 模型的基本结构

一个典型的 Simulink 模型由以下三种类型的模块构成。

（1）信号源模块：信号源为系统的输入，它包括常数信号源、函数信号发生器（如正弦波和阶跃函数等），以及用户自己在 MATLAB 中创建的自定义信号。

（2）被模拟的系统模块：系统模块作为仿真的中心模块，它是 Simulink 仿真建模所要解决的主要部分。

（3）输出显示模块：系统的输出由显示模块接收。输出显示的形式包括图形显示、示波器显示和输出到文件或 MATLAB 工作空间三种，输出模块主要在 Sinks 库中。

构成 Simulink 模型的三种模块结构关联图如图 3.4 所示。

图 3.4　构成 Simulink 模型的模块结构关联图

Simulink 模型的基本特点可归纳如下。

● Simulink 里提供了许多如 Scope（示波器）的接收器模块，这使得用 Simulink 进行仿真具有图形化显示效果。
● Simulink 的模型具有层次性，通过底层子系统可以构建上层母系统。
● Simulink 提供了对子系统进行封装的功能，用户可以自定义子系统的图标和设置参数对话框。

2. Simulink 建模仿真的基本过程

启动 Simulink 后，便可在 Simulink 中进行建模仿真了，其基本过程如下。

（1）打开一个空白的 Simulink 模型窗口。

（2）进入 Simulink 模块库浏览界面，将相应模块库中所需的模块拖拉到编辑窗口里。具体的操作是：用鼠标左键选中所需要的模块，然后将其拖到需要创建仿真模型的窗口，松开鼠标，这时所需要的模块将出现在 Simulink 模型窗口中。

（3）按照给定的框图修改编辑窗口中模块的参数。在 Simulink 环境下绘制模块，只能绘出带有默认参数的模型，为了满足用户的具体需要，有时还需要对模块参数进行具体的设置。要对模块进行参数设置，首先双击响应的模块，这时将打开此模块的参数设置对话框。在该参数设置对话框中，既可以查看模块的各项默认参数设置，又可以根据需要修改各项参数设置。

（4）将各个模块按给定的框图连接起来，搭建所需要的系统模型。

（5）用菜单选择或命令行窗口输入命令进行仿真分析，在仿真的同时，可以观察仿真结果，如果发现有不正确的地方，可以停止仿真，对参数进行修正。

（6）如果对结果满意，可以将模型保存。

下面通过一个简单的模型来讲述 Simulink 建模仿真的基本操作过程。

【例 3-1】　利用 Simulink 设计一个简单的模型，其功能是将一正弦信号输出到示波器中。

解： 基本步骤如下。

步骤 1　新建一个模型窗口。

步骤 2　为模型添加所需模块。从源模块库（Sources）中复制正弦波模块（ ），输出显示模块库（Sinks）复制示波器模块（ ）。

步骤 3　连接相关模块，构成所需要的系统模型，如图 3.5 所示。

图 3.5　正弦信号输出到示波器中的模型

步骤 4　进行系统仿真，单击模型窗口菜单中的【Simulation→Start】，仿真执行。

步骤 5　观察仿真结果，双击示波器模块，打开 Scope 窗口，如图 3.6 所示。

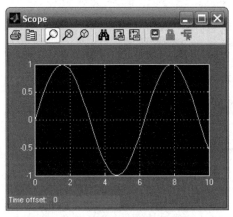

图 3.6　示波器中的仿真结果

3.3　Simulink 的模块库简介

在进行系统动态仿真之前，应绘制仿真系统框图，并确定仿真所需用的参数。Simulink 模块库包含大部分常用的建立系统框图的模块，如图 3.7 所示。下面简要介绍常用模块。

3.3.1　Simulink 模块库分类

Simulink 模块库按功能分为以下 16 类子模块库。

（1）Commonly Used Blocks 模块库，为仿真提供常用元件。

（2）Continuous 模块库，为仿真提供连续系统。

（3）Discontinuitles 模块库，为仿真提供非连续系统元件。

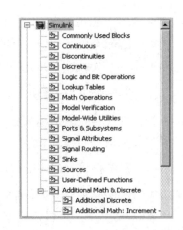

图 3.7　Simulink 模块浏览窗口

（4）Discrete 模块库，为仿真提供离散元件。

（5）Logic and Bit Operations 模块库，提供逻辑运算和位运算的元件。

（6）Lookup Tables 模块库，线形插值查表模块库。

（7）Math Operations 模块库，提供数学运算功能元件。

（8）Model Verification 模块库，模型验证库。

（9）Model-Wide Utilities 模块库。

（10）Ports&Subsystems 模块库，端口和子系统。

（11）Signal Attributes 模块库，信号属性模块。

（12）Signal Routing 模块库，提供用于输入、输出和控制的相关信号及相关处理。

（13）Sinks 模块库，为仿真提供输出设备元件。

（14）Sources 模块库，为仿真提供各种信号源。

（15）User-defined Functions 模块库，用户自定义函数元件。

（16）Additional Math &Discrete 模块库。

3.3.2 控制系统仿真中常用的模块

下面对控制系统仿真中经常用到的模块进行介绍。

1．信号源部分模块

控制系统仿真中，信号源部分模块常用的有输入源模块（Sources），其中常用的有以下子模块。

- Pulse Generator：脉冲发生器输入信号。
- Step：阶跃输入信号。
- Ramp：斜坡输入信号。
- Sine Wave：正弦波信号。
- Signal Generator：信号发生器，可以产生正弦、方波、锯齿波及随意波。
- Band-Limited White Noise：带限白噪声。

2．系统模型部分模块

控制系统仿真中，用来建立系统模型部分模块常用的有连续模块、数学运算模块、非连续模块和离散系统模块。

（1）连续模块（Continuous），常用的有以下子模块。

- Transfer-Fcn：传递函数模型。
- Zero-Pole：零极点模型。
- State-Space：状态空间系统模型。
- Derivative：输入信号微分。
- Integrator：输入信号积分。
- Transport Delay：输入信号延迟一个固定时间再输出。
- Variable Transport Delay：输入信号延迟一个可变时间再输出。

（2）数学运算模块（Math Operations），常用的有以下子模块。

- Gain：比例运算。

- Sign：符号函数。
- Abs：取绝对值。
- Product：乘运算。
- Subtract：减法。
- Add：加法。
- MinMax：最值运算。
- Math Function：包括指数函数、对数函数、求平方、开根号等常用数学函数。
- Trigonometric Function：三角函数，包括正弦、余弦、正切等。

（3）非连续模块（Discontinuous），常用的有以下子模块。

- Dead Zone：死区非线性。
- Backlash：间隙非线性。
- Coulomb&Viscous Friction：库仑和黏度摩擦非线性。
- Relay：滞环比较器，限制输出值在某一范围内变化。
- Saturation：饱和输出，让输出超过某一值时能够饱和。

（4）离散系统模块（Discrete），常用的有以下子模块。

- Discrete Transfer-Fcn：离散传递函数模型。
- Discrete Zero-Pole：以零极点表示的离散传递函数模型。
- Discrete State-Space：离散状态空间系统模型。
- Zero-Order Hold：零阶保持器。
- First-Order Hold：一阶保持器。
- Unit Delay：一个采样周期的延迟。

3. 输出显示部分模块

控制系统仿真中，输出显示部分模块常用的有接收器模块（Sinks）。

- Scope：示波器。
- Floating Scope：浮动示波器。
- Display：数字显示器。
- To File(.mat)：将输出数据写入数据文件保存。
- To Workspace：将输出数据写入 MATLAB 的工作空间。
- XY Graph：二维图形显示器。

3.3.3 控制系统仿真中常用的 Blockset

Simulink 工具箱中含有大量的仿真 Blockset（模块集），这些模块集是针对各领域的专用工具模块，如 Power System Blockset（PSB）、DSP Blockset、Communication Blockset、Nonlinear Control Design Blockset 等。

控制系统仿真中经常用到的 Blockset 有：

- System ID Blockset：系统辨识模块集。

- NCD Blockset：非线性控制设计模块集。
- Neural Network Blockset：神经网络模块集。

3.4　Simulink 功能模块的处理

3.4.1　Simulink 模块参数设置

1．功能模块参数设置

在设置功能模块参数后，才能进行仿真操作。不同功能模块的参数是不同的，用鼠标双击该功能模块自动弹出相应的参数设置对话框。图 3.8 是"功能模块参数设置"对话框。

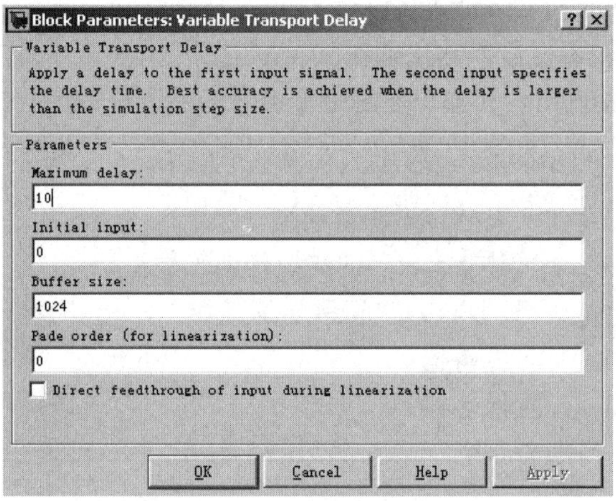

图 3.8　"功能模块参数设置"对话框

功能对话框由功能模块说明框和参数设置框组成。功能模块说明框用于说明该功能模块使用方法和功能；参数设置框用于设置该功能模块的参数。例如，传输延迟参数由最大延迟、初始输入、缓冲区的大小和 pade 近似的阶次组成，用户可输入相关参数。每个对话框的下面有"OK"（确认）、"Cancel"（取消）、"Help"（帮助）和"Apply"（应用）4 个按钮，设置功能模块参数后，需单击"OK"按钮进行确认，将设置参数送到仿真操作画面，并关闭对话框。单击"Cancel"按钮将取消刚才输入的设置参数，并关闭对话框。单击"Help"按钮，将弹出 Web 求助画面。单击"Apply"按钮将设置参数送仿真操作画面，但不关闭参数设置对话框。

2．示波器参数设置

采用 Simulink 仿真时，示波器可以接收向量信号，实时显示信号波形,但该波形不能直接打印或嵌入文件，示波器显示的结果直观且方便，是最常用的现实仿真结果的工具之一。

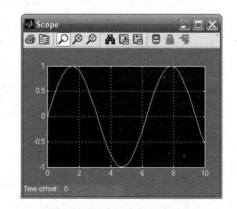

图 3.9　示波器中的正弦波形

图 3.9 显示了示波器的使用，示波器窗口的标题是"Scope"，标题栏下是工具栏，下面简要介绍一下工具栏。

- ⌕⌕⌕：三个图标按钮分别管理 x-y 双向变焦（Zoom）、x 轴向变焦（Zoom X）、y 轴向变焦（Zoom y）。
- ⚲：管理纵坐标的自动刻度（Autoscale），取当前信号的最大、最小值为纵坐标的上、下限。
- ▤：把当前轴的设置保存为该示波器的默认设置。
- ▤：打开"示波器属性"对话框。

在示波器"坐标框"内，单击鼠标右键，弹出一个现场菜单，选中菜单项【Axes properties】，出现纵坐标设置对话框。在 Ymin 和 Ymax 栏中填写所希望的纵轴下、上限。

单击示波器工具栏上的 ▤ 按钮，打开如图 3.10 所示的"示波器属性"对话框。

影响横坐标显示的参数设置如下。

- Number of axes 栏：多信号显示区设置。

图 3.10　"示波器属性"对话窗框

- Time range 栏：默认为 10，即意味着显示在[0,10]区间的信号。
- Sampling 栏：包含抽选 Decimation 和采样时间 Sample time 两个下拉菜单项，Decimation 设置显示频度，若取 n，表示每隔 $n-1$ 个数据点给予显示；Sampling time 设置显示点的采样时间步长。默认为 0，表示显示连续信号。
- Limit date points to last 栏：设定缓冲区接收数据的长度，默认为勾选状态，其值为 5000。
- Save data to workspace 栏：默认时，不被勾选；若该栏被勾选，则可把示波器缓冲区中保存的数据以矩阵或构架形式送入 MATLAB 工作空间。

3.4.2　Simulink 模块的基本操作

功能模块的基本操作包括模块的移动、复制、删除、转向、改变大小、模块命名、颜色设定、参数设定、属性设定、模块输入/输出信号等。模块库中的模块可以直接用鼠标进行拖曳（选中模块，按住鼠标左键不放）而放到模型窗口中进行处理。在模型窗口中，选中模块，则其 4 个角会出现黑色标记，此时可以对模块进行下述各操作。

（1）移动：选中模块，按住鼠标左键将其拖曳到所需的位置即可；若要脱离线而移动，可按住 Shift 键再进行拖曳。

（2）复制：选中模块，按住鼠标右键进行拖曳即可复制同样的一个功能模块。

（3）删除：选中模块，按 Delete 键即可；若要删除多个模块，可以同时按住 Shift 键，再用鼠标选中多个模块，按 Delete 键即可；也可以用鼠标选取某区域，再按 Delete 键就可以把该区域中的所有模块和线等全部删除。

（4）转向：为了能够顺序连接功能模块的输入和输出端，功能模块有时需要转向。在菜单 Format 中选择 Flip Block 旋转 180°，选择 Rotate Block 顺时针旋转 90°；或者直接按 Ctrl+F 组合键执行 Flip Block，按 Ctrl+R 组合键执行 Rotate Block。

（5）改变大小：选中模块，对模块出现的 4 个黑色标记进行拖曳即可。

（6）模块命名：先用鼠标在需要更改的名称上单击一下，然后直接更改即可。名称在功能模块上的位置也可以变换 180°，可以用 Format 菜单中的 Flip Name 来实现，也可以直接通过鼠标进行拖曳。Hide Name 可以隐藏模块名称。

（7）颜色设定：Format 菜单中的 Foreground Color 可以改变模块的前景颜色，Background Color 可以改变模块的背景颜色，而模型窗口的颜色可以通过 Screen Color 来改变。

（8）参数设定：用鼠标双击模块就可以进入模块的参数设定窗口，从而对模块进行参数设定。参数设定窗口包含了该模块的基本功能帮助，为获得更详尽的帮助，可以单击其上的"Help"按钮。通过对模块的参数设定，可以获得需要的功能模块。

（9）属性设定：选中模块，打开 Edit 菜单的 Block Properties 可以对模块进行属性设定，包括对 Description、Priority、Tag、Open function、Attributes format string 等属性的设定。其中 Open function 属性是一个很有用的属性，通过它指定一个函数名，当模块被双击之后，Simulink 就会调用该函数并执行，这种函数在 MATLAB 中称为回调函数。

（10）模块的输入/输出信号：模块处理的信号包括标量信号和向量信号。标量信号是一种单一信号，而向量信号为一种复合信号，是多个信号的集合，它对应着系统中几条连线的合成。默认情况下，大多数模块的输出都为标量信号，对于输入信号，模块都具有一种"智能"的识别功能，能自动进行匹配。某些模块通过对参数的设定，可以使模块输出向量信号。

3.4.3　Simulink 模块间的连线处理

Simulink 模型的构建是通过用线将各种功能模块进行连接而构成的。用鼠标可以在功能模块的输入端与输出端之间直接连线，所画的线可以改变粗细、设定标签，也可以把线折弯、分支。

（1）改变粗细：线所以有粗细是因为线引出的信号可以是标量信号或向量信号，当选中 Format 菜单下的 Wide Vector Lines 时，线的粗细会根据线所引出的信号是标量还是向量而改变，如果信号为标量则为细线，若为向量则为粗线。选中 Vector Line Widths 则可以显示出向量引出线的宽度，即向量信号由多少个单一信号合成。

（2）设定标签：只要在线上双击鼠标，即可输入该线的说明标签。也可以通过选中线，然后打开 Edit 菜单下的 Signal Properties 进行设定，其中 Signal name 属性的作用是标明信号的名称，设置这个名称反映在模型上的直接效果就是与该信号有关的端口相连的所有直线附近都会出现写有信号名称的标签。

（3）线的折弯：按住 Shift 键，再用鼠标在要折弯的线处单击一下，就会出现圆圈，表示折点，利用折点就可以改变线的形状。

（4）线的分支：按住鼠标右键，在需要分支的地方拉出即可，或者按住 Ctrl 键并在要建立分支的地方用鼠标拉出即可。

3.5　Simulink 仿真设置

在编辑好仿真程序后，应设置仿真操作参数，以便进行仿真。单击 Simulation 菜单下面的 Configuration Parameters 项或者直接按快捷键"Ctrl+E"，便会弹出如图 3.11 所示的设置窗口，它包括仿真器参数（Solver）设置、工作空间数据导入/导出（Data Import/Export）设置等。下面对控制系统仿真中常用的仿真设置进行介绍。

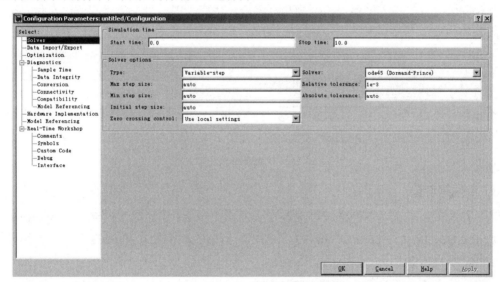

图 3.11　Simulink 设置窗口

3.5.1　仿真器参数设置

仿真器参数设置窗口如图 3.12 所示，它可用于仿真开始时间、仿真结束时间、解法器及输出项等的设置。对于一般的设置，使用默认设置即可。

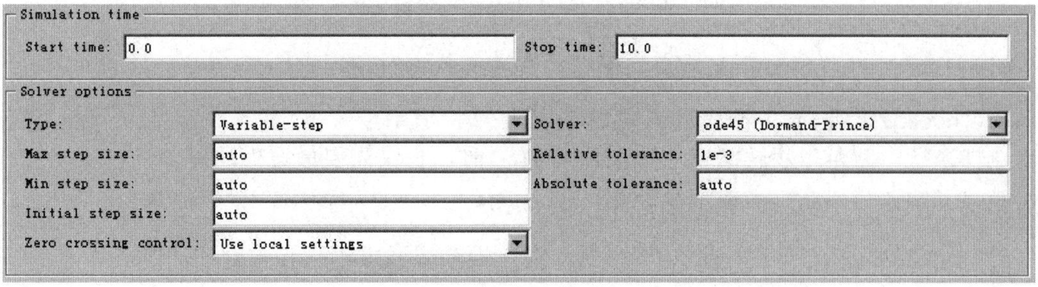

图 3.12　仿真器参数设置窗口

1．仿真时间设置

这里所指的时间概念与真实的时间并不一样，只是计算机仿真中对时间的一种表示，如 10 s 的仿真时间，如果采样步长定为 0.1，则需要执行 100 步，若把步长减小，则采样点数增加，那么实际的执行时间就会增加。

需要设置的有仿真开始时间（Start time）和仿真结束时间（Stop time）。一般仿真开始时间设为 0，而结束时间则视不同的情况进行选择。

总的说来，执行一次仿真要耗费的时间取决于很多因素，包括模型的复杂程度、解法器及其步长的选择、计算机时钟的速度等。

2．仿真步长模式设置

用户在 Type 后面的第一个下拉选项框中指定仿真的步长选取方式，如图 3.13 所示，可供选择的有 Variable-step（变步长）和 Fixed-step（固定步长）方式。选择变步长模式则可以在仿真过程中改变步长，提供误差控制和过零检测选择。固定步长模式则可以在仿真过程中提供固定的步长，不提供误差控制和过零检测。

图 3.13　仿真类型设置窗口

3．解法器设置

用户在 Solver 后面的下拉选项中选择变步长模式解法器，如图 3.14 所示，变步长模式解法器有 discrete、ode45、ode23、ode113、ode15s、ode23s、ode23t 和 ode23tb，下面简要概述一下这些解法器的含义。

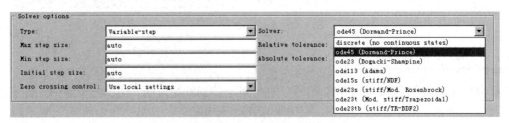

图 3.14　解法器参数设置窗口

（1）discrete：当 Simulink 检查到模型没有连续状态时使用它。

（2）ode45：默认值，表示四/五阶龙格-库塔法，适用于大多数连续或离散系统，但不适用于刚性系统。它是单步解法器，即在计算 $y(t_n)$ 时，它仅需要最近处理时刻的结果 $y(t_{n-1})$。一般来说，面对一个仿真问题最好首先试试 ode45。

（3）ode23：表示二/三阶龙格-库塔法，它在误差限要求不高和求解的问题不太难的情况下，可能会比 ode45 更有效，它也是一个单步解法器。

（4）ode113：表示一种阶数可变的解法器，它在误差容许要求严格的情况下通常比 ode45 有效。ode113 是一种多步解法器，即在计算当前时刻输出时，它需要以前多个时刻的解。

（5）ode15s：表示一种基于数字微分公式的解法器（NDF），它也是一种多步解法器，适用于刚性系统。当用户估计要解决的问题是比较困难的、不能使用 ode45 或者即使使用效果也不好时，就可以用 ode15s。

（6）ode23s：表示一种单步解法器，专门应用于刚性系统，在弱误差允许下的效果优于 ode15s，它能解决某些 ode15s 所不能有效解决的 stiff 问题。

（7）ode23t：表示梯形规则的一种自由插值实现，这种解法器适用于求解适度 stiff 而用户又需要一个无数字振荡的解法器的情况。

（8）ode23tb：表示 TR-BDF2 的一种实现，TR-BDF2 是具有两个阶段的隐式龙格-库塔公式。

固定步长模式解法器有：discrete、ode5、ode4、ode3、ode2、ode1 和 ode14x。

（1）discrete：表示一种实现积分的固定步长解法器，它适合于离散无连续状态的系统。

（2）ode5：默认值，是 ode45 的固定步长版本，适用于大多数连续或离散系统，不适用于刚性系统。

（3）ode4：表示四阶龙格-库塔法，具有一定的计算精度。

（4）ode3：表示固定步长的二/三阶龙格-库塔法。

（5）ode2：表示改进的欧拉法。

（6）ode1：表示欧拉法。

（7）ode14x：表示固定步长的隐式外推法。

4．变步长模式的步长参数设置

对于变步长模式，用户常用的设置有最大和最小步长参数、相对误差和绝对误差、初始步长，以及 Zero crossing control（过零控制）。在默认情况下，步长自动确定，用 auto 值表示。

（1）Max step size（最大步长参数）：决定解法器能够使用的最大时间步长，它的默认值为"仿真时间/50"，即整个仿真过程中至少取 50 个取样点，但这样的取法对于仿真时间较长的系统则可能带来取样点过于稀疏的问题，继而使仿真结果失真。一般建议对于仿真时间不超过 15 s 的采用默认值即可，对于超过 15 s 的每秒至少保证 5 个采样点，对于超过 100 s 的，每秒至少保证 3 个采样点。

（2）Min step size（最小步长参数）：用来规定变步长仿真时使用的最小步长。

（3）Relative tolerance（相对误差）：指误差相对于状态的值，是一个百分比，默认值为 1e–3，表示状态的计算值要精确到 0.1%。

（4）Absolute tolerance（绝对误差）：表示误差值的门限，或者是在状态值为零的情况下可以接受的误差。如果它被设成了 auto，那么 Simulink 为每一个状态设置初始绝对误差为 1e–6。

（5）Initial step size（初始步长参数）：一般建议使用 auto 默认值。

（6）Zero crossing control：过零点控制，用来检查仿真系统的非连续。

5. 固定步长模式的步长参数设置

对于固定步长模式，用户常用的设置如下所述。

（1）Multitasking：选择这种模式时，当 Simulink 检测到模块间非法的采样速率转换时系统会给出错误提示。所谓的非法采样速率转换指两个工作在不同采样速率的模块之间的直接连接。在实时多任务系统中，如果任务之间存在非法采样速率转换，那么就有可能出现一个模块的输出在另一个模块需要时却无法利用的情况。

通过检查这种转换，Multitasking 将有助于用户建立一个符合现实的多任务系统的有效模型，使用速率转换模块可以减少模型中的非法速率转换。Simulink 提供了两个这样的模块：unit delay 模块和 zero-order hold 模块。对于从慢速率到快速率的非法转换，可以在慢输出端口和快输入端口插入一个单位延时（unit delay）模块。对于快速率到慢速率的转换，则可以插入一个零阶采样保持器（zero-order hold）。

（2）Singletasking：这种模式不检查模块间的速率转换，它在建立单任务系统模型时非常有用，在这种系统中不存在任务同步问题。

（3）Auto：选择这种模式时，Simulink 会根据模型中模块的采样速率是否一致，自动决定切换到 Multitasking 模式或 Singletasking 模式。

3.5.2 工作空间数据导入/导出设置

工作空间数据导入/导出（Data Import/Export）设置的界面如图 3.15 所示，它主要在 Simulink 与 MATLAB 工作空间交换数值时进行有关选项设置，可以设置 Simulink 和当前工作空间的数据输入、输出。通过设置，可以从工作空间输入数据、初始化状态模块，也可以把仿真结果、状态变量、时间数据保存到当前工作空间，它包括 Load from workspace、Save to workspace 和 Save options 三个选择项。

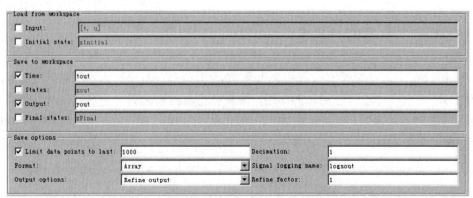

图 3.15　工作空间数据导入/导出设置的界面

（1）Load from workspace：选中前面的复选框即可从 MATLAB 工作空间获取时间和输入变量，一般时间变量定义为 t，输入变量定义为 u。Initial state 用来定义从 MATLAB 工作空间获得的状态初始值的变量名。

Simulink 通过设置模型的输入端口，实现在仿真过程中从工作空间读入数据，常用的输入端口模块为信号与系统模块库（Signals & Systems）中的 In1 模块，设置其参数时，选中 input 前的复选框，并在后面的编辑框键入输入数据的变量名，并可以用命令行窗口或 M 文件编辑器输入数据。Simulink 根据输入端口参数中设置的采样时间读取输入数据。

（2）Save to workspace：用来设置存在 MATLAB 工作空间的变量类型和变量名，可以选择保存的选项有时间、端口输出、状态和最终状态。选中选项前面的复选框并在选项后面的编辑框输入变量名，就会把相应数据保存到指定的变量中。常用的输出模块为信号与系统模块库（Signals & Systems）中的 Out1 模块和输出方式库（Sink）中的 To Workspace 模块。

（3）Save options：用来设置存往工作空间的有关选项。

① Limit date points to last 用来设定 Simulink 仿真结果最终可存往 MATLAB 工作空间的变量的规模，对于向量而言即其维数，对于矩阵而言即其秩。

② Decimation 设定了一个亚采样因子，它的默认值为 1，也就是对每一个仿真时间点产生值都保存，若为 2 则是每隔一个仿真时刻保存一个值。

③ Format 用来说明返回数据的格式，包括数组（Array）、结构体（Structure）及带时间的结构体（Structure with time）。

④ Signal logging name 用来保存仿真中记录的变量名。

⑤ Output options 用来生成额外的输出信号数据，它有以下 3 个选项。

● Refine output：这个选项可以理解成精细输出，其意义是在仿真输出太稀松时，Simulink 会产生额外的精细输出，这一点就像插值处理一样。用户可以在 refine factor 设置仿真时间步间插入的输出点数，产生更光滑的输出曲线，改变精细因子比减小仿真步长更有效。精细输出只能在变步长模式中才能使用，并且在 ode45 效果最好。

● Produce additional output：它允许用户直接指定产生输出的时间点。一旦选择了该项，则在它的右边出现一个 output times 编辑框，在这里用户指定额外的仿真输出点，它既可以是一个时间向量，也可以是表达式。与精细因子相比，这个选项会改变仿真的步长。

● Produce specified output only：让 Simulink 只在指定的时间点上产生输出。为此解法器要调整仿真步长以使之和指定的时间点重合。这个选项在比较不同的仿真时可以确保它们在相同的时间输出。

⑥ Refine factor 用来指定仿真步长之间产生数据的点数。

3.6　Simulink 仿真举例

通过前面的内容，读者应该了解并初步掌握了 Simulink 的使用。下面通过几个实例，讲述如何使用 Simulink 进行仿真。

【例 3-2】　使用 Simulink 求解微分方程 $\dfrac{\mathrm{d}u}{\mathrm{d}t} = \cos(\sin t), u(0) = 1$。

解： 首先从数学的角度看，要由 t 得到 u 的数值解，需要先对 $\sin t$ 进行余弦运算，然后积分。在弄清数学模型结构之后，就可以根据数学模型设计相应的仿真模型。

在本例中，需要正弦信号、余弦函数、积分模块、观测结果的模块。

分别将 Simulink Library Browser 中的以下模块依次拖到 untitled 窗口中，如图 3.16 所示，其中：

图 3.16　求解微分方程的 Simulink 模型

- Sources 模块组中的 Sine Wave 模块，它是正弦信号；
- Math Operations 模块组中的 Trigonometric Function 模块，Trigonometric Function 是三角函数，双击该模块，选择余弦函数（cos）；
- Continuous 模块组中的 Integrator 模块，它是积分模块。
- Sinks 模块组中的 Scope 模块，这是示波器模块，能将输出结果显示出来。

按照题意连接好模块后，在默认参数下运行仿真，输出结果如图 3.17 所示。

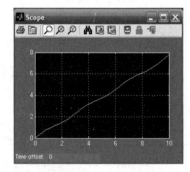

图 3.17　微分方程求解的结果图

【例 3-3】　产生一个 $5\sin(2t)$ 和 $\sin(5t)$ 叠加的信号，而且还叠加了功率谱为 0.5 的限带宽白噪声。

解： 首先需要产生 $5\sin(2t)$、$\sin(5t)$ 和限带宽白噪声信号，然后将这 3 个信号叠加起来。

在本例中，需要正弦信号、限带宽白噪声、加法模块、观测结果的模块。

分别将 Simulink Library Browser 中的以下模块依次拖到 untitled 窗口中，如图 3.18 所示，其中：

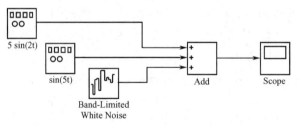

图 3.18　信号叠加的 Simulink 模型

- Sources 模块组中的 Signal Generator 模块，它是信号发生器模块，双击该模块选定 sin 波形、幅值 5、频率 2，这将产生 $5\sin(2t)$ 信号；另一个类似的设置将产生 $\sin(5t)$ 信号。
- Sources 模块组中的 Band-Limited White Noise 模块，它是限带宽白噪声模块，双击该模块，设置 Noise power（功率谱）为 0.5，这将产生功率谱为 0.5 的限带宽白噪声信号。
- Math Operations 模块组中的 Add 模块，它是加法模块，默认是两个输入相加，双击该模块，将"List of Signs"框中的两个加号（++）改为三个加号（+++），表明对 3 个输入量进行相加。

● Sinks 模块组中的 Scope 模块，这是示波器模块，能将输出结果显示出来。

按照题意连接好模块后，在默认参数下运行仿真，输出结果如图 3.19 所示。

【例 3-4】　已知单位负反馈二阶系统的开环传递函数为 $G(s) = \dfrac{10}{s^2 + 3s}$，试利用 Simulink 求取其单位阶跃响应。

解：本题的基本求解步骤如下。

（1）利用 Simulink 的 Library 窗口中的【File】→【New】，打开一个新的模型窗口。

（2）分别从信号源库（Sourse）、输出方式库（Sink）、数学运算库（Math）、连续系统库（Continuous）中，用鼠标把阶跃信号发生器（Step）、示波器（Scope）、传递函数（Transfer Fcn）和相加器（Sum）4 个标准功能模块选中，并将其拖至模型窗口。

（3）按要求先将前向通道连接好，然后把相加器（Sum）的另一个端口与传递函数和示波器间的线段相连，形成闭环反馈。

（4）双击传递函数，打开其"模块参数设置"对话框，并将其中的 Numerator 设置为"[10]"，Denominator 设置为"[1 3 0]"，如图 3.20 所示，同理，将相加器设置为"+-"。

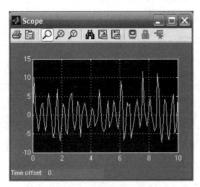 

图 3.19　信号叠加的结果图　　　　　图 3.20　"模块参数设置"对话框

（5）绘制成功后，如图 3.21 所示，命名后存盘。

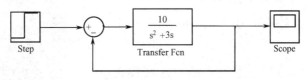

图 3.21　二阶系统 Simulink 结构图

（6）对模型进行仿真，运行后双击示波器，得到系统的阶跃响应曲线如图 3.22 所示。

【例 3-5】　某控制系统的传递函数表示为 $\dfrac{Y(s)}{X(s)} = \dfrac{G(s)}{1 + G(s)}$，其中 $G(s) = \dfrac{s + 50}{2s^2 + 3s}$，试用 Simulink 求它的阶跃输出响应，并将响应曲线导入到 MATLAB 的工作空间中，在工作空间中绘制响应曲线。

解： 本例中需要阶跃信号、传递函数、加法模块、将 Simulink 中的数据导出到工作空间的模块和观测结果的模块。

分别将 Simulink Library Browser 中的以下模块依次拖到 untitled 窗口中，连接后便得到整个控制系统的模型，如图 3.23 所示。

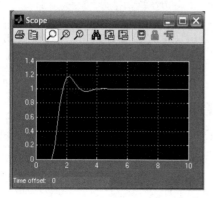

图 3.22　示波器输出结果图

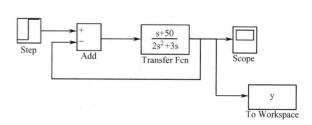

图 3.23　例 3-5 的控制系统 Simulink 模型

- Sources 模块组中的 Step 模块，它是阶跃信号模块，这将产生阶跃输入信号。
- Continuous 模块组中的 Transfer Fcn 模块，它是传递函数模块，双击该模块设置分子多项式为[1 50]，分母多项式为[2 3 0]，这将构造传递函数 G(s)。
- Math Operations 模块组中的 Add 模块，它是加法模块，默认是两个输入相加，双击该模块，将"List of Signs"框中的两个加号（++）改为一个加号和一个减号（+−），减号用来进行负反馈连接。
- Sinks 模块组中的 Scope 模块，这是示波器模块，能将输出结果显示出来。
- Sinks 模块组中的 To Workspace 模块，这是将 Simulink 中的数据导出到 MATLAB 的 Workspace 中的模块，此处用来将输出结果导出到工作空间中。对 To Workspace 模块进行设置时，将导出的数据命令为 y，这样仿真结果在工作空间中便会以变量 y 存在。需要注意的是，需要将 save format 设为 array，这样运行后在工作空间便可用 plot 将导过来的数据进行绘图。

选择 Simulation 菜单下的 Start 命令，开始仿真。仿真后，双击 Scope，结果如图 3.24 所示。

由图 3.24 可见，系统的瞬态响应很不理想，稳定时间长，超调量大。

在 MATLAB 工作空间中，看到了变量 y，如图 3.25 所示。双击变量 y，便出现了图 3.25 中右侧部分的"Array Editor"，里面能看到 y 的数据。

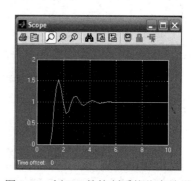

图 3.24　例 3-5 的控制系统仿真结果

可以使用 plot 命令来显示 y，也可以简捷地利用工作空间工具条中的 plot 功能，单击 plot，输出结果如图 3.26 所示。

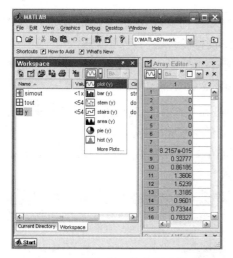

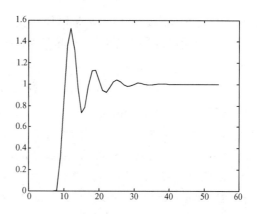

图 3.25　导入到工作空间中的变量　　　图 3.26　工作空间中仿真结果的图形化输出

从上面可以看出，采用 Simulink 进行仿真，不仅系统模型的搭建简单方便，而且能直接获得系统输出或状态变量变化曲线，具有简单明了、直观形象的特点，得到了广泛应用。

【例 3-6】　已知一闭环系统结构如图 3.27 所示，其中，系统前向通道的传递函数为

$G(s) = \dfrac{s+0.5}{s+0.1} \cdot \dfrac{20}{s^3+12s^2+20s}$ ，而且前向通道有一个[–0.2, 0.5]的限幅环节，图中用 N 表示，反馈通道的增益为 1.5，系统为负反馈，阶跃输入经 1.5 倍的增益作用到系统，试利用 Simulink 对该闭环系统进行仿真，要求观测其单位阶跃响应曲线。

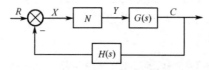

图 3.27　例 3-6 的系统框图

解：使用 Simulink 进行仿真的基本步骤如下。

（1）在 MATLAB 的窗中双击 Simulink 图标就打开 Simulink Library Browser 窗口，在此窗口进入"File→New→Model"，就会打开一个 untitled 窗口（可以用"Save as"保存此窗口并改名），如图 3.28 所示。

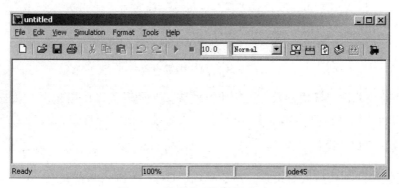

图 3.28　控制模型框图编辑窗口

（2）根据题意在 Simulink Library Browser 窗口中选定需要使用的子模块，如图 3.29 所示。在本例中，需要单位阶跃信号、增益模块、表示连续系统的模块、表示限幅环节的模块、用来把输入信号和输出信号组合起来以便直观观察的模块、把输入信号和反馈信号综合的模块、把仿真中的变量输入到工作空间的模块、观测系统响应曲线的模块和时钟模块。

在 Simulink Library Browser 窗口下找到了符合要求的模块：表示阶跃信号的模块 Step，它位于 Sources 模块组中；表示增益的模块 Gain，它位于 Math Operations 模块组中；表示连续系统的模块 Transfer Fcn，它位于 Continous 模块组中；表示限幅环节的模块 Saturation，它位于 Discontinuties 模块组中；用来把输入信号和输出信号组合的模块 Mux，它位于 Signal Routing 模块组中；用于把输入信号和反馈信号综合的模块 Sum，它位于 Math Operations 模块组中；用于把仿真变量输入到工作空间的模块 To Workspace，它位于 Sinks 模块组中；用于观测系统响应曲线的模块 Scope，它位于 Sinks 模块组中；用来产生时钟信号的模块 Clock，它位于 Sources 模块组中。

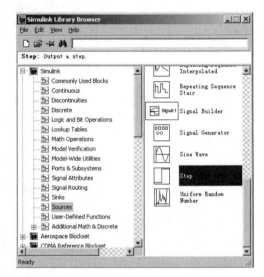

图 3.29　Simulink Library Browser 窗口

把选定好的模块依次拖到 untitled 窗口中，如图 3.30 所示。注意：模块的选择有时不是唯一的，要根据自己的习惯定。在本例中，表示系统前向通道传递函数的模块可以用 Transfer Fcn，也可以用 Zero-Pole 或 State-Space，当然，需要进行简单的转换，详见第 4 章。

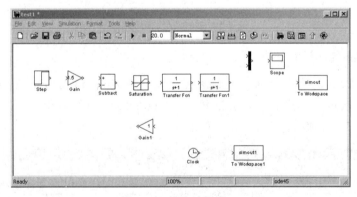

图 3.30　模块编辑窗口

（3）连接模块并设定模块参数。把各功能模块按照逻辑关系连接起来，双击某一个模块，就会出现该模块的设置窗口，如图 3.31 所示，依次设置模块的参数。以图 3.31 为例，它是传递函数的设置窗口，设定它为 $\dfrac{s+0.5}{s+0.1}$，则在 Numerator 中输入[1 0.5]，在 Denominator 中输入[1 0.1]，其他的选项按默认值设定，然后单击"OK"按钮完成设置。

在 Simulink 仿真中常用的一个模块是 To Workspace，它把 Simulink 仿真的数据传送到工作空间中，以供 MATLAB 程序使用。用鼠标双击"To Workspace"图标，得到如图 3.32 所示的 To Workspace 模块参数对话框。

本例中，需要传输数据向量 c 和 t。以设置数据向量 c 为例，在 Variable name 编辑框中输入向量名 c，save format 编辑选择 Array（向量）项，然后单击"OK"按钮完成设置。仿真运行后，向量 c(t) 和 t 以各自变量名存在于 MATLAB Workspace 中。

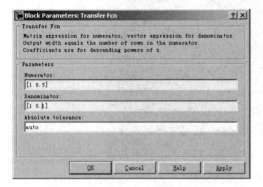

图 3.31　模块参数设定窗口　　　　图 3.32　"To Workspace"模块参数对话框

（4）设置仿真器参数，"仿真器参数设置"对话框如图 3.33 所示，在 Simulation\Simulation Parameters\Solver 中设置 SolverType、Solver（步长）、Stop Time 等。

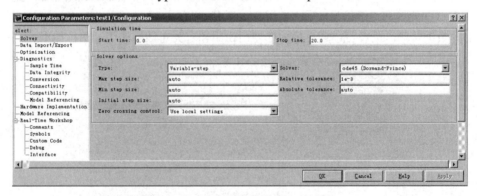

图 3.33　"仿真器参数设置"对话框

（5）运行仿真。模型编辑好后，单击"Start"按钮，运行 Simulation\Start，如图 3.34 所示。

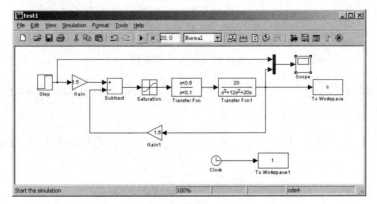

图 3.34　例 3-6 的 Simulink 仿真框图

（6）分析仿真结果。仿真中，一般采用示波器观测输出结果。双击 Scope 模块，输出的图形如图 3.35 所示。由于采用了 Mux 模块，把输入信号和输出信号合在一起同时显示，所以图上是两条曲线，它会自动分配不同的颜色以便观察。

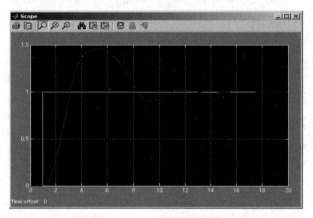

图 3.35　示波器输出结果

（7）对工作空间中的数据做后续处理。当仿真任务比较复杂时，需要把 Simulink 生成的数据再导入到工作空间中来进行一些处理和分析。在本例中，Simulink 仿真结束后，输出结果通过 To workspace 传送到工作空间中，如图 3.36 所示。在工作空间窗口中能看到这些变量，使用"whos"命令能看到这些变量的详细信息。另外，还有一些模块（如 From file、To file）能实现文件与 Simulink 的数据传输，读者可以通过模块的使用说明和有关对话框的引导进行使用。

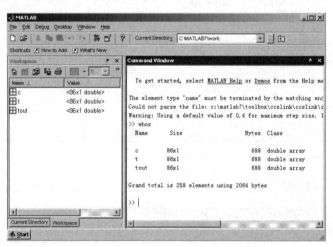

图 3.36　工作空间窗口

有关 Simulink 的使用将在后面有关自动控制系统分析和设计的章节中进一步详细论述。

注意：

（1）传递函数的分子、分母多项式系数行向量的输入，是按降幂排列的顺序从高到低依次输入。

（2）如多项式缺项，必须将对应系数 0 输入，不能遗漏。

（3）在参数设置是，任何 MATLAB 工作内存中已有的变量、合法表达式、MATLAB 语句等都可以填写在编辑框中。

（4）模块图标的大小是可以用鼠标操作调整的，假如传递函数表达式太长，原方框容纳不下，可以用鼠标把它拉到适当的大小，使整个方框图图标美观易读。

3.7 Simulink 自定义功能模块

前面讲述了使用 Simulink 中现有的模块进行仿真，但在实际中，可能有些需要用到的模块在 Simulink 中没有，因此需要对 Simulink 的模块进行扩展，以适应特殊的仿真应用。

3.7.1 自定义功能模块的创建

Simulink 提供了自定义功能模块，用户只要按照其规定要求定义一些模块，便可在 Simulink 仿真中调用和加以使用。自定义功能模块的创建有以下两种方法。

（1）采用 Signal&Systems 模块库中的 Subsystem 功能模块，利用其编辑区设计组合新的功能模块。基本操作：首先将 Signal&Systems 模块库中的 Subsystem 功能模块复制到打开的模型窗口中，然后双击 Subsystem 功能模块，进入自定义功能模块窗口，即可利用已有的基本功能模块设计出新的功能模块。

（2）将现有的多个功能模块组合起来，形成新的功能模块。基本操作：在模型窗口中建立所定义功能模块的子模块。用鼠标将这些需要组合的功能模块选中，然后选择 Edit 菜单下的 Create Subsystem 即可。

对于很大的 Simulink 模型，通过自定义功能模块可以简化图形，减少功能模块的个数，有利于模型的分层构建。

3.7.2 自定义功能模块的封装

上面提到的两种方法都只是创建一个功能模块而已，如果要命名该自定义功能模块、对功能模块进行说明、选定模块外观、设定输入数据窗口，则需要对其进行封装处理。

首先选中 Subsystem 功能模块，再打开 Edit 菜单中的 Mask Subsystem 进入 mask 的编辑窗口，可以看出有 3 个标签页。

1．Icon 标签页

它用于设定功能模块外观，最重要的部分是 Drawing Commands，在该区域内可以用 disp 指令设定功能模块的文字名称，用 plot 指令画线，用 dpoly 指令画转换函数。

注意：尽管这些命令在名字上和以前讲的 MATLAB 函数相同，但它们在功能上却不完全相同，因此不能随便套用以前所讲的格式。

- disp('text')：在功能模块上显示设定的文字内容。
- disp('text1\ntext2')：分行显示文字 text1 和 text2。

- plot([x1 x2 … xn], [y1 y2 … yn])：在功能模块上画出由[x1 y1]经[x2 y2]经 [x3 y3]…，直到[xn, yn]为止的直线。功能模块的左下角会根据目前的坐标刻度被正规化为[0, 0]，右上角则会依据目前的坐标刻度被正规化为[1, 1]。
- dpoly(num, den)：按 s 次数的降幂排序，在功能模块上显示连续的传递函数。
- dpoly(num, den, 'z')：按 z 次数的降幂排序，在功能模块上显示离散的传递函数。

用户还可以设置一些参数来控制图标的属性，这些属性在 Icon 页右下端的下拉式列表中进行选择。

- Icon frame：选择 Visible 则显示外框线，选择 Invisible 则隐藏外框线。
- Icon Transparency：选择 Opaque 则隐藏输入/输出的标签，选择 Transparent 则显示输入/输出的标签。
- Icon Rotation：旋转模块。
- Drawing coordinate：画图时的坐标系。

2．Initialization 标签页

它用于设定输入数据窗口（Prompt list），主要用来设计输入提示（Prompt），以及对应的变量名称（variable）。在 Prompt 栏上输入变量的含义，其内容会显示在输入提示中。variable是仿真要用到的变量，该变量的值一直存于 mask workspace 中，因此可以与其他程序相互传递。

如果配合在 Initialization commands 内编辑程序，则可以发挥功能模块的功能来执行特定的操作。

（1）在 Prompt 编辑框中输入文字，这些文字就会出现在 Prompt 列表中；在 Variable 列表中输入变量名称，则 Prompt 中的文字对应该变量的说明。如果要增加新的项目，则可以单击边上的 Add 按钮。Up 和 Down 按钮用于执行项目间的位置调整。

（2）Control type 列表给用户提供选择设计的编辑区，选择 Edit 会出现供输入的空白区域，所输入的值代表对应的 variable；Popup 则为用户提供可选择的列表框，所选的值代表 variable，此时在下面会出现 Popup strings 输入框，用来设计选择的内容，各值之间用逻辑或符号"|"隔开；若选择 Checkbox 则用于 on 与 off 的选择设定。

（3）Assignment 属性用于配合 Control type 的不同选择来提供不同的变量值，变量值分为 Evaluate 和 Literal 两种，其含义如表 3.1 所示。

表 3.1　Assignment 属性的含义

Control Type	Assignment	
	Evaluate	Literal
Edit	输入的文字是程序执行时所用的变量值	输入内容做字符串处理
Popup	所选序号，选第一项输出 1，以此类推	选择内容做字符串处理
Checkbox	输出为 1 或 0	输出为 'on' 或 'off' 的字符串

3．Documentation 标签页

它用于设计该功能模块的文字说明，主要针对完成的功能模块来编写相应的说明文字和Help。

（1）在 Block description 中输入的文字，会出现在参数窗口的说明部分。

（2）在 Block help 中输入的文字会显示在单击参数窗口中的"Help"按钮后浏览器所加载的 HTML 文件中。

（3）在 Mask type 中输入的文字作为封装模块的标注性说明，在模型窗口下，将鼠标指向模块则会显示该文字。当然必须先在 View 菜单中选择 Block Data Tips——Show Block Data Tips。

3.8　S 函数设计与应用

Simulink 为用户提供了许多内置的基本库模块，如连续系统模块库（Continous）、离散系统模块库（Discontinous）等，通过这些模块的连接可构成系统的模型。这些内置的基本库模块是有限的，在许多情况下，尤其是在特殊的应用中，需要用到一些特殊的模块，这些模块可以用基本模块构成，是由基本模块扩展而来的。

Simulink 提供了一个功能强大的对模块库进行扩展的新工具 S-Function，它依然是基于 Simulink 原来提供的内置模块，通过对那些经常使用的模块进行组合并封装而构建出可重复使用的新模块。

S-Function 是系统函数（System Function）的简称，是一个动态系统的计算机语言描述。在 MATLAB 中，用户可以选择用 M 文件编写，也可以用 C 语言或 mex 文件编写，在这里只给大家介绍如何用 M 文件编写 S-Function，使用 C 语言或 mex 文件编写的方法与 M 文件编写的方法基本类似。

S-Function 提供了扩展 Simulink 模块库的有力工具，它采用一种特定的调用语法，实现函数和 Simulink 解法器之间的交互。

S-Function 最广泛的用途是定制用户自己的 Simulink 模块，其形式十分通用，能够支持连续系统、离散系统和混合系统。

3.8.1　S 函数设计模板

对于一些算法比较复杂的模块可以使用 MATLAB 语言按照 S-Function 的格式来编写。应该注意的是，这样构造的 S-Function 只能用于基于 Simulink 的仿真，并不能将其转换成独立于 MATLAB 的程序。

1. M 文件格式的 S 函数模板及结构

MATLAB 提供了一个模板文件，方便 S-Function 的编写，该模板文件位于 MATLAB 根目录 toolbox/Simulink/blocks 下，去除注释部分后的程序结构如下。

```
S-Function 的模板
function [sys, x0, str, ts] = sfuntmpl(t, x, u, flag)
switch flag,
case 0,    %Initialization
 [sys, x0, str, ts]=mdlInitializeSizes;    %初始化子函数
```

```
case 1,      %Derivatives
sys=mdlDerivatives(t, x, u);                    %微分计算子函数
case 2,      %Update
sys=mdlUpdate(t, x, u);                         %状态更新子函数
case 3,      %Outputs
sys=mdlOutputs(t, x, u);                        %结果输出子函数
case 4,      %GetTimeOfNextVarHit
sys=mdlGetTimeOfNextVarHit(t, x, u);            %计算下一个采样点的绝对时间的子函数
case 9,      %Terminate
sys=mdlTerminate(t, x, u);                      %仿真结束子函数
otherwise    %Unexpected flags
error(['Unhandled flag = ', num2str(flag)]);
end
```

M 文件 S-Function 可用的子函数及功能说明如下。

- mdlInitializeSizes：定义 S-Function 模块的基本特性，包括采样时间、连续或者离散状态的初始条件和 Sizes 数组。
- mdlDerivatives：计算连续状态变量的微分方程。
- mdlUpdate：更新离散状态、采样时间和主时间步的要求。
- mdlOutputs：计算 S-Function 的输出。
- mdlGetTimeOfNextVarHit：计算下一个采样点的绝对时间，即在 mdlInitializeSizes 中说明了一个可变的离散采样时间。
- mdlTerminate：结束仿真任务。

模板文件中 S-Function 的结构十分简单，它只为不同的 flag 值指定需调用的 M 文件子函数。例如，当 flag=3 时，即模块处于计算输出这个仿真阶段时，需调用的子函数为 sys=mdloutputs(t, x, u)。

模板文件使用 switch 语句来完成这种指定，当然这种结构并不是唯一的，用户也可以使用 if 语句来完成同样的功能。在实际运用时，可以根据实际需要去掉某些值，因为并不是每个模块都需要经过所有的子函数调用。

2. 模板的使用

模板文件只是 Simulink 为方便用户而提供的一种参考格式，并不是编写 S-Function 的语法要求，用户完全可以改变子函数的名称，或者直接把代码写在主函数中。但使用模板文件的好处是比较方便、条理清晰。

概括说来，建立 S-Function 可以分成两个分离的任务。

- 初始化模块特性包括输入/输出信号的宽度、离散连续状态的初始条件和采样时间。
- 将算法放到合适的 S-Function 子函数中去。

为了让 Simulink 识别出一个 M 文件 S-Function，用户必须在 S 函数里提供有关 S 函数的说明信息，包括采样时间、连续或者离散状态个数等初始条件。这一部分主要是在 mdlInitializeSizes 子函数里完成。

Sizes 数组是 S-Function 函数信息的载体，其内部的字段意义分别如下所述。

- NumContStates：连续状态的个数（状态向量连续部分的宽度）。
- NumDiscStates：离散状态的个数（状态向量离散部分的宽度）。
- NumOutputs：输出变量的个数（输出向量的宽度）。
- NumInputs：输入变量的个数（输入向量的宽度）。
- DirFeedthrough：有无直接馈入。注意：DirFeedthrough 是一个布尔变量，它的取值只有 0 和 1 两种。0 表示没有直接馈入，此时用户在编写 mdlOutputs 子函数时就要确保子函数的代码里不出现输入变量 u；1 表示有直接馈入。
- NumSampleTimes：采样时间的个数，也就是 ts 变量的行数，与用户对 ts 的定义有关。

如果字段代表的向量宽度为动态可变，则可以将它们赋值为–1。需要指出的是，由于 S-Function 会忽略端口，所以当有多个输入变量或多个输出变量时，必须用 mux 模块或 demux 模块将多个单一输入合成为一个复合输入向量或将一个复合输出向量分解为多个单一输出。

3．S 函数模板文件的输入/输出参数

S-Function 默认的 4 个输入参数为 t、x、u 和 flag，它们的次序不能变动，代表的意义分别为：

- t 表示当前仿真时间，这个输入参数通常用于决定下一个采样时刻，或者在多采样速率系统中，用来区分不同的采样时刻点，并据此进行不同的处理。
- x 表示状态向量，这个参数是必须的，甚至在系统中不存在状态时也是如此，它的使用非常灵活。
- u 表示输入向量。
- flag 是一个用于控制在每一个仿真阶段调用哪一个子函数的参数，由 Simulink 在调用时自动取值。

S-Function 默认的 4 个输出参数为 sys、x0、str 和 ts，它们的次序不能变动，代表的意义分别为：

- sys 是一个通用的返回参数，其返回值的意义取决于 flag 的值。
- x0 是初始的状态值（没有状态时是一个空矩阵），这个返回参数只在 flag 值为 0 时才有效，其他时候都会被忽略。
- str 参数没有什么意义，是 MathWorks 公司为将来的应用保留的，M 文件 S-Function 必须把它设为空矩阵。
- ts 是一个 $m{\times}2$ 矩阵，它的两列分别表示采样时间间隔和偏移。

使用模板编写 S-Function，用户只需把 S 函数名换成期望的函数名，如果需要额外的输入参量，还须在输入参数列表的后面增加这些参数，因为前面的 4 个参数是 Simulink 调用 S-Function 时自动传入的。对于输出参数，最好不要修改。接下来的工作就根据所编 S-Function 要完成的任务，用相应的代码去替代模板里各个子函数的代码。

Simulink 在每个仿真阶段都会对 S-Function 进行调用，在调用时，Simulink 会根据所处的仿真阶段为 flag 传入不同的值，而且还会为 sys 这个返回参数指定不同的角色，即尽管是相同的 sys 变量，但在不同的仿真阶段其意义却不相同，这种变化由 Simulink 自动完成。

3.8.2　S 函数设计举例

下面通过一个完整的实例讲述 S 函数的创建和在 Simulink 中应用 S 函数的方法。

【例 3-7】　利用 MATLAB 中 S 函数模板设计一个连续系统的 S-Function。给定控制系统的传递函数为 $G(s) = \dfrac{1}{s+1}$。试利用仿真集成环境 Simulink 中的 S 函数，绘制此控制系统的阶跃响应曲线。

解： 本题的基本步骤如下。

步骤 1　获取状态空间表达式。

根据传递函数，写出该控制系统的运动方程，即

$$\frac{Y(s)}{U(s)} = \frac{1}{s+1} \rightarrow \dot{y}(t) + y(t) = u(t)$$

选取状态变量 $x = y$，则系统的状态空间表示为

$$\begin{cases} \dot{x} = -x + u \\ y = x \end{cases}$$

步骤 2　建立 S 函数的 M 文件。

根据状态方程对 MATLAB 提供的 S 函数模板进行裁剪，得到 sfunction_example.m 文件。具体操作如下：复制 MATLAB 安装文件夹下的 toolbox\simulink\blocks 子目录下的 sfuntmpl.m 文件，并将其改名为 sfunction_example.m，再根据状态方程修改程序中的代码。

具体的修改过程如下。

（1）重新命名函数。函数名需要随文件名的修改而修改，如下所示。

```
function [sys,x0,str,ts] = sfunction_example(t,x,u,flag,x_initial)
```

其中，x_initial 是状态变量 x 的初始值，它需要在 Simulink 对系统进行仿真前由用户手工赋值。

主函数部分的代码如下。

```
switch flag,
    case 0,          %Initialization, 初始化%
        [sys,x0,str,ts]=mdlInitializeSizes(x_initial);
    case 1,          %Derivatives, 计算模块导数%
        sys=mdlDerivatives(t,x,u);
    case 2,          %Update, 更新模块离散状态%
        ys=mdlUpdate(t,x,u);
    case 3,          %Outputs, 计算模块输出%
        sys=mdlOutputs(t,x,u);
    case 4,          %GetTimeOfNextVarHit, 计算下一个采样时间点%
        sys=mdlGetTimeOfNextVarHit(t,x,u);
    case 9,          %Terminate , 仿真结束%
        sys=mdlTerminate(t,x,u);
    otherwise        %Unexpected flags, 出错标记 %
        error(['Unhandled flag = ',num2str(flag)]);
end
```

（2）修改"初始化"子函数部分的代码，修改后的代码如下。

```
%由于状态变量 x 的初始状态是用户事先设定的，所以输入参数列表中需加入 x_initial
function [sys,x0,str,ts]=mdlInitializeSizes(x_initial)
    sizes = simsizes;              %用于设置模块参数的结构体用 simsizes 来生成
    sizes.NumContStates  = 1;      %系统中的连续状态变量个数为 1
    sizes.NumDiscStates  = 0;      %系统中的离散状态变量个数为 0
    sizes.NumOutputs     = 1;      %系统的输出个数为 1
    sizes.NumInputs      = 1;      %系统的输入个数为 1
    sizes.DirFeedthrough = 0;      %输入和输出间不存在直接比例关系
    sizes.NumSampleTimes = 1;      %只有 1 个采样时间
    sys = simsizes(sizes);         %设置完后赋给 sys 输出
    x0  = x_initial;               %设定状态变量的初始值
    str = [];                      %固定格式
    ts  = [0 0];                   %该取值对应纯连续系统
```

（3）修改"计算模块导数"子函数部分的代码，修改后的代码如下。

```
function sys=mdlDerivatives(t,x,u)
    dx = -x + u                    %对应于系统的状态空间方程 ẋ = -x + u
    sys = dx;                      %把计算得出的导数向量赋值给 sys 变量
```

（4）修改"更新模块离散状态"子函数部分的代码，修改后的代码如下。

```
function sys=mdlUpdate(t,x,u)
sys = [];
```

因为本题讨论的是连续时间系统，所以这部分代码无须修改。

（5）修改"计算模块输出"子函数部分代码，修改后的代码如下。

```
function sys=mdlOutputs(t,x,u)
sys = x;
```

因为题目中给定的系统阶次为 1，输出方程为 $y=x$，所以只需要将计算得到的状态值 x 赋值给 sys 即可。

（6）修改"计算下一个采样时间点"子函数部分的代码，修改后的代码如下。

```
function sys=mdlGetTimeOfNextVarHit(t,x,u)
sampleTime = 1;
sys = t + sampleTime;
```

这部分代码表示此时要计算下一次采样的时间，只在离散采样系统中有用（即上文的 mdlInitializeSizes 中提到的 ts 设置 ts(1)不为 0）。

本例中，这部分代码无须修改，直接采用默认设置。

（7）修改"仿真结束"子函数部分的代码，修改后的代码如下。

```
function sys=mdlTerminate(t,x,u)
sys = [];
```

这部分代码表示此时系统要结束，一般来说在 mdlTerminate 函数中写上 sys=[]就可，也无须修改，直接采用默认设置。如果需要在结束时进行一些设置，就在此函数中编写代码。

此外，出错标记采用默认设置即可，无须改动。

至此，S 函数的代码编写工作已经完成。

步骤 3 将 sfunction_example 创建成 S-Function 模块。

打开 Simulink，在 Simulink 中新建一个空白的模型窗口，拖动 "User-Defined Functions" 库中的 S-Function 模块到其中，并相应放置输入的阶跃信号发生器和检测输出波形的示波器，如图 3.37 所示。

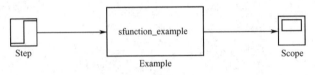

图 3.37 S 函数应用举例

步骤 4 给状态变量赋初始值。

在进行真正的仿真之前，还需要在 MATLAB 工作空间为状态变量 x 的初始值 x_initial 进行赋值。在 MATLAB 工作空间中输入如下命令。

```
clear;
x_initial = 0;
```

参数设定之后，启动 Simulink 仿真，仿真结果如图 3.38 所示。

为了验证上述结果，可以在 Simulink 中搭建如图 3.39 所示的系统。

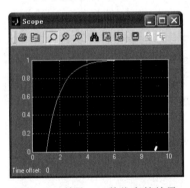

图 3.38 利用 S 函数仿真的结果

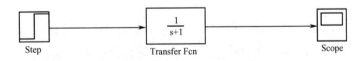

图 3.39 直接用传递函数模型验证 S 函数的正确性

启动仿真，输出的结果和图 3.38 完全相同。两次仿真的结果完全相同证明了上述 S 函数的代码正确。

从前面的分析可知，对于比较复杂的系统，可以通过编写 S 函数对系统进行建模，这无疑大大扩展了 MATLAB 的系统仿真能力。

第 4 章

控制系统数学模型

4.1　引言

控制系统的数学模型在控制系统的研究中有着相当重要的地位，要对系统进行仿真处理，首先需要知道系统的数学模型，而后才有可能对系统进行模拟。同样，只有知晓系统模型，才有可能在此基础上设计一个合适的控制器，使系统响应达到预期效果，满足实际的工程需要。

在线性系统理论中，常用的数学模型形式有传递函数模型（系统的外部模型）、状态方程模型（系统的内部模型）、零极点增益模型和部分分式模型等，这些模型之间都有着内在的联系，可以相互进行转换。

本章介绍控制系统数学模型的建立、模型的分类、模型之间的转换，以及如何利用MATLAB/Simulink 建模和对模型进行转换。

通过本章，读者对控制系统数学模型的基本知识能有所了解，并学会利用 MATLAB/Simulink 进行建模。

本章的知识点及要求概括如下。

序号	知　识　点	了解	熟悉	掌握	精通
1	建立系统动态微分方程的一般方法	√			
2	拉氏变换的基本法则及典型函数的拉氏变换形式、拉氏变换求解微分方程的方法及 MATLAB 实现		√		
3	控制系统的三种模型表示及相互转换			√	
4	非线性模型的线性化	√			
5	MATLAB/Simulink 中的控制系统模型表示				√

4.2　动态过程微分方程描述

微分方程是控制系统模型的基础，一般来讲，利用机械学、电学、力学等物理规律便可以得到控制系统的动态方程，这些方程对于线性定常连续系统而言是一种常系数的线性微分方程。

控制系统动态微分方程的建立基于以下两个条件。

（1）在给定量产生变化或扰动出现之前，被控制量的各阶导数都为零，即系统是处于平衡状态的，因此在任一瞬间，由各种不同环节组成的自动控制系统用几个独立变量就可以完全确定系统的状态。

（2）建立的动态微分方程式是以微小增量为基础的增量方程，而不是其绝对值的方程，因此，当出现扰动或给定量产生变化时，被控量和各独立变量在其平衡点附近将产生微小的增量，微分方程式描述的是微小偏差下系统运动状态的增量方程，不是运动状态变量的绝对值方程，也不是大偏差范围内的增量方程。

动态微分方程描述的是被控制量与给定量或扰动量之间的函数关系，给定量和扰动量可以看成系统的输入量，被控制量看成输出量。建立微分方程时，一般从系统的环节着手，先确定各环节的输入量和输出量，以确定其工作状态，并建立各环节的微分方程，而后消去中间变量，最后得到系统的动态微分方程。

【例 4-1】　建立如图 4.1 所示的 LRC 电路的微分方程式。

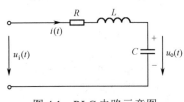

图 4.1　RLC 电路示意图

解：本题的基本解题步骤如下。

步骤 1　确定电路的输入和输出量。

由图可知，当电压 $u_i(t)$ 发生变化时，将引起电路中电流 $i(t)$ 的变化，因此 $u_o(t)$ 也将随着变化。在这里，取电路的输入量为 $u_i(t)$，以下式表示：

$$x_{reason} = u_i(t)$$

取输出量为 $u_o(t)$，以下式表示：

$$x_{cause} = u_o(t)$$

这两个量都是时间的函数，而回路中的电路 $i(t)$ 则为联系输入和输出的中间变量。

步骤 2　列出原始微分方程式。

根据基尔霍夫电压定律、电流定律得到系统的原始微分方程为：

$$L\frac{di(t)}{dt} + R \cdot i(t) + u_o(t) = u_i(t)$$

$$i(t) = C\frac{du_o(t)}{dt}$$

步骤 3　消去中间变量。

联立以上方程式，消去中间变量 $i(t)$，可得到电路微分方程式：

$$LC\frac{d^2 u_o(t)}{dt^2} + RC \cdot \frac{du_o(t)}{dt} + u_o(t) = u_i(t)$$

或

$$LC\frac{d^2 x_{cause}}{dt^2} + RC \cdot \frac{dx_{cause}}{dt} + x_{cause} = x_{reason}$$

对于比较复杂的系统，建立系统微分方程一般可采用以下步骤。

（1）将系统划分为多个环节，确定各环节的输入及输出信号，每个环节可考虑写一个方程。

（2）根据物理定律或通过实验等方法得出物理规律，列出各环节的原始方程式，并考虑适当简化、线性化。

（3）将各环节方程式联立，消去中间变量，最后得出只含有输入变量、输出变量以及参量的系统方程式。

单输入单输出系统微分方程表示的输入模型一般具备如下形式：

$$a_0 x_o^{(n)}(t) + a_1 x_o^{(n-1)}(t) + \cdots + a_{n-1} x_o^{(1)}(t) + a_n x_o(t) = b_0 x_i^{(m)}(t) + b_1 x_i^{(m-1)}(t) + \cdots + b_{m-1} x_i^{(1)}(t) + b_m x_i(t)$$

如果已知输入量及变量的初始条件，对微分方程进行求解，就可以得到系统输出量的表达式，并由此对系统进行性能分析。MATLAB 提供了 ode23、ode45 等微分方程的数值解法函数，不仅适用于线性定常系统，也适用于非线性和时变系统。

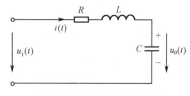

图 4.2　RLC 电路示意图

【例 4-2】　电路如图 4.2 所示，R=1.6 Ω，L=2.1 H，C=0.30 F，初始状态是电感电流为零，电容电压为 0.2 V，t=0 时接入 1.5 V 的电压，求 0<t<10s 时 $i(t)$，$u_o(t)$ 的值，并画出电流与电容电压的关系曲线。

解：程序主函数的 MATLAB 代码如下。

```
clear all                                     %清除工作空间的变量
t0=0;   tfinal=10;                            %响应时间
x0=[0.2;0];                                   %初始化，电感电流为0，电容电压为0.2V
[t, x]=ode45('rlcsys', t0, tfinal, x0);      %rlcsys是系统微分方程的描述函数
figure(1); subplot(211); plot(t, x(:, 1) ); grid   %绘制状态响应图并添加栅格
title('电容电压/V'); xlabel('时间/s')         %添加图标题和标示横坐标轴
subplot(212); plot(t, x(:, 2) ); grid         %绘制状态响应图并添加栅格
title('电感电流/A'); xlabel('时间/s')         %添加图标题并标示横坐标轴
figure(2); vc=x(:, 1); i=x(:, 2);
plot(vc, i); grid
title('电感电流与电容电压的关系曲线')          %添加图标题
xlabel('电容电压/v') ; ylabel('电感电流/A')   %标示横、纵坐标轴
```

系统微分方程描述函数的 MATLAB 如下。

```
function xdot=rlcsys(t, x)                    %微分方程函数，状态导数
Vs=1.5; R=1.6; L=2.1; C=0.30;               %电压、电阻、电感、电容值
xdot=[x(2)/C;1/L*(Vs-x(1)-R*x(2))];          %导数关系式
% function xdot=filename(t, x)                %格式
% xdot=[表达式1；表达式2；表达式3；…；表达式n-1]
% 表达式1 对应  x1'=x2      表达式2 对应  x2'=x3
%表达式3 对应  x3'=x4    …   表达式n-1 对应  xn-1'=xn
%  本例中，x(1)=Vo，x(2)=iL，x(1)'=x(2)/C，x(2)'=(Vs-x(1)-R*x(2))/L
```

程序运行结果如图 4.3 和图 4.4 所示，图 4.3 为 $i(t)$ 和 $u_o(t)$ 的时间关系曲线，图 4.4 为电流与电容电压的关系曲线。

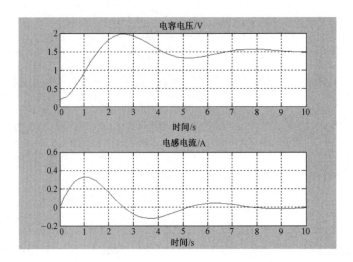

图 4.3　$i(t)$ 和 $u_\mathrm{o}(t)$ 的时间关系曲线

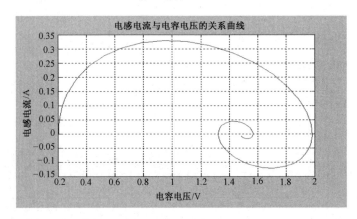

图 4.4　电流与电容电压的关系曲线

4.3　拉氏变换与控制系统模型

动态系统数学模型有多种表达形式，可以是微分方程、差分方程，也可以是传递函数、状态方程。微分方程描述的系统模型，通过求解微分方程，可以得到系统随时间变化的规律，比较直观。但是，当微分方程阶次较高时，微分方程的求解变得十分困难，不易实现，而采用拉氏变换就能把问题的求解从原来的时域变换到复频域，把微分方程变成代数方程，而代数方程的求解通常是比较简单的，求解代数方程后，再通过拉氏反变换得到微分方程的解，两者的关系及运算过程如图 4.5 所示。

时域函数 $f(t)$ 的拉氏变换定义为

$$F(s) = \int_0^\infty f(t)\mathrm{e}^{-st}\mathrm{d}t$$

用符号表示为 $F(s) = \mathcal{L}\,[f(t)]$，$s$ 称为拉氏算子，它的单位是 1/时间，即频率。由于 s

是复数，因此它还表示复频域变量。拉氏变换的基本定理见表 4.1，常用函数的拉氏变换见表 4.2。

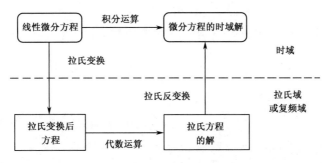

图 4.5　拉氏变换和拉氏反变换

表 4.1　拉氏变换的基本定理

定　　　理	原函数 $f(t)$	象函数 $F(s)$
线性定理	$af_1(t)+bf_2(t)$，a,b 为实数	$aF_1(s)+bF_2(s)\dfrac{1}{2}$
复平移定理	$\mathrm{e}^{\pm at}f(t)$	$F(s\pm a)$
复实平移定理	$f(t-T)$	$\mathrm{e}^{-Ts}F(s)\ (T\geqslant 0)$
标尺定理	$f\left(\dfrac{t}{a}\right)$	$aF(as)$
微分定理	$\dfrac{\mathrm{d}}{\mathrm{d}t}f(t)$	$sF(s)-f(0)$
微分定理	$\dfrac{\mathrm{d}^n}{\mathrm{d}t^n}f(t)$	$s^nF(s)-\displaystyle\sum_{r=1}^{n}\dfrac{\mathrm{d}^{r-1}}{\mathrm{d}t^{r-1}}f(0)s^{n-r}$
积分定理	$\displaystyle\int_0 f(t)\mathrm{d}t$	$\dfrac{1}{s}F(s)$
卷积定理	$\displaystyle\int_0 f_1(\tau)f_2(\tau-t)\mathrm{d}\tau$	$F_1(s)F_2(s)$
初值定理	$\displaystyle\lim_{t\to 0}\left[f(t)\right]=\lim_{s\to\infty}\left[sF(s)\right]=f(0)$	
终值定理	$\displaystyle\lim_{t\to\infty}\left[f(t)\right]=\lim_{s\to 0}\left[sF(s)\right]=f(\infty)$	

表 4.2　常用函数的拉氏变换

$f(t)$	$F(s)$	$f(t)$	$F(s)$
$\delta(t)$ 单位脉冲	1	t	$\dfrac{1}{s^2}$
$u(t)$ 单位阶跃	$\dfrac{1}{s}$	t^n	$\dfrac{n!}{s^{n+1}}$
e^{at}	$\dfrac{1}{(s-a)}$	$t^n\mathrm{e}^{at}$	$\dfrac{n!}{(s+a)^{n+1}}$
$\cos(\omega t)$	$\dfrac{s}{(s^2+\omega^2)}$	$\sin(\omega t)$	$\dfrac{\omega}{(s^2+\omega^2)}$
$\mathrm{e}^{-at}\cos(\omega t)$	$\dfrac{s+a}{(s+a)^2+\omega^2}$	$\mathrm{e}^{-at}\sin(\omega t)$	$\dfrac{\omega}{(s+a)^2+\omega^2}$
$\dfrac{1}{b-a}(\mathrm{e}^{-at}-\mathrm{e}^{-bt})$	$\dfrac{1}{(s+a)(s+b)}$	$\dfrac{1}{b-a}(b\mathrm{e}^{-bt}-a\mathrm{e}^{-at})$	$\dfrac{s}{(s+a)(s+b)}$

时域函数经过拉氏变换后得到拉氏函数，拉氏反变换定义为

$$f(t) = \frac{1}{2\pi j} \int_{\sigma-j\omega}^{\sigma+j\omega} F(s) e^{st} ds$$

用符号表示为 $f(t) = \mathcal{L}^{-1}[F(s)]$。

直接对 $F(s)$ 积分来计算 $f(t)$ 是复杂的，通常可通过拉氏变换表查找。

【例 4-3】 求 $e^{-at}\sin(bt)$、$t^2 e^{-t}$、$1 - e^{-2t} + e^{-t}$ 的拉氏变换。

解：MATLAB 程序代码如下。

```
syms t s;                        %定义符号变量
syms a b positive                %定义符号变量
D1= exp(-a*t)*sin(b*t);
D2= t^2*exp(-t);
D3= 1-exp(-2*t)+exp(-t);
MS1=laplace(D1, t, s)            %进行拉氏变换
MS2=laplace(D2, t, s)            %进行拉氏变换
MS3=laplace(D3, t, s)
```

程序运行后，输出的结果为

```
MS1 = b/((a + s)^2 + b^2)
MS2 = 2/(s + 1)^3
MS3 =1/(s + 1) - 1/(s + 2) + 1/s
```

4.4 数学模型描述

为了对系统的性能进行分析首先要建立其数学模型，控制系统常用的模型有传递函数模型、零极点形式的数学模型和状态空间模型，下面分别进行讲述。

4.4.1 传递函数模型

传递函数是在拉氏变换的基础上，以系统本身的参数所描述的线性定常系统输入量和输出量的关系式，它表达了系统内在的固有特性，而与输入量或驱动函数无关。它可以是有量纲的，也可以是无量纲的，视系统的输入量、输出量而定，它包含着联系输入量与输出量所需要的量纲。它通常不能表明系统的物理特性和物理结构，许多物理性质不同的系统却有着相同的传递函数，正如一些不同的物理现象可以用相同的微分方程描述一样。

线性定常系统的传递函数定义为：在零初始条件下，输出量（响应函数）的拉普拉斯变换与输入量（驱动函数）的拉普拉斯变化之比。

考虑由下列微分方程描述的线性定常系统：

$$a_0 x_o^{(n)}(t) + a_1 x_o^{(n-1)}(t) + \cdots + a_{n-1} x_o^{(1)}(t) + a_n x_o(t)$$
$$= b_0 x_i^{(m)}(t) + b_1 x_i^{(m-1)}(t) + \cdots + b_{m-1} x_i^{(1)}(t) + b_m x_i(t), \qquad n \geq m$$

式中，x_o 为系统的输出量，x_i 为系统的输入量，在零初始条件下，输入量与输出量的拉普拉

斯变换之比，就是这个系统的传递函数：

$$G(s) = \frac{X_o(s)}{X_i(s)} = \frac{b_0 s^m + b_1 s^{m-1} + \cdots + b_{m-1} s + b_m}{a_0 s^n + a_1 s^{n-1} + \cdots + a_{n-1} s + a_n}$$

利用传递函数的概念，可以用以 s 为变量的代数方程表示系统的动态特性。如果传递函数分母中 s 的最高次数为 n，则称该系统为 n 阶系统。

在自动控制中，传递函数是个非常重要的概念，它是分析线性定常系统的有力数学工具，它具有以下特点。

- 传递函数比微分方程简单，通过拉氏变换，实数域内复杂的微积分运算转化成代数运算。
- 当系统输入典型信号时，其输出与传递函数有一定对应关系，当输入是单位脉冲函数时，输入的象函数是 1，其输出象函数与传递函数相同。
- 令传递函数中的 $s = j\omega$，则系统可在频域内分析。
- 传递函数的零极点分布决定系统的动态特性。

对线性定常系统，式（4-5）中 s 的系数均为常数，且 a_0 不等于 0，这时系统在 MATLAB 中可以方便地由分子和分母多项式系数构成的两个向量唯一地确定出来，这两个向量分别用 num 和 den 表示。

$$\text{num} = [b_0, b_1, \cdots, b_m], \qquad \text{den} = [a_0, a_1, \cdots, a_n]$$

则传递函数表示为：

$$G(s) = \frac{\text{num}(s)}{\text{den}(s)}$$

注意：它们都是按 s 的降幂进行排列的。

4.4.2　零极点形式的数学模型

零极点模型实际上是传递函数模型的另一种表现形式，其原理是分别对原系统传递函数的分子、分母进行分解因式处理，以获得系统零点和极点的表示形式。

$$G(s) = K \frac{(s - z_1)(s - z_2)...(s - z_m)}{(s - p_1)(s - p_2)...(s - p_n)} = \frac{K \prod_{i=1}^{m} (s + z_i)}{\prod_{j=1}^{n} (s + p_j)}$$

式中，K 为系统增益；$-z_i$ $(i = 1, \cdots, m)$ 是分子多项式的根，称为系统的零点；$-p_j$ $(j = 1, \cdots, n)$ 是分母多项式的根，称为系统的极点。传递函数的分母多项式就是它的特征多项式，它等于零的方程就是传递函数的特征方程，特征方程的根也就是传递函数的极点。

传递函数的极点决定了所描述系统的自由运动模态，零点影响系统各模态在系统响应中所占的比重，这还会在后面章节详细论述。

控制系统常用到并联系统，这时就要对系统函数进行分解，使其表现为一些基本控制单元的和的形式，也就是用部分分式表示，如下式所示。

$$G(s) = K_1\frac{(s-z_1)}{(s-p_1)} + K_2\frac{(s-z_2)}{(s-p_2)} + \cdots + K_n\frac{(s-z_n)}{(s-p_n)} = \sum_{i=1}^{n} K_i\frac{(s-z_i)}{(s-p_i)}$$

式中，K_i $(i=1,\cdots,n)$ 为各个部分分式的增益；$-z_i$ $(i=1,\cdots,m)$ 是分子多项式的根，称为系统的零点；$-p_j$ ($j=1,\cdots,n)$ 是分母多项式的根，称为系统的极点。

4.4.3　状态空间模型

以传递函数为基础的经典控制理论的数学模型受当时手工计算的局限，着眼于系统的外部联系，重点为单输入单输出的线性定常系统。随着计算机的发展，以状态空间理论为基础的现代控制理论的数学模型则采用状态空间模型，以时域分析为主，着眼于系统的内部状态及其内部联系。

状态是系统动态信息的集合，在表征系统信息的所有变量中，能够全部描述系统运行的最小数目的一组独立变量称为系统的状态变量，其选取不是唯一的。所谓状态方程是由系统状态变量构成的一阶微分方程组。

具有 n 个状态、r 个输入和 m 个输出的线性时不变系统，用矩阵符号表示的状态空间模型如下：

$$\dot{x} = Ax + Bu \quad \text{（状态方程）}$$
$$y = Cx + Du \quad \text{（输出方程）}$$

式中，状态向量 x 是 n 维的，输入向量 u 是 r 维的，输出向量 y 是 m 维的，状态矩阵 A 是 $n×n$ 维的，输入矩阵 B 是 $n×r$ 维的，输出矩阵 C 是 $m×n$ 维的，前馈矩阵 D 是 $m×r$ 维的，对于一个时不变系统，A、B、C、D 都是常数矩阵。

4.5　MATLAB/Simulink 在模型中的应用

由于传递函数表示为多项式之比的形式，因此下面先讲述 MATLAB 中多项式处理相关的函数。

4.5.1　多项式处理相关的函数

MATLAB 中多项式用行向量表示，行向量元素依次为降幂排列的多项式的系数。

（1）多项式乘法函数 conv()。MATLAB 中提供的卷积分函数 conv()可以用来进行多项式乘法处理，其常见的函数调用格式为

```
C=conv(A,B)
```

其中，A 和 B 分别表示一个多项式的系数（通常是降幂排列），C 为 A 和 B 多项式的乘积多项式。

注意：conv()函数的调用允许多级嵌套。

（2）多项式求根函数 roots()。传递函数 $G(s)$ 输入之后，分别对分子和分母多项式进行因

式分解，则可求出系统的零极点。MATLAB 中提供了多项式求根函数 roots()，其常见的函数调用格式为

```
r= roots(p)
```

其中，p 为多项式，r 为所求的根。

（3）由根创建多项式函数 poly()。如果已知多项式的因式分解式或特征根 r，可用 MATLAB 函数 poly()直接得出特征多项式系数矢量 p，其常见的调用格式为

```
p=poly(r)
```

可见，函数 roots( )与函数 poly( )互为逆运算。

（4）求多项式在给定点的值函数 polyval()。如果已知多项式 p，要求其变量取 a 时的值 v，可用 MALAB 中的函数 polyval( )来求取，其常见的调用格式为

```
v=polyval(p,a)
```

4.5.2　建立传递函数相关的函数

假设系统是单输入单输出（SISO）系统，其输入、输出分别用 $u(t)$、$y(t)$来表示，则得到线性系统的传递函数模型为

$$G(s) = \frac{Y(S)}{U(s)} = \frac{b_m s^m + b_{m-1} s^{m-1} + \cdots + b_1 s + b_0}{s^n + a_{n-1} s^{n-1} + \cdots + a_1 s + a_0}$$

在 MATLAB 语言中，可以利用传递函数分子、分母多项式的系数向量进行描述，分子 num、分母 den 多项式的系数向量分别为：

$$\text{num} = [b_m, b_{m-1}, \cdots, b_0], \qquad \text{den} = [1, a_{n-1}, \cdots, a_0]$$

这里分子、分母多项式系数按 s 的降幂排列。

（1）建立传递函数模型的函数 tf()。MATLAB 提供了建立传递函数模型的函数 tf()，其常见的调用格式为

```
① sys=tf(num, den)
② sys=tf(num,den, 'InputDelay',tao)
```

其中，num 是分子多项式系数行向量，den 是分母多项式系数行向量，sys 是建立的传递函数。

调用格式①建立的是常规系统 $G(s)$ 的传递函数。调用格式②建立的是带时间延迟的系统 $G_d(s) = G(s)\mathrm{e}^{-\tau s}$ 的传递函数，其中 InputDelay 为关键词，也可写成 OuputDelay，对于线性 SISO 系统，二者是等价的。tao 为系统延迟时间 τ 的数值。

（2）提取模型中分子分母多项式系数的函数 tfdata()。对于已经建立的传递函数模型，MATLAB 提供了函数 tfdata()，可以从传递函数模型中提取模型中的分子分母多项式系数，其常见的调用格式为

```
[num, den] =tfdata(sys,'v')
```

其中，v 为关键词，其功能是返回列向量形式的分子分母多项式系数。

4.5.3　建立零极点形式的数学模型相关函数

假设系统是单输入单输出系统，其零极点模型表示为

$$G(s) = K \frac{(s-z_1)(s-z_2)\cdots(s-z_m)}{(s-p_1)(s-p_2)\cdots(s-p_n)}$$

其中，Z_i（$i=1,2,\cdots,m$）和 P_i（$i=1,2,\cdots,n$）分别为系统的零点和极点，K 为系统的增益。[z]、[p]、[k]分别为系统的零极点和增益向量。

（1）建立零极点形式数学模型的函数 zpk()。MATLAB 提供了建立零极点形式的数学模型 zpk ()，其常见的调用格式为

```
① sys=zpk([z],[p],[k])
② sys=zpk(z,p,k, 'InputDelay',tao)
```

其中，[z]、[p]、[k]分别为系统的零极点和增益向量，sys 是建立的零极点形式的数学模型。

格式①建立的是常规系统 $G(s)$ 的零极点形式的数学模型，格式②建立的是带时间延迟的系统 $G_d(s) = G(s)\mathrm{e}^{-\tau s}$ 的零极点形式的数学模型，其中 InputDelay 为关键词，也可写成 OuputDelay，对于线性 SISO 系统，二者是等价的。tao 为系统延迟时间 τ 的数值。

（2）提取模型中零极点和增益向量的函数 zpkdata()。对于已经建立的零极点形式的数学模型，MATLAB 提供了函数 zpkdata()，可以从模型中提取出模型中的零极点和增益向量，其常见的调用格式为

```
[z, p, k]=zpkdata(sys, 'v')
```

其中，v 为关键词，其功能是返回列向量形式的零极点和增益向量。

（3）传递函数模型部分分式展开的函数 residue()。MATLAB 提供了函数 residue()，它的功能是对两个多项式的比进行部分展开，以及把传递函数分解为微分单元的形式，其常见的调用格式为

```
[r, p, k]=residue(b, a)
```

其中，向量 b 和 a 是按 s 的降幂排列的多项式系数。部分分式展开后，余数返回到向量 r，极点返回到列向量 p，常数项返回到 k。

[b, a]=residue(r, p, k)可以将部分分式转化为多项式比 p(s)/q(s)。

4.5.4　建立状态空间模型相关的函数

状态方程是研究系统最有效的系统数学描述，在引进相应的状态变量后，可将一组一阶微分方程表示成状态方程的形式。在 MATLAB 中，系统状态空间用（A, B, C, D）矩阵组表示。

（1）建立状态空间模型的函数 ss ()。MATLAB 提供了建立状态空间模型的函数 ss ()，其常见的调用格式为

```
sys=ss(A,B,C,D)
```

其中，(A, B, C, D)为系统状态空间的矩阵组表示，sys 是建立的状态空间模型。

（2）提取模型中状态空间矩阵的函数 ssdata ()。对于已经建立的状态空间模型，MATLAB
提供了函数 ssdata()，可以从模型中提取出模型的状态空间矩阵，其常见的调用格式为

```
[A,B,C,D ] =ssdata(sys)
```

其中，sys 是建立的状态空间模型，[A, B, C, D]为系统状态空间的矩阵。

4.5.5 Simulink 中的控制系统模型表示

在 Simulink 基本模块中选择"Continuous"后，单击便看到其中包括的连续模块，它包
括的子模块及功能如表 4.3 所示。

表 4.3 连续模块的名称及功能

图 标	模 块 名	功 能
du/dt	Derivative	输入信号微分
$\frac{1}{s}$	Integrator	输入信号积分
x = Ax+Bu y = Cx+Du	State-Space	状态空间系统模型
$\frac{1}{s+1}$	Transfer Fcn	传递函数模型
⟋⟍	Transport Delay	固定时间传输延迟
⟋⟍	Variable Transport Delay	可变时间传输延迟
$\frac{(s-1)}{s(s+1)}$	Zero-Pole	零极点模型

使用这些模块进行仿真时，将图标拖到 Simulink 的模型窗口中，双击图标就打开了其属
性设置对话框，设置具体的模型系数即可。

例如，要建立传递函数 $G(s) = \dfrac{10}{s^2 + 3s}$ 的模型，将"Transfer Fcn"图标拖到模型窗口，双
击传递函数打开其属性设置对话框，并将其中的 Numerator（分子）设置为"[10]"，Denominator
（分母）设置为"[1 3 0]"，便建立了传递函数的模型，如图 4.6 所示。

图 4.6 模块参数设置对话框

4.5.6 Simulink 中模型与状态空间模型的转化

Simulink 提供了以状态空间形式线性化模型的函数命令——linmod 和 dlinmod，这两个命令需要提供模型线性化时的操作点，它们返回的是围绕操作点处系统线性化的状态空间模型。linmod 命令执行的是连续系统模型的线性化，linmod2 命令也是获取线性模型，采用高级方法，而 dlinmod 命令执行的是离散系统模型的线性化。

linmod 命令返回的是由 Simulink 模型建立的常微分方程系统的线性模型，命令的语法结构为

```
[A, B, C, D] = linmod ('sys', x, u)
```

这里，sys 是需要进行线性化的 Simulink 模型系统的名称，linmod 命令返回的就是 sys 系统在操作点处的线性模型。x 是操作点处的状态向量；u 是操作点处的输入向量，如果删除 x 和 u，缺省值为 0。

需要注意的是，linmod 函数如果要线性化包含微分（Derivative）或传输滞后（Transport Delay）模块的模型时会比较麻烦，在线性化之前，需要用一些专用模块替换这两个模块，以避免产生问题。

这些模块在 Simulink Extras 库下的 Linearization 子库中。

（1）对于 Derivative 模块，用 Linearization 子库中的 Switched derivative for linearization 模块替换。

（2）对于 Transport Delay 模块，用 Switched transport delay for linearization 模块替换（这些模块要求系统中安装了 Control System Toolbox）。

当模型中有 Derivative 模块时，也可以试试把导数模块与其他模块合并起来。例如，如果一个 Derivative 模块与一个 Transfer Fcn 模块串联，最好用一个 Transfer Fcn 模块实现。

4.5.7 应用实例

下面通过几个典型的应用实例讲述 MATLAB/Simulink 在模型中的应用。

【例 4-4】 求传递函数 $G(s) = \dfrac{(s+1)(s^2+2s+6)^2}{s^2(s+3)(s^3+2s^2+3s+4)}$ 的分子和分母多项式，并求传递函数的特征根。

解：MATLAB 程序代码如下。

```
num=conv([1,1],conv([1,2,6],[1,2,6]) );%num 为分子多项式,conv()函数采用嵌套形式
den=conv([1,0,0],conv([1,3],[1,2,3,4]) );%den 为分母多项式,conv()函数采用嵌套形式
r=roots(den);                           %r 为分母多项式的根
```

程序运行结果如下。

num =	1	5	20	40	60	36
den =	1	5	9	13	12	0	0

```
r =        0
           0
      -3.0000
      -1.6506
      -0.1747 + 1.5469i
      -0.1747 - 1.5469i
```

由计算结果可知，传递函数 $G(s)$ 的分子多项式为：$s^5 + 5s^4 + 20s^3 + 40s^2 + 60s + 36$；分母多项式为：$s^6 + 5s^5 + 9s^4 + 13s^3 + 12s^2$。

传递函数的分子分母多项式表示形式为 $G(s) = \dfrac{s^5 + 5s^4 + 20s^3 + 40s^2 + 60s + 36}{s^6 + 5s^5 + 9s^4 + 13s^3 + 12s^2}$，传递函数的特征根为 0、0、-3、-1.6506、-0.1747 + 1.5469i 和 -0.1747 - 1.5469i。

【例 4-5】　某一以微分方程描述系统的传递函数，其微分方程描述如下。

$$y^{(3)} + 11y^{(2)} + 11y^{(1)} + 10y = u^{(2)} + 4u^{(1)} + 8u$$

试使用 MATLAB 建立其模型。

解：建立模型的 MATLAB 代码如下。

```
num=[1, 4, 8];  den=[1, 11, 11, 10]      %分子、分母多项式系数行向量
G=tf(num, den)                           %建立传递函数模型
```

程序运行结果如下。

```
    s^2 + 4 s + 8
-----------------------
s^3 + 11 s^2 + 11 s + 10
```

从结果可知，系统的传递函数 $G(s) = \dfrac{s^2 + 4s + 8}{s^3 + 11s^2 + 11s + 10}$。

【例 4-6】　已知某系统的传递函数 $G(s) = \dfrac{s^2 + 4s + 8}{s^3 + 11s^2 + 11s + 10}$，求其分子分母多项式、零极点。

解：MATLAB 程序代码如下。

```
num=[1, 4, 8];  den=[1, 11, 11, 10]      %传递函数分子、分母多项式系数行向量
G=tf(num, den)                           %建立传递函数模型
[tt, ff]=tfdata(G, 'v')                  %提取传递函数的分子和分母多项式
[z, p, k]=tf2zp(num, den)                %提取传递函数的零极点和增益
```

程序运行结果如下。

```
tt =      0     1     4     8
ff =      1    11    11    10
z = -2.0000 + 2.0000i                    %系统的零点
    -2.0000 - 2.0000i
p = -10.0000                             %系统的极点
     -0.5000 + 0.8660i
     -0.5000 - 0.8660i
k =     1                                %系统的增益
```

【**例 4-7**】　已知某系统的传递函数 $G(s) = \dfrac{2s^3 + 9s + 1}{s^3 + s^2 + 4s + 4}$，求其部分分式表示形式。

解：MATLAB 程序如下。

```
num=[2, 0, 9, 1];   den=[1, 1, 4, 4];     %传递函数分子、分母多项式系数行向量
[r, p, k]=residue(num, den)               %求取系统部分分式表示
```

程序运行结果如下。

```
r =0.0000 - 0.2500i
  0.0000 + 0.2500i
 -2.0000
p =-0.0000 + 2.0000i
 -0.0000 - 2.0000i
 -1.0000
k = 2
```

可知结果表达式为 $G(s) = 2 + \dfrac{-0.25i}{s-2i} + \dfrac{0.25i}{s+2i} + \dfrac{-2}{s+1}$。

【**例 4-8**】　已知某两输入两输出系统的状态方程和输出方程为

$$\dot{x} = \begin{bmatrix} 1 & 6 & 9 & 10 \\ 3 & 12 & 6 & 8 \\ 4 & 7 & 9 & 11 \\ 5 & 12 & 13 & 14 \end{bmatrix} x + \begin{bmatrix} 4 & 6 \\ 2 & 4 \\ 2 & 2 \\ 1 & 0 \end{bmatrix} u, \quad y = \begin{bmatrix} 0 & 0 & 2 & 1 \\ 8 & 0 & 2 & 2 \end{bmatrix} x$$

求其状态空间模型。

解：MATLAB 程序代码如下。

```
A=[1 6 9 10;3 12 6 8;4 7 9 11;5 12 13 14];B=[4 6;2 4;2 2;1 0];%系统系数矩阵
C=[0 0 2 1;8 0 2 2];  D=zeros(2, 2);          %系统系数矩阵
G=ss(A,B,C, D)                                %生成状态空间模型
```

程序运行结果如下。

```
a =   x1  x2  x3  x4
  x1  1   6   9   10
  x2  3   12  6   8
  x3  4   7   9   11
  x4  5   12  13  14
b =  u1  u2
  x1  4   6
  x2  2   4
  x3  2   2
  x4  1   0
c =   x1  x2  x3  x4
  y1  0   0   2   1
  y2  8   0   2   2
d =  u1  u2
  y1  0   0
  y2  0   0
```

从结果可知，在 MATLAB 中生成了题中所示的状态空间模型。

【例 4-9】 已知单位负反馈系统的开环传递函数为 $G(s) = \dfrac{2s+10}{s^2+3s}$，试分别利用 Simulink 中的传递函数表示模型和零极点表示模型建立整个系统的模型，并将 Simulink 中的模型转换为状态空间模型。

解： 建立 Simulink 中的传递函数表示模型的基本步骤如下。

（1）利用 Simulink 的 Library 窗口中的【File】→【New】，打开一个新的模型窗口。

（2）建立零极点表示的模型，分别从数学运算库（Math）、连续系统库（Continuous）中，用鼠标把传递函数表示模型（Transfer Fcn）、相加器（Sum）标准功能模块选中，并将其拖至模型窗口。

（3）按要求先将前向通道连接好，然后把相加器（Sum）的另一个端口与传递函数和示波器间的线段相连，形成闭环反馈，并将相加器设置为"+−"，形成单位负反馈。

（4）将端口和子系统模块（Ports & Subsystems）中的 In 输入口模块、Out 输出口模块、拖至模型窗口；把 In 模块作为系统的输入，Out 模块作为系统的输出，与系统连接起来。将模型存为"untitled1.mdl"文件。

（5）双击 Transfer Fcn，打开其属性设置对话框，并将其中的 Numerator（分子多项式表达式系数）设置为"[2 10]"，Denominator（分母多项式表达式系数）设置为"[1 3 0]"，设置的界面及产生的模型如图 4.7 所示。

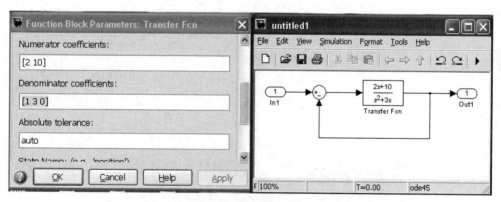

图 4.7　Simulink 中的传递函数表示模型及参数设置界面

（6）在 MATLAB 命令行窗口中运行以下命令，得到线性状态空间模型（A, B, C, D）。

```
[A,B,C,D]=[A,B,C,D]=linmod('untitled1');
```

输出结果为

```
A = -5   -10
     1    0
B = 1
    0
C = 2    10
D = 0
```

根据题意，系统的开环传递函数的零极点表示形式为 $G(s) = \dfrac{2(s+5)}{s(s+3)}$，零点为−5；极点为

0 和−3，增益为 2。

建立 Simulink 中的零极点表示模型的基本步骤如下。

（1）利用 Simulink 的 Library 窗口中的【File】→【New】，打开一个新的模型窗口。

（2）建立零极点表示的模型，分别从数学运算库（Math）、连续系统库（Continuous）中，用鼠标把零极点表示模型（Zero-Pole）、相加器（Sum）标准功能模块选中，并将其拖至模型窗口。

（3）按要求先将前向通道连接好，然后把相加器（Sum）的另一个端口与传递函数和示波器间的线段相连，形成闭环反馈，并将相加器设置为"+-"，形成单位负反馈。

（4）将端口和子系统模块（Ports & Subsystems）中的 In 输入口模块、Out 输出口模块、拖至模型窗口；把 In 模块作为系统的输入，Out 模块作为系统的输出，与系统连接起来。将模型存为"untitled1.mdl"文件。

（5）双击零极点表示模型，打开其属性设置对话框，并将其中的 Zeros 设置为"[−5]"，Poles 设置为"[0 −3]"，Gain 设置为"[2]"，设置的界面及产生的模型如图 4.8 所示。

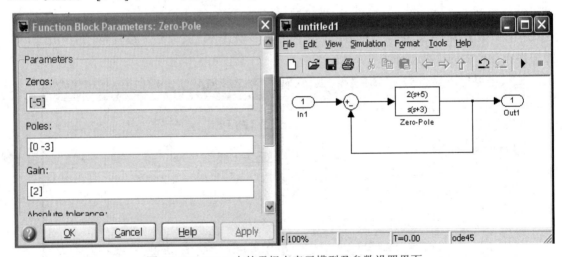

图 4.8　Simulink 中的零极点表示模型及参数设置界面

4.6　系统模型转换及连接

4.6.1　模型转换

线性时不变系统（LTI）的模型包括传递函数（Transfer Function）模型、零极点增益（ZPK）模型和状态空间（State Space）模型，在一些场合下需要用到某种模型，而在另外一些场合下可能需要另外一种模型，这就需要进行模型的转换，它们之间的相互转化关系如图 4.9 所示。

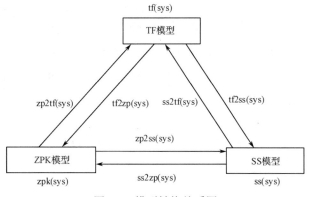

图 4.9　模型转换关系图

MATLAB 提供了丰富的模型转换函数，如表 4.4 所示。

表 4.4　模型转换函数

函 数 名	功　　　能	函 数 名	功　　　能
ss2tf	状态空间模型转换为传递函数模型	tf2ss	传递函数模型转换为状态空间模型
ss2zp	状态空间模型转换为零极点模型	zp2ss	零极点模型转换为状态空间模型
tf2zp	传递函数模型转换为零极点模型	zp2tf	零极点模型转换为传递函数模型

【例 4-10】　已知某系统的零极点模型 $G(s) = \dfrac{6(s+2)}{(s+1)(s+3)(s+5)}$，试求其传递函数模型和状态空间模型。

解： MATLAB 程序代码如下。

```
z=[-2]; p=[-1, -3, -5]; k=6        %系统的零点向量、极点向量和增益
[num, den]=zp2tf(z, p, k)          %将零极点模型转换成传递函数模型
[A, B, C, D]=zp2ss(z, p, k)        %将零极点模型转换成状态空间模型
g_zpk=zpk(z, p, k)                 %建立零极点模型
g_tf=tf(num, den)                  %建立传递函数模型
g_ss=ss(A, B, C, D)                %建立状态空间模型
```

程序运行结果为

```
Transfer function:
      6 s + 12
----------------------
s^3 + 9 s^2 + 23 s + 15
a =       x1     x2     x3
   x1     -1      0      0
   x2      1     -8  -3.873
   x3      0  3.873      0
b =   u1
   x1   1
   x2   1
   x3   0
c =       x1     x2     x3
   y1      0      0  1.549
```

```
d  =  u1
    y1   0
```

由计算结果可知，系统的传递函数模型和状态空间模型分别为：

$$G(s) = \frac{6s+12}{s^3+9s^2+23s+15} \text{ 和 } \begin{cases} \dot{x} = \begin{bmatrix} -1 & 0 & 0 \\ 1 & -8 & -3.873 \\ 0 & 3.873 & 0 \end{bmatrix} x + \begin{bmatrix} 1 \\ 1 \\ 0 \end{bmatrix} u \\ y = \begin{bmatrix} 0 & 0 & 1.549 \end{bmatrix} x \end{cases}$$

4.6.2　模型连接

实际应用中，整个自动控制系统是由多个单一的模型组合而成的。模型之间有不同的连接方式，基本的连接方式有并联、串联、反馈和闭环，下面分别进行论述。

1. 串联连接

单输入单输出（SISO）系统 $G_1(s)$ 和 $G_2(s)$ 串联连接的结构框图如图 4.10 所示，$G_1(s)$ 和 $G_2(s)$ 串联连接合成的系统的传递函数为 $G(s) = G_1(s) \cdot G_2(s)$。

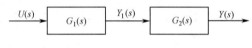

图 4.10　串联连接结构示意图

MATLAB 提供了进行模型串联的函数 series，其常用格式为

```
[num, den]=series(num1, den1, num2, den2)
```

表示将系统 $G_1(s)$ 和 $G_2(s)$ 进行串联连接。其中，num1、den1 为系统 $G_1(s)$ 的传递函数的分子和分母多项式；num2、den2 为系统 $G_2(s)$ 的传递函数的分子和分母多项式；num、den 为串联后的系统 $G(s)$ 的传递函数的分子和分母多项式。

2. 并联连接

单输入单输出（SISO）系统 $G_1(s)$ 和 $G_2(s)$ 并联连接的结构框图如图 4.11 所示 0，$G_1(s)$ 和 $G_2(s)$ 并联连接合成的系统的传递函数为 $G(s) = G_1(s) + G_2(s)$。

MATLAB 提供了进行模型并联的函数 parallel，其常用格式为

```
[num, den]=parallel(num1, den1, num2, den2)
```

表示将系统 $G_1(s)$ 和 $G_2(s)$ 进行并联连接。其中，num1、den1 为系统 $G_1(s)$ 的传递函数的分子和分母多项式；num2、den2 为系统 $G_2(s)$ 的传递函数的分子和分母多项式；num、den 为并联后的系统 $G(s)$ 的传递函数的分子和分母多项式。

3. 反馈连接

反馈系统在自动控制中是应用最为广泛的系统。最常用的反馈连接是将系统 $G(s)$ 的全部输出信号反馈作为另一个系统 $H(s)$ 的输入，根据 $H(s)$ 输出与 $G(s)$ 输入信号之间是相加还是相减，系统分为正反馈或负反馈，一般情况下是如图 4.12 所示的反馈系统，其中，$G(s)$ 称为前向传递函数，$H(s)$ 称为反馈传递函数。

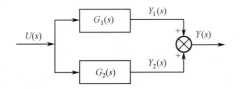

图 4.11　并联连接结构示意图

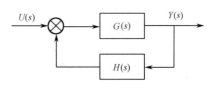

图 4.12　反馈连接结构示意图

当系统正反馈连接时，合成的系统传递函数 $GH(s)$ 为

$$GH(s) = \frac{G(s)H(s)}{1 - G(s)H(s)}$$

当系统负反馈连接时，合成的系统传递函数 $GH(s)$ 为

$$GH(s) = \frac{G(s)H(s)}{1 + G(s)H(s)}$$

MATLAB 提供了进行模型反馈连接的函数 feedback，其常用格式为

```
[num, den]=feedback(num1, den1, num2, den2, sign)
```

表示将系统 $G(s)$ 和 $H(s)$ 进行反馈连接。其中，num1、den1 为系统 $G(s)$ 的传递函数的分子和分母多项式；num2、den2 为系统 $H(s)$ 的传递函数的分子和分母多项式；sign 用来指示系统 $H(s)$ 输出到系统 $G(s)$ 输入的连接符号，sign 默认为负值，即 sign= –1。总系统的输入/输出数等同于系统 1；num、den 为反馈连接后的系统 $GH(s)$ 的传递函数的分子和分母多项式。

4．闭环连接

这里的闭环连接指的是通常意义下的单位反馈连接，这种连接方式在实际中大量存在，它的连接方式属于反馈连接，是反馈传递函数 $H(s)=1$ 的一个特例，连接形式如图 4.13 所示。

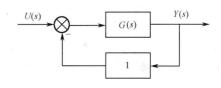

图 4.13　反馈连接结构示意图

MATLAB 提供了进行闭环连接的函数 cloop，其常用格式为

```
[numc, denc]=cloop(num, den, sign)
```

表示由传递函数表示的开环系统构成闭环系统。其中，num、den 为系统 $G(s)$ 的传递函数的分子和分母多项式；sign 用来指示反馈连到系统 $G(s)$ 输入的连接符号，sign=1 时采用正反馈，sign= –1 时采用负反馈，默认为负反馈，即 sign= –1；numc、denc 为闭环后的系统传递函数的分子和分母多项式。

4.6.3　模型连接的 MATLAB 实现

下面通过两个实例讲述 MATLAB 中提供的上述模型连接函数的应用。

【例 4-11】　已知两系统的传递函数 $G_1(s) = \dfrac{6(s+2)}{(s+1)(s+3)(s+5)}$、$G_2(s) = \dfrac{(s+2.5)}{(s+1)(s+4)}$，试分别求两系统串联、并联时的传递函数。

解： MATLAB 程序代码如下。

```
num1=6*[1, 2];  den1=conv([1,1],conv([1,3],[1,5]))  %传递函数1的分子、分母多项式
                                                      %行向量系数
num2=[1, 2.5];  den2=conv([1,1],[1,4])               %传递函数2的分子、分母多项式
                                                      %系数行向量
[nums, dens]=series(num1, den1, num2, den2)          %串联连接
[nump, denp]=parallel(num1, den1, num2, den2)        %并联连接
s_tf=tf(nums, dens)                                   %生成串联连接传递函数
p_tf=tf(nump, denp)                                   %生成并联连接传递函数
```

程序运行结果为

```
>> s_tf
    Transfer function:
    6 s^2 + 27 s + 30
    -------------------------------------------
    s^5 + 14 s^4 + 72 s^3 + 166 s^2 + 167 s + 60
>> p_tf
    Transfer function:
    s^4 + 17.5 s^3 + 87.5 s^2 + 156.5 s + 85.5
    -------------------------------------------
    s^5 + 14 s^4 + 72 s^3 + 166 s^2 + 167 s + 60
```

由计算结果可知，$G_1(s)$ 和 $G_2(s)$ 两系统串联、并联组成的传递函数分别为

$$\frac{6s^2+27s+30}{s^5+14s^4+72s^3+166s^2+167s+60}, \quad \frac{s^4+17.5s^3+87.5s^2+156.5s+85.5}{s^5+14s^4+72s^3+166s^2+167s+60}$$

【例 4-12】 已知系统的前向传递函数 $G_1(s)=\dfrac{s-1}{s^2-5s-2}$，试分别求反馈传递函数

$H(s)=1$、$H(s)\dfrac{s+1}{s^2+3s+2}$ 时闭环连接传递函数和负反馈传递函数。

解： MATLAB 程序代码如下。

```
num1=[1,-1]; den1=[1,-5,-2]           %前向传递函数的分子、分母多项式系数行向量
num2=[1,1]; den2=[1,3,2]              %反馈传递函数的分子、分母多项式系数行向量
[numc,denc]=cloop(num1,den1)          %闭环连接
 [numf,denf]=feedback(num1,den1, num2, den2)   %反馈连接
c_tf=tf(numc, denc)                   %生成闭环传递函数
f_tf=tf(numf, denf)                   %生成反馈连接传递函数
```

程序运行结果为

```
>> c_tf
Transfer function:
    s-1
 -------------
s^2-4 s-3
>> f_tf
 Transfer function:
    s^3 + 2 s^2-s-2
```

```
--------------------------------
s^4-2 s^3-14 s^2-16 s-5
```

由 计 算 结 果 可 知 ， 闭 环 连 接 的 传 递 函 数 为 $\dfrac{s-1}{s^2-4s-3}$ ， 负 反 馈 传 递 函 数 为

$\dfrac{s^3+2s^2-s-2}{s^4-2s^3-14s^2-16s-5}$ 。

4.7 非线性数学模型的线性化

系统如果不能应用叠加原理，则系统是非线性的。在建立控制系统的微分方程时，常常遇到非线性方程。由于解非线性微分方程比较困难，因而提出了非线性特性的线性化问题。如果我们能够做某种近似，或者缩小一些研究问题的范围，那么大部分非线性特性都可以近似地作为线性特性来处理，这会给控制系统研究工作带来诸多方便。虽然这种方法是近似的，但在一定范围内能够反映系统的特性，在工程实践中有很大的实际意义。

在控制工程中，如果系统的运行是围绕平衡点进行的，并且系统中的信号是围绕平衡点变化的小信号，那么就可以用线性系统去近似非线性系统。这种线性系统在有限的工作范围内等效于原来的非线性系统。在控制工程中，这种线性化模型（线性定常模型）是很重要的。

线性化过程用数学方法来处理就是将一个非线性函数 $y=f(x)$ ，在其工作点 (x_0,y_0) 处展开成泰勒级数，然后忽略其二次以上的高阶项得到线性化方程，并以此代替原来的非线性函数。因为忽略了泰勒级数展开中的高阶项，所以这些被忽略的项必须很小，即变量只能对工作状态有微小的偏离。

对于具有一个自变量的非线性函数，设其输入量为 $x(t)$ ，输出量为 $y(t)$ ，系统正常工作点为 $y_0=f(x_0)$ ，那么在 $y_0=f(x_0)$ 附近展开成泰勒级数为

$$y=f(x_0)+\left(\frac{\mathrm{d}f(x)}{\mathrm{d}x}\right)_{x=x_0}(x-x_0)+\frac{1}{2!}\left(\frac{\mathrm{d}^2f(x)}{\mathrm{d}x^2}\right)_{x=x_0}(x-x_0)^2+\cdots$$

式中，导数 $\dfrac{\mathrm{d}f(x)}{\mathrm{d}x}$ ， $\dfrac{\mathrm{d}^2f(x)}{\mathrm{d}x^2}$ …均是在 $x=x_0$ 点上计算得到的。如果变量的变化 $x-x_0$ 很小，则可以忽略二次以上的项，可写成

$$y=f(x_0)+\left(\frac{\mathrm{d}f(x)}{\mathrm{d}x}\right)_{x=x_0}(x-x_0)$$

或

$$y=y_0+K(x-x_0) \tag{4-1}$$

式中， $y_0=f(x_0)$ ， $K=\left(\dfrac{\mathrm{d}f(x)}{\mathrm{d}x}\right)_{x=x_0}$

式（4-1）表明 $y-y_0$ 与 $x-x_0$ 成正比，式（4-1）就是方程 $y_0=f(x_0)$ 在工作点 (x_0,y_0) 附近的线性化模型。

对于多输入量函数的线性化，下面以两个输入变量的函数 $y = f(x_1, x_2)$ 在工作点 $x_1 = x_{10}$，$x_2 = x_{20}$ 处的线性化为例进行介绍。

方程 $y = f(x_1, x_2)$ 在工作点附近展开成泰勒级数，有

$$y = f(x_{10}, x_{20}) + \left[\left(\frac{\partial f}{\partial x_1} \right)(x_1 - x_{10}) + \left(\frac{\partial f}{\partial x_2} \right)(x_2 - x_{20}) \right]$$
$$+ \frac{1}{2!}\left[\left(\frac{\partial^2 f}{\partial x_1^2} \right)(x_1 - x_{10})^2 + 2\left(\frac{\partial^2 f}{\partial x_1 \partial x_2} \right)(x_1 - x_{10})(x_2 - x_{20}) + \left(\frac{\partial^2 f}{\partial x_2^2} \right)(x_2 - x_{20})^2 \right] + \cdots \tag{4-2}$$

式中，偏导数都在 $x_1 = x_{10}$，$x_2 = x_{20}$ 上计算得到，在工作点附近，高阶项可以忽略不计，于是式（4-2）可以写成

$$y = f(x_{10}, x_{20}) + \left(\frac{\mathrm{d}f}{\mathrm{d}x_1} \right)_{x_1 = x_{10}} (x_1 - x_{10}) + \left(\frac{\mathrm{d}f}{\mathrm{d}x_2} \right)_{x_2 = x_{20}} (x_2 - x_{20}) \tag{4-3}$$

或

$$y = y_0 + K_1(x_1 - x_{10}) + K_2(x_2 - x_{20}) \tag{4-4}$$

式中，$K_1 = \left(\dfrac{\mathrm{d}f}{\mathrm{d}x_1} \right)_{x_1 = x_{10}, x_2 = x_{20}}$，$K_2 = \left(\dfrac{\mathrm{d}f}{\mathrm{d}x_2} \right)_{x_1 = x_{10}, x_2 = x_{20}}$。

上述线性化方法只有在工作状态附近才是正确的。当工作状态的变化范围很大时，线性化方程就不合适了，这时必须使用非线性方程。应当特别注意，在分析和设计中采用的具体数学模型只是在一定的工作条件下才能精确地表示实际系统的动态特性，在其他工作条件下它可能是不精确的。

4.8　综合实例及 MATLAB/Simulink 应用

下面通过一个综合实例，讲述 MATLAB/Simulink 在本章中的应用。

【例 4-13】　给定 RLC 网络如图 4.14 所示。其中，$u_i(t)$ 为输入量，$u_o(t)$ 为输出量。

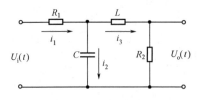

图 4.14　RLC 网络示意图

求解这个系统的传递函数模型、零极点增益模型以及状态空间模型（假设 $R_1 = 1\,\Omega$，$R_2 = 1\,\Omega$，$C = 1\,\mathrm{F}$，$L = 1\,\mathrm{H}$）。

解： 利用 MATLAB 求解的基本步骤如下。

步骤 1　从数学上求出系统的传递函数。

根据电路基本定理，列出该电路的微分方程，如下：

$$R_1 i_1 + L \frac{\mathrm{d}i_3}{\mathrm{d}t} + u_o = u_i$$

同时，该电路还满足如下关系：

$$i_1 = i_2 + i_3, \qquad u_o = i_3 R_2, \qquad i_2 = C \frac{d}{dt}\left(L \frac{di_3}{dt} + u_o \right)$$

将上述三个等式代入第一个微分方程中，得到

$$\frac{R_1 CL}{R_2} \frac{d^2 u_o}{dt^2} + \left(\frac{L}{R_2} + R_1 C \right) \frac{du_o}{dt} + \left(1 + \frac{R_1}{R_2} \right) u_o = u_i$$

在零初始条件下，对上式取拉普拉斯变换，整理可得

$$G(s) = \frac{U_o(s)}{U_i(s)} = \frac{1}{(R_1 Cs + 1)\left(\dfrac{L}{R_2} s + 1 \right) + \dfrac{R_1}{R_2}}$$

代入具体数值 $R_1 = 1\Omega$，$R_2 = 1\Omega$，$C = 1\mathrm{F}$，$L = 1\mathrm{H}$，求得系统的传递函数模型，有

$$G(s) = \frac{1}{s^2 + 2s + 2}$$

步骤 2　使用 MATLAB 建立系统模型。

MATLAB 程序代码如下。

```
clear all;                      %清除工作空间的变量
num = [0,1];  den = [1 2 2];    %传递函数分子、分母多项式系数行向量
sys_tf = tf( num, den )         %建立传递函数模型
[z,p,k] = tf2zp( num,den )      %从传递函数模型获取系统的零极点增益
sys_zpk = zpk( z,p,k )          %建立系统的零极点增益模型
[A,B,C,D] = zp2ss( z,p,k );     %从零极点增益模型获取系统的状态空间模型
sys_ss = ss(A,B,C,D)            %建立系统的状态空间模型
```

程序运行结果为

```
Transfer function:              %传递函数模型
     1
-------------
s^2 + 2 s + 2
%系统的零点、极点和增益
z = Empty matrix: 0-by-1
p = -1.0000 + 1.0000i
    -1.0000-1.0000i
k =    1
Zero/pole/gain:                 %系统的零极点增益模型
     1
---------------
(s^2  + 2s + 2)
%系统的状态空间模型
a =        x1       x2
   x1    -2   -1.414
   x2   1.414       0
b =      u1
   x1   1
```

```
    x2    0
c =        x1      x2
   y1       0 0.7071
d =      u1
   y1    0
Continuous-time model.
```

步骤 3　求取阶跃响应。

根据已经建立好的数学模型，利用 MATLAB 中的 step 函数，求解系统的阶跃响应，程序如下。

```
step( sys_tf );              %求解系统的阶跃响应
grid on;                     %添加栅格
```

输出的响应曲线如图 4.15 所示。

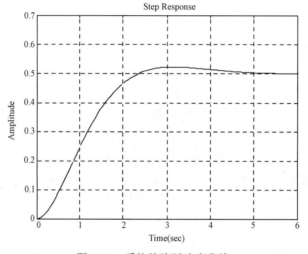

图 4.15　系统的阶跃响应曲线

这是一个典型的二阶系统，后面的几章将会讨论如何利用 MATLAB 对系统的性能进行分析，进而研究如何对系统进行校正使系统性能达到要求。

【例 4-14】　已知某双环调速的电流环系统的结构如图 4.16 所示，试采用 Simulink 动态结构图求其线性模型。

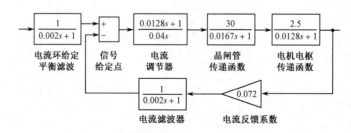

图 4.16　系统结构图

解：采用 Simulink 动态结构图仿真的思路是：利用 Simulink 提供的提取线性模型的函数 linmod()或 linmod2()，得到状态空间模型，然后对状态空间模型进行各种仿真。

步骤 1　建立 Simulink 动态结构图。

按照系统结构图，在 Simulink 模块库中，选择相应的模块，得到如图 4.17 所示的该系统的动态模型，并将模型存为"Samples_4_14.mdl"文件。

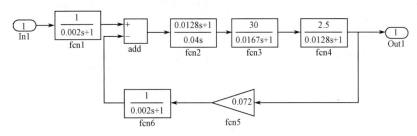

图 4.17　Simulink 中的系统动态模型

步骤 2　求取系统的线性状态空间模型。

在 MATLAB 命令行窗口中运行以下命令，得到一个线性状态空间模型（A, B, C, D）。

```
[A,B,C,D]=linmod('Samples_4_14');   %提取 Simulink 模型的线性状态空间模型
```

输出结果为

```
A =  1.0e+003 *
   -0.0781        0         0         0    1.7964
        0   -0.5000         0         0         0
   0.0141        0   -0.5000         0         0
        0   0.5000   -0.5000         0         0
        0   0.1600   -0.1600    0.0250   -0.0599
B = 0
    1
    0
    0
    0
C =  195.3125        0         0         0         0
D =    0
```

步骤 3　求系统的传递函数模型。

在 MATLAB 命令行窗口中运行以下命令，得到系统的传统函数并显示出来。

```
[num,den]=ss2tf(A,B,C,D);   %将状态空间模型转换为传递函数模型
printsys(num,den,'s');      %以传递函数形式显示出来
```

输出结果为

```
num/den =
   9.0949e-013 s^4 + 5.8208e-010 s^3 + 56137724.5509 s^2 + 32454622005.9881 s
   + 2192879865269.466

-----------------------------------------------------------------------------
   s^5 + 1138.0052 s^4 + 392683.3832 s^3 + 43221369.7605 s^2 + 3506268712.5749 s
   + 157887350299.4013
```

习　　题

【4.1】　控制系统结构如图 4.A 所示。

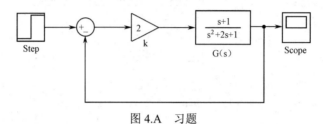

图 4.A　习题

（1）利用 MATLAB 对以上单位负反馈控制系统建立传递函数模型。

（2）将第一问中求得的传递函数模型转化为零极点增益形式和状态空间形式。

【4.2】　控制系统结构如图 4.B 所示。

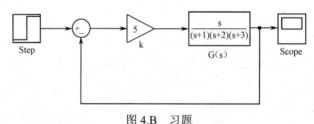

图 4.B　习题

（1）利用 MATLAB 对图示单位负反馈控制系统建立零极点增益模型。

（2）将第一问中求得的模型转化为传递函数形式和状态空间形式。

【4.3】　控制系统的状态方程和输出方程如下。

$$\begin{cases} x' = \begin{bmatrix} 0 & 0 & 0 & -1 \\ 1 & 0 & 0 & -2 \\ 0 & 1 & 0 & -3 \\ 0 & 0 & 1 & -4 \end{bmatrix} x + \begin{bmatrix} 0 \\ 0 \\ 0 \\ 1 \end{bmatrix} u \\ y = \begin{bmatrix} 1 & 0 & 0 & 0 \end{bmatrix} x \end{cases}$$

（1）利用 MATLAB 对控制系统建立状态空间模型。

（2）将第一问中求得的状态空间模型转化为传递函数模型和零极点增益模型。

【4.4】　某控制系统结构如图 4.C 所示。

试利用 MATLAB 建立图示控制系统的数学模型。

【4.5】　某控制系统结构如图题 4.D 所示。

（1）利用 MATLAB 建立上述控制系统的传递函数模型。

（2）利用 MATLAB 得出上述控制系统的状态空间模型。

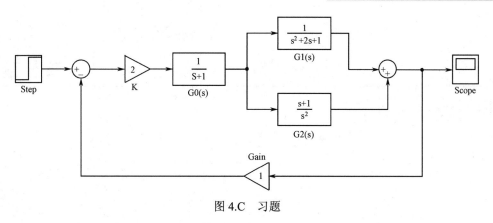

图 4.C 习题

【4.6】 已知某控制系统的运动方程为 $y''(t) + 5y'(t) + 6y(t) = u(t)$，其中 $y(t)$ 为系统输出变量，$u(t)$ 为系统的输入变量。

（1）选择一组状态变量，利用 MATLAB 建立系统的状态空间模型。

（2）选择另外一组状态变量，建立系统的状态空间模型。

（3）将以上两问中得到的状态空间模型转换为传递函数模型，比较结果的异同。

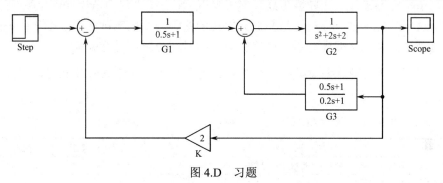

图 4.D 习题

【4.7】 已知两系统的传递函数 $G_1(s) = \dfrac{12s+4}{s^2+5s+2}$、$G_2(s) = \dfrac{s+6}{s^2+7s+1}$，试分别求两系统串联、并联时的传递函数。

【4.8】 已知单位负反馈二阶系统的开环传递函数为 $G(s) = \dfrac{2}{s^2+4s}$，试利用 Simulink 建立系统在单位阶跃输入作用下的模型。

第 5 章

时域分析法

5.1 引言

时域分析法是以拉普拉斯变换为工具，从传递函数出发，直接在时间域上研究自动控制系统性能的一种方法。这种方法的优点是对系统分析的结果直接而全面，缺点是分析过程的计算量较大，尤其是对于高阶系统。一般情况下，系统分析结果所提供的信息对下一步如何改造、综合系统是不够的。计算机仿真技术的发展，特别是 MATLAB/Simulink 的广泛应用，正好弥补了这一不足。时域分析法是其他分析法的基础，如根轨迹法和频率法；另外，一般来说用根轨迹法和频率法综合的系统最终也需要用时域分析法进行验证。

通过本章，使读者熟悉和掌握时域分析法，并能使用 MATLAB/Simulink 对控制系统进行时域分析。

本章的知识点及要求概括如下。

序号	知识点	了解	熟悉	掌握	精通
1	一、二阶系统时域响应的特点及性能指标计算			√	
2	高阶系统的时域分析		√		
3	稳定性的概念、判据及误差分析			√	
4	利用 MATLAB/Simulink 计算时域响应指标				√
5	利用 MATLAB/Simulink 进行稳定性分析				√

5.2 时域响应分析

时域响应指的是系统在外部输入（设定值输入或扰动输入）作用下的输出过程。

5.2.1 典型输入

为了研究自动控制系统的暂态特性和稳态特性，需要知道输入量的变化规律，但通常是不能准确知道输入量的变化的。不同的输入形式其响应是不同的，为了便于比较，常用一些规定的输入形式作为系统输入来检查系统的性能，这些输入就称为典型输入。自动控制系统通常使用的典型输入信号有脉冲输入、阶跃输入、斜坡输入、加速度输入和正弦输入。利用这些典型输入信号易于对系统进行试验和数学分析。

（1）单位脉冲输入。单位脉冲输入定义为

$$r(t) = \delta(t) = \begin{cases} \infty, & t = 0 \\ 0, & t \neq 0 \end{cases}$$

其中，

$$\int_{-\infty}^{+\infty} \delta(t) \mathrm{d}t = 1$$

其拉氏变换为

$$R(s) = L[\delta(t)] = 1$$

单位脉冲函数的幅值为无穷大，持续时间为零，纯属数学上的假设，但在系统分析中是很有用的。实际中，常用系统受到单位脉冲输入作用后的输出来衡量系统的暂态响应特性。

单位脉冲响应的拉氏变换就是系统的传递函数。如果在系统输入端加一单位脉冲函数，由输出响应即可求得系统的传递函数。

在分析闭环系统时，单位脉冲输入具有重要意义。根据系统的脉冲响应可以求出系统的传递函数，并且可以求出任意输入信号下的系统响应。

（2）单位阶跃输入。单位阶跃输入的定义及拉氏变换为

$$r(t) = 1(t) = \begin{cases} 1, & t > 0 \\ 0, & t \leqslant 0 \end{cases}, \quad R(s) = L[1(t)] = \frac{1}{s}$$

在 $t=0$ 处的阶跃信号相当于一个不变的信号突然加到系统上。对于恒值系统，相当于给定值突然发生变化；对于随动系统，相当于加一个突变的给定位置信号。

（3）单位斜坡输入。单位斜坡输入的定义及拉氏变换为

$$r(t) = \begin{cases} t, & t > 0 \\ 0, & t \leqslant 0 \end{cases}, \quad R(s) = L[r(t)] = \frac{1}{s^2}$$

单位斜坡输入对于随动系统，相当于加一个恒速变化的位置信号。

（4）单位加速度输入。单位加速度输入的定义及拉氏变换为

$$r(t) = \begin{cases} \dfrac{1}{2}t^2, & t > 0 \\ 0, & t \leqslant 0 \end{cases}, \quad R(s) = L[r(t)] = \frac{2}{s^3}$$

单位加速度输入对于随动系统，相当于加一个恒加速度变化的位置信号。

（5）单位正弦输入。单位正弦输入的定义及拉氏变换为

$$r(t) = \begin{cases} \sin(t), & t > 0 \\ 0, & t \leqslant 0 \end{cases}, \quad R(s) = L[r(t)] = \frac{1}{s^2 + 1}$$

利用单位正弦输入可以求得系统对不同频率的稳态响应，由此可以间接判断系统性能。

典型输入的选用应视不同系统要求而定，例如，对于恒值控制系统通常用阶跃输入；对于随动系统通常用斜坡输入和加速度输入；对于扰动与响应系统通常用阶跃输入和脉冲输入。

5.2.2　线性系统时域响应一般求法

设已知系统的传递函数为

$$G(s) = \frac{C(s)}{R(s)} = \frac{k_0(s+z_1)(s+z_2)\cdots(s+z_m)}{(s+p_1)(s+p_2)\cdots(s+p_n)} \tag{5-1}$$

且输入为

$$R(s) = \frac{k_r(s+z_{r1})(s+z_{r2})\cdots(s+z_{rl})}{(s+p_{r1})(s+p_{r2})\cdots(s+p_{rq})} \tag{5-2}$$

式中，$-z_{r1}$，$-z_{r2}$，$\cdots$，$-z_{rl}$ 及 $-p_{r1}$，$-p_{r2}$，$\cdots$，$-p_{rq}$ 分别是输入函数 $r(t)$ 拉氏变换式 $R(s)$ 的零点和极点，通常简称为输入零点和极点。

那么，

$$C(s) = G(s) \cdot R(s) = \frac{k_0 k_r(s+z_1)(s+z_2)\cdots(s+z_m)(s+z_{r1})(s+z_{r2})...(s+z_{rl})}{(s+p_1)(s+p_2)\cdots(s+p_n)(s+p_{r1})(s+p_{r2})...(s+p_{rq})} \tag{5-3}$$

1. $G(s)$无重极点的情况

若式（5-3）中无重极点，则 $C(s)$ 可分解为 $C(s) = \sum\limits_{i=1}^{q} \frac{A_{ri}}{s+p_{ri}} + \sum\limits_{j=1}^{n} \frac{A_j}{s+p_j}$，那么

$$c(t) = \sum_{i=1}^{q} A_{ri} \cdot \mathrm{e}^{-p_{ri} \cdot t} + \sum_{j=1}^{n} A_j \cdot \mathrm{e}^{-p_j \cdot t} \tag{5-4}$$

式中，$A_{ri} = C(s)(s+p_{ri})|_{s=-p_{ri}}$，$A_j = C(s)(s+p_j)|_{s=-p_j}$。

通常把 $c(t)$ 表达式中线性独立的分量 $\mathrm{e}^{-p_{ri} \cdot t}$ 和 $\mathrm{e}^{-p_j \cdot t}$ 称为模态，它取决于传递函数的极点和输入极点。模态的特征是发散还是收敛，是单调变化还是振荡，决定了响应的基本特征。

A_{ri} 和 A_j 称为 $C(s)$ 的留数，它由 $C(s)$ 的极点和零点共同决定，留数的大小和模态共同决定了响应。

由此可知，系统时域响应的特征是由闭环极点决定的，零点可以影响 $c(t)$ 的具体变化形状。另一方面，通常把式（5-4）中的第一项称为响应的稳态分量，它和输入极点有关；第二项称为响应的动态分量，它和系统传递函数的极点有关。当然，系统本身的动态性能是由其动态分量决定的。

2. $G(s)$有重极点的情况

$C(s)$有重极点时，方法有所不同，下面进行简要说明。

设 $G(s) = \dfrac{M(s)}{(s+p_1)^m(s+p_{m+1})\cdots(s+p_n)}$，其中，$-p_1$ 是 m 重极点，那么

$$C(s) = \frac{A_1}{s+p_1} + \cdots + \frac{A_m}{(s+p_1)^m} + \frac{A_{m+1}}{s+p_{m+1}} + \cdots + \frac{A_n}{s+p_n} \tag{5-5}$$

式中，

$$A_i = \begin{cases} \dfrac{1}{(i-1)!} \cdot \dfrac{\mathrm{d}^{i-1}}{\mathrm{d}s^{i-1}} C(s)(s+p_1)^m \big|_{s=-p_i}, & i = 1, 2, \cdots, m \\ C(s)(s+p_i) \big|_{s=-p_i}, & i = m+1, \cdots n \end{cases}$$

而

$$c(t) = A_1 \cdot \mathrm{e}^{-p_1 \cdot t} + A_2 \cdot t \cdot \mathrm{e}^{-p_1 \cdot t} + \cdots$$
$$+ \frac{A_m}{(m-1)!} \cdot t^{m-1} \cdot \mathrm{e}^{-p_1 \cdot t} + A_{m+1} \cdot \mathrm{e}^{-p_{m+1} \cdot t} + \cdots + A_n \cdot \mathrm{e}^{-p_n \cdot t} \tag{5-6}$$

5.2.3 时域响应性能指标

1．阶跃响应性能指标

当已知时域响应 $c(t)$ 时，按 $c(t)$ 的形状就大致可判断出其动力学性能的优劣。一般来说，对系统输出响应的要求可以用两个基本要求和三个衡量标准来概括。

两个基本要求是：对设定值输入的跟随和对扰动输入的抑制。

三个衡量标准是：跟随和抑制过程的稳定性、快速性和准确性。

下面对设定值为阶跃信号的响应加以说明，通常将之称为阶跃响应，阶跃响应的一般情况如图 5.1 所示。

（1） t_r 称为上升时间，它表示 $c(t)$ 第一次达到稳态值 $c(\infty)$ 的时间。对于单调无超调过程显然该定义不适用，一般可定义为 $c(t)$ 从 $0.1c(\infty)$ 上升到 $0.9c(\infty)$ 所需的时间。

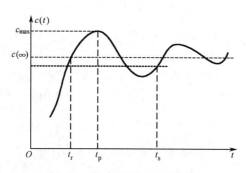

图 5.1 阶跃响应瞬态指标图

（2） t_p 称为峰值时间，它表示 $c(t)$ 达到最大值 $c_{\max}$ 的时间。

（3） $\sigma_p\%$ 称为超调量，且

$$\sigma_p\% = \frac{c_{\max} - c(\infty)}{c(\infty)} \times 100\%$$

（4） t_s 称为调节时间，且

$$\left| \frac{c(t) - c(\infty)}{c(\infty)} \right|_{t \geq t_s} \leq \Delta$$

式中， Δ 称为允许误差，一般取 $\Delta = 0.05$ 或 $\Delta = 0.02$ 。

上述指数显然从不同的侧面反映了系统的性能，其中 t_r 反映了快速性，$\sigma_p\%$ 反映了稳定性，而 t_s 是稳定性和快速性的一种综合。

2．误差积分指标

上述指标从不同侧面衡量了系统的性能，但在系统分析和最优设计时还需用到一种误差积分指标。

定义误差函数 $e(t) = c(\infty) - c(t)$，如图 5.2 中的阴影部分所示，显然，阴影部分的面积越小则跟随性能越好。

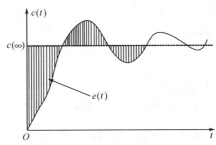

图 5.2 阶跃响应误差指标图

有如下几种常用的误差积分指标。

（1）误差积分指标 IE：$IE = \int_0^\infty e(t)dt$，显然，该指标对于振荡型过程不适用。

（2）误差绝对值积分指标 IAE：$IAE = \int_0^\infty |e(t)|dt$。

（3）误差平方积分指标 ISE：$ISE = \int_0^\infty e^2(t)dt$。

后两种指标均用于振荡型响应分析，其中 ISE 指标比较适合在理论分析中使用。一般来说，在同等条件下，用 ISE 指标设计出来的系统与用 IAE 指标设计出来的系统相比较，其 t_r 较小而 $\sigma_p\%$ 较大。

（4）误差绝对值乘时间积分指标 ITAE：$ITAE = \int_0^\infty |e(t)|tdt$。

由图 5.2 可以看出，IAE 和 ISE 指标的大小主要取决于第一块面积，但在一般情况下，系统的相对稳定性 $\sigma_p\%$ 和综合快速性 t_s 由第二块面积的大小来反映，因此应加上第二块在指数函数中的份额，处理方法是乘以时间函数 t 作为权系数。该指标目前被广泛应用于最优化分析和设计中。

5.2.4 一阶和二阶系统的时域响应

1．一阶系统时域响应

可以用一阶微分方程描述的系统称为一阶系统，其传递函数为

$$G(s) = \frac{K}{Ts+1}$$

(5-7)

式中，T 称为一阶系统的时间常数，$G(s)$ 可写成 $G(s) = \dfrac{C(s)}{R(s)}$。当 $r(t) = 1(t)$，即 $R(s) = \dfrac{1}{s}$ 时，一阶系统的输出 $c(t)$ 称为单位阶跃响应，其拉氏变换式为

$$C(s) = G(s)R(s) = \frac{K}{s(Ts+1)} = K\left(\frac{1}{s} - \frac{1}{s + \frac{1}{T}} \right) \qquad (5\text{-}8)$$

对式（5-8）进行拉氏反变换，得

$$c(t) = K\left(1 - \mathrm{e}^{-\frac{t}{T}} \right) \qquad (5\text{-}9)$$

典型的一阶系统的单位阶跃响应曲线如图 5.3 所示。

一阶系统时域响应的性能指标如下。

（1）调整时间 t_{s}：经过时间 $3T \sim 4T$，响应曲线已达稳态值的 95%～98%，可以认为其调整过程已完成，故一般取 $t_{\mathrm{s}} = (3 \sim 4)T$。

$$t_{\mathrm{s}} = \begin{cases} 3T, & \Delta = 0.05 \\ 4T, & \Delta = 0.02 \end{cases}$$

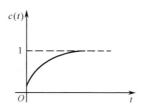

图 5.3　一阶系统的单位阶跃响应曲线

（2）稳态误差 e_{ss}：系统的实际输出 $c(t)$ 在时间 t 趋于无穷大时将趋近输入值，即

$$e_{\mathrm{ss}} = \lim_{t \to \infty}[c(t) - r(t)] = 0$$

（3）超调量 $\sigma_{\mathrm{p}}\%$：一阶系统的单位阶跃响应为非周期响应，是单调的，故系统无振荡、无超调，$\sigma_{\mathrm{p}}\% = 0$。

一阶系统的闭环极点 $-p = \dfrac{1}{T}$，位于实轴上，由此可得到以下两条结论。

● 如果系统闭环极点位于负实轴上，则阶跃响应是单调的，$\sigma_{\mathrm{p}}\% = 0$。

● 调节时间 $t_{\mathrm{s}} = \dfrac{3}{p}$，即闭环极点离虚轴距离越远则响应越快。

2．二阶系统时域响应

典型二阶系统的结构如图 5.4 所示，其闭环传递函数 $G(s)$ 为：

$$G(s) = \frac{\omega_n^2}{s^2 + 2\zeta\omega_n s + \omega_n^2} \qquad (5\text{-}10)$$

或

$$\frac{C(s)}{R(s)} = \frac{1}{T^2 s^2 + 2\zeta T s + 1} \qquad (5\text{-}11)$$

式中，ω_n 为无阻尼自由振荡角频率，简称固有频率；ζ 为阻尼系数；$T = \dfrac{1}{\omega_n}$ 为系统振荡周期。

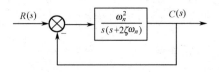

图 5.4 典型二阶系统的结构图

系统的特征方程为

$$D(s) = s^2 + 2\zeta\omega_n s + \omega_n^2 = 0$$

特征根为

$$s_{1,2} = -\zeta\omega_n \pm \omega_n\sqrt{\zeta^2 - 1}$$

因此，二阶系统的两个极点为

$$-p_{1,2} = -\zeta\omega_n \pm \omega_n\sqrt{\zeta^2 - 1}$$

在不同阻尼比下两个极点有不同的特征，因此其时域响应特征也不同。

（1）零阻尼（$\zeta = 0$）。此时两个极点是一对纯虚根，$-p_{1,2} = \pm j\omega_n$，可求得其单位阶跃响应为

$$c(t) = 1 - \cos(\omega_n t) \tag{5-12}$$

典型的单位阶跃响应曲线如图 5.5 所示，是一种等幅振荡曲线，振荡角频率就是 ω_n。

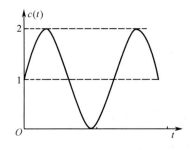

图 5.5 零阻尼系统单位阶跃响应曲线

（2）欠阻尼（$0 < \zeta < 1$）。此时两个极点是一对负实部的共轭复根，$-p_{1,2} = -\zeta\omega_n \pm j\omega_n\sqrt{1 - \zeta^2}$，典型的单位阶跃响应如图 5.6 所示，是一种衰减振荡曲线。

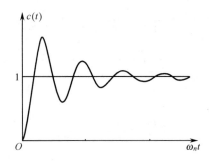

图 5.6 欠阻尼系统单位阶跃响应曲线

曲线的表达式可表示为

$$c(t) = 1 - \frac{1}{\sqrt{1-\zeta^2}} e^{-\zeta\omega_n t} \sin(\omega_n\sqrt{1-\zeta^2}\, t + \arctan\frac{1-\zeta}{\zeta}) \tag{5-13}$$

通常可设 $\sigma = \zeta\omega_n$ 为衰减指数；$\omega_d = \omega_n\sqrt{1-\zeta^2}$ 为振荡角频率；$\theta = \arctan\dfrac{1-\zeta}{\zeta}$ 为初相角。

其他性能指标可用以下方法求取。

① 上升时间 t_r：由 $c(t)|_{t=t_r} = 1$，得到即 $\sin(\omega_d t_r + \theta) = 0$，$\omega_d t_r + \theta = n\pi, n = 0,1,\cdots$，由于第一次达到稳态值的时间取 $n=1$，则

$$t_r = \frac{\pi - \theta}{\omega_d} \tag{5-14}$$

② 峰值时间 t_p：令 $\dfrac{dc(t)}{dt}\Big|_{t=t_p} = 0$ 可得到 $t_p = \dfrac{n\pi}{\omega_d}$，由于第一次达到的峰值取 $n=1$，则

$$t_p = \frac{\pi}{\omega_d} \tag{5-15}$$

③ 超调量 $\sigma_p\%$：由 $\sigma_p\% = \dfrac{c(t_p) - c(\infty)}{c(\infty)} \times 100\% = \dfrac{c(t_p) - 1}{1} \times 100\%$ 可得到

$$\sigma_p\% = e^{-\frac{\pi\zeta}{\sqrt{1-\zeta^2}}} \times 100\% = e^{-\frac{\pi}{\tan\theta}} \times 100\% \tag{5-16}$$

④ 超调时间 t_s：按定义 $\left|\dfrac{c(t) - c(\infty)}{c(\infty)}\right| \le \Delta$，即 $\left|\dfrac{1}{\sqrt{1-\zeta^2}} e^{-\zeta\omega_n t} \sin(\omega_n\sqrt{1-\zeta^2}\, t + \text{tg}^{-1}\dfrac{1-\zeta}{\zeta})\right| \le \Delta$，

由于正弦项的绝对值总小于 1，故上式可近似地表示为 $\left|\dfrac{1}{\sqrt{1-\zeta^2}} e^{-\zeta\omega_n t}\right| \le \Delta$，即

$\dfrac{1}{\sqrt{1-\zeta^2}} e^{-\zeta\omega_n t} \le \Delta$。

由于上述不等式是单调下降的，取等号即可，故经化简可得

$$t_s = \frac{\ln\dfrac{1}{\Delta} + \ln\dfrac{1}{\sqrt{1-\zeta^2}}}{\zeta\omega_n} \tag{5-17}$$

在常用的 ζ 范围（0.4～0.9）内，$\ln\dfrac{1}{\sqrt{1-\zeta^2}} = 0.08 \sim 0.8$，平均取 0.5 是合适的，故

$$t_s = \begin{cases} \dfrac{3.5}{\zeta\omega_n}, & \Delta = 0.05 \\[2mm] \dfrac{4.5}{\zeta\omega_n}, & \Delta = 0.02 \end{cases} \tag{5-18}$$

（3）临界阻尼（$\zeta = 1$）。此时两个极点是一对负实数重极点，$-p_{1,2} = -\omega_n$，其单位阶跃

响应表达式可表示为

$$c(t) = 1 - e^{-\omega_n t}(1 + \omega_n t) \tag{5-19}$$

典型的单位阶跃响应如图 5.7 所示，由图可见，$\zeta = 1$ 时，阶跃响应正好进入单调无超调状态（$\sigma_p\% = 0$），故可从这个意义上定义其临界。临界阻尼下的调节时间可以通过 $t_s = \dfrac{4.5}{\omega_n}, \Delta = 0.05$ 计算来获得。

（4）过阻尼（$\zeta > 1$）。此时两个极点是两个不相等的负实数极点，$-p_{1,2} = -\zeta\omega_n \pm \omega_n\sqrt{\zeta^2 - 1}$。

令 $T_1 = -\dfrac{1}{-p_1} = \dfrac{1}{\zeta\omega_n - \omega_n\sqrt{\zeta^2 - 1}}$ 和 $T_2 = -\dfrac{1}{-p_2} = \dfrac{1}{\zeta\omega_n + \omega_n\sqrt{\zeta^2 - 1}}$，则

$$G(s) = \frac{\omega_n^2}{(s + p_1)(s + p_2)} = \frac{1}{(T_1 s + 1)(T_2 s + 1)}, \quad T_1 > T_2 \tag{5-20}$$

其单位阶跃响应表达式可表示为

$$c(t) = 1 + \frac{T_2}{T_1 - T_2}e^{-\frac{t}{T_2}} + \frac{T_1}{T_2 - T_1}e^{-\frac{t}{T_1}} \tag{5-21}$$

典型的单位阶跃响应曲线如图 5.8 所示，从图可以看出，响应仍是一个单调过程，$\sigma_p\% = 0$，其调节时间 t_s 可通过数值计算来确定，ζ 越大，即 T_1 和 T_2 越错开，t_s 越大；从图中还可以看出一个重要现象，即当 $T_1 \gg T_2$ 时，对响应表达式中的两个分量，只有第二分量（与 T_1 对应）起主要作用，而第一分量（与 T_2 对应）仅仅影响时域响应的起始点。一般认为，当 $T_1 \gg 5T_2$ 时，T_2 的影响就可以忽略不计了，即 $c(t) \approx 1 - e^{-\frac{t}{T_1}}$，相应地

$$G(s) = \frac{1}{(T_1 s + 1)(T_2 s + 1)} \approx \frac{1}{T_1 s + 1}$$

此时二阶系统就可以近似地作为一阶系统来分析了。

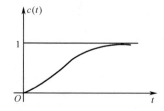 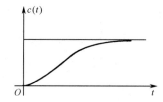

图 5.7　临界阻尼系统单位阶跃响应曲线　　　　图 5.8　过阻尼系统单位阶跃响应曲线

5.2.5　高阶系统的时域分析

1．高阶系统时域响应的一般形式

设系统的闭环传递函数为

$$G(s) = \frac{C(s)}{R(s)} = \frac{b_0 s^m + b_1 s^{m-1} + \cdots + b_{m-1}s + b_m}{a_0 s^n + a_1 s^{n-1} + \cdots + a_{n-1}s + a_n} = \frac{K(s + z_1)(s + z_2)\cdots(s + z_m)}{(s + p_1)(s + p_2)\cdots(s + p_n)}$$

当输入 $r(t)=1(t)$ 时， $R(s)=\dfrac{1}{s}$ ，此时

$$C(s)=G(s)R(s)=\frac{K(s+z_1)(s+z_2)\cdots(s+z_m)}{(s+p_1)(s+p_2)\cdots(s+p_n)}\cdot\frac{1}{s}$$

为使问题简单化一些，可设 $G(s)$ 中无重极点，则

$$C(s)=\frac{K\prod_{j=1}^{m}(s-z_j)}{\prod_{i=1}^{n}(s-p_i)}\cdot\frac{1}{s}=\frac{A_0}{s}+\sum_{i=1}^{n}\frac{A_i}{(s-p_i)} \tag{5-22}$$

式中， $A_i=\lim\limits_{s\to-p_j}C(s)(s+p_i)$ ， $i=0,1,\cdots,n$ ， $-p_0=0$ ，则

$$c(t)=A_0+\sum_{i=1}^{n}A_i\mathrm{e}^{-p_it} \tag{5-23}$$

一般地，若 $G(s)$ 的极点中有 q 个负实数极点、 r 个负实部共轭复数极点，则上式还可改写为

$$C(s)=\frac{K\prod_{j=1}^{m}(s+z_j)}{s\prod_{i=1}^{n}(s+p_i)\prod_{k=1}^{r}(s^2+2\zeta_k\omega_ks+\omega_k^2)} \tag{5-24}$$

$$=\frac{A_0}{s}+\sum_{i=1}^{q}\frac{A_i}{s+p_i}+\sum_{k=1}^{r}\frac{B_k(s+\zeta_k\omega_k)+C_k\omega_k\sqrt{1-\zeta_k^2}}{s^2+2\zeta_k\omega_ks+\omega_k^2}$$

式中， $r+2q=m$ ，则

$$c(t)=A_0+\sum_{i=1}^{q}A_i\mathrm{e}^{-p_it}+\sum_{k=1}^{r}B_k\mathrm{e}^{-\zeta_k\omega_kt}\cos\omega_k\sqrt{1-\zeta_k^2}t+\sum_{k=1}^{r}C_k\mathrm{e}^{-\zeta_k\omega_kt}\sin\omega_k\sqrt{1-\zeta_k^2}t \tag{5-25}$$

2. 高阶系统的主导极点

由式（5-25）可知，高阶系统阶跃响应是由一系列动态分量组成的，各动态分量的幅值由闭环极点和零点共同决定。

由 $A_i=\lim\limits_{s\to-p_j}C(s)(s+p_i)$ 可知，当某个极点与某个零点接近时，其幅值必定很小，其动态分量的衰减速度由其极点的实部，即闭环极点距虚轴的距离决定。距虚轴越远的闭环极点，其所对应的动态分量衰减越快。显然，在阶跃响应过程中，影响最大的分量是那些幅值最大而衰减又最慢的分量，这些分量所对应的闭环极点是那些距虚轴最近而附近又没有闭环零点的闭环极点。

由此可得以下结论。

（1）主导极点。在整个响应过程中，起决定性作用的是闭环极点，称为主导极点，它是距虚轴最近而附近又没有闭环零点的闭环极点。工程上往往只用主导极点来估算系统的动态特性，即将系统近似地看成一阶或二阶系统。

（2）距虚轴的距离较主导极点远 5 倍或 5 倍以上的闭环零点、极点，其影响可以忽略不计。

（3）偶极子。一对靠得很近的闭环零点、极点称为偶极子。工程上，当某极点与某零点之间的距离比它们的模值小一个数量级时，就可认为这对零点、极点为偶极子。偶极子对时域的影响可以忽略不计。在闭环传递函数中，如果零点、极点数值上相近，则可将该零点和极点一起消掉，称为偶极子相消。

（4）除主导极点外，闭环零点的作用是使响应加快而超调增加，闭环极点的作用则正好相反。

5.3　MATLAB/Simulink 在时域分析中的应用

时域分析，尤其是高阶系统的时域分析，其困难主要在系统极点、留数的获取上，以及在已知响应表达式的基础上，如何绘制响应波形和求取性能指标等一系列问题，这些均涉及大量的数值计算和图形绘制，MATLAB/Simulink 的仿真平台为此提供了强有力的工具。

5.3.1　时域分析中 MATLAB 函数的应用

一个动态系统的性能常用典型输入作用下的响应来描述。响应是指零初始值条件下某种典型的输入函数作用下对象的响应，控制系统常用的输入函数为单位阶跃函数和脉冲激励函数（即冲激函数）。

1．MATLAB 中常用的时域分析函数

在 MATLAB 中，提供了求取连续系统的单位阶跃响应函数 step()，单位脉冲响应函数 impulse()，零输入响应函数 initial() 及任意输入响应函数 lsim()，下面分别进行介绍。

（1）单位阶跃响应函数 step()。函数 step() 将绘制出由向量 num 和 den 表示的连续系统的阶跃响应 $g(t)$ 在指定时间范围内的波形图，并能求出其数值解。

单位阶跃响应函数 step() 的常见用法有：

- y=step(num, den, t)：其中 num 和 den 分别为系统传递函数描述中的分子和分母多项式系数，t 为选定的仿真时间向量，一般可由 t=0:step:end 等步长地产生。该函数返回值 y 为系统在仿真中所得输出组成的矩阵。
- [y, x, t]=step(num, den)：时间向量 t 由系统模型特性自动生成，状态变量 x 返回为空矩阵。
- [y, x, t]=step(A, B, C, D, iu)：其中 A, B, C, D 为系统的状态空间描述矩阵，iu 用来指明输入变量的序号，x 为系统返回的状态轨迹。

如果对具体的响应值不感兴趣，而只想绘制系统的阶跃响应曲线，则可采用 step(num, den)、step(num, den, t)、step(A, B, C, D, iu, t) 和 step(A, B, C, D, iu) 的格式进行函数调用。

线性系统的稳态值可以通过控制系统工具箱中的函数 dcgain() 来求得，其调用格式为 dc=dcgain(num, den) 或 dc=dcgain(a, b, c, d)。

（2）单位脉冲响应函数 impulse()。函数 impulse()将绘出由向量 num 和 den 表示的连续系统在指定时间范围内的脉冲响应 $h(t)$ 的时域波形图，并能求出指定时间范围内脉冲响应的数值解。

与 step()函数一样，impulse ()函数也有以下用法。

● y=impulse(num, den, t)。

● [y, x, t]=impulse(num, den)。

● impulse(num, den)和 impulse(num, den, t)。

● [y, x, t]=impulse(A, B, C, D, iu, t)。

● impulse(A, B, C, D, iu)和 impulse(A, B, C, D, iu, t)。

（3）零输入响应函数 initial()。MATLAB 的控制系统工具箱提供了求取连续系统零输入响应的函数 initial()，其常用的格式有：

● initial(sys,x0)和 initial(sys,x0,t)。

● [Y,T,X]= initial(sys,x0)和[Y,T,X]= initial(sys,x0,t)。

说明：sys 为线性时不变系统的模型，x0 为初始状态，t 为指定的响应时间，Y 为响应的输出，T 为仿真的时间，X 为系统的状态变量。initial()函数可计算出连续时间线性系统由于初始状态引起的响应（故称零输入响应）。

当不带输出变量引用函数时，initial()函数在当前图形窗口中直接绘制出系统的零输入响应曲线。

当带有输出变量引用函数时，可得到系统零输入响应的输出数据，而不直接绘制出曲线。

（4）任意输入响应函数 lsim()。MATLAB 的控制系统工具箱提供了求取任意输入响应函数 lsim()，其常用的格式有：

● lsim(sys1,u,t)和 lsim(sys2,u,t,x0)。

● [Y,T,X]=lsim(sys1,u,t)和[Y,T,X]=lsim(sys2,u,t,x0)。

说明：u 为输入信号，x0 为初始条件，t 为等间隔时间向量，sys1 为 tf()或 zpk()模型，sys2 为 ss()模型，Y 为响应的输出，T 为仿真的时间，X 为系统的状态变量。

当不带输出变量引用函数时，lsim()函数在当前图形窗口中直接绘制出系统的零输入响应曲线。

当带有输出变量引用函数时，可得到系统零输入响应的输出数据，而不直接绘制出曲线。

对于离散系统，只需在连续系统对应函数前加"d"即可，如 dstep、dimpulse 等，其调用格式与 step、impulse 类似，后面章节将会讲到。

2．时域响应应用举例

下面通过实例讲述利用上述函数求取系统的时域响应。

【例 5-1】　已知系统的闭环传递函数为 $G(s) = \dfrac{1}{s^2 + 0.4s + 1}$，试求其单位阶跃和单位斜坡响应曲线。

解： MATLAB 程序代码如下。

```
num=[1];   den=[1, 0.4, 1];              %传递函数分子、分母多项式系数行向量
t=[0:0.1:10]                             %响应时间
u=t;                                     %u 为单位斜坡输入
y=step(num, den, t)                      %单位阶跃响应
y1=lsim(num, den, u, t)                  %单位斜坡响应
plot(t, y,'b-',t, y1,'r:')              %将两条响应曲线绘制在同一个图上
grid                                     %添加栅格
xlabel('时间/s') ; ylabel('y')           %标注横、纵坐标轴
title('单位阶跃和单位斜坡输入响应曲线')      %添加图标题
legend('单位阶跃响应曲线','单位斜坡响应曲线') %添加文字标注
```

运行程序，输出的响应曲线如图 5.9 所示。

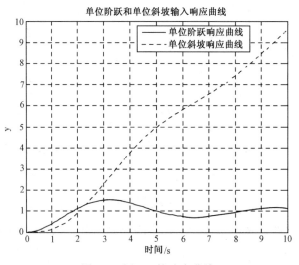

图 5.9　例 5-1 的响应曲线

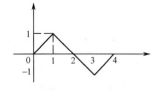

图 5.10　例 5-2 输入曲线

【例 5-2】 已知单位负反馈系统，其开环传递函数为 $G(s)=\dfrac{s+2}{s^2+10s+1}$，系统输入信号为如图 5.10 所示的三角波，试求取系统输出响应，并将输入输出信号对比显示。

解： MATLAB 程序代码如下。

```
numg=[1, 2];  deng=[1, 10, 1];                  %开环传递函数分子、分母多项式系数行向量
[num, den]=cloop(numg, deng, -1)                %建立单位负反馈传递函数
v1=[0:0.1:1]; v2=[0.9:-0.1:-1]; v3=[-0.9:0.1:0]; u=[v1, v2, v3]  %产生三角波
t=[0:0.1:4]                                     %仿真时间
[y, x]=lsim(num, den, u, t)                     %求取系统在三角波输入下的响应
plot(t, y, t, u);  grid %将输入的三角波和输出的响应曲线绘在在同一个图上，并添加栅格
xlabel('时间/s'); ylabel('y');                  %标注横、纵坐标轴
title('三角波输入和输入下的响应曲线')             %添加图标题
legend('响应曲线','三角波输入')                   %添加文字标注
```

响应曲线如图 5.11 所示。

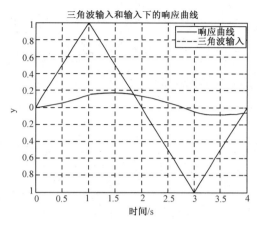

图 5.11　例 5-2 的响应曲线

【例 5-3】　已知单位负反馈系统，其开环传递函数为 $G(s)=\dfrac{s+2}{s^2+10s+1}$，系统输入信号为如图 5.12 所示的锯齿波，试用 Simulink 求取系统输出响应，并将输入输出信号对比显示。

解：使用 Simulink 可以方便地实现对系统的建模和仿真，Simulink 的模型如图 5.13 所示。

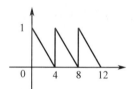

图 5.12　例 5-3 输入曲线

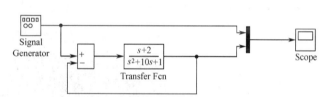

图 5.13　例 5-4 的 Simulink 模型

图 5.13 中，"Transfer Fcn"模块建立 $G(s)$ 的模型，"Signal Generator"产生输入的锯齿波，其参数设置如图 5.14 所示。按照题意，设置时在"Wave form"中选中"sawtooth"（锯齿波），在"Amplitude"（幅值）中输入 1，在"Frequency"中输入 1/4，在"Units"（单位）选中"Hertz"（赫兹）。Simulink 中还提供了其他类型的信号发生器，其使用方法和本题类似，这里不做详细介绍。

模型连好后进行仿真，仿真结束后双击示波器，输出图形如图 5.15 所示。

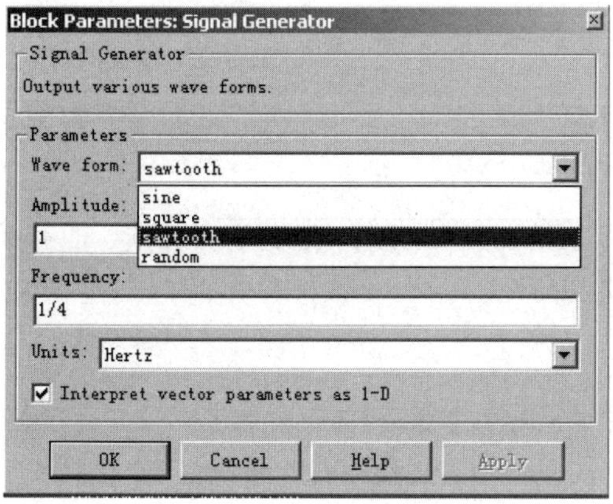

图 5.14　信号发生器参数设置界面

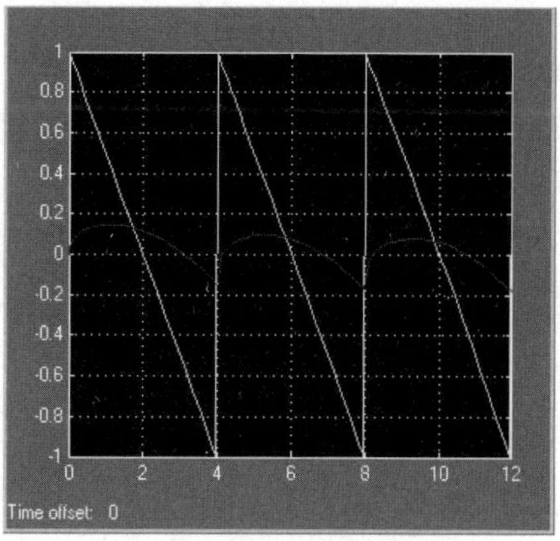

图 5.15　例 5-3 输出曲线

【**例 5-4**】 已知单位负反馈系统，其开环传递函数为 $G_1(s)$ 和 $G_2(s)$ 的串联，其中 $G_1(s) = \dfrac{s+5}{(s+1)(s+3)}$、$G_2(s) = \dfrac{s^2+1}{s^2+4s+4}$，系统输入信号为 $r(t) = \sin(t)$，试用 Simulink 求取系统输出响应，并将输入和输出信号对比显示。

解：Simulink 的模型如图 5.16 所示。

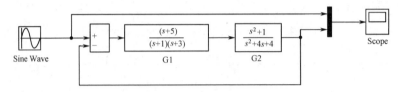

图 5.16　例 5-4 的 Simulink 模型

Simulink 中提供了用来建立系统模型的传递函数模块（Transfer Fcn）和零极点模块（Zero-Pole），可以方便地实现对系统的建模。本例中，$G_1(s)$ 是用零极点表示的，选用"Zero-Pole"非常方便；$G_2(s)$ 是用传递函数表示的，选用"Transfer Fcn"非常方便；信号源选择"Sine Wave"即可。

模型连好后进行仿真，仿真结束后，双击示波器，输出图形如图 5.17 所示。

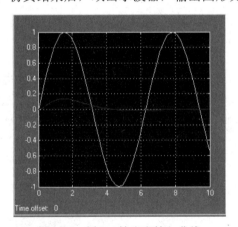

图 5.17　例 5-4 输出和输入曲线

5.3.2　时域响应性能指标求取

时域响应分析的是系统对输入和扰动在时域内的瞬态行为，系统特征，如上升时间、调节时间、超调量和稳态误差，均能从时域响应上反映出来。

利用 MATLAB，不仅可以方便、快捷地计算系统的时域响应，绘制响应曲线，而且还能直接在响应曲线图上求取响应性能指标，或者通过简便的编程来求取。

1. 游动鼠标法求取性能指标

在求取时域响应的程序运行完毕后，用鼠标左键单击时域响应曲线任意一点，系统会自动跳出一个小方框，小方框显示了这一点的横坐标（时间）和纵坐标（幅值）。按住鼠标左键在曲线上移动，可找到曲线幅值最大的一点，即曲线最大峰值，此时小方框显示的时间就是此二阶系统的峰值时间，根据观测到的稳态值和峰值可计算出系统的超调量。系统的上升时间和稳态响应时间可以此类推。

需要注意的是：由于显示精度和鼠标动作误差的原因，求取的性能指标可能与实际值有所误差，但这对分析问题是没有影响的。另外，游动鼠标法不适合用于 plot() 命令画出的图形，也就是说，它只能在用非 plot 函数输出的曲线上进行求取。

2．编程法求取性能指标

调用单位阶跃响应函数 step()，可以获得系统的单位阶跃响应，当采用[y,t]=step(G)的调用格式时，将返回响应值 y 及相应的时间 t，通过对 y 和 t 进行计算，可以得到时域性能指标。

（1）峰值时间。峰值时间可由以下命令获得：

```
[Y,k]=max(y)                    %求出 y 的峰值及相应的时间
 timetopeak=t(k)                %获得峰值时间
```

应用取最大值函数 max() 求出 y 的峰值及相应的时间，并存于变量 Y 和 k 中。然后在变量 t 中取出峰值时间，并将它赋给变量 timetopeak，它就是峰值时间。

（2）超调量。超调量可由以下命令获得：

```
C=dcgain(G)                     %求取系统的终值
[Y,k]=max(y)                    %求出 y 的峰值及相应的时间
percentovershoot=100*(Y-C)/C    %计算超调量
```

dcgain() 函数用于求取系统的终值，将终值赋给变量 C，然后依据超调量的定义，由 Y 和 C 计算出百分比超调量。

（3）上升时间。上升时间可利用 MATLAB 中的循环控制语句 while 编制 M 文件来获得，程序如下。

```
C=dcgain(G)                     %求取系统的终值
n =1
while y(n)<C                    %通过循环，求取输出第一次到达终值时的时间
n =n+1
end
risetime=t(n)                   %获得上升时间
```

在阶跃输入条件下，y 的值由零逐渐增大，当以上循环满足 y=C 时，退出循环，此时对应的时间即为上升时间。

对于输出无超调的系统响应，上升时间定义为输出从稳态值的10%上升到90%所需时间，则计算程序如下。

```
C=dcgain(G)                     %求取系统的终值
n =1
while y(n)<0.1*C                %通过循环，求取输出第一次到达终值的10%时的时间
   n=n+1;
end
m=1;
while y(n)<0.9*C                %通过循环，求取输出第一次到终值的90%时的时间
```

```
m=m+1;
end
risetime=t(m)-t(n)                    %上述两个时间相减，即为上升时间
```

（4）调节时间。调节时间的计算程序如下。

```
C=dcgain(G)                           %求取系统的终值
i =length(t)                          %求取仿真时间 t 序列的长度
while(y(i)>0.98*C)&(y(i)<1.02*C)      %通过循环，求取输出在终值的±2%内的时间
 i =i-1
end
settlingtime=t(i)                     %获得调节时间
```

【例 5-5】　已知二阶系统传递函数为 $G(s)=\dfrac{3}{(s+1-3i)(s+1+3i)}$，试分别用游动鼠标法和编程法求取系统的性能指标。

解： 首先采用游动鼠标法来求取性能指标，在 MATLAB 工作空间中输入以下代码。

```
G=zpk([ ],[-1+3*i,-1-3*i],3);         %建立零极点模型
step(G);                              %求取阶跃响应
```

运行程序后，输出阶跃响应曲线，利用游动鼠标法，可大致求出系统的性能指标，如图 5.18 所示。

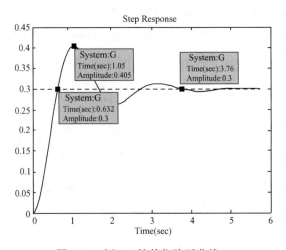

图 5.18　例 5-5 的单位阶跃曲线

从图中可以看出，峰值时间为 1.05 s，上升时间为 0.632 s，超调为 (0.405−0.3)/0.3×100%=35%，调节时间约为 3.76 s。

下面采用编程法来求取性能指标，在 MATLAB 工作空间中输入以下代码。

```
G=zpk([ ],[-1+3*i,-1-3*i],3);             %建立零极点模型
    %计算最大峰值时间和它对应的超调量
    C=dcgain(G)
    [y,t]=step(G);                        %求取阶跃响应
    plot(t,y)
    grid
```

```
[Y,k]=max(y);
timetopeak=t(k)                          %取得最大峰值时间
percentovershoot=100*(Y-C)/C             %计算超调量
%计算上升时间
n=1;
while y(n)<C
    n=n+1;
end
risetime=t(n)
%计算稳态响应时间
i=length(t);
while(y(i)>0.98*C)&(y(i)<1.02*C)
    i=i-1;
end
settlingtime=t(i)
```

运行后，输出结果为

```
C = 0.3000
timetopeak =1.0491
    percentovershoot =35.0914
risetime =0.6626
settlingtime =3.5337
```

对比游动鼠标法的结果可知，峰值时间、上升时间、超调几乎完全相同，而调节时间的差距较大，那是因为游动鼠标时，找到稳态输出范围时有所误差，当然，这不会影响到问题的分析。

5.3.3　二阶系统参数对时域响应性能的影响

典型的二阶系统，其参数对系统的时域响应性能影响很大，深入了解这些参数与性能之间的影响关系，对于理解系统的特点、提出改善系统性能的方法都有很大的帮助。

通过 MATLAB 的计算与仿真，可以很直观地看出参数的变化对系统时域性能的影响。

1. 闭环参数 ω_n 和 ζ 的影响

从上文对性能指标的分析可知，t_r，t_p 和 t_s 均与 ω_n 成反比，因此从对快速性的影响而言，ω_n 越大则响应越快。当然，ζ 在一定程度上也对快速性有影响。

一般而言，ζ 越小，快速性能越好，但由于 ζ 在实际中允许变化的范围是有限的，因此其对系统快速性的影响也是有限的。

另外，ζ 唯一决定了 $\sigma_p\%$ 的大小，也就是说，ζ 是决定系统相对稳定性的唯一因素，ζ 越大，$\sigma_p\%$ 越小。

【例 5-6】　已知单位负反馈系统，其开环传递函数为 $G(s)=\dfrac{\omega_n^{\,2}}{s(s+2\zeta\omega_n)}$，其中 $\omega_n=1$，ζ 为阻尼比，试绘制 ζ 分别为 0、0.2、0.4、0.6、0.9、1.2、1.5 时其单位负反馈系统的单位阶跃响应曲线（绘制在同一张图上）。

解： MATLAB 程序代码如下。

```
wn=1                                        %固有频率
sigma=[0, 0.2, 0.4, 0.6, 0.9, 1.2, 1.5]     %7 个不同的阻尼比取值
num=wn*wn
t=linspace(0, 20, 200)'                     %将 t 在 0 到 20 之间均等分成 200 份
for j=1:7
den=conv([1, 0], [1, 2*wn*sigma(j)]);       %求取开环传递函数的分母
s1=tf(num, den)                             %建立开环传递函数
sys=feedback(s1, 1)                         %建立单位负反馈系统的传递函数
y(:, j)=step(sys, t);                       %求取单位阶跃响应
end
plot(t, y(:, 1:7)); grid                    %在同一图上绘制单位阶跃响应曲线并添加栅格
title('典型二阶系统取不同阻尼比时的单位阶跃响应')    %添加图标题
%放置 sigma 取不同值的文字注释
gtext('sigma=0'); gtext('sigma=0.2'); gtext('sigma=0.4'); gtext('sigma=0.6');
gtext('sigma=0.9');  gtext('sigma=1.2');  gtext('sigma=1.5');
```

程序输出如图 5.19 所示。

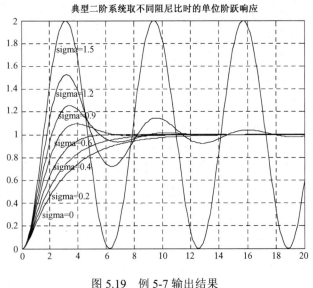

图 5.19 例 5-7 输出结果

注意： 上述程序中，gtext('注释') 命令是使用鼠标放置的文字注释命令。当输入命令后，可以在屏幕上得到一个光标，单击鼠标后文字注释将放置在光标所指处。gtext 常于同一个图上多条不同曲线的区别注释。

x=linspace(x1,x2,n)，创建了 x1 到 x2 之间有 n 个数据的数组，用来生成一组线性等距的数值，本书中常用 linspace 来等分时间。

从图 5.19 中可以明显看出，在 ζ 为 0.4～0.9 的范围内，系统上升较快，而超调又不太大，故在一般工程系统中，ζ 就选在这个范围内，其中尤以 $\zeta = \dfrac{\sqrt{2}}{2}$ 时响应较快，而此时 $\sigma_p\%$ 仅为 4.3%，通常将此称为最佳阻尼，而具有最佳阻尼的二阶系统就称为二阶最佳系统。

2. 开环参数 K 和 T 的影响

对一般的二阶系统而言，通过适当的变换，其闭环传递函数可用式（5-26）表示，其中 K 为回路增益，通常是可调节的，T 为时间常数，通常由受控对象的特性决定，一般是不可以改变的。

$$G(s) = \frac{C(s)}{R(s)} = \frac{\dfrac{K}{T}}{s^2 + \dfrac{1}{T}s + \dfrac{K}{T}} \tag{5-26}$$

对比二阶系统的典型传递函数，可设 $\dfrac{K}{T} = \omega_n^2$，$\dfrac{1}{T} = 2\zeta\omega_n$，即

$$\omega_n = \sqrt{\frac{K}{T}}, \qquad \zeta = \frac{1}{2\sqrt{KT}}$$

可见 T 越小，则 ω_n 越大，ζ 也越大，系统的快速性和相对稳定性同时转好。但在实际系统中，用 T 来改善系统性能的作用是有限的。

另一方面，K 越大，则 ω_n 越大，而 ζ 越小，表明 K 对快速性和相对稳定性的影响是矛盾的。在实际系统中，应根据系统的要求适当折中。

对二阶最佳系统而言，应有 $K = \dfrac{1}{2T}$，称之为二阶最佳参数关系。

【例 5-7】 已知单位负反馈的二阶系统，其开环传递函数 $G(s) = \dfrac{k}{s(Ts+1)}$，其中 $T=1$，试绘制 k 分别为 0.1、0.2、0.5、0.8、1.0、2.4 时，其单位负反馈系统的单位阶跃响应曲线（绘制在同一张图上）。

解：MATLAB 程序代码如下。

```
T=1                                    %时间常数
k=[0.1, 0.2, 0.5, 0.8, 1.0, 2.4]      %6个不同的开环增益取值
t=linspace(0, 20, 200)'               %将 t 在 0 到 20 之间均等分成 200 份
num=1;  den=conv([1, 0], [T, 1])      %开环传递函数的分子、分母表达式
for j=1:6
s1=tf(num*k(j), den)                  %建立开环传递函数
sys=feedback(s1, 1)                   %建立单位负反馈系统的传递函数
y(:, j)=step(sys, t);                 %求取单位阶跃响应
end
plot(t, y(:, 1:6));  grid             %在同一图上绘制单位阶跃响应曲线并添加栅格
title('典型二阶系统取不同开环增益时的单位阶跃响应')    %添加图标题
%放置 k 取不同值的文字注释
gtext('k=0.1'); gtext('k=0.2'); gtext('k=0.5'); gtext('k=0.8'); gtext('k=1.0');
gtext('k=2.4');
```

程序输出如图 5.20 所示。

3. 闭环极点分布对时域响应的影响

闭环极点分布对时域响应的影响可归结为以下几点。

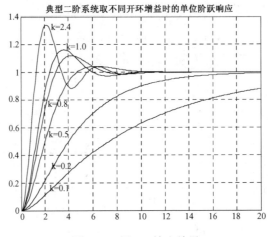

图 5.20　例 5-7 输出结果

（1）如果闭环极点落于虚轴上，则系统处于临界稳定状态。

（2）如果闭环极点是负实数极点，则系统阶跃响应是单调的，$\sigma_p\% = 0$。

（3）如果闭环极点是负实部的共轭复数极点，则系统阶跃响应是衰减振荡的，其超调量与初相角 θ 有关，θ 角越大，则超调量越大。

（4）系统时域响应的快速性与闭环极点距虚轴的距离有关，距离越大，则 t_s 越小。

（5）如果系统有多个闭环极点，则距虚轴越近的闭环极点所起的作用越大；如果一个闭环极点距虚轴的距离较另一个闭环极点距虚轴的距离大 5 倍或 5 倍以上，则距离远的闭环极点的影响可以忽略不计。

5.3.4　改善系统时域响应性能的一些措施

如前文所述，想单纯通过改变回路增益 K 来达到系统时域响应又快又稳是不可能的，只能做一个合理的折中。下面给出两种可以提高系统性能的方法。

1. 输出微分反馈

在基本系统的基础上，从输出向输入端引入附加的微分负反馈控制，如图 5.21 所示。

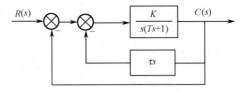

图 5.21　带输出微分反馈的二阶系统

可按 K、T 与 ω_n、ζ 的关系，将原开环传递函数改写为

$$\frac{K}{s(Ts+1)} = \frac{\omega_n^2}{s(s+2\zeta\omega_n)} \tag{5-27}$$

式中，ω_n 和 ζ 是 $\tau = 0$ 时原系统的固有频率和阻尼系数。当 τ 不等于 0 时，由其闭环传递函数可推出

$$G(s) = \frac{C(s)}{R(s)} = \frac{\omega_n^2}{s^2 + 2(\zeta + \frac{1}{2}\tau\omega_n)s + \omega_n^2} \qquad (5\text{-}28)$$

显然，加微分反馈后，系统的固有频率 ω_n 不变，而阻尼比提高。

$$\zeta' = \zeta + \frac{1}{2}\tau\omega_n \qquad (5\text{-}29)$$

由于输出微分反馈可以在不改变快速性的条件下提高相对稳定性，因此实际中可通过提高 K 来进一步提高快速性，而用 τ 来保证必要的相对稳定性，即采用输出反馈，这样既可以提高系统的相对稳定性，又可以提高其快速性。

【例 5-8】　已知单位负反馈的二阶系统，其中 $T=1$，$K=1$，试绘制 τ 分别为 0、0.05、0.2、0.5、1.0、2.4 时，其单位负反馈系统的单位阶跃响应曲线（绘制在同一张图上）。

解： MATLAB 程序代码如下。

```
T=1                              %时间常数
k=1                              %开环增益 k 的值
tou=[0, 0.05, 0.2, 0.5, 1.0, 2.4]   %6 个不同的微分反馈系数
t=linspace(0, 20, 200)'          %将 t 在 0 到 20 之间均等分成 200 份
num=1                            %开环传递函数的分子表达式
for j=1:6
den=conv([1, 0], [T, 1+tou(j)])  %求取开环传递函数的分母表达式
s1=tf(num*k, den)                %建立开环传递函数
sys=feedback(s1, 1)              %建立单位负反馈系统的传递函数
y(:, j)=step(sys, t);            %求取单位阶跃响应
end
plot(t, y(:, 1:6));  grid        %在同一图上绘制单位阶跃响应曲线并添加栅格
title('典型二阶系统采用输出微分反馈时的单位阶跃响应')      %添加图标题
%放置 k 取不同值的文字注释
gtext('tou=0'); gtext('tou=0.05'); gtext('tou=0.2'); gtext('tou=0.5'); gtext
('tou=1.0'); gtext('tou=2.4');
```

程序输出如图 5.22 所示。

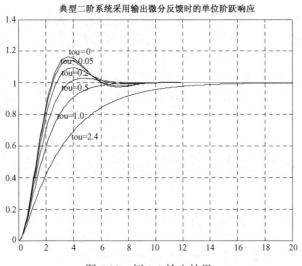

图 5.22　例 5-8 输出结果

2. 比例微分控制

在基本系统的基础上，在前向通道中增加微分控制就构成了带比例微分控制的二阶系统，如图 5.23 所示。

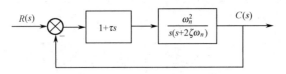

图 5.23　带比例微分控制的二阶系统

其闭环传递函数为

$$G(s) = \frac{C(s)}{R(s)} = \frac{(1+\tau s)\omega_n^2}{s^2 + 2(\zeta + \frac{1}{2}\tau\omega_n)s + \omega_n^2} \tag{5-30}$$

由此可知，比例微分控制同样能实现在不改变 ω_n 的条件下提高系统阻尼比 $\zeta' = \zeta + \frac{1}{2}\tau\omega_n$ 的效果，其作用类似输出微分反馈控制。但与输出微分反馈控制不同的是，在闭环传递函数中增加了一个零点 $z = -\frac{1}{\tau}$，分析表明，它的存在将使系统的上升加快，但 $\sigma_p\%$ 会有所增加，其趋势随 τ 的加大而加大。

【例 5-9】　设系统闭环传递函数为 $G(s) = \frac{4(1+\tau s)}{s^2 + 2s + 4}$，试求取 $\tau = 0$、0.2、0.4 时的单位阶跃响应（绘制在同一张图上）。

解：MATLAB 程序代码如下。

```
tou=[0, 0.2, 0.4]                        %3 个不同的微分时间常数
t=linspace(0, 8, 80)'                    %将 t 在 0 到 8 之间均等分成 80 份
num=4 ; den=[1, 2, 4]                     %开环传递函数的分子、分母表达式
for j=1:3
sys=tf( conv(num, [tou(j), 1]), den)     %建立系统传递函数
y(:, j)=step(sys, t);                    %求取单位阶跃响应
end
plot(t, y(:, 1:3)); grid;                %将 3 条响应曲线绘制在同一个图上并添加栅格
title('比例微分控制，不同微分时间下的系统阶跃响应')      %添加图标题
gtext('tou=0'); gtext('tou=0.2'); gtext('tou=0.4'); %放置 tou 取不同值的文字注释
```

程序输出如图 5.24 所示。

从图 5.24 可以看出，随着微分时间常数 τ 的增大，系统的上升加快，$\sigma_p\%$ 也随之增大。

【例 5-10】　设系统的传递函数为 $G(s) = \frac{147.3(s+1.5)}{(s^2+2s+5)(s^2+10s+26)(s+1.7)}$，试分析其主导极点，并比较由主导极点构成的系统与原系统的单位阶跃响应。

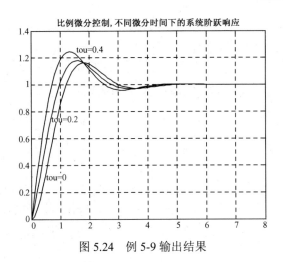

图 5.24　例 5-9 输出结果

解：系统有 5 个极点：$p_{1,2} = -5 \pm i$、$p_{3,4} = -1 \pm 2i$、$p_5 = -1.7$ 和一个零点 $z_1 = -1.5$。显然，主导极点为 $p_{3,4} = -1 \pm 2i$，由主导极点构成的系统传递函数为 $G'(s) = \dfrac{5}{(s^2 + 2s + 5)}$。值得注意的是，两个传递函数的静态增益应该相同。

计算阶跃响应的 MATLAB 代码如下。

```
k=147.3                                    %原系统的增益
t=0:0.1:6                                   %仿真时间
num0=k*[1, 1.5]
den00=[1, 2, 5]; den01=[1, 10, 26]; den02=[1, 1.7]    %传递函数分母的系数
sys0=tf(num0, conv(den00, conv(den01, den02) ) )      %建立原系统传递函数
y0=step(sys0, t)                           %求取原系统的阶跃响应
num1=5
sys1=tf(num1, den00)                       %建立主导极点所构成的系统传递函数
y1=step(sys1, t)                           %求取主导极点所构成的系统的阶跃响应
plot(t, y0, t, y1); grid                   %绘制阶跃响应曲线并添加栅格
title('阶跃响应对比')                        %添加图标题
%放置区别两条曲线的文字注释
gtext('原系统的单位阶跃响应'); gtext('主导极点构成的系统的单位阶跃响应')
```

输出结果如图 5.25 所示。

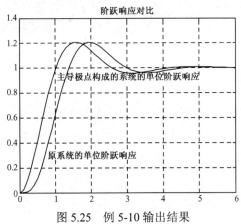

图 5.25　例 5-10 输出结果

从图 5.25 可以看出，主导极点构成的系统和原系统在动态性能上差别很小。

【例 5-11】 设系统的闭环传递函数为 $G(s)=\dfrac{500}{(s^2+10s+50)(s+10)}$，试分析其主导极点，并比较由主导极点构成的系统与原系统的单位阶跃响应。

解： 系统有 3 个极点 $p_{1,2}=-5\pm5\mathrm{i}$、$p_3=-10$。显然，主导极点为 $p_{1,2}=-5\pm5\mathrm{i}$，由主导极点构成的系统传递函数为 $G'(s)=\dfrac{50}{(s^2+10s+50)}$，值得注意的是，两个传递函数的静态增益应该相同。

Simulink 的模型如图 5.26 所示，图中"Transfer Fcn"建立主导极点构成系统的部分，"Transfer Fcn1"建立非主导极点构成系统的部分，这两部分串联。

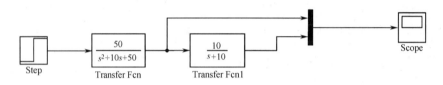

图 5.26　例 5-11 的 Simulink 模型

模型连好后，进行仿真，仿真结束后，双击示波器，输出图形如图 5.27 所示，从图 5.27 可以看出，主导极点构成的系统和原系统在动态性能上差别很小。

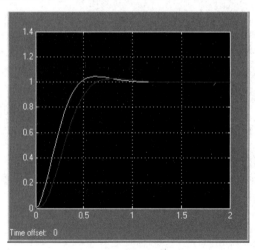

图 5.27　例 5-11 输出结果

5.3.5　LTI Viewer 应用

除了采用 Simulink 和编写程序的方法之外，MATLAB 控制系统工具箱还为线性时不变系统的分析提供了一个图形用户界面 LTI Viewer（Linear-Time-Invariant Viewer），可以非常直观、简捷地分析控制系统的时域、频域响应。

LTI Viewer 让使用者可在图形化界面中同时通过图表得知一个或数个系统的变化，也就是说使用者可在图形化界面中分析系统的时域和频域特性。例如，时域分析方面的阶跃响应、冲激响应、极点、零点，以及频域分析方面的 Bode 图、Nyquist 图、Nichols 图和奇异点图等；而且，LTI Viewer 还可展现、标示出重要的响应状况，包括稳定边界、峰值和调节时间等。

LTI Viewer 的功能强大、应用广泛，出于篇幅的考虑，本书只对其基本功能进行简要介绍，其他功能的使用和操作与基本功能大同小异，读者可触类旁通。

同时，LTI Viewer 是图形用户界面，交互性好，直观，非常容易掌握和熟练。

LTI Viewer 的使用非常简单，只需要以下两步简单的操作。

（1）在 MATLAB 工作空间中建立好控制系统的数学模型。

（2）在命令窗口中输入"LTI View"，调出 LTI View 窗口，便可对控制系统进行许多功能的分析。

下面以控制系统的模型 $G(s) = \dfrac{20}{s^2 + 4s + 20}$ 为例进行介绍。

步骤 1　建立数学模型。

使用 LTI Viewer，首先需要建立一个 MATLAB 工作空间中的模型或 M 文件，然后导入 LTI Viewer 中。本例中，在 MATLAB 工作空间中建立数学模型，在 MATLAB 命令窗口输入以下代码。

```
num = [0 20]; den = [1 4 20];      %传递函数分子、分母多项式系数
sys = tf(num,den)                  %建立传递函数模型
```

这便在 MATLAB 工作空间中建立了 $G(s)$ 的数学模型，后面将采用 LTI Viewer 对其进行相应的分析。

步骤 2　进入 LTI View 窗口。

在命令窗口中输入"lti view"，即可进入可视化仿真环境，如图 5.28 所示。

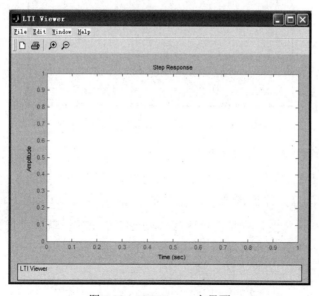

图 5.28　LTI Viewer 主界面

步骤 3　在 LTI Viewer 中导入控制系统的模型。

进入 LTI Viewer 后，单击【File】，选择【Import】选项，将弹出如图 5.29 所示的窗口。该窗口显示了当前工作空间或指定工作目录内所有的系统模型对象。

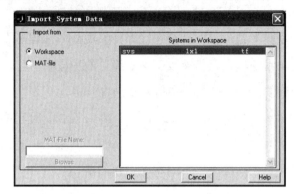

图 5.29　LTI Viewer 的 Import 选项窗口

选择需要分析的模型，将模型导入到 LTI Viewer 中。选中刚刚在工作空间中建立好的闭环系统数学模型对象 sys，单击 "OK" 按钮。此时，LTI Viewer 会自动绘制出系统的阶跃响应曲线，如图 5.30 所示。

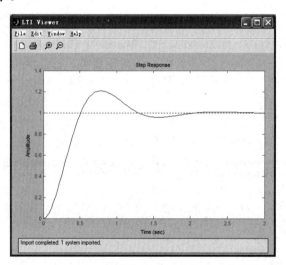

图 5.30　LTI Viewer 绘制出的系统的阶跃响应曲线

步骤 4　操作功能丰富的现场菜单。

在上述阶跃响应曲线窗口内单击鼠标右键，弹出现场菜单，如图 5.31 所示，从图中可以看出，现场菜单具有丰富的控制系统分析的功能，菜单的主要功能如下。

（1）Plot Types：选择图形类型。可选择 Step（阶跃响应，默认设置）、Impulse（脉冲响应）、Bode 图、Bode Magnitude（幅频 Bode 图）、Nyquist 图、Nichols 图、Singular Value（奇异点图）和 Pole/Zero（极点/零点图）等。

（2）Characteristics：可对不同类型响应曲线标出相关特征值。例如，对阶跃响应，可选择表示的系统特征的上升时间、调节时间、超调等。

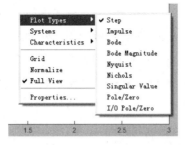

图 5.31　LTI Viewer 提供的现场菜单

（3）Properties：对图形窗口进行编辑，对显示性能参数进行设置。

此外，还可以通过菜单【Edit】→【Linestyle】对曲线的线形、颜色、标志等进行选择。

本例中，在菜单中选择不同的绘图方式就会在 LTI Viewer 的主窗口中立即得到相应的曲线。比如，选择冲激响应 Impulse，结果如图 5.32 所示。

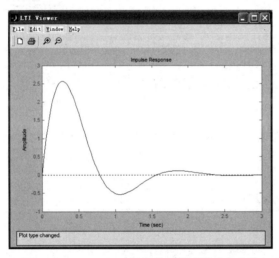

图 5.32　LTI Viewer 绘制的系统冲激响应曲线

步骤 5　配置图形窗口，实现多图形窗口显示。

LTI Viewer 还支持同时显示多条曲线的功能。选择菜单【Edit】→【Plot Configurations】后，弹出图形配置窗口。该窗口左边显示响应图的 6 种排列形式，通过单选按钮任选其中一种，最多有 6 种图形显示。该窗口右边显示响应类型，共 6 组，最多可选择 6 种（应和所选窗口数对应），如图 5.33 所示。

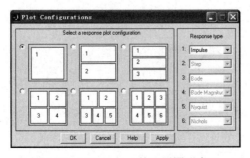

图 5.33　LTI Viewer 的配置图形窗口

选择合适的图形显示方式，并且分别指定每个子窗口的曲线类型，就可以分析系统各个方面的特性。本例中，设定 LTI Viewer 同时显示 4 幅图像，分别为系统的阶跃响应曲线、冲激响应曲线、幅频特性曲线及 Nyquist 曲线，结果如图 5.34 所示。

对图 5.34 中的每条曲线，还可以分别设置相关的选项。例如，可以在阶跃响应曲线中设置显示峰值、稳定时间、上升时间及系统稳态等参数，如图 5.35 所示。

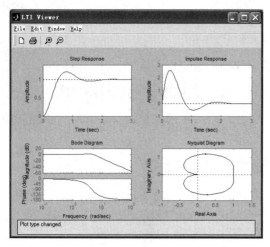

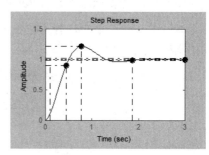

图 5.34　LTI Viewer 同时显示 4 条曲线　　　　图 5.35　系统阶跃响应的主要参数

读者可以尝试利用该工具分析线性时不变系统。MATLAB 中还有大量类似的工具，不仅大大减少了用户的编程代码量，还提供了非常直观、简捷的人机交互界面，提高了工作的效率。

5.4　稳定性分析

自动控制系统能够正常工作的首要条件是系统必须是稳定的，稳定性的问题也是控制理论发展过程中首先涉及的一个具有实际意义的理论问题。

稳定性的提法有多种，本书仅介绍在工程中常用的经典提法。若控制系统在足够小的初始偏差作用下，其过渡过程随时间的推移逐渐衰减并趋于零，即具有恢复原平衡状态的能力，则称该系统是稳定的；否则，称该系统是不稳定的。

5.4.1　稳定性基本概念

系统稳定就是要求系统时域响应的动态分量随时间的推移而最终趋于零。

设 n 阶线性定常系统的微分方程为

$$
\begin{aligned}
&a_0\frac{\mathrm{d}^n c(t)}{\mathrm{d}t^n} + a_1\frac{\mathrm{d}^{n-1}c(t)}{\mathrm{d}t^{n-1}} + \cdots + a_{n-1}\frac{\mathrm{d}c(t)}{\mathrm{d}t} + a_n c(t) \\
&= b_0\frac{\mathrm{d}^m r(t)}{\mathrm{d}t^m} + b_1\frac{\mathrm{d}^{m-1}r(t)}{\mathrm{d}t^{m-1}} + \cdots + b_{m-1}\frac{\mathrm{d}r(t)}{\mathrm{d}t} + b_m r(t)
\end{aligned}
\tag{5-31}
$$

对式（5-31）进行拉氏变换，可得

$$C(s) = \frac{M(s)}{D(s)} R(s) + \frac{N(s)}{D(s)} \qquad (5\text{-}32)$$

在式（5-32）中取 $R(s) = 0$，得到在初始状态影响下系统的时域响应（即零输入响应）为

$$C(s) = \frac{N(s)}{D(s)} \qquad (5\text{-}33)$$

若 p_i 为系统特征方程 $D(s) = 0$ 的根，当 p_i 各不相同时，有

$$c(t) = L^{-1}[C(s)] = L^{-1}\left[\frac{N(s)}{D(s)}\right] = \sum_{i=1}^{n} A_i \mathrm{e}^{p_i t} \qquad (5\text{-}34)$$

若系统所有特征根 p_i 的实部均为负值，即 $\mathrm{Re}[p_i] < 0$，则零输入响应（暂态响应）最终将衰减到零，即

$$\lim_{t \to \infty} c(t) = 0 \qquad (5\text{-}35)$$

这样的系统就是稳定的；反之，若特征根中有一个或多个根具有正实部，则暂态响应将随时间的推移而发散，即

$$\lim_{t \to \infty} c(t) = \infty \qquad (5\text{-}36)$$

这样的系统是不稳定的。

综上所述，系统稳定的充分必要条件是系统特征根的实部均小于零，即系统的特征根均在根平面的左半平面。

5.4.2　稳定性判据

由稳定性定义可知，稳定性问题可归结为系统闭环极点的求取，即闭环特征方程根的求取问题。由于高阶代数方程式的根一般没有解析解，故只能用数值方法来求取。其次，用直接求根法来分析系统的稳定性，不易给出系统结构和参数与稳定性的关系，对系统的综合问题帮助不大，因此需要寻求各种不直接求解代数方程式的方法来判断系统的稳定性，这就是所谓的稳定性判据。常见的稳定性判据有劳斯判据和赫尔维茨判据。

1. 劳斯判据

设闭环特征方程式为：

$$D(s) = a_0 s^n + a_1 s^{n-1} + a_2 s^{n-2} + \cdots + a_{n-1} s + a_n = 0, \quad a_0 > 0$$

系统稳定的必要条件是：方程中各次项系数均大于 0，即 $a_i > 0, i = 1, 2, \cdots, n$。

设 n 阶系统的特征方程为

$$D(s) = a_0 s^n + a_1 s^{n-1} + a_2 s^{n-2} + \cdots + a_{n-1} s + a_n = a_0 (s - p_1)(s - p_2) \cdots (s - p_n) = 0$$

将上式的系数排成如下所示的行和列，即构成劳斯阵列（劳斯表），即

$$
\begin{array}{cccccc}
s^n & a_0 & a_2 & a_4 & a_6 & \cdots \\
s^{n-1} & a_1 & a_3 & a_5 & a_7 & \cdots \\
s^{n-2} & b_1 & b_2 & b_3 & b_4 & \cdots
\end{array}
$$

$$s^{n-3} \quad c_1 \quad c_2 \quad c_3 \quad c_4 \quad \cdots$$
$$\cdots \quad \cdots \quad \cdots$$
$$s^2 \quad f_1 \quad f_2$$
$$s^1 \quad g_1$$
$$s^0 \quad h_1$$

其中，

$$b_1 = \frac{\begin{vmatrix} a_0 & a_2 \\ a_1 & a_3 \end{vmatrix}}{-a_1} : b_2 = \frac{\begin{vmatrix} a_0 & a_4 \\ a_1 & a_5 \end{vmatrix}}{-a_1} : b_3 = \frac{\begin{vmatrix} a_0 & a_6 \\ a_1 & a_7 \end{vmatrix}}{-a_1}, \cdots$$

$$c_1 = \frac{\begin{vmatrix} a_1 & a_3 \\ b_1 & b_2 \end{vmatrix}}{-b_1} : c_2 = \frac{\begin{vmatrix} a_1 & a_5 \\ b_1 & b_3 \end{vmatrix}}{-b_1} : c_3 = \frac{\begin{vmatrix} a_1 & a_7 \\ b_1 & b_4 \end{vmatrix}}{-b_1}, \cdots$$

劳斯判据给出了控制系统稳定的充分条件，即劳斯表中第一列所有元素均大于零。

在使用劳斯判据时，对劳斯表计算中的一些特殊情况应引起注意。

（1）如果劳斯表中某一行的第一个元素为零，而该行其他元素并不为零，在计算下一行的第一个元素时，该元素必将趋于无穷大，以至使劳斯表的计算无法往下进行，则用一个有限小的数值 ε 来代替该行的第一个元素，然后按照通常方法计算。

（2）如果劳斯表中某一行的元素全部为零，表示在 S 平面内存在一些大小相等而符号相反的实根或共轭虚根，系统是不稳定的，则建立辅助方程式。

2．赫尔维茨判据

设系统的特征方程为

$$a_0 s^n + a_1 s^{n-1} + a_2 s^{n-2} + \cdots + a_{n-1} s + a_n = 0$$

以特征方程的各项系数组成如下行列式。

$$\Delta = \begin{vmatrix} a_1 & a_0 & 0 & 0 & 0 & 0 & \cdots \\ a_3 & a_2 & a_1 & a_0 & 0 & 0 & \cdots \\ a_5 & a_4 & a_3 & a_2 & a_1 & a_0 & \cdots \\ a_7 & a_6 & a_5 & a_4 & a_3 & a_2 & \cdots \\ \vdots & \vdots & \vdots & \vdots & \vdots & & \ddots \\ \vdots & \vdots & \vdots & \vdots & \vdots & & & a_n \end{vmatrix}$$

赫尔维茨判据指出，系统稳定的充分必要条件是：在 $a_0 > 0$ 情况下，上述行列式的各阶主子式 Δ_i 均大于零，即

$$\Delta_1 = a_1 > 0, \qquad \Delta_2 = \begin{vmatrix} a_1 & a_0 \\ a_3 & a_2 \end{vmatrix} = a_1 a_2 - a_0 a_3 > 0$$

$$\Delta_3 = \begin{vmatrix} a_1 & a_0 & 0 \\ a_3 & a_2 & a_1 \\ a_5 & a_4 & a_2 \end{vmatrix} > 0, \qquad \cdots \qquad \Delta_n = \Delta > 0$$

当且仅当由系统分母多项式构成的赫尔维茨矩阵为正定矩阵时，系统稳定。

3．稳定判据使用举例

下面通过实例来讲述稳定性判据的应用。

【例 5-12】　已知系统特征方程为 $s^4 + 6s^3 + 12s^2 + 11s + 6 = 0$，试用劳斯判据判断其稳定性。

解：列出如下劳斯表

$$
\begin{array}{ccc}
s^4 & 1 & 12 \quad 6 \\
s^3 & 6 & 11 \\
s^2 & \dfrac{\begin{vmatrix} 1 & 12 \\ 6 & 11 \end{vmatrix}}{-6} = \dfrac{61}{6} & 6 \\
s^1 & \dfrac{455}{61} & \\
s^0 & 6 &
\end{array}
$$

从表中可以看出，劳斯表中第一列元素大于零，因此系统是稳定的，即所有特征根均在 S 平面的左半平面。

【例 5-13】　已知系统特征方程为 $s^3 + 10s^2 + 16s + 160 = 0$，试用劳斯判据判断其稳定性。

解：列出如下劳斯表

$$
\begin{array}{lll}
s^3 & 1 & 16 \\
s^2 & 10 & 160 \qquad \text{辅助多项式} P(s) = 10s^2 + 160 \\
s^1 & 0 & 0 \\
s^1 & 20 & 0 \\
s^0 & 160 &
\end{array}
$$

劳斯表中第一列元素符号没有改变，系统没有右半平面的根，但由 $P(s)=0$ 可得

$$10s^2 + 160 = 0，\qquad s_{1,2} = \pm \mathrm{j}4$$

系统有一对共轭虚根，系统处于临界稳定状态，但从工程角度来看，临界稳定属于不稳定，因此该系统是不稳定的。

【例 5-14】　已知系统特征方程 $s^5 + 2s^4 + 3s^3 + 6s^2 - 4s - 8 = 0$，试用劳斯判据判断其稳定性。

解：列出如下劳斯表

$$
\begin{array}{lllll}
s^5 & 1 & 3 & -4 \\
s^4 & 2 & 6 & -8 & P(s) = 2s^4 + 6s^2 - 8 \\
s^3 & 8 & 12 & 0 & P'(s) = 8s^3 + 12s \\
s^2 & 3 & -8 \\
s^1 & 33.3 \\
s^0 & -8
\end{array}
$$

劳斯表中第一列元素符号改变一次，系统不稳定，且有一个右半平面的根，由 $P(s)=0$ 得

$$2s^4 + 6s^2 - 8 = 0, \qquad s_{1,2} = \pm 1; \quad s_{3,4} = \pm j2$$

【例 5-15】　已知系统特征方程为 $a_0 s^3 + a_1 s^2 + a_2 s + a_3 = 0, \ (a_0 > 0)$，试用赫尔维茨判据求其稳定的充分必要条件。

解：列出如下行列式 Δ：

$$\Delta = \begin{vmatrix} a_1 & a_0 & 0 \\ a_3 & a_2 & a_1 \\ 0 & 0 & a_3 \end{vmatrix}$$

由赫尔维茨判据可知，系统稳定的充分必要条件是

$$\Delta_1 = a_1 > 0, \quad \Delta_2 = \begin{vmatrix} a_1 & a_0 \\ a_3 & a_2 \end{vmatrix} = a_1 a_2 - a_0 a_3 > 0, \quad \Delta_3 = \Delta = a_3 \Delta_2 > 0$$

或写为

$$a_0 > 0 \quad a_1 > 0 \quad a_2 > 0 \quad a_3 > 0 \quad a_1 a_2 - a_0 a_3 > 0$$

5.4.3　稳态误差分析

系统的稳态条件下输出量的期望值与稳态值之间存在的误差称为系统的稳态误差。稳态误差的大小是衡量系统稳态性能的重要指标。

1. 稳态误差定义

考虑如图 5.36 所示的控制系统。

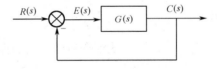

图 5.36　控制系统结构示意图

其闭环传递函数为 $\dfrac{C(s)}{R(s)} = \dfrac{G(s)}{1+G(s)}$，系统的误差 $e(t)$ 一般定义为被控量的期望值与实际值之差，即

$$e(t) = r(t) - c(t) \tag{5-37}$$

则误差 $E(s)$ 与输入信号 $R(s)$ 之间的传递函数为

$$\frac{E(s)}{R(s)} = 1 - \frac{C(s)}{R(s)} = \frac{1}{1+G(s)} \tag{5-38}$$

则 $E(s)$ 为

$$E(s) = \frac{1}{1+G(s)} R(s) \tag{5-39}$$

误差响应 $e(t)$ 与系统输出响应 $c(t)$ 一样，也包含暂态分量和稳态分量两部分，对于一个

稳定系统，暂态分量随着时间的推移将逐渐消失，需要关注的是控制系统平稳以后的误差，即系统误差响应的稳态分量（稳态误差），记为 e_{ss}。

定义稳态误差为稳定系统误差响应 $e(t)$ 的终值。当时间 t 趋于无穷时，$e(t)$ 的极限存在，则稳态误差为

$$e_{ss} = \lim_{t \to \infty} e(t) = \lim_{s \to 0} sE(s) = \lim_{s \to 0} \frac{sR(s)}{1+G(s)} \tag{5-40}$$

从式（5-40）可得两点结论：

- 稳态误差与系统输入信号 $R(s)$ 的具体形式有关。
- 稳态误差与系统的结构和参数有关。

2．稳态误差系数

系统的开环传递函数 $G(s)H(s)$ 可表示为

$$G(s)H(s) = \frac{K(\tau_1 s + 1)(\tau_2 s + 1)\cdots(\tau_m s + 1)}{s^v(T_1 s + 1)(T_2 s + 1)\cdots(T_n s + 1)} \tag{5-41}$$

常按开环传递函数中所含有的积分环节个数来对系统进行分类。把积分环节个数为 0, 1, 2, …的系统分别称为 0 型，Ⅰ型，Ⅱ型，…型系统。

下面看一下几种常见的稳态误差系数，即静态位置误差系数 K_p、静态速度误差系数 K_v 和静态加速度误差系数 K_a。

（1）静态位置误差系数 K_p。当系统的输入为单位阶跃信号 $r(t) = 1(t)$ 时，由式（5-40）有

$$e_{ss} = \lim_{s \to 0} s \frac{1}{1+G(s)H(s)} \cdot \frac{1}{s} = \frac{1}{1 + \lim_{s \to 0} G(s)H(s)} = \frac{1}{1 + K_p} \tag{5-42}$$

式中，$K_p = \lim_{s \to 0} G(s)H(s)$，定义为系统静态位置误差系数。

对于 0 型系统，有

$$K_p = \lim_{s \to 0} \frac{K(\tau_1 s + 1)(\tau_2 s + 1)\cdots(\tau_m s + 1)}{(T_1 s + 1)(T_2 s + 1)\cdots(T_n s + 1)} = K \ , \quad e_{ss} = \frac{1}{1 + K_p} = \frac{1}{1+K}$$

对于Ⅰ型或Ⅰ型以上系统，有

$$K_p = \lim_{s \to 0} \frac{K(\tau_1 s + 1)(\tau_2 s + 1)\cdots(\tau_m s + 1)}{s^v(T_1 s + 1)(T_2 s + 1)\cdots(T_n s + 1)} = \infty \ , \quad e_{ss} = 0$$

（2）静态速度误差系数 K_v。当系统的输入为单位斜坡信号 $r(t) = t \cdot 1(t)$ 时，$R(s) = \dfrac{1}{s^2}$，由式（5-40）有

$$e_{ss} = \lim_{s \to 0} \frac{1}{1+G(s)H(s)} \cdot \frac{1}{s^2} = \frac{1}{\lim_{s \to 0} sG(s)H(s)} = \frac{1}{K_v} \tag{5-43}$$

式中，$K_v = \lim_{s \to 0} sG(s)H(s)$，定义为系统静态速度误差系数。

对于 0 型系统，有

$$K_v = \lim_{s \to 0} s \frac{K(\tau_1 s + 1)(\tau_2 s + 1) \cdots (\tau_m s + 1)}{(T_1 s + 1)(T_2 s + 1) \cdots (T_n s + 1)} = 0 , \quad e_{ss} = \frac{1}{K_v} = \infty$$

对于 I 型系统，有

$$K_v = \lim_{s \to 0} s \frac{K(\tau_1 s + 1)(\tau_2 s + 1) \cdots (\tau_m s + 1)}{s(T_1 s + 1)(T_2 s + 1) \cdots (T_n s + 1)} = K , \quad e_{ss} = \frac{1}{K_v}$$

对于 II 型或 II 型以上系统，有

$$K_v = \lim_{s \to 0} s \frac{K(\tau_1 s + 1)(\tau_2 s + 1) \cdots (\tau_m s + 1)}{s^v (T_1 s + 1)(T_2 s + 1) \cdots (T_n s + 1)} = \infty , \quad e_{ss} = 0$$

（3）静态加速度误差系数 K_a。当系统输入为单位加速度信号 $r(t) = \frac{1}{2} t^2 \cdot 1(t)$ 时，$R(s) = \frac{1}{s^3}$，则系统稳态误差为

$$e_{ss} = \lim_{s \to 0} s \frac{1}{1 + G(s)H(s)} R(s) = \lim_{s \to 0} s \frac{1}{1 + G(s)H(s)} \cdot \frac{1}{s^3} = \frac{1}{\lim_{s \to 0} s^2 G(s)H(s)} = \frac{1}{K_a} \quad (5\text{-}44)$$

式中，$K_a = \lim_{s \to 0} s^2 G(s)H(s)$，定义为系统静态加速度误差系数。

对于 0 型系统，有 $K_a = 0$，$e_{ss} = \infty$。

对于 I 型系统，有 $K_a = 0$，$e_{ss} = \infty$。

对于 II 型系统，有 $K_a = K$。

对于 III 型或 III 型以上系统，有 $K_a = \infty$，$e_{ss} = 0$。

几种常见系统的稳态误差如表 5.1 所示。

表 5.1　几种常见系统的稳态误差

系 统 类 型	位 置 误 差	速 度 误 差	加速度误差
0 型系统	$\frac{1}{K_p}$	∞	∞
I 型系统	0	$\frac{1}{K_v}$	∞
II 型系统	0	∞	$\frac{1}{K_a}$

【例 5-16】　已知单位负反馈控制系统，其中开环传递函数为 $G(s) = \dfrac{s+5}{s^2(s+10)}$，试计算当输入为单位阶跃信号、单位斜坡信号和单位加速度信号时系统的稳态误差。

解：Simulink 的模型如图 5.37 所示。

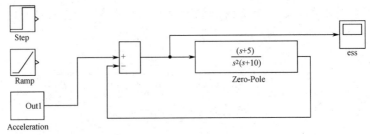

图 5.37　例 5-16 的 Simulink 模型

图中，"Zero-Pole"建立 $G(s)$ 的模型，信号源选择"Step"（单位阶跃信号）、"Ramp"（单位斜坡信号）和使用基本模块构成的"Acceleration"(单位加速度信号)，"Acceleration"的子系统如图 5.38 所示，它由单位斜坡信号和 $y=0.5u^2$（u 为输入信号，y 为输出信号）的函数串联而成。

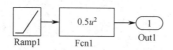

图 5.38　例 5-16 的 Acceleration 子系统模型

信号源选定"Step"时，连好模型进行仿真，仿真结束后，双击示波器，输出图形如图 5.39 所示，它是输入信号为单位阶跃时系统的输出误差。

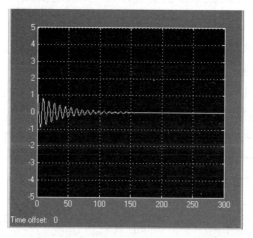

图 5.39　单位阶跃时系统的输出误差

信号源选定"Ramp"时，连好模型，进行仿真，仿真结束后，双击示波器，输出图形如图 5.40 所示，它是输入信号为单位斜坡时系统的输出误差。

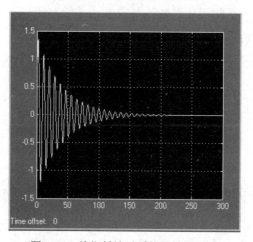

图 5.40　单位斜坡时系统的输出误差

信号源选定"Acceleration"时，连好模型，进行仿真，仿真结束后，双击示波器，输出图形如图 5.41 所示，它是输入信号为单位加速度时系统的输出误差。

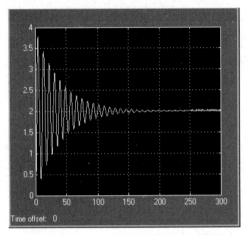

图 5.41　单位加速度时系统的输出误差

从图 5.39、图 5.40、图 5.41 可以看出不同输入情况下系统的稳态误差，系统是 II 型系统，因此在阶跃、斜坡输入信号下，系统的稳态误差都为零，在加速度信号输入下，存在稳态误差，稳态误差的数值通过放大示波器可以准确地看到，数值为 2，而且仿真时间越长，离 2 就越接近，这与通过稳态误差系数计算的结果吻合。

5.4.4　MATLAB 在稳定性分析中的应用

MATLAB 提供了直接求取系统所有零极点的函数，因此可以直接根据零极点的分布情况对系统的稳定性进行判断。

MATLAB 提供了直接求根的命令 roots，因此可以用直接求根来判断稳定性，至于稳定范围的求取，则可以用循环语句迭代计算的方法来求取，下面给出应用实例。

【例 5-17】　已知单位负反馈控制系统的开环传递函数为 $G_o(s) = \dfrac{0.2(s+2.5)}{s(s+0.5)(s+0.7)(s+3)}$，试用 MATLAB 编写程序判断此闭环系统的稳定性，并绘制闭环系统的零极点图。

解：MATLAB 程序代码如下。

```
z=-2.5; p=[0, -0.5, -0.7, -3]; k=0.2 %开环零点、极点、增益
Go=zpk(z, p, k)                      %建立零极点形式的开环传递函数
Gc=feedback(Go, 1)                   %单位负反馈连接
Gctf=tf(Gc)                          %建立闭环传递函数
dc=Gctf.den                          %获取闭环传递函数的特征多项式
dens=poly2str(dc{1}, 's')            %将特征多项式系数转换为字符形式的函数，便于查看
```

运行结果如下。

```
dens = s^4 + 4.2 s^3 + 3.95 s^2 + 1.25 s + 0.5
```

dens 是系统的特征多项式，接着输入如下 MATLAB 程序代码。

```
den =[1, 4.2, 3.95, 1.25, 0.5]       %提取其多项式系数
p=roots(den)                         %求取特征根
```

运行后，输出特征根 p 如下。

```
p =-3.0058
  -1.0000
  -0.0971 + 0.3961i
  -0.0971 - 0.3961i
```

可见，系统只有负实部的特征根，因此闭环系统是稳定的。

下面绘制系统的零极点图，在命令窗口接着输入以下 MATLAB 程序代码。

```
pzmap(Gctf)                          %绘制零极点图
grid                                 %添加栅格
```

运行程序，输出如图 5.42 所示，其中闭环极点用 "×" 标识，闭环零点用 "O" 标识。

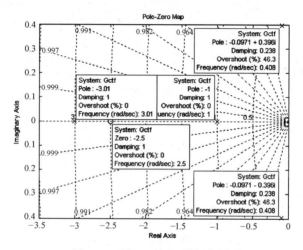

图 5.42　例 5-17 闭环零极点图

5.5　综合实例及 MATLAB/Simulink 应用

下面通过两个综合实例，讲述 MATLAB/Simulink 在本章中的应用。

【例5-18】　某随动系统的结构如图 5.43 所示。利用 MATLAB 完成如下工作。

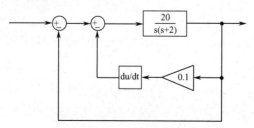

图 5.43　随动系统的结构图

（1）对给定的随动系统建立数学模型。

（2）分析系统的稳定性，并且绘制阶跃响应曲线。

（3）计算系统的稳态误差。

（4）大致分析系统的总体性能，并给出理论上的解释。

解：利用 MATLAB 求解的基本步骤如下。

步骤 1　求取系统的传递函数。

首先需要对系统框图进行化简。不难看出，题目中给出的系统包含两级反馈：外环是单位负反馈；内环则是二阶系统与微分环节构成的负反馈。可以利用 MATLAB 中的 feedback 函数计算出系统的传递函数，代码如下。

```
clc;                                    %清除屏幕显示
clear all;                              %清除工作空间中的所有变量
num1 = [20];   den1 = [1 2 0];          %传递函数的分子、分母多项式系数
sys1 = tf(num1,den1);                   %二阶系统的传递函数
num2 = [0.1 0];  den2 = [0 1];          %微分环节传递函数的分子、分母多项式系数
sys2 = tf(num2,den2);                   %微分环节的传递函数
sys_inner = feedback( sys1, sys2 );     %内环反馈的传递函数
sys_outer = feedback( sys_inner,1 )     %外环反馈的传递函数
```

程序运行的结果为：

```
Transfer function:
     20
  -----------------
s^2 + 4 s + 20
```

这样，就得出了系统的总体传递函数，即 $G(s) = \dfrac{20}{s^2 + 4s + 20}$。

步骤 2　进行稳定性分析。

根据求得的传递函数，对系统进行稳定性分析。可以采用 roots 命令求出传递函数分母多项式的根（即系统的极点），判断其实部是否都为负值；还可以利用 pzmap 直接绘制出系统的零极点，观察其分布。代码如下。

```
%根据求得的系统传递函数，利用 roots 命令判断系统的稳定性
den = [1 4 20];                         %闭环系统传递函数分母多项式系数
roots(den)                              %求闭环系统特征多项式的根
pzmap(sys_outer);                       %利用 pzmap 命令绘制系统的零极点图
grid on;                                %在图像中显示网格线
```

程序运行的结果如下：

```
ans =   -2.0000 + 4.0000i
        -2.0000 - 4.0000i
```

可见，系统特征根均具有负实部，因此闭环系统是稳定的。

系统的零极点分布如图 5.44 所示，从图中也不难看出，极点（在图中用"×"标识）都在左半平面，系统稳定。这与用 roots 命令得出的结论完全相同。在实际应用中，采用 pzmap 更为形象，而且代码更加简单。

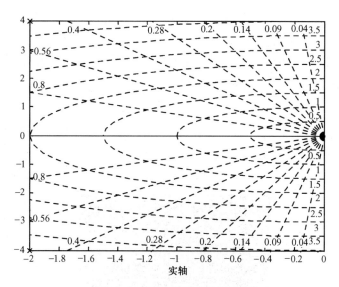

图 5.44 系统的零极点分布图

步骤 3 求取阶跃响应。

计算系统的阶跃响应：可以采用 MATLAB 编程实现，还可以利用 Simulink 对系统进行建模，直接观察响应曲线。MATLAB 程序代码如下。

```
%计算系统的阶跃响应
num = [20];  den = [1 4 20];          %闭环系统传递函数分子、分母多项式系数
[y,t,x] = step(num,den)                %计算闭环系统的阶跃响应
plot(x,y);                             %绘制阶跃响应曲线
grid on;                               %在图像中显示网格线
```

程序运行的结果如图 5.45 所示，其中横坐标表示响应时间，纵坐标表示系统输出。

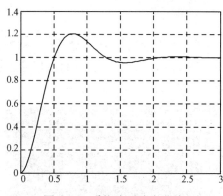

图 5.45 系统阶跃响应曲线

采用 Simulink 对系统进行建模，如图 5.46 所示，其中示波器 Scope 用来观察系统的响应曲线；示波器 error 用来观察系统的误差曲线。这里放置了 3 个信号源——阶跃信号、速度信号及加速度信号，选择不同的信号源，可以从 Scope 中得到系统的不同响应曲线。

用 step 信号激励系统，得到的输出如图 5.47 所示。

这与编程得到的结果是完全相同的。

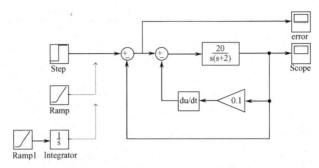

图 5.46　利用 Simulink 对系统建模

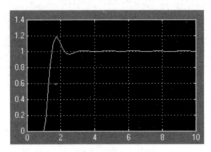

图 5.47　系统阶跃响应曲线

步骤 4　分析系统的响应特性。

在上面的语句[y,t,x]=step(num,den)执行之后，变量 y 中就存放了系统阶跃响应的具体数值。从响应曲线中不难看出，系统的稳态值为 1。可以利用如下代码计算系统的超调量。

```
%计算系统的超调量
y_stable = 1;                            %阶跃响应的稳态值
max_response = max(y);                    %闭环系统阶跃响应的最大值
sigma = ( max_response - y_stable ) / y_stable      %阶跃响应的超调量
```

程序运行的结果为

```
sigma =      0.2076
```

同时可看出，系统的稳态误差为 0。示波器 error 的波形显示如图 5.48 所示，可见，当阶跃输入作用系统 2 s 之后，输出就基本为 1 了。

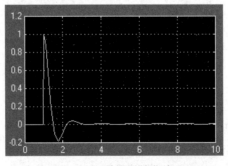

图 5.48　系统误差曲线

还可以精确计算出系统的上升时间、峰值时间及调整时间。如上所述，y 中存储了系统阶跃响应的数据；同时，x 中存放了其中每个数据对应的时间，编写代码如下。

```
%计算系统的上升时间
for i = 1 : length(y)                      %遍历响应曲线
    if y(i) > y_stable                     %如果某个时刻系统的输出值大于稳态值
        break;                             %循环中断
    end
end
tr = x(i)                                  %计算此时对应的时间，就是阶跃响应的上升时间
%计算系统的峰值时间
[max_response, index] = max(y);            %查找系统阶跃响应的最大值
tp = x(index)                              %计算此时对应的时间，就是阶跃响应的峰值时间
%计算系统的调整时间 ---> 取误差带为 2%
for i = 1 : length(y)                      %遍历响应曲线
    if max(y(i:length(y))) <= 1.02 * y_stable   %如果当前响应值在误差带内
        if min(y(i:length(y))) >= 0.98 * y_stable
            break;                         %循环退出
        end
    end
end
ts = x(i)                                  %计算此时对应的时间，就是系统阶跃响应的调整时间
```

程序运行的结果为

```
tr =    0.5245
tp =    0.7730
ts =    1.8773
```

即上升时间为 0.52 s，峰值时间为 0.77 s，并且系统在经过 1.88 s 后进入稳态。

综合利用 MATLAB 编程和 Simulink 仿真，可以很方便地对系统的响应性能进行分析。

【例 5-19】　已知某二阶系统的传递函数为 $G(s) = \dfrac{\omega_n^2}{s^2 + 2\zeta\omega_n s + \omega_n^2}$。

（1）将自然频率固定为 $\omega_n = 1$，$\zeta = 0, 0.1, 0.2, 0.5, 1, 2, 3, 5$，试分析 ζ 变化时系统的单位阶跃响应。

（2）将阻尼比 ζ 固定为 $\zeta = 0.55$，试分析自然频率 ω_n 变化时系统的单位阶跃响应（ω_n 的变化范围为 0.1～1）。

解：利用 MATLAB 建立控制系统的数学模型，并且同时显示 $\omega_n = 1$，ζ（阻尼系数）取不同值时系统的阶跃响应曲线，代码如下。

```
clc;                                       %清除屏幕显示
clear;                                     %清除工作空间中的所有变量
t = linspace(0,20,200)';                   %设置仿真时间
omega = 1;                                 %设置二阶系统的自然频率
omega2 = omega^2;                          %计算自然频率的平方
zuni = [0, 0.1, 0.2, 0.5, 1, 2, 3, 5];     %设置阻尼系数向量
num = omega2;                              %二阶系统传递函数的分子多项式系数
for k = 1 : 8                              %循环8次，分别计算在8种不同阻尼系数下系统的阶跃响应
    den = [1 2 * zuni(k) *omega omega2];   %二阶系统传递函数分母多项式系数
```

```
    sys = tf(num,den);              %二阶系统的传递函数
    y(:,k) = step(sys,t);           %计算在当前阻尼系数下二阶系统的阶跃响应值
end
figure(1);                          %开启新的图形显示窗口
plot(t,y(:,1:8));                   %在一幅图像上依次绘制出上述 8 条阶跃响应曲线
grid;       %显示网格线
gtext('zuni=0'); gtext('zuni=0.1'); gtext('zuni=0.2'); gtext('zuni=0.5');
                                    %为曲线添加标注
gtext('zuni=1'); gtext('zuni=2');   gtext('zuni=3');    gtext('zuni=5');
                                    %为曲线添加标注
```

运行程序，结果如图 5.49 所示。

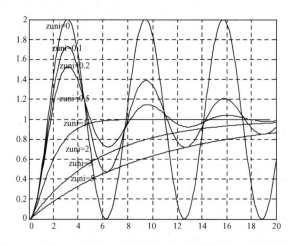

图 5.49　固定自然频率，阻尼比变化时系统的阶跃响应曲线

从图 5.49 中不难看出，当固定自然频率后，改变二阶系统的阻尼系数 ζ，在 $\zeta<1$ 时并不会改变阶跃响应的振荡频率；而当 $\zeta>1$ 时，阶跃响应曲线不再振荡，系统过阻尼。

此外，当阻尼系数 ζ 为 0 时，系统的阶跃响应为等幅振荡；当 $0<\zeta<1$ 时，系统欠阻尼，阶跃响应曲线的振荡幅度随 ζ 的增大而减小，动态特性变好；当 $\zeta>1$ 时，系统的过渡过程时间随着 ζ 的增加而逐渐变长，系统响应变慢，动态特性反而下降。

利用 MATLAB 在一幅图像上绘制 $\zeta=0.55$，ω_n 从 0.1 变化到 1 时系统的阶跃响应曲线，代码如下。

```
clc;                    %清除屏幕显示
clear all;              %清除工作空间中的所有变量
t = linspace(0,20,200)';  %设置仿真时间
zuni = 0.55;            %设定阻尼系数
omega = [0.1, 0.2, 0.4, 0.7, 1];              %设置自然频率向量
omega2 = omega.^2;      %计算自然频率的平方
for k = 1 : 5           %循环 5 次，分别计算在 5 种不同的自然频率下系统的阶跃响应
    num = omega2(k);    %二阶系统传递函数分子多项式系数
    den = [1 2 * zuni *omega(k) omega2(k)];    %二阶系统传递函数分母多项式系数
    sys = tf(num,den);  %二阶系统的传递函数
    y(:,k) = step(sys,t);  %计算在当前自然频率下，二阶系统的阶跃响应值
```

```
end
figure(2);                       %开启新的图形显示窗口
plot(t,y(:,1:5));                %在一幅图像上依次绘制出上述 5 条阶跃响应曲线
grid;                            %显示网格线
gtext('omega=0.1');  gtext('omega=0.2');  gtext('omega=0.4');%为曲线添加标注
gtext('omega=0.7');  gtext('omega=1.0');                     %为曲线添加标注
```

运行代码，结果如图 5.50 所示。由图可知，当自然频率 ω_n 从 0.1 变化到 1 时，系统的振荡频率加快，上升时间减少，过渡过程时间减少；系统响应更加迅速，动态性能变好。

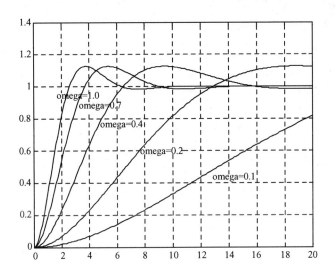

图 5.50　固定阻尼系数，自然频率变化时系统的阶跃响应曲线

自然频率 ω_n 决定了系统阶跃响应的振荡频率。ω_n 越大，系统的振荡频率越高，响应速度也越快；阻尼系数 ζ 决定了系统的振荡幅度；当 $\zeta < 1$ 时，系统欠阻尼，阶跃响应有超调；当 $\zeta > 1$ 时，系统过阻尼，阶跃响应没有超调，但是响应速度大大减缓，过渡过程时间很长。经验证明，$\zeta = 0.7$ 时，系统的阶跃响应最好，在实际的工程应用中，通常选取 $\zeta = 0.7$。

【**例5-20**】　已知某晶闸管-直流电机单闭环系统的结构如图 5.51 所示，试分别用 Simukink 系统仿真和 Simukink 动态结构图仿真其单位阶跃响应和单位脉冲响应。

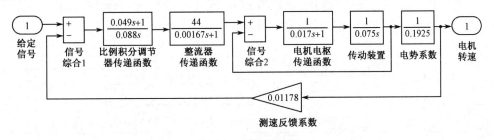

图 5.51　系统结构图

解：利用 Simulink 的求解的基本步骤如下。

步骤 1　在 Simulink 中建立该系统的动态模型，如图 5.52 所示，并将模型存为"Samples_5_20.mdl"。

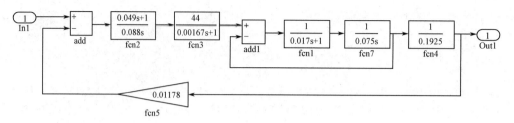

图 5.52　Simulink 中的系统动态模型

步骤 2　求取系统的线性状态空间模型，并求取单位阶跃响应和脉冲响应。

在 MATLAB 命令窗口中运行以下命令。

```
[A,B,C,D]=linmod('Samples_5_20');     %提取 Simulink 模型的线性状态空间模型
sys=ss(A,B,C,D);
figure(1); step(sys);                 %求取单位阶跃响应
figure(2); impulse(sys);              %求取单位脉冲响应
```

程序运行后，输出的阶跃曲线和脉冲曲线如图 5.53 和图 5.54 所示。

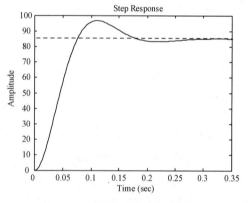

图 5.53　系统的单位阶跃响应曲线

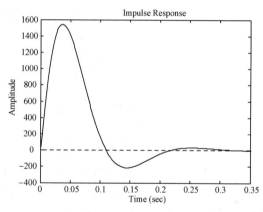

图 5.54　系统脉冲响应曲线

0　利用 Simulink 系统模型图仿真。

进行单位阶跃响应和单位脉冲响应仿真的系统仿真图如图 5.55 所示，其中，在 step 模块中，设置跳变时间为 0，初始值为 0，终止值为 1，采样时间为 0；impulse 模块中，脉冲类型选为“Time based”，幅值设置为 100，脉宽设置为 1。

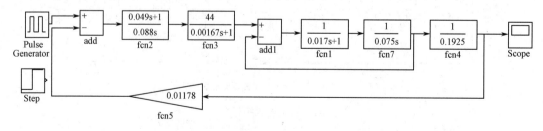

图 5.55　Simulink 中的系统动态仿真模型

进行阶跃响应仿真时，将 step 模块作为输入信号；脉冲响应仿真时，将 impulse 模型作为输入信号，运行后，输出的阶跃曲线和脉冲曲线如图 5.56 和图 5.57 所示。

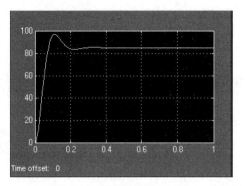

图 5.56 系统单位阶跃响应

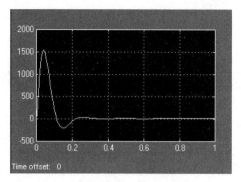

图 5.57 系统脉冲响应

习 题

【5.1】 设单位负反馈控制系统的开环传递函数为 $G(s) = \dfrac{K}{s(s^2 + 7s + 17)}$。

（1）试绘制 K=10、100 时闭环系统的阶跃响应曲线，并计算稳态误差、上升时间、超调量和过渡过程时间。

（2）绘制 K=1000 时闭环系统的阶跃响应曲线，与 K=10、100 所得结果相比较，分析增益系数与系统稳定性的关系。

（3）利用 roots 命令，确定使系统稳定时 K 的取值范围。

【5.2】 给定单位负反馈控制系统的开环传递函数 $G(s)$ 分别为 $\dfrac{10}{s(s+1)(s+2)}$、

$\dfrac{1}{s(s+1)(s+2)}$ 和 $\dfrac{10(s+2)(s+4)}{s^2(s^2+2s+10)}$，试判定闭环系统的稳定性，并确定当输入为阶跃信号时系统的稳态误差（如果系统稳定）。

【5.3】 已知某单位负反馈控制系统的开环传递函数为 $G(s) = \dfrac{K}{s(s^2 + 4s + 200)}$，利用 MATLAB 中的 Simulink 工具，绘制系统的结构图；并且在 K 取不同值时，分别绘制系统的阶跃响应曲线、冲激响应曲线以及斜坡输入响应曲线。

【5.4】 设系统的微分方程为 $\ddot{y}(t) + 6\dot{y}(t) + 25y(t) = 25r(t)$，其中，$y(t)$ 为系统的输出变量，$r(t)$ 为系统的输入变量。

（1）利用 MATLAB 建立上述控制系统的数学模型。

（2）绘制系统的单位阶跃响应曲线和单位冲激响应曲线。

【5.5】 设单位负反馈控制系统的开环传递函数为 $G(s) = \dfrac{3(0.5s+1)}{s(s+1)(0.25s+1)}$。

（1）利用 MATLAB 建立上述控制系统的数学模型。

（2）利用 MATLAB 绘制系统的单位阶跃响应曲线和单位冲激响应曲线。

（3）利用 LTI Viewer 工具绘制系统的单位阶跃响应曲线和单位冲激响应曲线。

【5.6】　已知某单位负反馈控制系统的开环传递函数为 $G(s) = \dfrac{K}{s(0.1s+1)}$。

（1）假定系统的阻尼系数为 0.5，计算此时的系统增益 K。

（2）当 $K=5$ 时，绘制闭环系统的阶跃响应曲线，并计算上升时间、稳态时间、超调量及静态误差。

【5.7】　已知控制系统的特征方程分别为 $s^3 + 3s^2 + 2s + 24 = 0$ 和 $s^5 + 3s^4 + 12s^3 + 24s^2 + 32s + 48 = 0$，试判断系统的稳定性。如果不稳定，计算系统在右半 s 平面的根的数目。

【5.8】　已知单位负反馈控制系统的开环传递函数 $G(s)$ 为 $\dfrac{10}{s^3 + 26s^2 + 25s + 14}$、$\dfrac{10}{(s+1)(5s^2 + 2s + 10)}$ 和 $\dfrac{3s+14}{2s^3 + 10s^2 + 3s + 14}$，试分别确定其静态位置误差系数、静态速度误差系数以及静态加速度误差系数，并计算当输入信号为 $r(t) = 2t$ 时系统的静态误差。

第 6 章

根轨迹分析法

6.1 引言

本章主要介绍根轨迹法的基本概念以及根轨迹图的基本绘制规则，讲述用 MATLAB 绘制根轨迹图的基本方法。通过本章，读者能了解和掌握根轨迹法的概念和绘制方法，熟练使用 MATLAB 绘制根轨迹，以及利用根轨迹图对控制系统进行分析。

本章的知识点及要求概括如下。

序号	知识点	了解	熟悉	掌握	精通
1	根轨迹的定义		√		
2	根轨迹的幅值条件和相角条件、绘制法则			√	
3	其他形式根轨迹的绘制	√			
4	用根轨迹分析系统参数对响应的影响			√	
5	MATLAB 中根轨迹的绘制函数及工具使用				√
6	MATLAB 中进行根轨迹分析				√

6.2 根轨迹定义

由前面章节可知，自动控制系统的稳定性完全由它的闭环极点（特征根）决定，而系统的品质则取决于它的闭环极点和零点，因此，在设计一个闭环控制系统时，如果能够通过分析开环系统来确定闭环系统的特征，那将具有很大意义。如果系统具有可变的环路增益，则闭环极点的位置取决于所选择的环路增益值，因此，当环路增益变化时，知道闭环极点在 S 平面内如何移动，即根移动的轨迹，则对系统分析和设计具有很大意义。

从系统设计的角度来看，在某些系统中，简单的回路增益调整就可以将闭环极点移动到所需的位置，那么设计问题就转变成了选择合适的增益值的问题。

控制系统的闭环极点就是它的特征方程的根，求解高阶（三阶以上）特征方程的根是很麻烦的，需要借助计算机（MATLAB 可以使该问题变得简单）。但是，求出特征方程的根可能是有限的值，因为当开环增益变化时，特征方程也在变化，因此这种计算是重复进行的。

1948 年，W.R.Evans（伊凡思）根据反馈系统开环和闭环传递函数之间的关系，提出了一种简便的方法，由开环传递函数来直接寻求闭环特征根的轨迹的总体规律，而无须求解高阶系统的特征根。这在工程实践中获得了广泛的应用，这就是根轨迹法。根轨迹法用图解的方法来表示特征方程的根与系统的某个参数（通常是回路增益）之间的全部数值关系，该参数的某个特定值所对应的根显然位于上述关系图上。

当改变增益值或增加开环零极点时，可以利用根轨迹法预测其对闭环极点位置的影响。因此，掌握根轨迹的画法将非常有用，包括手工画和计算机辅助画，它们是利用根轨迹法分析和设计系统的基础。

所谓根轨迹，是指系统的某个特定参数，通常是回路增益 K 从 0 变化到无穷大时，描绘闭环系统特征方程的根在 S 平面的所有可能位置的图形。

根轨迹法的基本概念是使开环传递函数等于 -1 的 s 值必须满足系统的特征方程。

通过考察根轨迹图，设计者能够对控制器的结构和参数做出明智的选择，并推知大量受控系统闭环特性的相关信息。

若能掌握根轨迹图的一般作图规则，那么画已知系统的根轨迹将会变成一件容易的工作。利用 MATLAB 产生根轨迹是一件非常简单的事情，若有手工画根轨迹的经验，那么对于理解 MATLAB 产生的根轨迹图，并迅速获得根轨迹的基本概念，都将是非常有益的。

6.3　根轨迹法基础

当今，在计算机上绘制根轨迹已经是很容易的事，尤其是使用 MATLAB 来绘制根轨迹。计算机绘制根轨迹大多采用直接求解特征方程的方法，也就是每改变一次增益 K 就求解一次特征方程。让 K 从零开始等间隔增大，只要 K 的取值足够多、足够密，相应解特征方程的根就在 S 平面上绘出根轨迹。

传统的根轨迹法是不直接求解特征方程的，它创造了一套行之有效的办法——图解加计算的手工绘图法。如今，尽管手工绘制根轨迹的一些烦琐技艺已经没有多大价值，但是它所发掘出来的根轨迹基本规律，无论用哪种方法作图都是适用的。下面介绍根轨迹最基本、最重要的规律——幅值条件和相角条件。

6.3.1　幅值条件和相角条件

假设控制系统如图 6-1 所示，图中 $G(s)$ 是前向通道的传递函数，表示为

$$G(s) = K_g \frac{(s+Z_1)(s+Z_2)\cdots(s+Z_i)}{(s+P_1)(s+P_2)\cdots(s+P_j)}$$

$H(s)$ 是反馈通道的传递函数，表示为：

$$H(s) = K_h \frac{(s+Z_{i+1})\cdots(s+Z_m)}{(s+P_{j+1})\cdots(s+P_n)}$$

反馈通道通常假定为负反馈形式，除非另有说明。

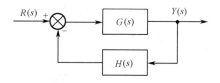

图 6.1　控制系统框图

根据上述通道的传递函数，可求得系统闭环传递函数为

$$\frac{Y(s)}{R(s)} = \frac{G(s)}{1+G(s)H(s)} = \frac{K_g(s+Z_1)(s+Z_2)\cdots(s+Z_i)(s+P_{j+1})\cdots(s+P_n)}{(s+P_1)\cdots(s+P_n)+K_gK_h(s+Z_1)\cdots(s+Z_m)}$$

从闭环传递函数式可知，闭环零点：$-Z_1$，$\cdots$，$-Z_i$ 和 $-P_{j+1}$，$\cdots$，$-P_n$ 分别是前向通道传递函数 $G(s)$ 的零点和反馈通道传递函数 $H(s)$ 的极点，这可从前向通道和反馈通道传递函数中直接得到。

闭环极点可以从求解下列闭环特征方程 $D(s)$ 中得到

$$D(s) = (s+P_1)\cdots(s+P_n)+K_gK_h(s+Z_1)\cdots(s+Z_m) = 0$$

$D(s)$ 是一个高阶代数方程，甚至没有解析解，求根很不方便，而且直接求根不容易看出闭环极点和系统参数之间的关系，也就是说，从系统参数很难看出它对系统性能的影响。

采用根轨迹法时，把闭环特征方程 $D(s)$ 写成另一种等价形式，见式（6-1），称为根轨迹方程。

$$\frac{K\prod_{i=1}^{m}(s+Z_i)}{\prod_{j=1}^{n}(s+P_j)} = -1 , \qquad K = K_gK_h \tag{6-1}$$

一般意义上的根轨迹，即上述方程在开环增益 K 从 $0\rightarrow\infty$ 变化时，闭环极点在复 S 平面内的变化情况（其中 $S = \sigma + j\omega$），也就是 $180°$ 根轨迹。

为了便于用于图法求取根轨迹方程的解，把式（6-1）分解成幅值和相角两个方程，分别称为幅值条件和相角条件。

幅值条件为

$$\frac{K\prod_{i=1}^{m}|(s+Z_i)|}{\prod_{j=1}^{n}|(s+P_j)|} = 1 \tag{6-2}$$

相角条件为

$$\sum_{i=1}^{m}\angle(s+Z_i) - \sum_{j=1}^{n}\angle(s+P_j) = \pm 180°(2q+1), \qquad q = 0,1,2,\cdots \tag{6-3}$$

满足幅值条件和相角条件的所有 s 值，就是特征方程的根，也就是闭环极点。例如，对于一个开环系统，$P_i(i=1,2,3,4)$ 是开环系统的极点，z_1 是开环系统的零点，如图 6.2 所示，对于 S 平面上的试验点 s，如果它在根轨迹上，就应当满足以下相角条件。

$$\phi_1 - \theta_1 - \theta_2 - \theta_3 - \theta_4 = \pm(2k+1)180^\circ, \qquad k = 0,1,2,\cdots$$

量出或计算出上述 5 个角度，就知道试验点 s 是否在根轨迹上。

因为 K 在 $0 \to \infty$ 范围内连续变化，总有一个 K 值能满足幅值条件，因此绘制根轨迹的依据是相角条件，即特征方程的所有根都应满足式（6-3），即相角的和应等于 $\pm 180^\circ (2q+1)$。换句话说，在 S 平面内所有满足式（6-3）的 s 点都是系统的特征根，这些点的连线就是根轨迹。

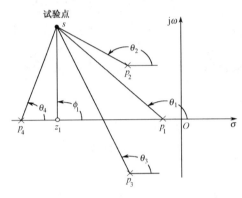

图 6.2　相角条件的图示

6.3.2　绘制根轨迹的一般法则

显然，用图解分析法来绘制根轨迹图是不方便的，于是发展了一套用于在复平面上快速确定根轨迹基本走向和特殊点（区域）的方法。由此，可以快速地在复平面上画出根轨迹图，这些图在特殊点（区域）上是准确的，其余部分是近似的，可用相角条件来局部准确化。这些方法在系统分析中的另一重要作用是可以从系统的开环零极点分布情况，快速地估计出闭环根轨迹的走向。以下就是这些基本法则。

（1）法则 1：根轨迹的分支数、连续性和对称性。

根轨迹的分支数等于闭环特征方程式的阶次，一般情况下等于开环极点数。根轨迹在复平面上是一簇连续的曲线，并对称于实轴。因为根轨迹是闭环特征方程的根，特征方程的根是实根（在实轴上）或者是共轭复根（对称于实轴），所以根轨迹一定对称于实轴。

（2）法则 2：根轨迹的起点和终点。

根轨迹起始于开环极点，终止于开环零点。如果开环极点数和零点数不等，则其余的根轨迹不是终止于无穷远处，就是起始于无穷远处。

因为根轨迹是闭环特征方程的根，当 $K=0$ 时方程的根就是它的 n 个开环极点，当 $K \to \infty$ 时方程的根就是它的 m 个开环零点。根轨迹的起点和终点是根轨迹的特殊点。当 $n=m$ 时，开始于 n 个开环极点的 n 支根轨迹正好终止于 m 个开环零点。

当 $n>m$ 时，开始于 n 个开环极点的 n 支根轨迹，有 m 支终止于开环零点，有 $n-m$ 支终止于无穷远处。这时，无穷远处也称为"无穷远零点"。

当 $n<m$ 时，终止于 m 个开环零点为 m 支根轨迹，有 n 支来自 n 个开环极点，有 $m-n$ 支

来自无穷远处。必须指出，实际系统极少有 $n < m$ 的情况，但是在处理特殊根轨迹时，常常将系统特征方程变形，变形后的等价系统可能会出现这种情况。

（3）法则 3：位于实轴上的根轨迹。

若实轴段右侧开环极点和开环零点数之和为奇数，则实轴段为根轨迹或根轨迹的一部分，如图 6.3 所示。

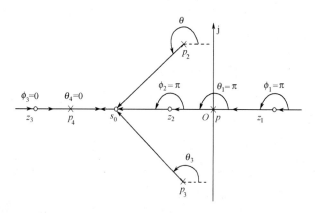

图 6.3　位于实轴上的根轨迹

（4）法则 4：趋于无穷远的根轨迹的渐近线。

趋于无穷远的根轨迹的渐近线均交于实轴上，实轴交点坐标为 $\sigma = \dfrac{\sum\limits_{j=1}^{n}(-P_j) - \sum\limits_{i=1}^{m}(-Z_i)}{n-m}$。

渐近线与正实轴的夹角为 $\varphi = \dfrac{\pm 180°(2q+1)}{n-m}$，$q = 0,1,2,\cdots$。

（5）法则 5：根轨迹的分离点和会合点。

当 K 从 0 变到无穷大时，根轨迹可能先会合后分离，这样的点称分离点。分离点对应重闭环极点。

显然，位于实轴上的两个相邻的开环极点之间一定有分离点，因为任何一条根轨迹不可能开始于一个开环极点而终止于另一个开环极点。同理，位于实轴上的两个相邻的开环零点之间也一定有分离点。

当然，分离点也可以是复数，两个相邻的开环复极点（或零点）之间可能有分离点。由根轨迹方程可得分离点和会合点的求解公式如下。

$$k = -\dfrac{\prod\limits_{j=1}^{n}(s+P_j)}{\prod\limits_{i=1}^{m}(s+Z_i)}$$

根轨迹分离点和会合点坐标满足方程 $\mathrm{d}k/\mathrm{d}s = 0$。

（6）法则 6：根轨迹的起始角和终止角。

根轨迹从开环极点出发的方位角（起始角），$\varphi = \pm 180° - \sum\limits_{j=1}^{n-1} \varphi_j - \sum\limits_{i=1}^{m-1} \theta_i$，其中，$\varphi_j$ 是其他开环极点到该极点的方位角，θ_i 是开环零点到该极点的方位角。

根轨迹终止于开环零点的方位角（终止角）上，$\theta = \pm 180° + \sum\limits_{j=1}^{n} \varphi_j - \sum\limits_{i=1}^{m-1} \theta_i$，其中，$\varphi_j$ 是其他开环极点到该零点的方位角，θ_i 是开环零点到该零点的方位角。

（7）法则 7：根轨迹与虚轴交点坐标。

系统闭环特征方程为 $D(s) = k\prod\limits_{i=1}^{m}(s+Z_i) + \prod\limits_{j=1}^{n}(s+P_j) = 0$，交点满足方程 $D(\mathrm{j}\omega) = 0$。

（8）法则 8：根轨迹上任一点所对应的根轨迹增益为 $k = \prod\limits_{j=1}^{n}\left| s+P_j \right| / \prod\limits_{i=1}^{m}(s+Z_i)$。

6.3.3 与根轨迹分析相关的 MATLAB 函数

在 MATLAB 中，对于如图 6-1 所示的 n 阶单输入单输出系统，采用函数 pzmap() 绘制系统零极点，通过输入"rlocus(GH)"可得根轨迹图，它描绘了当开环增益 K 从 $0 \rightarrow \infty$ 变化时，闭环极点在复 S 平面内的变化情况，即系统 GH 的 180° 根轨迹。MATLAB 会计算出根轨迹的 n 条分支，并以其选定的实轴和虚轴绘制图形。

值得注意的是，绘制根轨迹时，应令 S 平面实轴和虚轴的比例尺相同，只有这样才能正确反映 S 平面上坐标位置与相角的关系，在 MATLAB 中，通过"axis equal"命令使实轴和虚轴的比例尺保持相同。

在画出根轨迹后，可交互地利用 rlocfind 命令来确定用户鼠标所点之根轨迹上任意点对应的 K 值，K 值所对应的所有闭环极点值也可以利用形如[K, poles] = rlocfind(GH)的命令来显示。

0° 根轨迹对应于图 6-1 中的正反馈或者开环增益 K 为负值的情形。在传递函数前面插入一个负号，使用命令 rlocus(–GH) 即可绘制系统 GH 的 0° 根轨迹。

下面介绍与根轨迹分析相关的 MATLAB 函数。

1. 绘制零极点的函数 pzmap()

常用的调用格式为

```
pzmap(sys);    pzmap(sys1, sys2,…);    [p, z] = pzmap(sys)
```

使用说明：

（1）pzmap() 可绘出线性时不变（LTI）系统的零极点图。对单输入单输出（SISO）系统而言，绘制传递函数的零极点；对多输入多输出（MIMO）系统而言，绘制系统的特征矢量和传递零点。

（2）pzmap(sys) 计算线性时不变（LTI）系统的零极点，并把零极点绘制在复平面上。

（3）pzmap(sys1, sys2, …)可在同一个复平面中画出多个 LTI 系统的零极点，为区分各个系统的零极点，可以用不同的颜色来显示，如 pzmap(sys1, 'r', sys2, 'y', sys3, 'g')。

（4）[p, z]=pzmap(sys)返回系统零极点位置的数据，而不直接绘制零极点图，如果需要绘制零极点图可以再用 pzmap(z, p)函数来实现。

2.　绘制根轨迹的函数 rlocus()

常用的调用格式为

```
rlocus(sys);   rlocus(sys, k);   rlocus(sys1, sys2,…);   [r, k] = rlocus(sys);
r = rlocus(sys, k)
```

使用说明：

（1）rlocus()函数计算并绘制 SISO 系统的根轨迹。根轨迹用于研究改变反馈增益对系统极点分布的影响，从而进行系统时域和频域响应的分析。rlocus()函数既适用于连续时间系统，也适用于离散时间系统。

（2）rlocus(sys, k)绘制增益为 k 时的闭环极点。

（3）rlocus(sys1, sys2, …)在同一个复平面中画出多个 SISO 系统的根轨迹，为区分各个系统的根轨迹，可以用不同的颜色和线型来显示，如 rlocus(sys1, 'r', sys2, 'y:', sys3, 'gx')。

（4）[r, k] = rlocus(sys) 或者 r = rlocus(sys, k)返回增益为 k 时复根位置的矩阵 R，R 有 length(k)行，其第 j 行列出的是增益 k(j)时的闭环根。

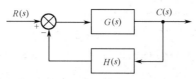

图 6.4　反馈控制系统结构图

3.　计算给定一组根的根轨迹增益的函数 rlocfind()

常用的调用格式为

```
[k, poles] = rlocfind(sys);   [k, poles] = rlocfind(sys, p)
```

使用说明：

（1）rlocfind()函数可计算出与根轨迹上极点相对应的根轨迹增益，它适用于连续时间系统和离散时间系统。

（2）[k, poles] = rlocfind(sys)执行后，在根轨迹图形窗口中显示十字形光标，当用户在根轨迹上选择一点时，其相应的增益由 k 记录，与增益相关的所有极点记录于 poles 中。

（3）[k, poles] = rlocfind(sys, p)函数可对指定根计算对应的增益与根矢量 p。

4.　在连续系统根轨迹图上加等阻尼线和等自然振荡角频率线的函数 sgrid()

常用的调用格式为

```
sgrid();   sgrid(z, wn)
```

使用说明：

（1）sgrid()函数命令可在连续系统的根轨迹或零极点图上绘制出栅格线，栅格线由等阻尼系数与自然振荡角频率构成。阻尼线的间隔为 0.1，范围从 0 到 1，自然振荡角频率的间隔为 1 rad/s，范围从 0 到 10。

（2）在绘制栅格线之前，当前窗口必须有连续时间系统的根轨迹或零极点图，或者该函数必须与函数 pzmap()或 rlocus()一起使用。

（3）sgrid(z, wn)函数可以指定阻尼系数 z 与自然振荡角频率 wn。

5．在离散系统根轨迹图上加等阻尼线和等自然振荡角频率线的函数 zgrid()

常用的调用格式为

```
zgrid();  grid(z, wn)
```

使用说明：

（1）zgrid()函数可在离散系统的根轨迹或零极点图上绘制出栅格线，栅格线由等阻尼系数与自然振荡角频率构成。阻尼线的间隔为 0.1，范围从 0 到 1，自然振荡角频率的间隔为 $p_i/10$，范围从 0 到 p_i。

（2）在绘制栅格线之前，当前窗口必须有离散时间系统的根轨迹或零极点图。

（4）zgrid(z, wn)函数可以指定阻尼系数 z 和自然振荡角频率 wn。

6.3.4　根轨迹分析与设计工具 rltool

MATLAB 控制系统工具箱提供了一个系统根轨迹分析与设计的工具 rltool。使用 rltool，可以方便地绘制系统的根轨迹，已经使用根轨迹校正法对系统进行校正。

下面先简要介绍 rltool 的组成及基本操作，本书的后续内容中将使用这一工具进行系统的分析和设计。

在 MATLAB 命令行窗口中输入"rltool"就可以激活根轨迹设计 GUI 窗口，如图 6.5 所示。

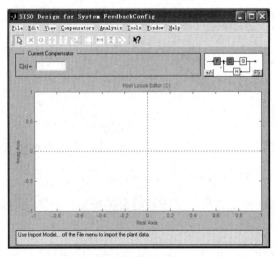

图 6.5　rltool 根轨迹设计 GUI 窗口

rltool 根轨迹设计 GUI 界面由以下几个主要的部分组成。

- 补偿器描述区：给出了当前补偿器的结构，默认值为 C(s)=1。
- 反馈结构图区：给出当前系统的整体框图，其中 F 为前滤波器，G 为控制对象模型，C 为补偿器，H 为反馈环节。
- 根轨迹工具条：其中的按钮用来增加或者删除补偿器的零极点，还可以通过鼠标完成零极点的摆放。
- 绘图区：用于显示系统的根轨迹。

rltool 是图形化的交互式工具，可以打开工作空间中的单输入单输出（SISO）系统模型，分析其根轨迹，并且允许用户在根轨迹图上直接放置/删除需要的零极点，完成对系统的校正设计。

例如，对于单位负反馈控制系统的开环传递函数为 $G(s) = \dfrac{K(s+1)}{s(s-1)(s+4)}$，在 MATLAB 工作空间中建立其模型的程序如下。

```
num = [1 1];                              %开环传递函数分子多项式系数
den = conv([1 0],conv([1 -1],[1 4]));     %开环传递函数分母多项式系数
sys = tf(num,den)                         %控制系统的开环传递函数模型
```

生成 sys 模型后，执行命令“rltool(sys)”，就可以得到控制系统 sys 的根轨迹分析图形界面，如图 6.6 所示。

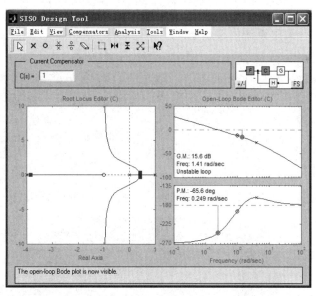

图 6.6　控制系统根轨迹分析与设计器

其中，Root Locus Editor 是根轨迹编辑器，上方的 Current Compensator 用来设定系统的增益值，右边的 Open-Loop Bode Editor 则是系统的开环 Bode 图。在根轨迹上拖曳鼠标，可以得到相应的系统增益、相角稳定裕度、穿越频率、剪切频率等参数。

在 Current Compensator 编辑器中输入不同的值，Root Locus Editor 中会立刻显示出对应的极点。设定系统增益为 6，根轨迹和 Bode 图如图 6.7 所示。

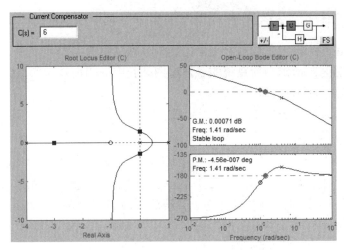

图 6.7　设定系统增益为 6 时的根轨迹和 Bode 图

从图中不难看出，$K=6$ 恰好是系统的临界增益，这与 rlocfind 命令得出的结果是相符的。利用 rltool 还可以在根轨迹图中增加、删除系统的零极点，非常方便。

6.3.5　利用 MATLAB 绘制根轨迹图举例

下面通过几个例子，讲述 MATLAB 在绘制根轨迹图中的应用。

【例 6-1】　已知某系统的闭环传递函数为 $G(s) = \dfrac{2.5(s+6)}{(s^2+2s+3)(s+5)}$，试使用 MATLAB 画出系统的零极点，并求出系统的零极点。

解： MATLAB 程序代码如下。

```
num=2.5*[1, 6];  den=conv([1, 2, 3], [1, 5]);
                                %传递函数分子、分母多项式系数行向量
sys=tf(num, den)                %建立传递函数模型
pzmap(sys)                      %绘制零极点图
[p, z]=pzmap(sys)               %输出零极点
title('零极点图')               %添加图标题
```

程序运行后，输出零极点图，如图 6.8 所示。输出系统的闭环极点 p 和零点 z 如下。

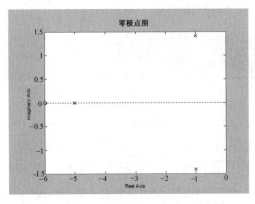

图 6.8　例 6-1 的闭环零极点分布图

```
  p = -5.0000
   -1.0000 + 1.4142i
   -1.0000 - 1.4142i
  z = -6
```

【例6-2】　已知单位负反馈系统，系统的开环传递函数为 $GH(s) = \dfrac{K(s+1)}{s(0.5s+1)(4s+1)}$，试

使用 MATLAB 绘制系统的根轨迹。

解：MATLAB 程序代码如下。

```
num=[1, 1];  den=conv([1, 0], conv( [0.5, 1], [4, 1]) );
                          %传递函数分子、分母多项式系数
sys=tf(num, den)          %建立传递函数模型
rlocus(sys)               %绘制根轨迹图
title('根轨迹图')         %添加图标题
```

程序运行后可得如图 6.9 所示的根轨迹。

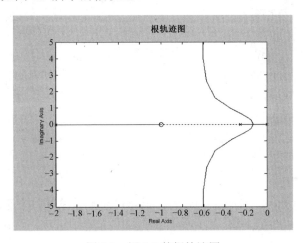

图 6.9　例 6-2 的根轨迹图

【例6-3】　已知某单位负反馈系统的开环传递函数为 $G(s) = \dfrac{K(s+5)}{(s+1)(s+3)(s+12)}$，试使用

MATLAB 绘制系统的根轨迹，并在根轨迹图上任选一点，计算该点的增益 K 及其所有极点
的位置。

解：MATLAB 程序代码如下。

```
num=[1, 5]; den=conv([1, 1], conv( [1, 3], [1, 12]) );
                          %传递函数分子、分母多项式系数行向量
sys=tf(num, den)          %建立传递函数模型
rlocus(sys)               %绘制根轨迹图
[k, poles]=rlocfind(sys)  %计算用户所选定的点处的增益和其他闭环极点
title('根轨迹图')         %添加图标题
```

程序运行后输出如图 6.10 所示的根轨迹图，并在图形窗口中显示十字形光标，当用鼠标
左键在根轨迹图上选择一点时，就可得到该点对应的增益 K，以及该 K 值下其他的极点，所
有的极点在图中以"+"表示。

例 6-3 的程序运行结果如下。

```
Select a point in the graphics window  %以十字形光标提示在图形窗口的根轨迹上选择一点
selected_point =%选择以下点
  -4.3294 + 5.0311i
%计算输出该点对应的增益 k 和该 k 值下其他的极点 poles
k =   56.7396
poles = -7.2050
        -4.3975 + 5.0034i
        -4.3975 - 5.0034i
```

运行结果如图 6.10 所示。

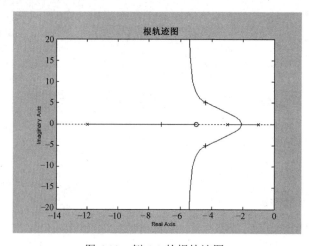

图 6.10   例 6-3 的根轨迹图

由程序执行结果可知，当 K=56.7396 时，该单位负反馈系统的三个闭环极点分别是

$$p_1 = -7.2050, \quad p_2 = -4.3975 + 5.0034i, \quad p_3 = -4.3975 - 5.0034i$$

【例 6-4】　已知某单位负反馈系统的开环传递函数为 $GH(s) = \dfrac{2s^2 + 5s + 1}{s^2 + 2s + 3}$，试使用 MATLAB 画出带栅格线的根轨迹图。

解：MATLAB 程序代码如下。

```
num=[2, 5, 1];  den=[1, 2, 3];  %传递函数分子、分母多项式系数行向量
sys=tf(num, den)                %建立传递函数模型
rlocus(sys)                     %绘制根轨迹图
sgrid                           %绘制出由等阻尼系数与自然振荡角频率组成的栅格线
title ('带栅格线的根轨迹图')       %添加图标题
```

程序运行后得到如图 6.11 所示的根轨迹。

【例 6-5】　已知某单位负反馈系统的开环传递函数为 $GH(s) = \dfrac{K(s+8)}{s(s+2)(s^2 + 8s + 32)}$，试

使用 MATLAB 画出根轨迹图，并分析不同的根轨迹特性的适用范围，结合绘制根轨迹的规则，计算 $GH(s)$ 离开上部复极点的角度，并与 MATLAB 绘制的图形进行比较。

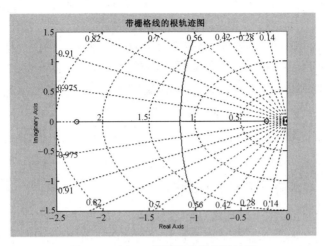

图 6.11 例 6-4 带栅格线的根轨迹图

求下面两种情况下的 K 值：

（1）两条分支进入右半平面时；

（2）两条分支从复数极点出发在实轴相交时。

解：MATLAB 程序代码如下。

```
num=[1, 8];   den=conv([1, 2, 0], [1, 8, 32]);
                              %传递函数分子、分母多项式系数行向量
sys=tf(num, den)              %建立传递函数模型
rlocus(num, den)              %计算根轨迹图
axis([-15 5 -10 10])          %调整绘制区域
 [k, poles]=rlocfind(sys)     %计算增益值和极点
title('根轨迹图')              %添加图标题
```

MATLAB 绘制的根轨迹如图 6.12 所示。

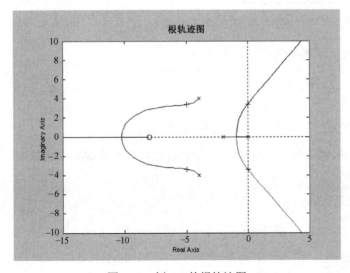

图 6.12 例 6-5 的根轨迹图

可以看到，实轴部分是 $\sigma \leqslant 8$ 和 $-2 \leqslant \sigma \leqslant 0$（对应法则 3），根轨迹有 4 条分支（对应法则 1），分别从开环极点 $s = 0, -2, -4+j4$ 和 $-4-j4$ 发出，其中 1 条分支终止于开环零点 $s = -8$ 处，另外 3 条分支趋近 $\pm 60°$、$-180°$ 的 3 条渐近线（对应法则 2、法则 4），它们的渐近线在点 $\sigma_0 = [(0-2-4-4)-(-8)]/(4-1) = -2/3$ 处相交（对应法则 5）。

出射角（对应法则 6）可由以上复数极点算出。首先，可任意指定 $p_1 = -4+j4$、$p_2 = -4-j4$、$p_3 = -0$、$p_4 = -2$、$z_1 = -8$，然后利用式

$$\varphi_1 = \arg(p_1 - z_1) - [\arg(p_1 - p_2) + \arg(p_1 - p_3) + \arg(p_1 - p_4)] + q \cdot 180°$$

代入零点和极点值，可求得出射角为 $-116.6°$。

还可以做进一步分析，由于开环极点的数目至少比开环零点的数目多两个，当 K 变化时，闭环极点之和始终为一常数。对于 $K=0$ 时，其和为 $0-2-4-4 = -10$，因此对所有的 K 值，4 个闭环极点的和为 -10。因此当两个复数分支穿过虚轴时，其他两个闭环极点的实部必定等于 -5。从根轨迹图可以看出这两个闭环极点为 $s \approx -5 \pm j3.5$。

利用 rlocfind 命令，可求得当 $K \approx 45$ 时，从实数极点上出发的两条分支穿入右半平面；当 $K \approx 2070$ 时，从复数极点出发的两条分支到达实轴。

从以上例子可以看出，熟练掌握和运用绘制根轨迹图的 MATLAB 函数，读者能简化根轨迹的绘制工作，从而把重点放在根轨迹图的分析和理解上。

6.4 其他形式的根轨迹

前面研究的是以根轨迹放大系数 K（回路增益）为变量的根轨迹，本节将讨论几种其他形式的根轨迹，包括正反馈系统的根轨迹、参数根轨迹和时滞系统的根轨迹。

6.4.1 正反馈系统的根轨迹

在正反馈条件下，系统的根轨迹方程改为 $G(s)H(s) = 1$。

幅值条件不变，而相角条件则改为

$$\sum_{i=-1}^{m} \angle(s+Z_i) - \sum_{j=1}^{n} \angle(s+P_j) = \pm 360° \cdot q \, (q = 0, 1, 2, \cdots) \tag{6-4}$$

于是与相角有关的三条绘制法则应加以如下修改。

法则 3　关于实轴上的根轨迹，原法则中的奇数应改为偶数（包括 0）。

法则 4　和法则 6：关于根轨迹的渐近线与正实轴的夹角和根轨迹的起始角，原法则中的 $\pm 180°(2q+1)$ 应改为 $\pm 360° \cdot q$。

该方法也可用来绘制负反馈系统中当开环根轨迹增益 $K<0$ 时的根轨迹。

6.4.2 参数根轨迹

如前所述，一般的根轨迹的绘制总是设定其变化参数是开环增益 K，当需要研究系统中

任一个其他参数变化对系统动力学性能的影响时，就会涉及参数根轨迹的问题。

设闭环特征方程为 $D(\lambda, s) = 0$，其中，λ 就是可变参数。可将闭环特征方程改写成

$$\frac{\lambda \prod\limits_{i=1}^{m}(s + Z_i)}{\prod\limits_{j=1}^{n}(s + P_j)} = -1$$

或者

$$G(s)H(s) = \frac{\lambda \prod\limits_{i=1}^{m}(s + Z_i)}{\prod\limits_{j=1}^{n}(s + P_j)} \tag{6-5}$$

式（6-5）中，$G(s)H(s)$ 称为等效开环传递函数，$-Z_i(i = 1, 2, \cdots, m)$ 和 $-P_j$（$j = 1, 2, \cdots, n$）分别称为等效的开环零点和开环极点。

注意：系统的等效开环零点和开环极点与实际的开环传递函数和开环零极点是不同的，但由等效根轨迹方程来绘制根轨迹结果就完全一样了。

6.4.3 时滞系统的根轨迹

如果系统开环传递函数中含有滞后时间为 τ 的时滞环节 $\mathrm{e}^{-\tau s}$，则根轨迹方程可写成

$$\frac{k \prod\limits_{i=1}^{m}(s + Z_i)}{\prod\limits_{j=1}^{n}(s + P_j)} \mathrm{e}^{-\tau s} = -1 \tag{6-6}$$

由式（6-6）绘制根轨迹是比较麻烦的，使用中常采用一些近似的方法来处理。

对 $\mathrm{e}^{-\tau s}$ 进行泰勒级数展开，忽略高次项，可得 $\mathrm{e}^{-\tau s} \approx 1 - \tau s$；对 $\mathrm{e}^{\tau s}$ 进行泰勒级数展开，忽略高次项，可得

$$\mathrm{e}^{-\tau s} \approx \frac{1}{\tau s + 1}$$

更精确一些的可用所谓的 Pade 展开式，得到

$$\mathrm{e}^{-\tau s} = \frac{1 - \dfrac{\tau s}{2} + \dfrac{(\tau s)^2}{8} - (\tau s)^3 / 48 \cdots + (-1)^n \dfrac{(\tau s)^n}{n! 2^n} + \cdots}{1 + \dfrac{\tau s}{2} + \dfrac{(\tau s)^2}{8} + (\tau s)^3 / 48 + \cdots + \dfrac{(\tau s)^n}{n! 2^n} + \cdots}$$

如果取一次近似，则

$$\mathrm{e}^{-\tau s} = \frac{1 - \tau s / 2}{1 + \tau s / 2} = \frac{2 - \tau s}{2 + \tau s} \tag{6-7}$$

6.4.4 利用 MATLAB 绘制其他形式的根轨迹举例

下面通过几个实例，讲述利用 MATLAB 绘制其他形式的根轨迹。

【例 6-6】 绘制正反馈系统的根轨迹。已知某单位负反馈系统的开环传递函数为 $GH(s) =$ $\dfrac{K(s+2)}{(s+3)(s^2+2s+2)}$，$K<0$，试使用 MATLAB 画出系统的根轨迹。

解： MATLAB 程序代码如下。

```
num=[1, 2]; den=conv([0, 1, 3], [1, 2, 2]);   %传递函数分子、分母多项式系数行向量
sys=tf(num, den)                               %建立传递函数模型
rlocus(-sys)                                   %绘制根轨迹图
axis([-15 5 -10 10])                           %调整绘制区域
title('正反馈根轨迹图')                          %添加图标题
```

根轨迹图如图 6.13 所示。

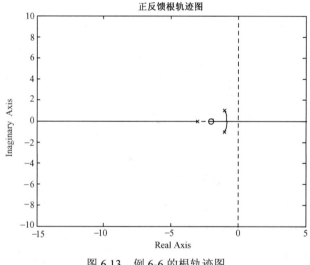

图 6.13 例 6-6 的根轨迹图

【例 6-7】 绘制参数 a 的根轨迹。已知某单位负反馈系统的开环传递函数为 $GH(s) =$ $\dfrac{5(s+a)}{(s+1)(s+3)(s+12)}$，其中 $2 \leqslant a \leqslant 10$，试使用 MATLAB 画出系统的根轨迹。

解： MATLAB 程序代码如下。

```
k=5 ; den=conv(conv([1 1], [1 3]), [1 12]);    %传递函数分母多项式系数
clpoles=[];   param=[];                        %定义数组存储结果
for alpha=2:10                                  %a 从 2 变化到 10
num=[0,0,k,k*alpha];
clpoly=num+den;
clp=roots(clpoly);                             %计算闭环极点
clpoles=[clpoles; clp']; param=[param;alpha]; 
end
disp([param, clpoles])                         %打印 a 和极点表格
plot(clpoles, '*')                             %绘制极点
```

```
axis equal;                              %对 x 轴和 y 轴采用相同的单位长度
axis([-4,0,-2,2])                        %调整绘制区域
title('参数根轨迹图')                      %添加图标题
```

根轨迹图如图 6.14 所示。

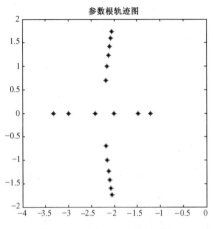

图 6.14　例 6-7 的根轨迹图

【例 6-8】　绘制时滞系统的根轨迹。已知某单位负反馈系统的开环传递函数为 $GH(s)=\dfrac{1}{s(s+1)(0.5s+1)}e^{-s}$，试使用 MATLAB 画出系统的根轨迹。

解： MATLAB 程序代码如下。

```
num=[0, 1]; den=conv(conv([1 0], [1 1]), [0.5 1]);
                                         %传递函数分子、分母多项式系数行向量
sys1=tf(num, den)                        %建立传递函数模型
[np, dp]=pade(1, 3);                     %对时滞环节进行 Pade 近似
sys=sys1*tf(np, dp)                      %建立系统的传递函数
rlocus(sys)                              %绘制根轨迹图
title('时滞系统的根轨迹图')                %添加图标题
```

运行程序，输出结果如图 6.15 所示。

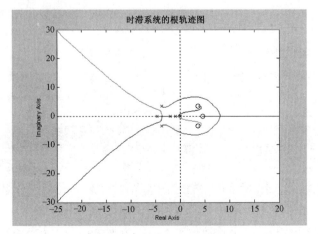

图 6.15　例 6-8 的根轨迹图

6.5　用根轨迹法分析系统的暂态特性

前几节讨论了如何根据开环系统的传递函数求取闭环系统的根轨迹。求出根轨迹后，对于一定的增益 K 值，就可利用幅值条件，确定系统的特征根（闭环极点）。如果闭环系统的零点、输入信号是已知的，那么可以结合根轨迹，在图上直观地对系统的暂态特性展开分析。用根轨迹法分析系统暂态品质的最大优点是：可以看出在开环放大系数发生变化时，系统的暂态品质是怎样变化的。

从前面章节可得出以下基本结论。

（1）如果已知系统的闭环零极点分布，那么控制系统的动力学性能就可唯一确定。在给出具体输入函数的条件下，可以求出其输出响应和性能指标。

（2）如果所有闭环极点均分布于复平面虚轴左侧，那么系统是稳定的。

（3）稳定系统的动力学特性主要取决于主导极点的位置。所谓主导极点，指的是它们距虚轴的距离较其他闭环零极点距虚轴的距离近 5 倍或 5 倍以上。

（4）其他闭环零极点对系统动力学性能的影响：在主导极点的基础上，增加闭环极点，系统的响应速度将降低而超调量将减少；闭环零点的作用则刚好相反，其影响程度将随着距虚轴距离的减小而增强。

（5）偶极子对系统动力学性能的影响可以忽略。所谓偶极子，指的是一对靠近的闭环零极点，它们之间的距离较它们本身到虚轴的距离要小 10 倍或 10 倍以上。

由上可知，可以由闭环零极点的分布来分析系统的时域响应。从前面的分析可知，闭环零点是开环传递函数中 $G(s)$ 的零点和 $H(s)$ 的极点，可以从开环传递函数中直接得到；而闭环极点，可以在根轨迹图上求出，例如，利用 MATLAB 的 rlocfind()函数可以很方便、直观地求出系统的闭环极点。

【例 6-9】　绘制以下系统的根轨迹并利用根轨迹图分析系统性能。已知一个三阶系统的开环传递函数为 $G(s) = \dfrac{K}{s(s+1)(s+4)}$，试从根轨迹图分析其单位负反馈系统的暂态特性。

解： MATLAB 程序代码如下。

```
num=1;  den=conv([1, 0], conv( [1, 1], [1, 4]) );
                        %传递函数分子、分母多项式系数行向量
sys=tf(num, den)        %建立传递函数模型
rlocus(sys);  grid on;  %绘制根轨迹图并添加栅格
[k, poles]=rlocfind(sys)  %计算用户所选定的点处的增益和其他闭环极点
title('根轨迹图')        %添加图标题
```

运行程序，输出如图 6.16 所示的根轨迹图，图中，"×"表示闭环系统的极点，"○"表示闭环系统的零点。由于根轨迹所绘制的范围很大，显示出来的部分看得不是非常仔细，因此需要结合工具栏上的放大、缩小和拖拉等工具，方便灵活地查看根轨迹。如果用鼠标单击

图中的曲线，可以得到一个文本框，里面显示对应的系统名（System）、增益（Gain）、极点（Pole）、阻尼比（Damping）、超调（Overshoot）、角频率（Frequency）等参数。

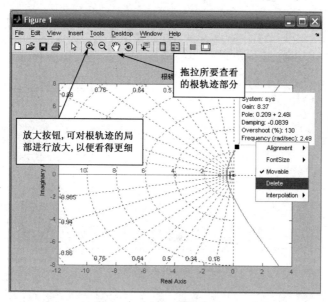

图 6.16 例 6-9 的根轨迹图

从图 6.16 还可以看出，在根轨迹上选定的那点的参数：增益为 8.37、极点为 $0.209 \pm j2.48$、阻尼比为 –0.0839、超调为 130%、角频率为 2.49 rad/s，从这些参数可以看出，此时系统是不稳定的。同时，此时的根轨迹上的那点位于虚轴的左半平面。

非常方便的是，显示上述参数的文本框有一些属性，如可移动性（Movable），当选中 Movable 后，便可以方便地找到所需要看到的根轨迹上的点。

还可求得当 $K \approx 0.22$ 时，闭环系统的两个极点重合在实轴上，输出结果如图 6.17 所示，极点以 "+" 表示。

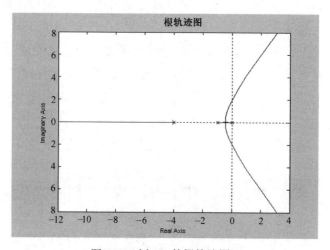

图 6.17 例 6-9 的根轨迹图 2

进一步减小 K 值，会看到其中一个极点将沿实轴向原点靠拢，如图 6-18 所示，暂态响应越来越慢。如果 K=0.75，此时一对复极点（p_1，$p_2 = -0.39 \pm j0.745$）的实部比另一个极点（p_3=−4.22）的实部大得多，因此完全可以忽略 p_3 的影响，这样就可以用二阶系统的指标来分析系统的暂态特性。

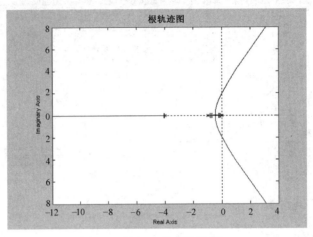

图 6.18　例 6-9 的根轨迹图 3

　　系统的动态性能最终体现在时间响应上，影响时间响应的因素有两个：闭环传递函数和输入函数。从前面的分析可知：时间响应的暂态分量主要取决于闭环零点和极点，时间响应的稳态分量主要取决于输入函数。

　　闭环系统的稳定性完全取决于闭环极点，实际上时间响应的暂态分量也主要取决于闭环极点。每一个闭环极点 p_i 在 S 平面上的位置决定了它对应的暂态分量的运动形式。

　　图 6.19 表示了 p_i 分布于 S 平面上不同位置所对应的暂态分量，其规律可以总结为：

　　（1）左右分布决定终值。p_i 位于虚轴左边时暂态分量最终衰减到零，p_i 位于虚轴右边时暂态分量一定发散，p_i 正好位于虚轴（除原点）时暂态分量为等幅振荡。

　　（2）虚实分布决定振型。p_i 位于实轴上时暂态分量为非周期运动，p_i 位于虚轴上时暂态分量为周期运动。

　　（3）远近分布决定快慢。p_i 位于虚轴左边时，离虚轴越远过渡过程衰减得越快。所以离虚轴最近的闭环极点"主宰"系统响应的时间最长，是主导极点。

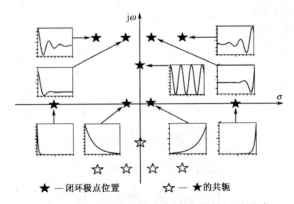

图 6.19　闭环极点分布与暂态分量的运动形式

　　系统的闭环零点对系统的稳定性没有影响，对系统的时间响应没有实质影响，但对时间响应的具体形状是有影响的。

6.6　综合实例及 MATLAB/Simulink 应用

　　下面通过一个综合实例，讲述 MATLAB/Simulink 在本章中的应用。

　　【例 6-10】　已知单位负反馈控制系统的开环传递函数为 $G(s)=\dfrac{K(s+1)}{s(s-1)(s+4)}$。

　　（1）画出这个系统的根轨迹；

　　（2）确定使闭环系统稳定的增益值 K；

　　（3）分析系统的阶跃响应性能；

　　（4）利用 rltool 对系统的性能进行分析。

　　解：利用 MATLAB 求解的基本步骤如下。

　　步骤 1　建立系统的数学模型。

　　利用 MATLAB，对该控制系统建模，代码如下。

```
clc;                                  %清除命令行窗口的显示
clear;                                %清除工作空间的所有变量
num = [1 1];                          %开环传递函数分子多项式系数
den = conv([1 0],conv([1 -1],[1 4]));  %开环传递函数分母多项式系数
sys = tf(num,den)                     %控制系统的开环传递函数模型
```

程序运行结果为

```
Transfer function:
    s + 1
  -------------------
  s^3 + 3 s^2 - 4 s
```

结果输出的是用来绘制根轨迹的那部分传递函数。

　　步骤 2　绘制根轨迹。

　　根据已经建立的数学模型，绘制系统的根轨迹曲线，代码如下。

```
rlocus(sys);             %绘制系统的根轨迹曲线
grid on;                 %显示网格线
title('根轨迹图');        %给曲线添加标题
```

　　得到的系统根轨迹如图 6.20 所示，图 6.20 中，"×"表示闭环系统的极点，"○"表示闭环系统的零点。

　　用鼠标单击图中的曲线，可以得到对应的系统增益、极点、频率等参数，如图 6.21 所示。

　　得到根轨迹图后，可以利用 "rlocfind" 命令计算用户选定点处的增益和其他闭环极点。根据题目要求，需要求得根轨迹穿越虚轴时的系统增益，以此确定稳定的增益范围，代码如下。

```
[k,poles] = rlocfind(sys)          %计算用户所选定的点处的增益和其他闭环极点
```

运行程序，单击根轨迹与虚轴的交点，直接在图中进行选取，精度往往较差。可以将曲线局部放大，结果如图 6.22 所示。

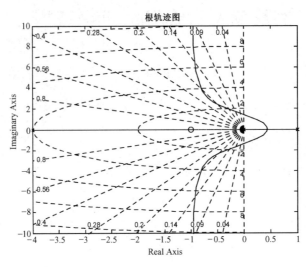

图 6.20　系统根轨迹图

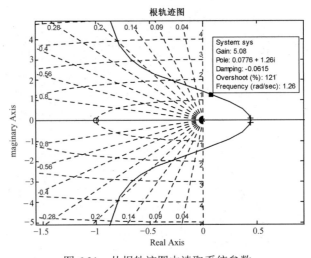

图 6.21　从根轨迹图中读取系统参数

同时得到：

```
k =      6.0018
poles =  -2.9997
         -0.0002 + 1.4145i
         -0.0002 - 1.4145i
```

可见，当增益 $K > 6$ 时，闭环系统的极点都位于虚轴的左部，处于稳定态。

步骤 3　使用 rltool 进行分析。

使用根轨迹分析与设计的工具 rltool，执行命令 "rltool(sys)" 就可以得到控制系统 sys 的根轨迹分析图形界面，如图 6.23 所示。

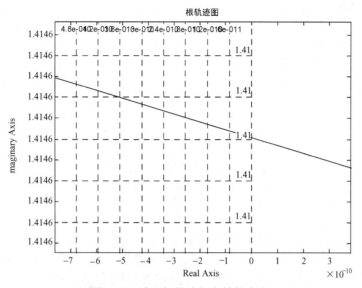

图 6.22　选取根轨迹与虚轴的交点

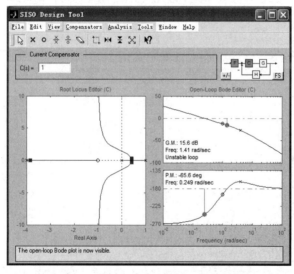

图 6.23　控制系统根轨迹分析与设计器

在 Current Compensator 编辑器中输入不同的值，Root Locus Editor 中会立刻显示出对应的极点。设定系统增益为 6，如图 6.24 所示。

从图 6.24 中不难看出，$K=6$ 恰好是系统的临界增益，这与 rlocfind 命令得出的结果是相符的。利用 rltool 还可以在根轨迹图中增加、删除系统的零极点，是一个非常方便的工具。

至此，已经得出使系统稳定的增益范围。取 $K=6$（临界增益），容易分析出系统此时的阶跃响应应当是等幅振荡。

此外，还可以利用 rltool 工具分析系统的阶跃响应。设定系统增益为 20，在 rltool 界面下选择 Analysis 菜单，单击 Response to Step Command，得到如图 6.25 所示的结果。

可见，系统稳定，并且稳态误差为 0。此时，系统的穿越频率为 1.41，相角稳定裕度为 17，剪切频率为 3.68。

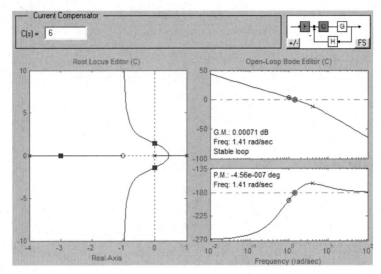

图 6.24　设定系统增益为 6 时的根轨迹和 Bode 图

当然，还可以利用 step 命令直接得到阶跃响应曲线，执行"step(feedback(20 * sys, 1))"即可，运行结果完全相同。

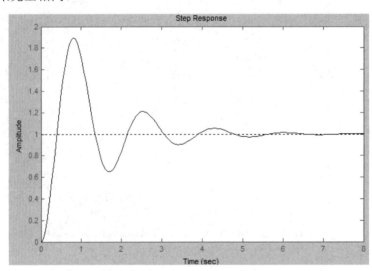

图 6.25　$K=20$ 时系统的阶跃响应

习　　题

【6.1】　已知单位负反馈控制系统的前向传递函数分别为 $G(s) = \dfrac{K(s+1)}{s^2(s+2)(s+4)}$、

$\dfrac{K(s+1)}{s(s-1)(s^2+4s+16)}$ 和 $\dfrac{K(s+8)}{s^2(s+3)(s+5)(s+7)(s+15)}$，试利用 MATLAB 分别绘制各系统的根轨迹图。

【6.2】　某单位负反馈控制系统的开环传递函数为 $G(s) = \dfrac{K}{(s+1)(s+2)}$。

（1）利用 MATLAB 中的 rltool 工具，绘制系统的根轨迹图，并确定使闭环系统稳定的 K 的取值范围。

（2）在 rltool 中，尝试添加新的极点（–3,0），观察根轨迹的变化，并且确定使闭环系统稳定的 K 的取值范围，继续尝试添加其他的零点、极点，分析根轨迹的变化。

（3）在 Simulink 中对上述系统建模，给出 K 取不同值时系统在阶跃信号下的响应曲线，验证（2）中的结论。

【6.3】　已知单位负反馈控制系统的开环传递函数为 $G(s) = \dfrac{K(s+2)}{s(s+4)(s+8)(s^2+2s+5)}$。

（1）绘制系统的根轨迹曲线。

（2）求系统临界稳定时增益系数 K 的取值。

【6.4】　已知单位负反馈控制系统的开环传递函数为 $G(s) = \dfrac{K(s^2+6s+10)}{s^2+2s+10}$。

（1）绘制系统的根轨迹曲线，并确定使闭环系统稳定的 K 的取值范围。

（2）上述控制系统的根轨迹有何特点？

【6.5】　设单位负反馈控制系统的结构如图 6.A 所示。

（1）在 MATLAB 中建立上述控制系统的数学模型。

（2）绘制系统的根轨迹曲线。

（3）判断点 $-2 \pm i\sqrt{10}$ 是否在根轨迹曲线上。

（4）确定使闭环系统稳定的 K 的取值范围。

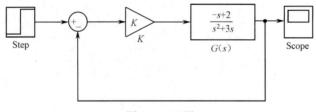

图 6.A　习题

【6.6】　已知单位负反馈控制系统的结构如图 6.B 所示。

在 MATLAB 中编程实现如下功能：当参数 a 从 0 变化到无穷大时，绘制出系统的根轨迹族（提示：实际编程时，可以给参数 a 赋以几个离散的值。只需反应出根轨迹的变化趋势即可）。

【6.7】　某种机械手型机器人的传递函数为 $G(s) = \dfrac{K(s+1)(s+2)(s+3)}{s^3(s-1)}$。

（1）在 MATLAB 中建立上述控制系统的数学模型。

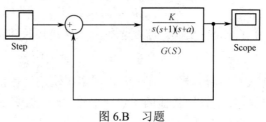

图 6.B 习题

（2）绘制机械手控制系统的根轨迹曲线。

（3）确定使闭环系统稳定时 K 的取值。

（4）在第三问得出的 K 的范围中，选取一组不同的 K 值，分别绘制闭环系统的阶跃响应曲线，并且比较曲线之间的异同。

第 7 章

频域分析法

7.1 引言

控制系统的频率特性反映的是系统对正弦输入信号的响应性能。频域分析法是一种图解分析法，它依据系统频率特性对系统的性能（如稳定性、快速性和准确性）进行分析。

频域分析法的突出优点是可以通过试验直接求得频率特性来分析系统的品质，应用频率特性分析系统可以得出定性和定量的结论，并具有明显的物理含义。

通过本章，读者对频率特性的基本概念能有一个比较全面的认识，并学会运用开环频率特性和相应的 MATLAB 工具对系统性能进行频域分析。

本章的知识点及要求概括如下。

序号	知 识 点	了解	熟悉	掌握	精通
1	频率特性的定义、性能指标及分析法		√		
2	频率特性的三种常见形式及典型环节的频率特性			√	
3	开环对数频率特性及开环极坐标图			√	
4	开环和闭环频率特性的性能分析			√	
5	Nyquist 稳定判据及稳定裕度			√	
6	利用 MATLAB 绘制频率特性及分析性能指标				√
7	利用 MATLAB 计算稳定裕度及判稳				√

7.2 频率特性基本概念

采用频率特性作为数学模型来分析和设计系统的方法称为频率特性法，又称为频率响应法。频率响应法的基本思想是把控制系统中的各个变量看成一些信号，而这些信号又是由许多不同频率的正弦信号合成的；各个变量的运动就是系统对各个不同频率的信号的响应的总和。

这种观察问题和处理问题的方法起源于通信中的音频信号传播，各种音频信号（电话、电报）信号都被看做由不同频率的正弦信号成分合成，并按此观点进行处理和传递。20 世纪 30 年代，这种观点被引进控制科学，对控制理论的发展起到了强大的推动作用。它克服了直接用微分方程研究系统的种种困难，解决了许多理论问题和工程问题，迅速形成了分析和综合控制系统的一整套方法。

频率分析法是根据频率特性曲线的形状及其特征量来分析研究系统的特性，而不是对系统模型求解，它是以传递函数为基础的又一种图解法，它同根轨迹法一样卓有成效地用于线性定常系统的分析和设计。

频率分析法有着重要的工程价值和理论价值，应用十分广泛，频域方法和时域方法同为控制理论中两个重要方法，彼此互相补充，互相渗透。

7.2.1 频率特性定义

频率特性是指系统在正弦信号作用下，稳态输出与输入之比相对频率的关系特性。频率特性函数与传递函数有直接的关系，记为

$$G(\mathrm{j}\omega) = \frac{X_\mathrm{o}(\mathrm{j}\omega)}{X_\mathrm{i}(\mathrm{j}\omega)} = A(\omega)\mathrm{e}^{\mathrm{j}\varphi(\omega)} \tag{7-1}$$

式中，$A(\omega) = \dfrac{X_\mathrm{o}(\omega)}{X_\mathrm{i}(\omega)}$ 称为幅频特性，$\varphi(\omega) = \varphi_\mathrm{o}(\omega) - \varphi_\mathrm{i}(\omega)$ 称为相频特性。

频率特性还可表示为

$$G(\mathrm{j}\omega) = \frac{X_\mathrm{o}(\mathrm{j}\omega)}{X_\mathrm{i}(\mathrm{j}\omega)} = p(\omega) + \mathrm{j}\theta(\omega) \tag{7-2}$$

式中，$p(\omega)$ 为 $G(\mathrm{j}\omega)$ 的实部，称为实频特性；$\theta(\omega)$ 为 $G(\mathrm{j}\omega)$ 的虚部，称为虚频特性。

显然

$$\begin{cases} p(\omega) = A(\omega)\cos\varphi(\omega), & \theta(\omega) = A(\omega)\sin\varphi(\omega) \\ A(\omega) = \sqrt{p^2(\omega) + \theta^2(\omega)}, & \varphi(\omega) = \mathrm{arctg}\,\dfrac{\theta(\omega)}{p(\omega)} \end{cases} \tag{7-3}$$

需要注意的是，当输入为非正弦的周期信号时，其输入可利用傅里叶级数展开成正弦波的叠加，则其输出为相应的正弦波的叠加。此时系统频率特性定义为系统输出量的傅氏变换与输入量的傅氏变换之比。

7.2.2 频域分析法的特点

从前面章节可知，微分方程可以比较准确地反映控制系统的运动本质。时域分析法是直接对微分方程求解，具有物理概念强、系统动态特性曲线直观的优点。但对于高阶系统，求解特征方程的根比较困难，计算工作量因系统阶次升高而加大，而且不易分析出各部分对系统总体动态性能的影响，难以找出主要因素；在设计系统校正环节时更为不便；尤其是在工程中，需要比较简单而直观的作图法来反应系统性能的主要特征。这正是时域法的不足，而根轨迹法和频率分析法则正是满足这些要求的工程方法，至今仍是控制理论中极为重要的基本方法。

频域法的主要特点可归纳如下。

（1）适用于各环节、开环和闭环系统的性能分析。运用奈奎斯特稳定判据，通过作图方法，可以根据系统开环频率特性分析闭环系统的稳定性及性能，而不必求解出系统的特征根，从而避免直接求解微分方程的困难。

（2）频率特性有明确的物理意义。很多元部件频率特性都可用实验方法确定，特别是对于机理复杂或机理不明而难以列写微分方程的元部件或系统，在实验室中采用信号发生器和一些精密测量仪器，可以测出其频率特性，因此在工程上有着广泛的应用。

（3）频域性能指标和时域性能指标有确定的对应关系。对于二阶系统，频率特性与时域过渡过程性能指标有确定的对应关系；对于高阶系统，通过把系统参数和结构的变化与时域过渡过程指标联系起来，两者间也存在着近似的对应关系。

（4）频域设计可兼顾动态响应和噪声抑制两方面的要求。当系统在某些频率范围内存在严重的噪声时，应用频域分析法可以设计出能满意地抑制这些噪声的系统。

（5）在校正方法中，频域分析法校正最为方便。当系统的性能指标以幅值裕度、相位裕度和误差系数等形式给出时，采用频域分析法来分析和设计系统很方便。

（6）频域法不能全面分析非线性系统。频域法主要应用于单输入单输出的线性定常系统的分析研究中，在多输入多输出的线性定常系统中也有应用。但在非线性系统中只有某些局部而典型的应用，它不能对非线性系统进行全面的分析。从根本上说它不可能成为研究和设计非线性控制系统的得力工具，这正是它主要的局限性。

7.2.3 频域性能指标

与时域响应中衡量系统性能采用时域性能指标类似，频率特性在数值上和曲线形状上的特点通常可用频域性能指标来衡量，它们在很大程度上能够间接地表明系统动静态特性。系统频率特性曲线如图 7.1 所示。

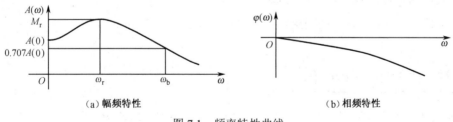

（a）幅频特性　　　　　　　　　　　　　　　（b）相频特性

图 7.1 频率特性曲线

常见的频域性能指标主要有：

（1）谐振频率 ω_r，表示幅频特性 $A(\omega)$ 出现最大值时所对应的频率。

（2）谐振峰值 M_r，表示幅频特性的最大值，M_r 值大表明系统对频率的正弦信号反应强烈，即系统的平稳性差，阶跃响应的超调量大。

（3）频带 ω_b，表示幅频特性 $A(\omega)$ 的幅值衰减到起始值的 0.707 倍时所对应的频率。ω_b 大表明系统复现快速变化信号的能力强，失真小，即系统快速性好，阶跃响应上升时间短，调节时间短。

（4）零频 $A(0)$，表示频率 $\omega=0$ 时的幅值。$A(0)$ 表示系统阶跃响应的终值，$A(0)$ 与 1 之间的差反映了系统的稳态精度，$A(0)$ 越接近 1，系统的精度越高。

7.3 频率特性的表示方法

频域法作为一种图解分析方法，采用图形化的工具来对系统进行分析。频率特性曲线包括三种常用形式：极坐标图（又称为乃奎斯特图、乃氏图或 Nyquist 图）、对数坐标图（又称为对数频率特性曲线或 Bode 图）、对数幅相图（又称为对数幅相频率特性曲线或 Nichols 图）。

7.3.1 极坐标图（Nyquist 图）

系统频率特性可表示为

$$G(\mathrm{j}\omega) = A(\omega)\mathrm{e}^{\mathrm{j}\varphi(\omega)}$$

用向量表示某一频率 ω_i 下的 $G(\mathrm{j}\omega_i)$ 向量的长度 $A(\omega_i)$，向量极坐标角为 $\varphi(\omega_i)$，$\varphi(\omega_i)$ 的正方向取为逆时针方向，选极坐标与直角坐标重合，极坐标的顶点在坐标原点，如图 7.2 所示。

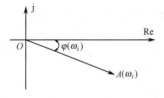

图 7.2 极坐标图

频率特性 $G(\mathrm{j}\omega)$ 是输入频率 ω 的复变函数，是一种变换。当频率 ω 由 $0 \rightarrow \infty$ 时，$G(\mathrm{j}\omega)$ 变化的曲线，即向量端点轨迹，也称为极坐标图。

极坐标图中，当 $\omega = \omega_i$ 时，在实轴上的投影即为实频特性 $p(\omega_i)$，在虚轴上的投影即为虚频特性。

7.3.2 对数坐标图（Bode 图）

Bode 图由对应对数幅频特性和对应对数相频特性的两张图组成，如图 7.3 所示。

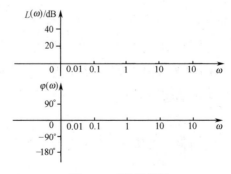

图 7.3 对数坐标图

对数幅频特性是频率特性的对数值 $L(\omega) = 20\lg A(\omega)$ 与频率 ω 的关系曲线；对数相频特性是频率特性的相角 $\varphi(\omega)$ 与频率 ω 的关系曲线。

对数幅频特性的纵轴为 $L(\omega) = 20\lg A(\omega)$，单位为 dB（分贝），采用线性分度，$A(\omega)$ 每增加 10 倍，$L(\omega)$ 增加 20 dB；横坐标采用对数分度，即横轴上的 ω 取对数后为等分点。

对数相频特性横轴采用对数分度，纵轴为线性分度，单位为°（度）。

Bode 图的优点可概括如下。

（1）将幅值相乘化为对数相加运算，大大简化了系统频率特性的绘制工作。

（2）由于横轴采用了对数分度，缩小了比例尺，从而扩大了频率视野，可以在较大的频段范围内表示系统频率特性。在一张 Bode 图上，既可画出频率特性的中、高频段，又能清楚地画出其低频段，在分析和设计系统时，低频段特性也是非常重要的。

（3）可以绘制渐近的对数幅频特性，也可以制作标准样板，画出精确的对数频率特性。

7.3.3　对数幅相图（Nichols 图）

对数幅相图也称为 Nichols 图，它是将对数幅频特性和相频特性两张图在角频率为参变量的情况下合成为一张图，如图 7.4 所示。其特点是纵轴为 $L(\omega) = 20\lg A(\omega)$，单位为 dB（分贝），采用线性分度；横坐标采用对数分度，单位为°（度），频率 ω 为参变量。

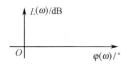

图 7.4　对数幅相坐标系

7.3.4　典型环节的频率特性

控制系统由若干典型环节组成，常见的典型环节有比例环节、惯性环节、积分环节、微分环节、比例微分环节、振荡环节和滞后环节等，下面分别讨论典型环节的频率特性。

1.　比例环节

比例环节的传递函数为 $G(s) = K$。

比例环节的幅相频率特性为

$$G(\mathrm{j}\omega) = K \Rightarrow \begin{cases} A(\omega) = K \\ \varphi(\omega) = 0° \end{cases} \begin{cases} \text{起点：} (A(0), \varphi(0)) = (K, 0°) \\ \text{终点：} (A(\infty), \varphi(\infty)) = (K, 0°) \end{cases}$$

比例环节的幅频特性、相频特性均与频率 ω 无关，因此，当 ω 由 $0 \to \infty$ 时，幅频特性 $A(\omega)$ 是实轴上的一点，相频特性 $\varphi(\omega) = 0°$ 表示输出与输入同相位。

比例环节的对数频率特性为

$$G(\mathrm{j}\omega) = K \Rightarrow \begin{cases} L(\omega) = 20\lg |G(\mathrm{j}\omega)| = -20\lg K \\ \varphi(\omega) = 0° \end{cases}$$

比例环节的对数幅频特性 $L(\omega)$ 表现为平行于横轴的一条直线，相频率特 $\varphi(\omega) = 0°$ 相当于相频特性的横轴。

2. 惯性环节

惯性环节的传递函数为 $G(s) = \dfrac{1}{1+Ts}$，其中 T 为环节的时间常数。

惯性环节的幅相频率特性为

$$G(\mathrm{j}\omega) = \frac{K}{1+\mathrm{j}\omega T} \Rightarrow \begin{cases} A(\omega) = \dfrac{K}{\sqrt{1+T^2\omega^2}} \\ \varphi(\omega) = -\mathrm{tg}^{-1}\omega T \end{cases} \begin{cases} \text{起点：} (A(0),\varphi(0)) = (K,0°) \\ \text{终点：} (A(\infty),\varphi(\infty)) = (0,-90°) \end{cases}$$

可以证明，惯性环节的幅相特性是个圆心在 $\left(\dfrac{K}{2},0\right)$，半径为 $\dfrac{K}{2}$ 的下半圆。

惯性环节的对数频率特性为

$$G(\mathrm{j}\omega) = \frac{1}{1+\mathrm{j}\omega T} \Rightarrow \begin{cases} L(\omega) = -20\lg\sqrt{T^2\omega^2+1} \\ \varphi(\omega) = -\mathrm{arctg}\,T\omega \end{cases}$$

惯性环节的对数幅频特性 $L(\omega)$ 曲线近似为两段直线，在 $\omega < \dfrac{1}{T}$ 时是零分贝线，在 $\omega > \dfrac{1}{T}$ 时是一条斜率为 $-20\ \mathrm{dB/dec}$ 的直线。两直线相交，交点处频率 $\omega = \dfrac{1}{T}$，称为转折频率。两直线实际上是对数幅频特性曲线的渐近线，故又称为对数幅频特性渐近线。

3. 积分环节

积分环节的传递函数为 $G(s) = \dfrac{1}{s}$。

积分环节的幅相频率特性为

$$G(\mathrm{j}\omega) = \frac{1}{\mathrm{j}\omega} \Rightarrow \begin{cases} A(\omega) = \dfrac{1}{\omega} \\ \varphi(\omega) = -90° \end{cases} \begin{cases} \text{起点：} (A(0),\varphi(0)) = (\infty,-90°) \\ \text{终点：} (A(\infty),\varphi(\infty)) = (0,-90°) \end{cases}$$

积分环节的幅频特性为负虚轴。

积分环节的对数频率特性为

$$G(\mathrm{j}\omega) = \frac{1}{\mathrm{j}\omega} \Rightarrow \begin{cases} L(\omega) = 20\lg\left|\dfrac{1}{\mathrm{j}\omega}\right| = -20\lg\omega \\ \varphi(\omega) = -90° \end{cases}$$

积分环节的对数幅频特性 $L(\omega)$ 曲线是一条斜率为 $-20\ \mathrm{dB/dec}$ 的直线，在 $\omega = 1$ 这一点穿过零分贝线。相频率特 $\varphi(\omega) = -90°$，与频率无关，是一条平行于横轴的直线。

4. 微分环节

微分环节的传递函数为 $G(s) = s$。

微分环节的幅相频率特性为

$$G(j\omega) = j\omega \Rightarrow \begin{cases} A(\omega) = \omega \\ \varphi(\omega) = 90° \end{cases} \begin{cases} \text{起点}: (A(0), \varphi(0)) = (0, 90°) \\ \text{终点}: (A(\infty), \varphi(\infty)) = (\infty, 90°) \end{cases}$$

微分环节的幅频特性为正虚轴。

微分环节的对数频率特性为

$$G(j\omega) = j\omega \Rightarrow \begin{cases} L(\omega) = 20\lg|j\omega| = 20\lg\omega \\ \varphi(\omega) = 90° \end{cases}$$

微分环节的对数幅频特性 $L(\omega)$ 曲线是一条斜率为+20 dB/dec 的直线，在 $\omega = 1$ 这一点穿过零分贝线。相频率特 $\varphi(\omega) = 90°$ ，与频率无关，是一条平行于横轴的直线。

5．二阶振荡环节

二阶振荡环节的传递函数为 $G(s) = \dfrac{1}{T^2 s^2 + 2\zeta Ts + 1}$ ，其中 T 为时间常数， ζ 为阻尼比。

二阶振荡环节的幅相频率特性为

$$G(j\omega) = \frac{1}{(j\omega T)^2 + j2\zeta T\omega + 1} \Rightarrow \begin{cases} A(\omega) = \dfrac{1}{\sqrt{(1 - T^2\omega^2)^2 + (2\zeta\omega T)^2}} \\ \varphi(\omega) = -\arctan\dfrac{2\zeta\omega T}{1 - T^2\omega^2} \end{cases}$$

$$\begin{cases} \text{起点}: (A(0), \varphi(0)) = (1, 0°) \\ \text{终点}: (A(\infty), \varphi(\infty)) = (0, -180°) \end{cases}$$

二阶振荡环节的对数频率特性为

$$G(j\omega) = \frac{1}{(j\omega T)^2 + j2\zeta T\omega + 1} \Rightarrow \begin{cases} L(\omega) = 20\lg A(\omega) = -20\lg\sqrt{(1 - T^2\omega^2)^2 + (2\zeta\omega T)^2} \\ \varphi(\omega) = -\arctan\dfrac{2\zeta\omega T}{1 - T^2\omega^2} \end{cases}$$

二阶振荡环节的对数相频率特在低频段近似为 $L(\omega) = 0$ 的一条直线，这条直线与横坐标重合；在高频段近似为一条斜率为–40 dB/dec 的直线。

在 $\omega = \dfrac{1}{T}$ 附近，对数幅频特性将出现谐振峰值 M_p ，其大小与阻尼比有关。

6．滞后环节

滞后环节的传递函数为 $G(s) = e^{-\tau s}$ ，其中 τ 为滞后时间。

滞后环节的幅相频率特性为

$$G(j\omega) = e^{-j\omega\tau} \Rightarrow \begin{cases} A(\omega) = 1 \\ \varphi(\omega) = -\tau\omega(\text{rad}) = -5.73 \times \tau\omega\text{度} \end{cases} \begin{cases} \text{起点}: (A(0), \varphi(0)) = (1, 0°) \\ \text{终点}: (A(\infty), \varphi(\infty)) = (1, -\infty°) \end{cases}$$

滞后环节的幅相特性是一个以原点为圆心，半径为 1 的圆。

滞后环节的对数频率特性为

$$G(\mathrm{j}\omega) = \mathrm{e}^{-\mathrm{j}\omega\tau} \Rightarrow \begin{cases} L(\omega) = 20\lg\left|\mathrm{e}^{-\mathrm{j}\omega\tau}\right| = 0 \\ \varphi(\omega) = -\omega\tau^{\circ} \end{cases}$$

滞后环节的对数幅频特性 $L(\omega)$ 曲线是一条与 0 dB 重合的直线。相频率特 $\varphi(\omega)$ 曲线随着 ω 的增大而减小。

7.4 系统开环频率特性作图

用频率法分析控制系统时控制系统通常由若干环节组成，根据它们的基本特性，可以把系统分解成一些典型环节的串联，再按照串联的规律将这些典型环节的频率特性组合起来，即可得到整个系统的开环频率特性。

7.4.1 开环对数频率特性作图

当 n 个环节 $G_i(\mathrm{j}\omega) = A_i(\omega)\mathrm{e}^{\mathrm{j}\varphi_i(\omega)}, i = 1, 2, \cdots, n$ 串联时，串联后的系统 $G(\mathrm{j}\omega)$ 表示为

$$\begin{aligned} G(\mathrm{j}\omega) &= G_1(\mathrm{j}\omega)G_2(\mathrm{j}\omega)\cdots G_n(\mathrm{j}\omega) \\ &= A_1(\omega)\mathrm{e}^{\mathrm{j}\varphi_1(\omega)}A_2(\omega)\mathrm{e}^{\mathrm{j}\varphi_2(\omega)}\cdots A_n(\omega)\mathrm{e}^{\mathrm{j}\varphi_n(\omega)} \\ &= A_1(\omega)A_2(\omega)\cdots A_n(\omega)\mathrm{e}^{\mathrm{j}[\varphi_1(\omega)+\varphi_2(\omega)+\cdots+\varphi_n(\omega)]} \end{aligned} \tag{7-4}$$

对数幅频特性 $L(\omega)$ 为

$$\begin{aligned} L(\omega) &= 20\lg\left|G(\mathrm{j}\omega)\right| \\ &= 20\lg A_1(\omega)A_2(\omega)\cdots A_n(\omega) \\ &= 20\lg A_1(\omega) + 20\lg A_2(\omega) + \cdots + 20\lg A_n(\omega) \\ &= L_1(\omega) + L_2(\omega) + \cdots + L_n(\omega) \end{aligned} \tag{7-5}$$

对数相频特性 $\varphi(\omega)$ 为

$$\varphi(\omega) = \angle G(\mathrm{j}\omega) = \varphi_1(\omega) + \varphi_2(\omega) + \cdots + \varphi_n(\omega) \tag{7-6}$$

可以看出，对数幅频特性采用 $20\lg A(\omega)$，就可以把幅值的乘除运算简化为加减运算，从而简化曲线的绘制过程。

一般情况下，控制系统开环对数频率特性图的绘制步骤如下。

（1）将开环频率特性按典型环节分解，分解成典型环节串联的形式，并写成时间常数形式。

（2）求出各交接频率（也称为转角交接频率、转折频率），将其从小到大排列为 $\omega_1, \omega_2, \omega_3, \cdots$，并标注在 ω 轴上。

（3）绘制低频渐近线（ω_1 左边的部分），这是一条斜率为 $-20r$ dB/dec（r 为系统开环频率特性所含 $\dfrac{1}{\mathrm{j}\omega}$ 因子的个数）的直线，它或者它的延长线应通过点（$1, 20\lg K$）。

（4）各交接频率间的渐近线都是直线，但自最小的交接频率 ω_1 起，渐近线斜率发生变化，斜率变化取决于各交接频率对应的典型环节的频率特性函数。

（5）画出各串联典型环节的相频特性，将其相加得到系统开环相频特性。

7.4.2　开环极坐标作图

设反馈控制系统的开环传递函数为 $G(j\omega)H(j\omega)$，其中 $G(j\omega)$ 和 $H(j\omega)$ 分别是前向通道和反馈通道的传递函数。

系统的开环频率特性为 $G(j\omega)H(j\omega)$，在绘制开环极坐标曲线时，可将 $G(j\omega)H(j\omega)$ 写成极坐标形式，即 $G(j\omega)H(j\omega) = A(\omega)e^{j\varphi(\omega)}$。

给出不同的 ω，计算出相应的 $A(\omega)$ 和 $\varphi(\omega)$，即可得出极坐标图中相应的点，当 ω 由 0 →∞ 变化时，用光滑曲线连接就可得到系统的极坐标曲线，又称为奈氏曲线。

一般情况下，系统开环频率特性极坐标图的绘制步骤如下。

（1）将系统的开环频率特性函数 $G(j\omega)H(j\omega)$ 写成 $G(j\omega)H(j\omega) = A(\omega)e^{j\varphi(\omega)}$。

（2）确定 Nyquist 图的起点（$\omega = 0_+$）和（$\omega \to +\infty$）。起点与系统所包含的积分环节个数有关，终点的 $A(\omega)$ 与系统开环传递函数分母和分子多项式阶次的差有关。

（3）确定 Nyquist 图与坐标轴的交点。

（4）根据以上的分析并且结合开环频率特性的变化趋势绘制 Nyquist 图。

7.5　频率响应分析

时域分析法是分析控制系统的直接方法，时域分析中的性能指标直观地反映了控制系统的动态响应特征；频域分析法是一种工程上广为采用的、间接的系统分析与综合方法，系统频率特性函数的某些特征可用于间接反映系统动态响应的特征。

7.5.1　开环频率特性的性能分析

1. 开环对数频率特性与时域响应的关系

根据系统开环对数频率特性对系统性能的不同影响，将系统开环对数频率特性分为 3 个频段加以分析，即低频段、中频段和高频段。

（1）低频段。低频段通常指 $L(\omega) = 20\lg|G(j\omega)|$ 的渐近线在第一个转折频率之前的频段，这一频段的特性完全由积分环节和开环放大倍数决定。

低频段对数幅频特性为

$$L_d(\omega) = 20\lg K - 20v\lg\omega$$

式中，K 为开环放大倍数，v 为开环传递函数中积分环节的个数。

若已知低频段的开环对数幅频特性曲线，则很容易得到 K 值和积分环节数 v，故低频段的频率特性决定了系统的稳态性能。

低频段的斜率越小，位置越高，对应系统积分环节的数目越多（系统型号越高），开环放大倍数 K 越大，则在闭环系统稳定的条件下，其稳态误差越小，动态响应的跟踪精度越高。

（2）中频段。中频段指开环对数幅频特性曲线在开环截止频率 ω_c 附近（0 dB 附近）的区段，这一频段的特性集中反映了闭环系统动态响应的平稳性和快速性。

时域响应的动态特性主要取决于中频段的形状。

反映中频段形状的三个参数为：开环截止频率 ω_c、中频段斜率、中频段宽度。ω_c 的选择，决定于系统暂态、响应速度的要求；中频段越长，相位裕量越大。

开环对数幅频特性中频段斜率最好为 –20 dB/dec，而且希望其长度尽可能长些，以确保系统有足够的相角裕量；当中频段的斜率为 –40 dB/dec 时，中频段占据的频率范围不宜过长，否则相裕量会很小；若中频段斜率更小（如 –60 dB/dec），系统就难以稳定。另外，截止频率 ω_c 越高，系统复现信号能力越强，系统快速性也就越好。

（3）高频段。高频段指开环对数幅频特性在中频段以后的频段，高频段的形状主要影响时域响应的起始段。

在进行分析时，可以将高频段进行近似处理，即用一个小惯性环节来等效地替代多个小惯性环节，等效的小惯性环节的时间常数等于被替代的多个小惯性环节的时间常数之和。

系统开环对数幅频特性在高频段的幅值，直接反映了系统对高频干扰信号的抑制能力。高频部分的幅值越低，系统的抗干扰能力越强。

总之，为了使系统满足一定的稳态和动态要求，对开环对数幅频特性的形状有如下要求：低频段要有一定的高度和斜率；中频段的斜率最好为 –20 dB/dec，且具有足够的宽度；高频段采用迅速衰减的特性，以抑制不必要的高频干扰。

需要注意的是，3 个频段的划分并没有严格的确定准则，但是 3 个频段的概念为直接运用开环频率特性来判别、估算系统性能指出了方向。

2．开环频率特性与时域响应的关系

由开环频率特性来研究系统的时域响应暂态性能，通常有两个。

（1）相角裕量 γ，它反映系统的相对稳定性；它是在频域内描述系统稳定程度的指标，而系统的稳定程度直接影响时域指标超调量 $\sigma\%$ 和调节时间 t_s，γ 与 $\sigma\%$ 和 t_s 存在内在联系。

（2）截止频率 ω_c，它反映系统的快速性，ω_c 是 $A(\omega_c)=1$ 所对应的角频率，或对数幅频特性图上 $L(\omega)$ 穿越 0 分贝线的斜率。

对于典型的二阶系统 $G(s)=\dfrac{\omega_n^2}{s(s+2\xi\omega_n)}$，其结构参量 ξ、ω_n，在时域分析中已建立了与时域指标间的关系式，即，

$$\sigma\%=\mathrm{e}^{-\xi\pi/\sqrt{1-\xi^2}}\times100\%,\qquad t_s=\frac{3.5}{\xi\omega_n},\qquad t_p=\frac{\pi}{\omega_n\sqrt{1-\xi^2}}$$

根据 $A(\omega_c) = 1$ 可以求得 ω_c、γ 与 ξ 之间的关系为

$$\omega_c = \sqrt{\sqrt{1 + 4\xi^4} - 2\xi^2}\,\omega_n, \qquad \gamma(\omega_c) = \arctan \frac{2\xi}{\sqrt{\sqrt{1 + 4\xi^4} - 2\xi^2}}$$

从上面可以看出，时域和频域的指标都可用 ω_n 和 ξ 来表示，因此，通过时域指标可以推算出频域指标，反之亦然。

根据上式可以绘制 $\gamma(\omega_c)$-ξ 曲线，从绘制的曲线上可以看出，γ 越大，ξ 也越大；γ 越小，ξ 就越小。要想得到满意的动态过程，一般 γ 取值范围为 30°～70°。

由开环对数幅频特性求时域指标的方法：首先从开环对数幅频特性曲线上求得 ω_n 和 γ 值，然后根据 γ 值查 $\gamma(\omega_c)$-ξ 曲线获得 ξ 值，最后由 ξ 值可得到 $\sigma\%$；根据 ω_n、ξ 可求得 t_p 和 t_s。

对于高阶系统，γ 毕竟只是比较简单的一项指标，它不能完全概括千变万化的频率特性形状。γ 相同的系统，频率特性未必完全相同，因此时域指标也不会一样。因此，在高阶系统中，γ 与时域指标之间没有确定的函数关系。通过对大量系统的研究可归纳出下面两个近似的计算公式。

$$\sigma_p = 0.16 + 0.4\left(\frac{1}{\sin\gamma} - 1\right), \qquad 35° \leqslant \gamma \leqslant 90°$$

$$t_s = \frac{\pi}{\omega_c}\left[2 + 1.5\left(\frac{1}{\sin\gamma} - 1\right) + 2.5\left(\frac{1}{\sin\gamma} - 1\right)^2\right]$$

需要指出的是，根据上述公式计算所得结果，当 γ 较小时，比较接近实际系统，即准确度高；而当 γ 较大时，近似程度较差，准确度低。

7.5.2　闭环频率特性的性能分析

1．闭环频率特性与时域响应的关系

对于二阶系统，其频域性能指标与时域性能指标之间存在一定的数学关系。

二阶系统的闭环传递函数为

$$\phi(s) = \frac{\omega_n^2}{s^2 + 2\zeta\omega_n s + \omega_n^2}$$

系统的闭环频率特性为

$$\phi(j\omega) = \frac{\omega_n^2}{(j\omega)^2 + j2\zeta\omega_n\omega + \omega_n^2}$$

系统的闭环幅频特性为

$$M(\omega) = \frac{\omega_n^2}{\sqrt{(\omega_n^2 - \omega^2)^2 + (2\zeta\omega_n\omega)^2}}$$

系统的闭环相频特性为

$$\varphi(\omega) = -\arctan \frac{2\zeta\omega_n\omega}{\omega_n^2 - \omega^2}$$

二阶系统的谐振峰值 M_r 与时域超调量 M_p 之间的关系为

$$M_p = e^{-\zeta\pi/\sqrt{1-\zeta^2}} \times 100\%, \qquad M_r = \frac{1}{2\zeta\sqrt{1-\zeta^2}}$$

从上面的式子可以看出：

（1）谐振峰值 M_r 仅与阻尼比 ζ 有关，超调量 M_p 也仅取决于阻尼比 ζ。

（2）ζ 越小，M_r 增加得越快，此时超调量 M_p 会很大，超过 40%，这样的系统一般不符合瞬态响应指标的要求。

（3）当 $0.4 < \zeta < 0.707$ 时，M_r 与 M_p 的变化趋势基本一致，此时谐振峰值 $M_r = 1.2 \sim 1.5$，超调量 $M_p = 20\% \sim 30\%$，系统响应结果比较理想。

（4）当 $\zeta > 0.707$ 时，无谐振峰值，M_r 与 M_p 的对应关系不再存在，通常在设计中 ζ 取值在 0.4 至 0.7 之间。

二阶系统的谐振频率 ω_r 与峰值时间 t_p 之间的关系为

$$t_p\omega_r = \frac{\pi\sqrt{1-2\zeta^2}}{\sqrt{1-\zeta^2}}$$

从上式可以看出，当 ζ 为常数时，谐振频率 ω_r 与峰值时间 t_p 成反比，ω_r 值越大，t_p 越小，表示系统时间响应越快。

二阶系统的闭环截止频率 ω_b 与过渡过程时间 t_s 之间的关系为

$$\omega_b t_s = \frac{3 \sim 4}{\zeta}\sqrt{1 - 2\zeta^2 + \sqrt{2 - 4\zeta^2 + 4\zeta^4}}$$

从上式可以看出，当阻尼比 ζ 给定后，闭环截止频率 ω_b 与过渡过程时间 t_s 成反比。换言之，ω_b 越大（频带宽度越宽），系统的响应速度越快。

2. 闭环系统的等 M 圆和等 N 圆

为了便于用闭环频率特性的指标 M_p、ω_p 来分析和设计系统，通常采用直角坐标系的等 M 圆和对数坐标的等 N 图。

（1）等 M 圆。设开环频率特性 $G(j\omega)$ 为

$$G(j\omega) = p(\omega) + j\theta(\omega) = x + jy$$

则闭环频率特性的幅值为

$$|M(j\omega)| = \left|\frac{G(j\omega)}{1 + G(j\omega)}\right| = \left|\frac{\sqrt{x^2 + y^2}}{\sqrt{(x+1)^2 + y^2}}\right|$$

令 $M = |M(j\omega)|$，则

$$M\sqrt{(x+1)^2+y^2}=\sqrt{x^2+y^2}$$

整理得

$$(1-M^2)x^2+(1-M^2)y^2-2M^2x=M^2 \tag{7-7}$$

当 $M=1$ 时，由上式可求得 $x=-1/2$，这是通过点（$-1/2$，j0）且与虚轴平行的一条直线；当 $M\neq1$ 时，式（7-7）可化简为

$$\left(x-\frac{M^2}{1-M^2}\right)^2+y^2=\left(\frac{M}{1-M^2}\right)^2 \tag{7-8}$$

当给定 M 值（等 M 值）时，上式是一个圆方程式，圆心在 $\left(-\dfrac{M^2}{M^2-1},\ \text{j0}\right)$ 处，半径为 $\left|\dfrac{M}{M^2-1}\right|$，因此在 $G(\text{j}\omega)$ 平面上，等 M 圆轨迹是一簇圆，如图 7.5 所示。

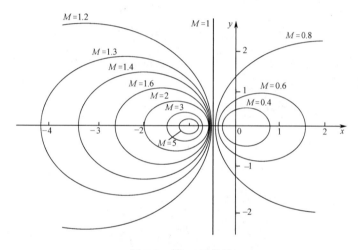

图 7.5 等 M 圆轨迹

从图 7.5 中可以看出：

● 当 $M>1$ 时，随着 M 值的增大，等 M 圆半径越来越小，最后收敛于（-1，j0）点，且这些圆均在 $M=1$ 直线的左侧。

● 当 $M<1$ 时，随着 M 值的减小，等 M 圆半径也越来越小，最后收敛于原点，且这些圆都在 $M=1$ 直线的右侧。

● 当 $M=1$ 时，它是通过（$-1/2$，j0）点平行于虚轴的一条直线。等 M 圆既对称于 $M=1$ 的直线，又对称于实轴。

如果将开环频率特性的极坐标图 $G(\text{j}\omega)$ 叠加在等 M 圆线上，如图 7.6 所示，则由幅相特性与等 M 圆的切点可以确定系统的谐振频率 ω_{r} 和谐振峰值 M_{r}。

从图 7.6 可以分析出，$G(\text{j}\omega)$ 曲线与等 M 圆相交于 $\omega_1,\omega_2,\omega_3\cdots$。在 $\omega=\omega_1$ 处，$G(\text{j}\omega)$ 曲线与 $M=1.1$ 的等 M 圆相交，表明在 ω_1 频率下，闭环系统的幅值为 $M(\omega_1)=1.1$，以此类推。

从图 7.6 中还可看出，$M=2$ 的等 M 圆正好与 $G(\text{j}\omega)$ 曲线相切，切点处的 M 值最大，即为闭环系统的谐振峰值 M_{r}，而切点处的频率即为谐振频率 ω_{r}。

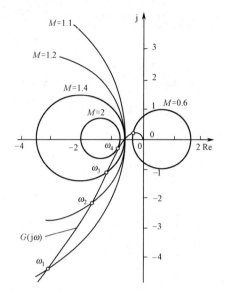

图 7.6　等 M 圆和系统开环幅相频率特性

此外，$G(j\omega)$ 曲线与 $M=0.707$ 的等 M 圆交点处的频率为闭环系统的截止频率 ω_b，$0<\omega<\omega_b$ 称为闭环系统的频带宽度。

（2）等 N 圆。闭环频率特性的相角 φ_m 为

$$\varphi_m = \angle\frac{C(j\omega)}{R(j\omega)} = \arctan\frac{y}{x} - \arctan\frac{y}{x+1}$$

令 $N = \tan\varphi_m$，整理得

$$\left(x+\frac{1}{2}\right)^2 + \left(y-\frac{1}{2N}\right)^2 = \frac{1}{4}+\left(\frac{1}{2N}\right)^2$$

当给定 N 值（等 N 值）时，上式是一个圆方程式，圆心在 $\left(-\frac{1}{2}, \frac{1}{2N}\right)$ 处，半径为 $\sqrt{\frac{1}{4}+\left(\frac{1}{2N}\right)^2}$，称为等 N 圆，如图 7.7 所示。

等 N 圆实际上是等相角正切的圆，当相角增加 $\pm180°$ 时，其正切相同，因而在同一个圆上。

所有等 N 圆均通过原点和 $(-1, j0)$ 点，对于等 N 圆，并不是一个完整的圆，而只是一段圆弧。

如果将开环频率特性的极坐标图 $G(j\omega)$ 叠加在等 N 圆线上，如图 7.8 所示，则可以利用开环频率特性求出闭环系统的相角和角频率 ω 之间的关系。

幅相特性与等 M 圆的切点可以确定系统的谐振频率 ω_r 和谐振峰值 M_r。

从图 7.8 可以分析出，$G(j\omega)$ 曲线与等 N 圆相交于 $\omega_1, \omega_2, \omega_3\cdots$。在 $\omega = \omega_1$ 处，$G(j\omega)$ 曲线与 $-10°$ 的等 N 圆相交，表明在 ω_1 频率下，闭环系统的相角为 $-10°$，以此类推可得闭环相频特性。

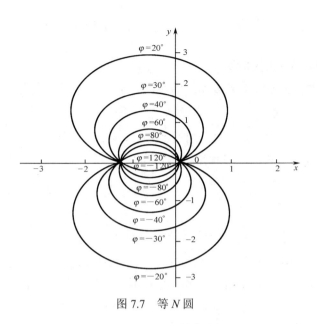

图 7.7　等 N 圆

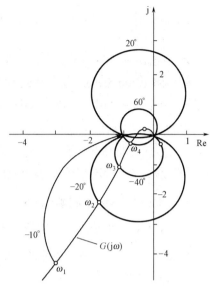

图 7.8　等 N 圆和系统开环幅相频率特性

7.6　MATLAB 在频率法中的应用

7.6.1　求取和绘制频率响应曲线相关的函数

MATLAB 提供了多种求取并绘制频率响应曲线的函数，如 Nyquist 曲线绘制函数 nyquist()、Bode 图绘制函数 bode() 和 Nichols 曲线绘制函数 nichols() 等，下面分别进行介绍。

1. Nyquist 曲线绘制函数 nyquist()

MATLAB 提供了绘制系统极坐标图的函数 nyquist()，其用法如下。

- nyquist(a, b, c, d)：绘制系统的一组 Nyquist 曲线，每条曲线对应于连续状态空间系统 [a, b, c, d] 的输入/输出组合对，其中频率范围由函数自动选取，且在响应快速变化的位置会自动采用更多取样点。
- nyquist(a, b, c, d, iu)：绘制从系统第 iu 个输入到所有输出的极坐标图。
- nyquist(num, den)：绘制以连续时间多项式传递函数表示的系统极坐标图。
- nyquist(a, b, c, d, iu, w) 或 nyquist(num, den, w)：利用指定的角频率矢量绘制系统的极坐标图。

当不带返回参数时，直接在屏幕上绘制出系统的极坐标图。

当带输出变量 [re, im, w] 引用函数时，可得到系统频率特性函数的实部 re、虚部 im 及角频率点 w 矢量（为正的部分）；可用 plot(re, im) 绘制出 w 从负无穷到零变化的对应部分。

2. Bode 图绘制函数 bode()

MATLAB 提供了绘制系统 Bode 图的函数 bode()，其用法如下。

- bode(a, b, c, d)：绘制系统的一组 Bode 图，它们是针对连续状态空间系统 [a, b, c, d] 的每个输入的 Bode 图，其中频率范围由函数自动选取，且在响应快速变化的位置会自动采用更多取样点。

- bode(a, b, c, d, iu)：绘制从系统第 iu 个输入到所有输出的 Bode 图。
- bode(num, den)：绘制以连续时间多项式传递函数表示的系统 Bode 图。
- bode(a, b, c, d, iu, w)或bode(num, den, w)：利用指定的角频率矢量绘制系统的 Bode 图。

当带输出变量[mag, pha, w]或[mag, pha]引用函数时，可得到系统 Bode 图相应的幅值 mag、相角 pha 与角频率点 w 矢量，或只是返回幅值与相角。相角以度为单位，幅值可转换为分贝单位：mag(dB)=20×lg10(mag)。

3．Nichols 曲线绘制函数 nichols()

MATLAB 提供了绘制系统的 Nichols 图的函数 nichols ()，其用法如下。

- nichols (a, b, c, d)：绘制系统的一组 Nichols 图，它们是针对连续状态空间系统[a, b, c, d]的每个输入的 Nichols 图，其中频率范围由函数自动选取，且在响应快速变化的位置会自动采用更多取样点。
- nichols (a, b, c, d, iu)：绘制从系统第 iu 个输入到所有输出的 Nichols 图。
- nichols (num, den)：绘制以连续时间多项式传递函数表示的系统 Nichols 图。
- nichols (a, b, c, d, iu, w)或 nichols (num, den, w)：利用指定的角频率矢量绘制系统的 Nichols 图。

当带输出变量[mag, pha, w]或[mag, pha]引用函数时，可得到系统 Nichols 图相应的幅值 mag、相角 pha 与角频率点 w 矢量，或只是返回幅值与相角。相角以度为单位，幅值可转换为分贝单位：mag(dB)=20×lg10(mag)。

4．绘制等 M 圆和等 N 圆的函数 ngrid ()

MATLAB 提供了绘制等 M 圆和等 N 圆的函数 ngrid ()，ngrid()对于用 Nichols 函数绘制的 Nichols 曲线，绘制的相应的等 M 圆和等 N 圆，均为虚线圆，并提供有关的对数幅值和相位值。值得注意的是，在对数坐标中，圆的形状发生变化。

ngrid()的常用的调用格式为 ngrid('new')，可在绘制网格前清除原图，然后设置程 hold on，这样，后续的 Nichols 函数可与网格绘制在一起。

Nichols 图通常与等 M 圆（等幅值圆）和等 N 圆（等相角圆）一起使用，从开环频率特性获得闭环频率特性。

7.6.2　应用实例

下面通过实例讲述利用 MATLAB 来绘制系统的频率响应曲线。

【例 7-1】　已知一阶环节传递函数为 $G(s) = \dfrac{5}{3s+1}$，试绘制该环节的 Nyquist 图。

解：MATLAB 程序代码如下。

```
num=5; den=[3, 1]; G=tf(num, den)          %建立传递函数模型
nyquist(G); grid                            %绘制Nyquist曲线并添加栅格
```

输出的 Nyquist 图如图 7.9 所示。

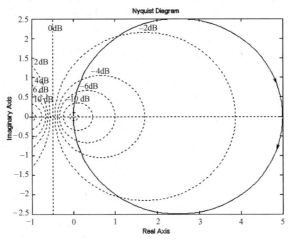

图 7.9　例 7-1 的 Nyquist 曲线

【例 7-2】　已知二阶环节传递函数为 $G(s) = \dfrac{\omega_n^2}{s^2 + 2\zeta\omega_n s + \omega_n^2}$，其中 $\omega_n = 0.7$，试分别绘制 $\zeta = 0.1$、0.4、1.0、1.6、2.0 时的 Bode 图。

解： MATLAB 程序代码如下。

```
w=[0, logspace(-2, 2, 200)]          %w 为 10⁻²~10² 之间对数等间距分布的 200 个数
wn=0.7                               %自然振荡角频率
tou=[0.1, 0.4, 1.0, 1.6, 2.0]        %阻尼比的不同取值
for j=1:5
sys=tf([wn*wn], [1, 2*tou(j)*wn, wn*wn])    %不同阻尼比下的系统传递函数
bode(sys, w);  hold on;              %绘制 Bode 图
end
%放置 tou 取不同值的文字注释
gtext('tou=0.1'); gtext('tou=0.4'); gtext('tou=1.0'); gtext('tou=1.6'); gtext('tou=2.0')
```

输出的 Bode 图如图 7.10 所示。

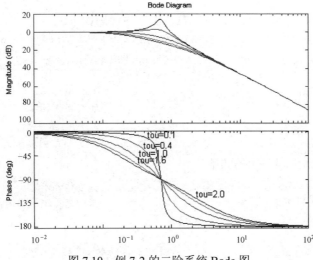

图 7.10　例 7-2 的二阶系统 Bode 图

【**例 7-3**】 已知一高阶系统的传递函数为 $G(s)=\dfrac{0.0001s^3+0.0281s^2+1.06356s+9.6}{0.0006s^3+0.0286s^2+0.06356s+6}$，试绘制系统的 Nichols 图。

解：MATLAB 程序代码如下。

```
num=[0.0001, 0.0281, 1.06356, 9.6];        %传递函数分子多项式系数行向量
den=[0.0006, 0.0286, 0.06356, 6]           %传递函数分母多项式系数行向量
G=tf(num, den)                             %建立传递函数模型
ngrid('new')                               %绘制等 M 圆和等 N 圆
nichols(G)                                 %绘制系统的 Nichols 图
```

输出的 Nichols 图如图 7.11 所示。

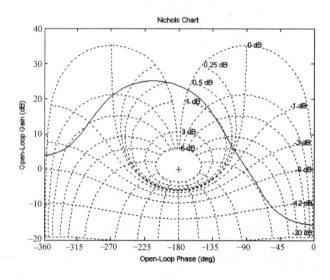

图 7.11 例 7-3 高阶系统 Nichols 图

【**例 7-4**】 已知二阶系统的传递函数为 $G(s)=\dfrac{3.6}{s^2+3s+5}$，试计算此系统的谐振幅值和谐振频率。

解：计算谐振幅值和谐振频率的 MATLAB 程序代码如下。

```
function [Mr, Pr, Wr]=mr(G)
[mag, pha, w]=bode(G)          %得到系统 Bode 图相应的幅值 mag、相角 pha 与角频率点 w 矢量
magn(1, :)=mag(1, :);   phase(1, :)=pha(1, :)
[M, i]=max(magn)
Mr=20*log10(M)                 %求得谐振峰值
Pr=phase(1, i)
Wr=w(i, 1)                     %求得谐振频率
```

主函数的 MATLAB 程序代码如下。

```
num=[3.6]; den=[1, 3, 5]; G=tf(num, den)    %建立传递函数
 [Mr, Pr, Wr]=mr(G)                          %求取谐振幅值和谐振频率
```

程序运行结果为

```
Mr = -2.8098
```

```
Pr = -24.6446
Wr =  0.6915
```

由运行结果可知，系统的谐振峰值 M_r = −2.8098 dB，谐振频率 ω_r =0.6915 rad/s。

还可以从 MATLAB 绘制的频率响应曲线上直接得到谐振峰值和谐振频率。步骤是先生成频率响应曲线，然后在频率响应图内部空白处用鼠标右键单击，弹出菜单，选择"Peak Response"菜单项，将在频率响应图上出现一个圆点，该点就是系统的谐振频率处。

例 7-4 绘制 Bode 图的 MATLAB 程序代码如下。

```
num=[3.6]; den=[1, 3, 5] ; G=tf(num, den)        %建立传递函数
bode(G)                                          %绘制 Bode 图
```

程序输出如图 7.12 所示的 Bode 图（图中的弹出菜单非 Bode 图内容，作用见下）。

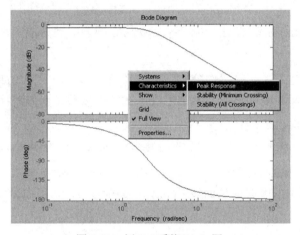

图 7.12 例 7-4 系统 Bode 图

单击鼠标右键，弹出菜单，选择"Peak Response"菜单项，将光标移至圆点处，输出如图 7.13 所示的图形。

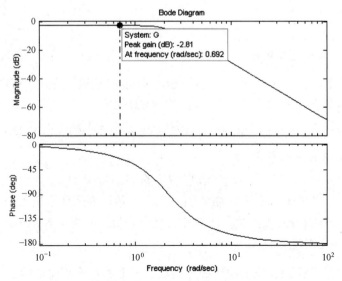

图 7.13 例 7-4 系统 Bode 图（显示谐振峰值和谐振频率）

从图中可以看出，系统的谐振峰值 $M_r = -2.81$ dB，谐振频率 $\omega_r = 0.692$ rad/s，与前面的计算结果是一致的。

也可以用同样的方法直接从 MATLAB 绘制的 Nyquist 图和 Nichols 图中得到谐振峰值和谐振频率。

7.7 频率法的稳定性分析

7.7.1 Nyquist 稳定判据

Nyquist 稳定判据是由 H.Nyquist 于 1932 年提出的，它利用开环系统幅相频率特性（Nyquist 图）来判断闭环系统的稳定性。Nyquist 稳定判据的理论基础是复变函数理论中的幅角定理，也称为映射定理。

为将映射定理与控制系统稳定性分析联系起来，适当选择 S 平面的封闭曲线 C_s，如图 7.14 所示。它由整个虚轴和半径为 ∞ 的右半圆组成，试验点按顺时针方向移动一圈，得到的封闭曲线称为 Nyquist 轨迹。

Nyquist 轨迹在 $F(s)$ 平面上的映射也是一条封闭曲线，称为 Nyquist 曲线。

Nyquist 轨迹 C_s 由两部分组成，一部分沿虚轴由下而上移动，试验点 $s = j\omega$ 在整个虚轴上的移动，其在 F 平面上的映射就是曲线 $F(j\omega)$ （ω 由 $-\infty \to +\infty$），如图 7.15 所示。

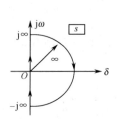

图 7.14　S 平面上的 Nyquist 轨迹

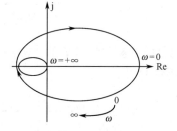

图 7.15　F 平面上的 Nyquist 曲线

曲线也可用式 $F(j\omega) = 1 + G(j\omega)H(j\omega)$ 表示。Nyquist 轨迹 C_s 的另一部分为 S 平面上半径为 ∞ 的右半圆，映射到 F 平面上为 $F(\infty) = 1 + G(\infty)H(\infty)$。

根据映射定理可得，S 平面上的 Nyquist 轨迹在 F 平面上的映射 $F(j\omega)$ （ω 由 $-\infty \to +\infty$）逆时针包围坐标原点的次数 N 为

$$N = P - Z \tag{7-9}$$

式中，Z 表示位于右半平面 $F(s) = 1 + G(s)H(s)$ 的零点数，即闭环右极点个数；P 表示位于右半平面 $F(s) = 1 + G(s)H(s)$ 的极点数，即开环右极点个数；N 表示 Nyquist 曲线包围坐标原点的次数。

闭环系统稳定的条件为系统的闭环极点均在 S 平面的左半平面，即 $Z=0$ 或 $N=P$。

1．Nyquist 稳定判据一

当系统开环传递函数 $G(s)H(s)$ 在 S 平面的原点及虚轴上无极点时，Nyquist 稳定判据可表示为：当 ω 从 $-\infty \to +\infty$ 变化时的 Nyquist 曲线 $G(j\omega)H(j\omega)$ 逆时针包围 $(-1, j0)$ 点的次数 N 等于系统 $G(s)H(s)$ 位于右半 S 平面的极点数 P 时，即当 $N = P$ 时，闭环系统稳定，否则闭环系统不稳定（$N \neq P$）。

由 Nyquist 曲线 $G(j\omega)H(j\omega)$（ω 从 $0 \to +\infty$）判别闭环系统稳定性的 Nyquist 判据为：$G(j\omega)H(j\omega)$ 曲线（ω 为 $0 \to +\infty$）逆时针包围 $(-1, j0)$ 的次数为 $\dfrac{P}{2}$。

2．Nyquist 稳定判据二

设系统开环传递函数为

$$G(s)H(s) = \frac{K\displaystyle\prod_{j=1}^{m}(\tau_j s + 1)}{s^{\upsilon}\displaystyle\prod_{i=1}^{n-\upsilon}(T_i s + 1)} \tag{7-10}$$

式中，υ 表示开环传递函数中位于原点的极点个数。

Nyquist 轨迹的修正如图 7.16 所示。

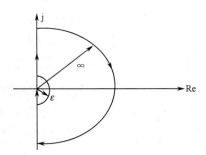

图 7.16　绕过原点的 Nyquist 轨迹

Nyquist 轨迹由 4 部分组成。

● 以原点为圆心，以无限大为半径的大半圆；
● 由 $-j\infty$ 到 $j0_-$ 的负虚轴；
● 由 $j0_+$ 沿正虚轴到 $+j\infty$；
● 以原点为圆心，以 ε（$\varepsilon \to 0$）为半径的从 $j0_-$ 到 $j0_+$ 的小半圆。

考虑 S 平面上有位于坐标原点的 υ 个极点，Nyquist 曲线稳定判据为：当系统开环传递函数有 υ 个极点位于 S 平面坐标原点时，如果增补开环频率特性曲线 $G(j\omega)H(j\omega)$（ω 从 $-\infty \to +\infty$）逆时针包围 $(-1, j0)$ 点的次数 N 等于系统开环右极点个数 P，则闭环系统稳定；否则系统不稳定。

Nyquist 对数稳定判据是对数幅相频率特性的稳定判据，实际上是 Nyquist 稳定判据的另一种形式，即利用开环系统的对数频率特性曲线（Bode 图）来判别闭环系统的稳定性，而 Bode 图又可通过试验获得，因此在工程上获得了广泛的应用。

Nyquist 图与 Bode 图的对应关系如图 7.17 所示。

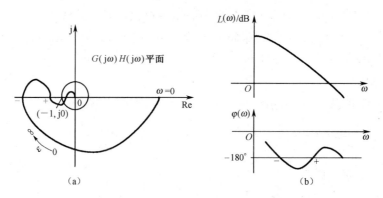

图 7.17　Nyquist 图和 Bode 图的对应关系

采用对数频率特性曲线（Bode 图）时，Nyquist 稳定判据可表述为：当 ω 由 $-\infty \to +\infty$ 变化时，在开环对数幅频特性曲线 $L(\omega) \geq 0$ 的频段内，相频特性曲线对 $-180°$ 线的正穿越与负穿越次数之差为 P（P 为 S 平面右半平面开环极点数），则闭环系统稳定。

7.7.2　稳定裕度

1．相对稳定性

从 Nyquist 稳定判据可知，若系统开环传递函数没有右半平面的极点且闭环系统是稳定的，则开环系统的 Nyquist 曲线离 $(-1, j0)$ 点越远，闭环系统的稳定性越好；开环系统的 Nyquist 曲线离 $(-1, j0)$ 点越近，闭环系统的稳定性越差，这就是通常所说的控制系统相对稳定性。

系统的相对稳定性用 Nyquist 曲线相对点 $(-1, j0)$ 的靠近程度来度量，定量表示为增益裕度和相角裕度。

2．增益裕度

增益裕度用于表示 $G(j\omega)H(j\omega)$ 曲线在负实轴上相对于 $(-1, j0)$ 点的靠近程度。

当 $G(j\omega)H(j\omega)$ 曲线与负实轴交于 G 点时，G 点的频率 ω_g 称为相位穿越频率，此时 ω_g 处的相角为 $-180°$，幅值为 $\left|G(j\omega)H(j\omega)\right|$，开环频率特性幅值 $\left|G(j\omega)H(j\omega)\right|$ 的倒数称为增益裕度（或幅值裕度），用 K_g 表示：

$$K_g = \frac{1}{\left|G(j\omega_g)H(j\omega_g)\right|} \tag{7-11}$$

式中，ω_g 满足 $\angle G(j\omega_g)H(j\omega_g) = -180°$。

图 7.18 中的 ω_g 在 Bode 图中对应于相频特性上相角为 $-180°$ 的频率，如图 7.19 所示。

增益裕度用分贝数表示为

$$K_g = -20\lg\left|G(j\omega_g)H(j\omega_g)\right| \quad (\text{dB}) \tag{7-12}$$

对于最小相位系统：

- 当 $\left|G(j\omega_g)H(j\omega_g)\right| < 1$ 或 $20\lg\left|G(j\omega_g)H(j\omega_g)\right| < 0$ 时，闭环系统稳定；
- 当 $\left|G(j\omega_g)H(j\omega_g)\right| > 1$ 或 $20\lg\left|G(j\omega_g)H(j\omega_g)\right| > 0$ 时，闭环系统不稳定；
- 当 $\left|G(j\omega_g)H(j\omega_g)\right| = 1$ 或 $20\lg\left|G(j\omega_g)H(j\omega_g)\right| = 0$ 时，系统处于临界状态。

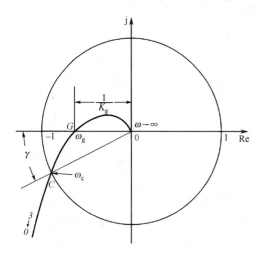

图 7.18　最小相位系统的 Nyquist 图

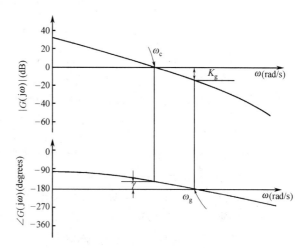

图 7.19　对数频率特性

临界状态下的开环系统不稳定。为使临界状态下的闭环系统稳定，$G(j\omega)H(j\omega)$ 曲线应包围 $(-1, j0)$ 点，此时 $K_g = -20\lg\left|G(j\omega_g)H(j\omega_g)\right| < 0$，闭环系统稳定。

因此，增益裕度 K_g 表示系统处于临界状态时，系统增益所允许的增大倍数。

3. 相角裕度

为了表示系统相角变化对系统稳定性的影响，引入相角裕度的概念。

ω_c 称为穿越频率，也称剪切频率或截止频率，在图 7.16 中，$G(j\omega)H(j\omega)$ 与单位圆相交于 C 点，C 点处的频率为 ω_c，此时 $\left|G(j\omega)H(j\omega)\right| = 1$。

使系统达到临界稳定状态而尚可增加的滞后相角称为系统的相角裕度或相角裕度，表示为

$$\gamma = 180° + \psi(\omega_c) \tag{7-13}$$

相角裕度 γ 是增益穿越频率 ω_c 处相角与 $-180°$ 线之间的距离。对于最小相位系统：

- 当 $\gamma > 0$ 时，闭环系统稳定；
- 当 $\gamma < 0$ 时，闭环系统不稳定。

增益裕度和相角裕度通常作为设计和分析控制系统的频域指标，但仅用其中之一是不足以说明系统相对稳定性的。

4. 用幅相频率特性曲线分析系统稳定性

若采用幅相频率特性曲线，如果当 $G(j\omega)H(j\omega)$ 的开环增益发生变化时，曲线仅是上下简单平移，而当对 $G(j\omega)H(j\omega)$ 增加一个恒定相角时，曲线为水平平移，那么这对分析系统稳定性与系统参数之间的相互影响是非常有利的。

7.7.3　MATLAB 在稳定性分析中的应用

MATLAB 提供了用于计算系统稳定裕度的函数 margin，它可以从频率响应数据中计算出幅值裕度、相角裕度及对应的频率。幅值裕度和相角裕度是针对开环 SISO 系统而言的，它指出了系统在闭环时的相对稳定性。当不带输出变量时，margin 可在当前图形窗口中绘出带有裕量及相应频率显示的 Bode 图，其中的幅值裕度以分贝为单位。

幅值裕度是在相角为–180°处使开环增益为 1 的增益量，如在–180°相频处的开环增益为 g，则幅值裕度为 $1/g$；若用分贝值表示幅值裕度，则为 –20lg10g。类似地，相角裕度是当开环增益为 1.0 时，相应的相角与 180°角的和。

margin 函数的常见调用法则如下。

- margin(mag, phase, w)：由 Bode 指令得到的幅值 mag（不是以 dB 为单位）、相角 phase 及角频率 w 矢量绘出带有裕量及相应频率显示的 Bode 图。
- margin(num, den)：计算连续系统传递函数表示的幅值裕度和相角裕度，并绘出相应的 Bode 图。类似地，margin(a, b, c, d)可计算出连续状态空间系统表示的幅值裕度和相角裕度，并绘出相应的 Bode 图。
- [gm, pm, wcg, wcp]=margin(mag, phase, w)：由幅值 mag（不是以 dB 为单位）、相角 phase 及角频率 w 矢量，计算系统幅值裕度、相角裕度，以及相应的相角交界频率 wcg、截止频率 wcp，而不直接绘出 Bode 图。

控制系统工具箱还提供了计算系统稳定裕度的函数 allmargin，其调用法则如下。

s=allmargin(sys)：计算幅值裕度、相角裕度及对应的频率。幅值裕度和相角裕度是针对开环 SISO 系统而言的，输出 s 是一个结构体，它包括幅值裕度、相角裕度，以及对应的频率、时滞增益裕度。

【例 7-5】　已知一高阶系统的开环传递函数为 $G(s) = \dfrac{5(0.0167s+1)}{s(0.03s+1)(0.0025s+1)(0.001s+1)}$，试计算系统的相角稳定裕量和幅值稳定裕量，并绘制系统的 Bode 图。

解：MATLAB 程序代码如下。

```
num=5*[0.0167, 1]                          %传递函数分子多项式系数行向量
den=conv( conv([1, 0], [0.03, 1]), conv([0.0025, 1], [0.001, 1]))
                                            %分母多项式系数行向量
G=tf(num, den)                             %建立传递函数
w=logspace(0, 4, 50)                       %w 为 10^0～10^4 之间对数等间距分布的 50 个数
bode(G, w) ;   grid;                       %绘制 Bode 图并添加栅格
[Gm, Pm, Wcg, Wcp]=margin(G)               %求稳定裕量
```

运行程序，输出的曲线如图 7.20 所示。

运行结果如下。

```
Gm =  455.2548
Pm =   85.2751
Wcg =  602.4232
Wcp =    4.9620
```

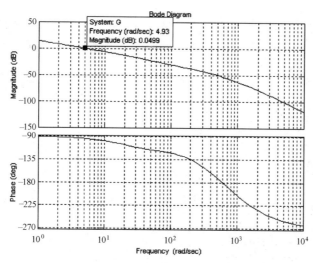

图 7.20　例 7-5 系统的 Bode 图

由运行结果可知，幅值稳定裕量 $K_g = 455.2548$，相角稳定裕量 $\gamma = 85.2751°$，相角穿越频率 $\omega_g = 602.4232$ rad/s，幅值穿越频率（截止频率）$\omega_c = 4.9620$ rad/s。

【例 7-6】　已知一高阶系统的开环传递函数为 $G(s) = \dfrac{K(0.0167s+1)}{s(0.03s+1)(0.0025s+1)(0.001s+1)}$，试计算当开环增益 $K = 5$、500、800、3000 时，系统稳定裕量的变化。

解： MATLAB 程序代码如下。

```
k=[5, 500, 800, 3000]              %不同的开环增益
for j=1:4
num=k(j)*[0.0167, 1]               %传递函数分子多项式系数行向量
den=conv( conv([1, 0], [0.03, 1]), conv([0.0025, 1], [0.001, 1]))
                                   %分母多项式系数行向量
G=tf(num, den)                     %建立传递函数
y(j)=allmargin(G)                  %计算幅值裕度、相角裕度及对应的频率
end
y(1);  y(2) ;  y(3) ;  y(4) ;
```

运行结果如下。

```
%y(1), 开环增益 K=1 时，系统的幅值裕度、相角裕度及对应的频率
ans =    GMFrequency: 602.4232
         GainMargin: 455.2548
         PMFrequency: 4.9620
         PhaseMargin: 85.2751
         DMFrequency: 4.9620
         DelayMargin: 0.2999
         Stable: 1
%y(2), 开环增益 K=500 时，系统的幅值裕度、相角裕度及对应的频率
ans =    GMFrequency: 602.4232
         GainMargin: 4.5525
         PMFrequency: 237.7216
         PhaseMargin: 39.7483
         DMFrequency: 237.7216
```

```
                DelayMargin: 0.0029
                Stable: 1
%y(3)，开环增益 K=800 时，系统的幅值裕度、相角裕度及对应的频率
ans =           GMFrequency: 602.4232
                GainMargin: 2.8453
                PMFrequency: 329.9063
                PhaseMargin: 27.7092
                DMFrequency: 329.9063
                DelayMargin: 0.0015
                Stable: 1
%y(4)，开环增益 K=3000 时，系统的幅值裕度、相角裕度及对应的频率
ans =           GMFrequency: 602.4232
                GainMargin: 0.7588
                PMFrequency: 690.5172
                PhaseMargin: -6.7355
                DMFrequency: 690.5172
                DelayMargin: 0.0089
                stable: 0
```

由运行结果可知，随着开环增益的增大，相角稳定裕度在减小，表明系统的稳定性在变差。当 $K=3000$ 时，相角稳定裕度变为负值，此时系统不稳定了。

【例 7-7】 已知系统的开环传递函数为 $GH(s)=\dfrac{100(s+5)}{(s-2)(s+8)(s+20)}$，试绘制系统的极坐标图，并利用 Nyquist 稳定判据判断闭环系统的稳定性。

解：MATLAB 程序代码如下。

```
k=100; z=[-5]; p=[2, -8, -20]          %开环传递函数的零极点和增益
G=zpk(z, p, k)                          %建立传递函数
nyquist(G) ; grid                       %绘制 Nyquist 图并添加栅格
```

运行结果如图 7.21 所示。

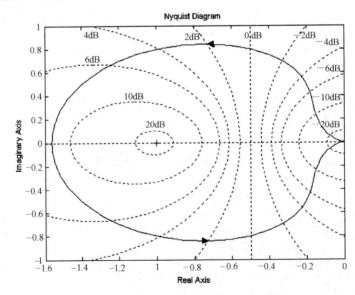

图 7.21　例 7-7 开环系统的 Nyquist 图

从图 7.21 可以看出，开环系统有一个 S 右半平面的极点（p=1），因此开环系统是不稳定的。开环系统的 Nyquist 图逆时针包围（−1，j0）点 1 次，那么根据 Nyquist 稳定判据可知，闭环系统是稳定的。

【例 7-8】　已知系统的开环传递函数为 $GH(s) = \dfrac{100K}{s(s+5)(s+10)}$，试分别绘制 $K=1$、7.8、20 时系统的极坐标图，并利用 Nyquist 稳定判据判断闭环系统的稳定性。

解： MATLAB 程序代码如下。

```
z=[]; p=[0, -5, -10]; k=100.*[1, 7.8, 20]    %开环传递函数的零极点和增益
G=zpk(z, p, k(1)) ; [re1, im1]=nyquist(G)      %建立传递函数，绘制Nyquist图
G=zpk(z, p, k(2)); [re2, im2]=nyquist(G)       %建立传递函数，绘制Nyquist图
G=zpk(z, p, k(3)); [re3, im3]=nyquist(G)       %建立传递函数，绘制Nyquist图
plot( re1(:), im1(:), re2(:), im2(:), re3(:), im3(:))
v=[-5, 1, -5, 1];  axis(v)
grid                                            %添加栅格
xlabel('Real Axis'); ylabel('Imaginary Axis');%标注坐标轴
text(-0.4, -3.6, 'K=1');  text(-2.7, -2.7, 'K=7.8');  text(-4.4, -1.6, 'K=20')
                                                %标注曲线
```

运行结果如图 7.22 所示。

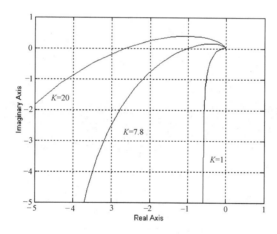

图 7.22　例 7-8 的 Nyquist 图

该开环系统没有右半 S 平面的极点（p=0），因此开环系统是稳定的。从图 7.22 可以看出，当 $K=1$ 时，开环系统的 Nyquist 图不包围（−1，j0）点，根据 Nyquist 稳定判据，系统是稳定的。当 $K=7.8$ 和 $K=20$ 时，开环系统的 Nyquist 图包围（−1，j0）点，根据 Nyquist 稳定判据，系统是不稳定的。

7.8　综合实例及 MATLAB/Simulink 应用

下面通过一个综合实例，讲述 MATLAB/Simulink 在本章中的应用。

【例 7-9】　已知晶闸管-直流电机开环系统的结构如图 7.23 所示，试用 Simukink 动态结构图进行频域分析并求频域性能指标。

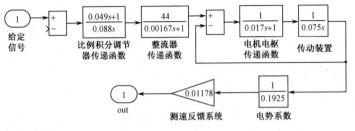

图 7.23　系统结构图

解： 利用 Simulink 求解的基本步骤如下。

步骤 1　在 Simulink 中建立该系统的动态模型，如图 7.24 所示，并将模型存为"Samples_7_9.mdl"。

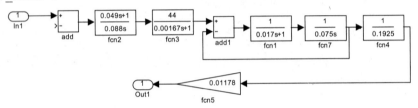

图 7.24　Simulink 中的系统动态模型

步骤 2　求取系统的线性状态空间模型，并求取频域性能指标。

在 MATLAB 命令行窗口中运行以下命令。

```
[A,B,C,D]=linmod('Samples_7_9');    %提取 Simulink 模型的线性状态空间模型
sys=ss(A,B,C,D);
margin(sys);                         %求取频域指标
```

程序运行后，输出如图 7.25 所示的曲线。

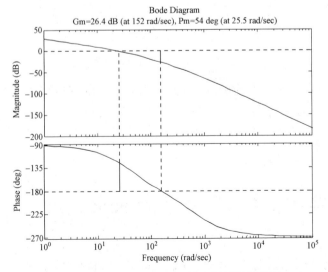

图 7.25　系统的开环 Bode 图和频域性能指标

从图中可以看出：

- 幅值裕度 GM=26.4 dB，穿越频率为 152 rad/sec；
- 相位裕度 PM=54 deg，穿越频率为 25.5 rad/sec。

习　　题

【7.1】 给定控制系统的开环传递函数 $G(s)$ 分别为 $\dfrac{100(s+1)}{s(2s+1)(10s+1)}$、$\dfrac{10}{s(0.1s+1)(0.5s+1)}$、

$\dfrac{5(0.5s-1)}{s(0.1s+1)(0.2s-1)}$、$\dfrac{10(5s+1)}{s^2(s+1)(0.2s+1)}$ 和 $\dfrac{2(10s+1)}{s(s^2+s+1)(s^2+4s+25)(s+0.2)}$，试用 MATLAB 分

别绘制其幅频特性曲线和 Nyquist 曲线，并判断闭环系统的稳定性。

【7.2】 已知单位负反馈控制系统的开环传递函数 $G(s)$ 分别为 $\dfrac{K}{s(s+1)(2s+1)}$ 和 $\dfrac{K(s+1)}{s^2}$。

试分析系统增益 K 对相角裕量的影响。

【7.3】 某控制系统结构如图 7.A 所示。

（1）利用 MATLAB 建立图示控制系统的数学模型。

（2）绘制开环系统的 Bode 曲线和 Nyquist 曲线。

（3）判断系统的稳定性，如果不稳定，绘制闭环系统的零极点图，给出极点的位置。

（4）计算系统的截止角频率、相角裕量和幅值裕量。

（5）绘制系统的阶跃响应曲线。

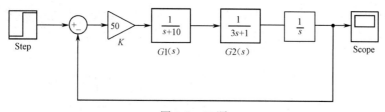

图 7.A 习题

【7.4】 设单位负反馈控制系统的开环传递函数 $G(s)$ 为 $G(s)=\dfrac{300}{s^2(0.2s+1)(0.02s+1)}$。

（1）利用 MATLAB 建立上述控制系统的数学模型。

（2）使用 MATLAB 中的 margin 命令，绘制系统的 Bode 图，分析系统的稳定性，并读出幅值穿越频率的值。

【7.5】 给定单位负反馈控制系统的开环传递函数 $G(s)$ 分别为 $\dfrac{100}{s(0.2s+1)}$、

$\dfrac{100}{(0.2s+1)(s+2)(2s+1)}$ 和 $\dfrac{1000}{s(s^2+2s)(0.2s+1)}$，试利用 LTI Viewer 工具分别绘制其 Bode 图和

Nyquist 曲线并判断系统的稳定性。如果系统稳定，利用 margin 命令计算系统的相角裕量和增益裕量。

【7.6】　设单位负反馈控制系统的开环传递函数 $G(s)$ 分别为 $\dfrac{K(0.1s+1)}{s(s-1)}$、$\dfrac{K}{s(0.1s+1)(0.25s+1)}$ 和 $\dfrac{K(s+1)(0.5s+1)}{(10s+1)(s-1)}$，试绘制其 Nyquist 曲线，并确定使闭环系统稳定的 K 的取值范围。

【7.7】　设单位负反馈控制系统的开环传递函数 $G(s)$ 分别为 $\dfrac{1000}{(0.2s+1)(0.5s+1)(s+1)}$、$\dfrac{1000(0.1s+1)}{(0.2s+1)(0.5s+1)(s+1)}$、$\dfrac{100}{s(0.1s+1)(0.5s+1)}$ 和 $\dfrac{100\mathrm{e}^{-0.5s}}{s(0.1s+1)}$，试绘制其 Nyquist 曲线并判断闭环系统的稳定性。对于闭环不稳定的系统，通过 Nyquist 曲线得出位于 S 右半平面的闭环极点个数。

【7.8】　已知控制系统的开环传递函数为 $G(s)=\dfrac{K}{(s+1)^n}$。

（1）利用 MATLAB 验证：当 $0<K<\dfrac{1}{\cos^n(\pi/n)}$ 时，闭环系统稳定。

（2）选定几组符合上述条件的 n 和 K，绘制系统的阶跃响应曲线。

第 8 章

控制系统校正与综合

8.1 引言

在实际工程控制中，往往需要设计一个系统并选择适当的参数以满足性能指标的要求，或对原有系统增加某些必要的元件或环节，使系统能够全面满足性能指标要求，此类问题就称为系统校正与综合，或称为系统设计。系统设计过程是一个反复试探的过程，需要许多经验的积累，MATLAB/Simulink 为系统设计提供了有效手段。

本章介绍控制系统校正与综合的基本概念和常用方法，重点阐述 PID 控制器的设计原理，以及基于 MATLAB/Simulink 的线性控制系统设计方法。

通过本章，读者对控制系统校正与综合的基本概念和基本方法能有比较全面的认识，并学会运用 MATLAB/Simulink 对控制系统进行设计。

本章的知识点及要求概括如下。

序号	知 识 点	了解	熟悉	掌握	精通
1	控制系统性能指标			√	
2	控制系统校正的基本概念		√		
3	PID 控制的原理				√
4	控制系统校正的根轨迹法			√	
5	控制系统校正的频率响应法			√	
6	MATLAB/Simulink 进行 PID 仿真				√
7	MATLAB/Simulink 进行根轨迹法校正仿真			√	
8	MATLAB/Simulink 进行频率响应法校正仿真			√	

8.2 控制系统校正与综合基础

设计控制系统的目的是使控制系统满足特定的性能指标，性能指标与控制精度、相对稳定性、响应速度等因素有关。在设计控制系统时，确定控制系统性能指标是非常重要的工作。

8.2.1 控制系统性能指标

性能指标有多种形式，不同的设计方法选用的性能指标是不同的，不同的性能指标之间又存在着某些联系，这些都需要在确定性能指标时仔细考虑。

1. 性能指标概述

按类型，控制系统的性能指标可分为：

- 时域性能指标，包括稳态性能指标和动态性能指标；
- 频域性能指标，包括开环频域指标和闭环频域指标。

性能指标分类如图 8.1 所示。

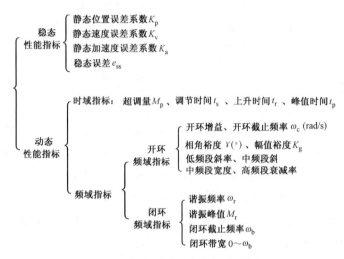

图 8.1　控制系统性能指标分类图

在控制系统设计中，采用的设计方法一般依据性能指标的形式而定。如果性能指标以单位阶跃响应的峰值时间、调节时间等时域特征量给出，那么一般采用根轨迹法进行设计；如果性能指标以相角裕度、幅值裕度等频域特征量给出，那么一般采用频率法进行设计。工程上通常采用频率法进行设计，因此需要通过近似公式对时域和频域两种性能指标进行转换。

2. 二阶系统频域指标与时域指标的关系

各类性能指标是从不同的角度表示系统性能的，它们之间存在内在联系。二阶系统是设计中最常见的系统，对于二阶系统，时域指标和频域指标能用数学公式准确地表示出来，它们可统一采用阻尼比 ζ 和无阻尼自然振荡频率 ω_n 来进行如下描述。

超调量 M_p：
$$M_p = e^{\frac{\pi\zeta}{\sqrt{1-\zeta^2}}} \times 100\%$$

调节时间 t_s：
$$t_s = \frac{3.5}{\zeta\omega_n}, \qquad \omega_c t_s = \frac{7}{\tan\gamma}$$

上升时间 t_r：
$$t_r = \frac{\pi - \arctan\dfrac{\sqrt{1-\zeta^2}}{\zeta}}{\omega_n\sqrt{1-\zeta^2}}$$

谐振峰值 M_r：
$$M_r = \frac{1}{2\zeta\sqrt{1-\zeta^2}}, \qquad 0 \leqslant \zeta \leqslant \frac{\sqrt{2}}{2}$$

谐振频率 ω_r：

$$\omega_r = \omega_n \sqrt{1 - 2\zeta^2}$$

闭环截止频率 ω_b：

$$\omega_b = \omega_n \sqrt{1 - 2\zeta^2 + \sqrt{2 - 4\zeta^2 + 2\zeta^4}}$$

相角裕度 γ：

$$\gamma = \arctan \frac{2\zeta}{\sqrt{\sqrt{1 + 4\zeta^4} - 2\zeta^2}}$$

开环截止频率 ω_c：

$$\omega_c = \omega_n \sqrt{\sqrt{1 + 4\zeta^4} - 2\zeta^2}$$

8.2.2　控制系统校正概述

为使控制系统能满足一定的性能指标，通常需要在控制系统中引入一定的附加装置，称为控制器或校正装置。

根据校正装置的特性，可分为超前校正装置、滞后校正装置和滞后-超前校正装置。

（1）超前校正装置。校正装置输出信号在相位上超前于输入信号，即校正装置具有正的相角特性，这种校正装置称为超前校正装置，对系统的校正称为超前校正。

（2）滞后校正装置。校正装置输出信号在相位上滞后于输入信号，即校正装置具有负的相角特性，这种校正装置称为滞后校正装置，对系统的校正称为滞后校正。

（3）滞后-超前校正装置。校正装置在某一频率范围内具有负的相角特性，而在另一频率范围内却具有正的相角特性，这种校正装置称为滞后-超前校正装置，对系统的校正称为滞后-超前校正。

根据校正装置与被控对象的不同连接方式，可分为串联校正、反馈（并联）校正、前馈校正和干扰补偿等，串联校正和并联校正是最常见的两种校正方式。

（4）串联校正。如果校正元件与系统的不可变部分串联起来，如图 8.2 所示，则称这种形式的校正为串联校正。串联校正通常设置在前向通道中能量较低的点，为此通常需要附加放大器以增大增益，补偿校正装置的衰减或进行隔离。

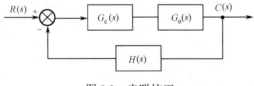

图 8.2　串联校正

图 8.2 中的 $G_o(s)$ 表示前向通道不可变部分的传递函数，$H(s)$ 表示反馈通道不可变部分的传递函数，$G_c(s)$ 表示校正部分的传递函数。

（5）反馈校正。如果从系统的某个元件输出取得反馈信号，构成反馈回路，并在反馈回路内设置传递函数为 $G_c(s)$ 的校正元件，如图 8.3 所示，则称这种形式的校正为反馈校正。反馈削弱了前向通道上元件变化的影响，具有较高的灵敏度，单位反馈时也容易控制偏差，这就是较多地采用反馈校正的原因。

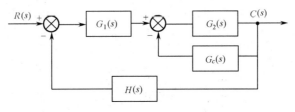

图 8.3　反馈校正

（6）前馈校正。如果从系统的输入元件输出取得前馈信号，构成前馈回路，并在前馈回路内设置传递函数为 $G_c(s)$ 的校正元件，如图 8.4 所示，则称这种形式的校正为前馈校正，它是在系统反馈回路之外采用的校正方式之一。前馈校正通常用于补偿系统外部扰动的影响，也可用于对控制输入进行校正。

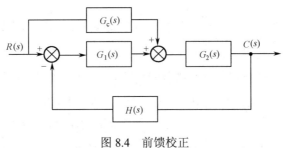

图 8.4　前馈校正

8.3　PID 控制器设计及 MATLAB/Simulink 应用

当今的自动控制技术大部分是基于反馈概念的。反馈理论包括测量、比较和执行三个基本要素。测量关心的是变量，并与期望值相比较，以此误差来纠正和调节控制系统的响应。反馈理论及其在自动控制中应用的关键是做出正确测量与比较后，如何用于系统的纠正与调节。

在过去的几十年里，PID 控制器在工业控制中得到了广泛应用。在控制理论和技术飞速发展的今天，工业过程控制中 95%以上的控制回路都具有 PID 结构，并且许多高级控制都是以 PID 控制为基础的。

PID（比例-积分-微分）控制器作为最早实用化的控制器已有 80 多年历史了，现在仍然是应用最广泛的工业控制器。PID 控制器简单易懂，使用中不需要精确的系统模型等先决条件，因而成为应用最为广泛的控制器。

PID 控制器结构和算法简单，应用广泛，但参数整定方法复杂，通常用凑试法来确定。通常根据具体的调节规律、不同调节对象的特征，经过闭环试验，反复凑试。利用在 MATLAB/Simulink 环境下仿真，不仅可以方便快捷地获得不同参数下系统的动态特性和稳态特性，而且还能加深理解比例、积分和微分环节对系统的影响，积累凑试整定法的经验。

8.3.1　PID 控制器概述

PID 控制器由比例单元（P）、积分单元（I）和微分单元（D）组成。在控制系统的设计与校正中，PID 控制规律的优越性是明显的，它的基本原理却比较简单。

基本的 PID 控制规律可描述为

$$G_c(s) = K_P + \frac{K_I}{s} + K_D s \tag{8-1}$$

PID 控制器由于用途广泛，使用灵活，已有系列化产品，使用中只需设定三个参数（ K_P 、 K_I 和 K_D ）即可。在很多情况下，并不一定需要三个单元，可以取其中的一或两个单元，不过比例控制单元是必不可少的。

PID 控制器具有以下优点。

（1）原理简单，使用方便，PID 参数（ K_P 、 K_I 和 K_D ）可以根据过程动态特性及时调整。如果过程的动态特性发生变化，如对负载变化引起的系统动态特性变化，PID 参数就可以重新进行调整与设定。

（2）适应性强，按 PID 控制规律进行工作的控制器早已商品化，即使目前最新式的过程控制计算机，其基本控制功能也仍然是 PID 控制。PID 应用范围广，虽然很多工业过程是非线性或时变的，但通过适当简化，可以将其变成基本线性和动态特性不随时间变化的系统，这样就可以通过 PID 控制了。

（3）鲁棒性强，控制品质对被控制对象特性的变化不太敏感。

PID 也有其固有的缺点，PID 在控制非线性、时变、耦合及参数和结构不确定的复杂过程时，效果不是太好；最主要的是，如果 PID 控制器不能控制复杂过程，无论怎么调参数都没用。

尽管有这些缺点，在科学技术尤其是计算机迅速发展的今天，虽说涌现出了许多新的控制方法，但 PID 仍因其自身的优点而得到了最广泛的应用，PID 控制规律仍是最普遍的控制规律，PID 控制器是最简单且在许多时候仍是最好的控制器。

8.3.2　比例（P）控制

比例控制是一种最简单的控制方式，其控制器的输出与输入误差信号成比例关系，当仅有比例控制时系统输出存在稳态误差。比例控制器的传递函数为

$$G_c(s) = K_P \tag{8-2}$$

式中， K_P 称为比例系数或增益（视情况可设置为正或负），一些传统的控制器又常用比例带（Proportional Band，PB）来取代比例系数 K_P ，比例带是比例系数的倒数，比例带也称为比例度。

对于单位反馈系统，0 型系统响应实际阶跃信号 $R_0(t)$ 的稳态误差与其开环增益 K 近似成反比，即 $\lim\limits_{t \to \infty} e(t) = \dfrac{R_0}{1+K}$ 。

对于单位反馈系统，I 型系统响应匀速信号 $R_1(t)$ 的稳态误差与其开环增益 K_v 近似成反比，即 $\lim\limits_{t \to \infty} e(t) = \dfrac{R_I}{K_v}$ 。

P 控制只改变系统的增益而不影响相位，它对系统的影响主要反映在系统的稳态误差和

稳定性上，增大比例系数可提高系统的开环增益、减小系统的稳态误差，从而提高系统的控制精度，但这会降低系统的相对稳定性，甚至可能造成闭环系统的不稳定，因此，在系统校正和设计中，P 控制一般不单独使用。

比例控制器的系统结构如图 8.5 所示。

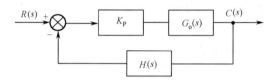

图 8.5　具有比例控制器的系统结构图

系统的特征方程为 $D(s) = 1 + K_P G_o(s) H(s) = 0$。

下面的例子给出了一个直观的概念，用以说明纯比例控制的作用或比例调节对系统性能的影响。

【例 8-1】 控制系统如图 8.5 所示，其中 $G_o(s)$ 为三阶对象模型，$G_o(s) = \dfrac{1}{(s+1)(2s+1)(5s+1)}$，$H(s)$ 为单位反馈，对系统采用纯比例控制，比例系数分别为 $K_P = 0.1$、2.0、2.4、3.0、3.5，试求各比例系数下系统的单位阶跃响应，并绘制响应曲线。

解： MATLAB 程序代码如下。

```
G=tf(1, conv(conv([1, 1], [2, 1]), [5, 1]));    %建立开环传递函数
kp=[0.1, 2.0, 2.4, 3.0, 3.5]                          %5 个不同的比例系数
for i=1:5
G=feedback(kp(i)*G, 1);        %建立各个不同的比例控制作用下的系统闭环传递函数
step(G);   hold on             %求取相应的单位阶跃响应，并在同一个图上绘制响应曲线
end
%放置 kp 取不同值的文字注释
gtext('kp=0.1'); gtext('kp=2.0'); gtext('kp=2.4'); gtext('kp=3.0'); gtext('kp=3.5')
```

响应曲线如图 8.6 所示。

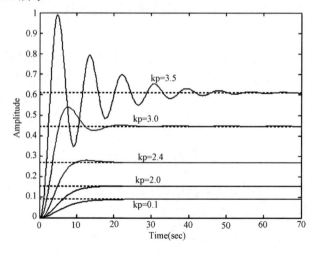

图 8.6　例 8-1 系统阶跃响应图

从图 8.6 可以看出，随着 K_P 值的增大，系统响应速度也加快，系统的超调也随着增加，调节时间也随着增长。但当 K_P 增大到一定值后，闭环系统将趋于不稳定。

8.3.3　比例微分（PD）控制

具有比例加微分控制规律的控制称为 PD 控制，PD 的传递函数为

$$G_c(s) = K_P + K_P \tau s \tag{8-3}$$

式中，K_P 为比例系数，τ 为微分时间常数，K_P 与 τ 两者都是可调的参数。

具有 PD 控制器的系统结构如图 8.7 所示。

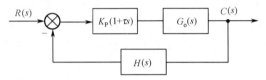

图 8.7　具有比例微分控制器的系统结构图

PD 控制器的输出信号为

$$u(t) = K_P e(t) + K_P \tau \frac{\mathrm{d}e(t)}{\mathrm{d}t} \tag{8-4}$$

在微分控制中，控制器的输出与输入误差信号的微分（即误差的变化率）成正比关系。微分控制反映误差的变化率，只有当误差随时间变化时，微分控制才会对系统起作用，而对无变化或缓慢变化的对象不起作用，因此微分控制在任何情况下不能单独与被控对象串联使用，只能构成 PD 或 PID 控制。

自动控制系统在克服误差的调节过程中可能会出现振荡甚至不稳定，其原因是由于存在有较大惯性的组件（环节）或有滞后的组件，具有抑制误差的作用，其变化总是落后于误差的变化。解决的办法是使抑制误差作用的变化"超前"，即在误差接近零时，抑制误差的作用就应该是零。这就是说，在控制器中仅引入"比例"项是不够的，比例项的作用仅是放大误差的幅值，而目前需要增加的是"微分项"，它能预测误差变化的趋势，这样，具有"比例＋微分"的控制器，就能提前使抑制误差的控制作用等于零，甚至为负值，从而避免被控量的严重超调。因此对有较大惯性或滞后的被控对象，"比例＋微分"（PD）控制器能改善系统调节过程中的动态特性。

另外，微分控制对纯滞后环节不能起到改善控制品质的作用且具有放大高频噪声信号的缺点。

在实际应用中，当设定值有突变时，为了防止由于微分控制输出的突跳，常将微分控制环节设置在反馈回路中，这种做法称为微分先行，即微分运算只对测量信号进行，而不对设定信号进行。

【例 8-2】　控制系统如图 8.7 所示，其中 $G_o(s)$ 为三阶对象，$G_o(s) = \dfrac{1}{(s+1)(2s+1)(5s+1)}$，$H(s)$ 为单位反馈，采用比例微分控制，比例系数 $K_P = 2$，微分系数分别取 $\tau = 0$、0.3、0.7、1.5、3，试求各比例微分系数下系统的单位阶跃响应，并绘制响应曲线。

解：MATLAB 程序代码如下。

```
G=tf(1, conv( conv([1, 1], [2, 1]), [5, 1]) );          %建立开环传递函数
kp=2                                                    %比例系数
tou=[0, 0.3, 0.7, 1.5, 3]                               %5 个不同的微分系数
for i=1:5
G1=tf( [kp*tou(i), kp], 1)      %建立各个不同的比例微分控制作用下的系统开环传递函数
sys=feedback(G1*G, 1);                                  %建立相应的闭环传递函数
step(sys);  hold on            %求取相应的单位阶跃响应，并在同一个图上绘制响应曲线
end
%放置 tou 取不同值的文字注释
gtext('tou=0'); gtext('tou=0.3'); gtext('tou=0.7'); gtext('tou=1.5'); gtext('tou=3')
```

单位阶跃响应曲线如图 8.8 所示，从图中可以看出，仅有比例控制时系统阶跃响应有相当大的超调量和较强烈的振荡，随着微分作用的加强，系统的超调量减小，稳定性提高，上升时间减小，快速性提高。

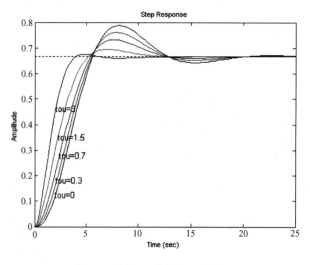

图 8.8   例 8-2 系统阶跃响应图

8.3.4 积分（I）控制

具有积分控制规律的控制称为积分控制，即 I 控制，I 控制的传递函数为

$$G_c(s) = \frac{K_I}{s} \tag{8-5}$$

式中，K_I 称为积分系数。控制器的输出信号为

$$u(t) = K_I \int_0^t e(t) \mathrm{d}t \tag{8-6}$$

或者称，积分控制器输出信号 $u(t)$ 的变化速率与输入信号 $e(t)$ 成正比，即

$$\frac{\mathrm{d}u(t)}{\mathrm{d}t} = K_I e(t) \tag{8-7}$$

对于一个自动控制系统，如果在进入稳态后存在稳态误差，则称这个控制系统是有稳态

误差的，简称有差系统。为了消除稳态误差，在控制器中必须引入积分项。积分项对误差取决于时间的积分，随着时间的增加，积分项会增大。这样，即使误差很小，积分项也会随着时间的增加而加大，它推动控制器的输出增大，使稳态误差进一步减小，直到等于零。

通常，采用积分控制的主要目的就是使系统无稳态误差，由于积分引入了相位滞后，所以使系统稳定性变差。增加积分控制对系统而言是加入了极点，对系统的响应而言是可消除稳态误差，但这对瞬时响应会造成不良影响，甚至造成不稳定，因此，积分控制一般不单独使用，通常结合比例控制器构成比例积分（PI）控制器。

8.3.5　比例积分（PI）控制

具有比例加积分控制规律的控制称为比例积分控制，即 PI 控制，PI 控制的传递函数为

$$G_c(s) = K_P + \frac{K_P}{T_i} \cdot \frac{1}{s} = \frac{K_P(s + \frac{1}{T_i})}{s} \tag{8-8}$$

式中，K_P 为比例系数，T_i 称为积分时间常数，两者都是可调的参数。

控制器的输出信号为

$$u(t) = K_P e(t) + \frac{K_P}{T_i} \int_0^t e(t)\mathrm{d}t \tag{8-9}$$

PI 控制器可以使系统在进入稳态后无稳态误差。PI 控制器与被控对象串联连接时，相当于在系统中增加了一个位于原点的开环极点，同时也增加了一个位于 S 左半平面的开环零点。位于原点的极点可以提高系统的型别，以消除或减小系统的稳态误差，改善系统的稳态性能；而增加的负实部零点则可减小系统的阻尼比，缓和 PI 控制器极点对系统稳定性及动态过程产生的不利影响。在实际工程中，PI 控制器通常用来改善系统的稳态性能。

【例 8-3】　单位负反馈控制系统的开环传递函数 $G_o(s) = \dfrac{1}{(s+1)(2s+1)(5s+1)}$，采用比例积分控制，比例系数 $K_P = 2$，积分时间常数分别取 $T_i = 3$、6、14、21、28，试求各比例积分系数下系统的单位阶跃响应，并绘制响应曲线。

解： MATLAB 程序代码如下。

```
G=tf(1, conv( conv([1, 1], [2, 1]), [5, 1]) );      %建立开环传递函数
kp=2                                %比例系数
ti=[3, 6, 14, 21, 28]               %5 个不同的积分时间
for i=1:5
G1=tf( [kp, kp/ti(i)], [1, 0])    %建立各个不同的比例积分控制作用下的系统开环传递函数
sys=feedback(G1*G, 1);            %建立相应的闭环传递函数
step(sys);  hold on              %求取相应的单位阶跃响应，并在同一个图上绘制响应曲线
end
%放置 ti 取不同值的文字注释
gtext('ti=3'); gtext('ti=6'); gtext('ti=14'); gtext('ti=21'); gtext('ti=28')
```

响应曲线如图 8.9 所示，从图中可以看出，随着积分时间的减小，积分控制作用增强，闭环系统的稳定性变差。

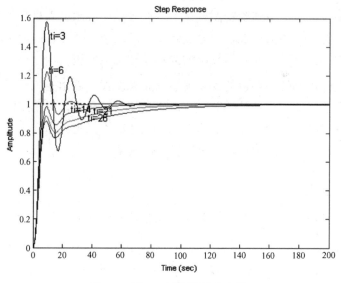

图 8.9　例 8-3 系统阶跃响应图

8.3.6　比例积分微分（PID）控制

具有比例加积分加微分控制规律的控制称为比例积分微分控制，即 PID 控制，PID 控制的传递函数为

$$G_{\mathrm{c}}(s) = K_{\mathrm{P}} + \frac{K_{\mathrm{P}}}{T_{\mathrm{i}}} \cdot \frac{1}{s} + K_{\mathrm{P}} \tau s \tag{8-10}$$

式中，K_{P} 为比例系数，T_{i} 为积分时间常数，τ 为微分时间常数，三者都是可调的参数。

PID 控制器的输出信号为

$$u(t) = K_{\mathrm{P}} e(t) + \frac{K_{\mathrm{P}}}{T_{\mathrm{i}}} \int_0^t e(t) \mathrm{d}t + K_{\mathrm{P}} \tau \frac{\mathrm{d}e(t)}{\mathrm{d}t} \tag{8-11}$$

PID 控制器的传递函数可写成

$$\frac{U(s)}{E(s)} = \frac{K_{\mathrm{P}}}{T_{\mathrm{i}}} \cdot \frac{(T_{\mathrm{i}} \tau s^2 + T_{\mathrm{i}} s + 1)}{s} \tag{8-12}$$

PI 控制器与被控对象串联连接时，可以使系统的类型级别提高一级，而且还提供了两个负实部的零点。与 PI 控制器相比，PID 控制器除了同样具有提高系统稳态性能的优点外，还多提供了一个负实部零点，因此在提高系统动态性能方面具有更大的优越性。在实际工程中，PID 控制器被广泛应用。

PID 控制通过积分作用消除误差，而微分控制可缩小超越量、加快系统响应，是综合了 PI 控制与 PD 控制长处并去除其短处的控制。从频域角度来看，PID 控制通过积分作用于系统的低频段，以提高系统的稳态性能；而微分作用于系统的中频段，以改善系统的动态性能。

8.3.7　PID 控制器参数整定

PID 控制器的参数整定是控制系统设计的核心内容，它根据被控过程的特性确定 PID 控制器的比例系数、积分时间和微分时间。

PID 控制器参数整定的方法很多，概括起来有两大类。

（1）理论计算整定法：主要依据系统的数学模型，经过理论计算确定控制器参数。这种方法所得到的计算数据未必可以直接使用，还必须通过工程实际进行调整和修改。

（2）工程整定方法：主要有 Ziegler-Nichols 整定法、临界比例度法、衰减曲线法。这三种方法各有特点，其共同点都是通过试验然后按照工程经验公式对控制器参数进行整定的。无论采用哪一种方法所得到的控制器参数，都需要在实际运行中进行最后调整与完善。工程整定法的基本特点是不需要事先知道过程的数学模型，直接在过程控制系统中进行现场整定，方法简单，计算简便，易于掌握。

1. Ziegler-Nichols 整定方法

Ziegler-Nichols 法是一种基于频域设计 PID 控制器的方法。基于频域的参数整定是需要参考模型的，首先需要辨识出一个能较好反映被控对象频域特性的二阶模型。根据这样的模型，结合给定的性能指标可推导出公式，以用于 PID 参数的整定。

基于频域的设计方法在一定程度上回避了精确的系统建模，而且有较明确的物理意义，比常规的 PID 控制有更多的可适应场合。目前已经有一些基于频域设计 PID 控制器的方法，如 Ziegler-Nichols 法、Cohen-Coon 法等，Ziegler-Nichols 法是最常用的整定 PID 参数的方法。

Ziegler-Nichols 法是根据给定对象的瞬态响应特性来确定 PID 控制器的参数的，首先通过实验获取控制对象单位阶跃响应，如图 8.10 所示。

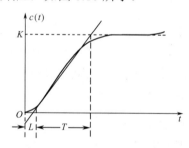

图 8.10　S 形响应曲线

如果单位阶跃响应曲线看起来是一条 S 形的曲线，则可用此法，否则不能用。S 形曲线用延迟时间 L 和时间常数 T 来描述，则对象传递函数可近似为

$$\frac{C(s)}{R(s)} = \frac{Ke^{-Ls}}{Ts+1} \tag{8-13}$$

利用延迟时间 L、放大系数 K 和时间常数 T，根据表 8.1 中的公式确定 K_p、T_i 和 τ 的值。

表 8.1　Ziegler-Nichols 法整定控制器参数

控制器类型	比例度 $\delta/\%$	积分时间 T_i	微分时间 τ
P	$\dfrac{T}{(K \cdot L)}$	∞	0
PI	$0.9\dfrac{T}{(K \cdot L)}$	$\dfrac{L}{0.3}$	0
PID	$1.2\dfrac{T}{(K \cdot L)}$	$2.2L$	$0.5L$

【例 8-4】 已知如图 8.11 所示的控制系统。系统开环传递函数 $G_o(s) = \dfrac{8}{(360s+1)} c^{-180s}$，试采用 Ziegler-Nichols 整定公式计算系统 P、PI、PID 控制器的参数，并绘制整定后系统的单位阶跃响应曲线。

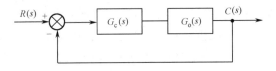

图 8.11 控制系统结构图

解：PID 参数整定是一个反复调整测试的过程，使用 Simulink 能大大简化这一过程。根据题意，建立如图 8.12 所示的 Simulink 模型。

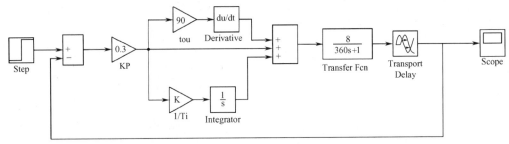

图 8.12 例 8-4 系统 Simulink 模型

图中，"Integrator" 为积分器，"Derivative" 为微分器，"KP" 为比例系数 K_p，"1/Ti" 为积分时间常数 T_i，"tou" 为微分时间常数 τ。进行 P 控制器参数整定时，微分器和积分器的输出不连到系统中，在 Simulink 中，把微分器和积分器的输出连线断开即可；同理，进行 PI 控制器参数整定时，微分器的输出连线断开。

Ziegler-Nichols 整定的第一步是获取开环系统的单位阶跃响应，在 Simulink 中，把反馈连线、微分器的输出连线、积分器的输出连线都断开，"KP" 的值置为 1，选定仿真时间（注意，如果系统滞后比较大，则应相应加大仿真时间），仿真运行，运行完毕后，双击 "Scope"，得到如图 8.13 所示的结果。

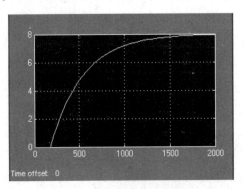

图 8.13 例 8-4 系统开环单位阶跃响应曲线

按照 S 形响应曲线的参数求法，大致可以得到系统延迟时间 L、放大系数 K 和时间常数 T。

$$L = 180 , \qquad T = 540 - 180 = 360 , \qquad K = 8$$

如果从示波器的输出不易看出这 3 个参数，则可以将系统输出导入到 MATLAB 的工作空间中，然后编写相应的 M 文件求取这 3 个参数。

根据表 8.1，可知 P 控制整定时，比例放大系数 $K_P = 0.25$，将"KP"的值置为 0.25，仿真运行，运行完毕后，双击"Scope"得到如图 8.14 所示的结果，它是 P 控制时系统的单位阶跃响应。

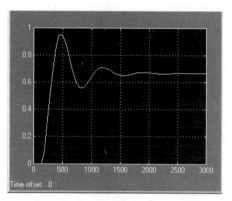

图 8.14　例 8-4 系统 P 控制时的单位阶跃响应曲线

根据表 8.1，可知 PI 控制整定时，比例放大系数 $K_P = 0.225$，积分时间常数 $T_i = 594$，将"KP"的值置为 0.225，"1/Ti"的值为 1/594，将积分器的输出连线连上，仿真运行，运行完毕后，双击"Scope"得到如图 8.15 所示的结果，它是 PI 控制时系统的单位阶跃响应。

根据表 8.1，可知 PID 控制整定时，比例放大系数 $K_P = 0.3$，积分时间常数 $T_i = 396$，微分时间常数 $\tau = 90$，将"KP"的值置为 0.3，"1/Ti"的值为 1/396，"tou"的值置为 90，将微分器的输出连线连上，仿真运行，运行完毕后，双击"Scope"得到如图 8.16 所示的结果，它是 PID 控制时系统的单位阶跃响应。

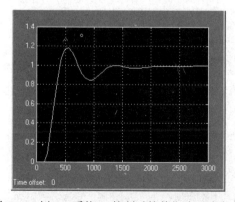 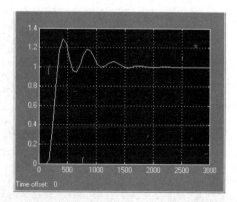

图 8.15　例 8-4 系统 PI 控制时的单位阶跃响应曲线　　图 8.16　例 8-4 系统 PID 控制时的单位阶跃响应曲线

由图 8.14、图 8.15 和图 8.16 对比可以看出，P 控制和 PI 控制两者的响应速度基本相同，因为这两种控制的比例系数不同，因此系统稳定的输出值不同。PI 控制的超调量比 P 控制的要小，PID 控制比 P 控制和 PI 控制的响应速度要快，但是超调量大些。

【例 8-5】　已知如图 8.11 所示的控制系统，其中系统开环传递函数 $G_o(s) =$

$\dfrac{1.67}{(4.05s+1)} \cdot \dfrac{8.22}{(s+1)} e^{-1.5s}$，试采用 Ziegler-Nichols 整定公式计算系统 P、PI、PID 控制器的参数，并绘制整定后系统的单位阶跃响应曲线。

解： 根据题意，建立如图 8.17 所示的 Simulink 模型。

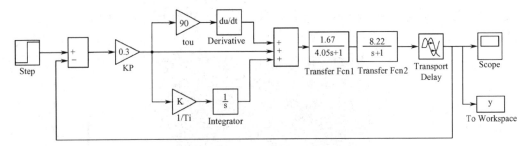

图 8.17　例 8-5 系统 Simulink 模型

Ziegler-Nichols 整定的第一步是获取开环系统的单位阶跃响应，在 Simulink 中，把反馈连线、微分器的输出连线、积分器的输出连线都断开，"KP" 的值置为 1，选定仿真时间（注意，如果系统滞后比较大，则应相应加大仿真时间），仿真运行，运行完毕后，双击 "Scope" 得到如图 8.18 所示的结果。

按照 S 形响应曲线的参数求法，大致可以得到系统延迟时间 L、放大系数 K 和时间常数 T。

$$L = 2.2, \qquad T = 9.2 - 2.2 = 7, \qquad K = 13.727$$

如果从示波器的输出不方便看出这 3 个参数，可以将系统输出导入到 MATLAB 的工作空间中，然后编写相应的 M 文件求取这 3 个参数。

根据表 8.1，可知 P 控制整定时，比例放大系数 $K_p = 0.2318$，将 "KP" 的值置为 0.2318，仿真运行，运行完毕后，双击 "Scope" 得到如图 8.19 所示的结果，它是 P 控制时系统的单位阶跃响应。

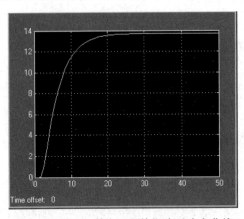

图 8.18　例 8-5 系统开环单位阶跃响应曲线

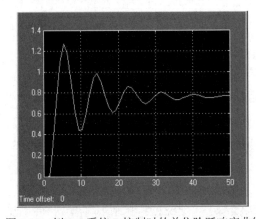

图 8.19　例 8-5 系统 P 控制时的单位阶跃响应曲线

根据表 8.1，可知 PI 控制整定时，比例放大系数 $K_p = 0.2086$，积分时间常数 $T_i = 7.3333$，将 "KP" 的值置为 0.2086，"1/Ti" 的值置为 1/7.3333，将积分器的输出连线连上，仿真运行，运行完毕后，双击 "Scope" 得到如图 8.20 所示的结果，它是 PI 控制时系统的单位阶跃响应。

根据表 8.1，可知 PID 控制整定时，比例放大系数 $K_\mathrm{p} = 0.3$，积分时间常数 $T_\mathrm{i} = 4.84$，微分时间常数 $\tau = 1.1$，将"KP"的值置为 0.3，"1/Ti"的值置为 1/4.84，"tou"的值置为 1.1，将微分器的输出连线连上，仿真运行，运行完毕后，双击"Scope"得到如图 8.21 所示的结果，它是 PID 控制时系统的单位阶跃响应。

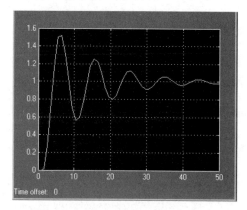

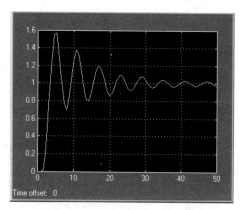

图 8.20　例 8-5 系统 PI 控制时的
单位阶跃响应曲线

图 8.21　例 8-5 系统 PID 控制时的
单位阶跃响应曲线

由图 8.19、图 8.20 和图 8.21 对比可以看出，P 控制和 PI 控制两者的响应速度基本相同，超调量大不相同，但由于这两种控制的比例系数不同，因此系统稳定的输出值不同。PI 控制的超调量比 P 控制的要小，PID 控制比 P 控制和 PI 控制的响应速度要快，但是超调量大些。

2．临界比例度法

临界比例度法适用于已知对象传递函数的场合，在闭合的控制系统里，将调节器置于纯比例作用下，从大到小逐渐改变调节器的比例度，得到等幅振荡的过渡过程。此时的比例度称为临界比例度 δ_k，相邻两个波峰间的时间间隔称为临界振荡周期 T_k。采用临界比例度法时，系统产生临界振荡的条件是系统的阶数是 3 阶或 3 阶以上。

临界比例度法的步骤如下。

（1）将调节器的积分时间 T_i 置于最大（$T_\mathrm{i} = \infty$），微分时间置零（$\tau = 0$），比例度 δ 取适当值，平衡操作一段时间，把系统投入自动运行。

（2）将比例度 δ 逐渐减小，得到等幅振荡过程，记下临界比例度 δ_k 和临界振荡周期 T_k 的值。

（3）根据 δ_k 和 T_k 的值，采用表 8.2 中的经验公式，计算出调节器的各个参数，即 δ、T_i 和 τ 的值。

表 8.2　临界比例度法整定控制器参数

控制器类型	比例度 $\delta / \%$	积分时间 T_i	微分时间 τ
P	$2\delta_\mathrm{k}$	∞	0
PI	$2.2\delta_\mathrm{k}$	$0.833T_\mathrm{k}$	0
PID	$1.7\delta_\mathrm{k}$	$0.50T_\mathrm{k}$	$0.125T_\mathrm{k}$

按"先 P 后 I 最后 D"的操作程序将调节器整定参数调到计算值上。若还不够满意，可再进一步调整。

临界比例度法整定的注意事项有：

● 有的过程控制系统，临界比例度很小，调节阀不是全关就是全开，对工业生产不利。

● 有的过程控制系统，当调节器比例度 δ 调到最小刻度值时，系统仍不产生等幅振荡，对此，将最小刻度的比例度作为临界比例度 δ_k 进行调节器参数整定。

【例 8-6】　已知如图 8.11 所示的控制系统，其中系统开环传递函数 $G_o(s) = \dfrac{1}{s(s+1)(s+5)}$，试采用临界比例度法计算系统 P、PI、PID 控制器的参数，并绘制整定后系统的单位阶跃响应曲线。

　　解：根据题意，建立如图 8.22 所示的 Simulink 模型。

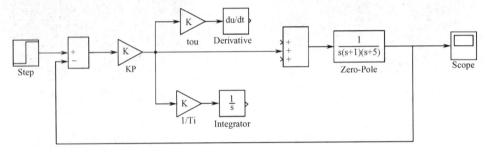

图 8.22　例 8-6 系统 Simulink 模型

　　临界比例度法整定的第一步是获取系统的等幅振荡曲线，在 Simulink 中，把反馈连线、微分器的输出连线、积分器的输出连线都断开，"KP"的值从大到小进行试验，每次仿真结束后，观察示波器的输出，直到输出等幅振荡曲线为止。本例中当 $K_p = 30$ 时出现等幅振荡，此时的 $T_k = 2.81$，等幅振荡曲线如图 8.23 所示。

　　根据表 8.2，可知 P 控制整定时，比例放大系数 $K_p = 15$，将"KP"的值置为 15，仿真运行，运行完毕后，双击"Scope"得到如图 8.24 所示的结果，它是 P 控制时系统的单位阶跃响应。

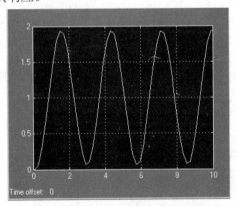

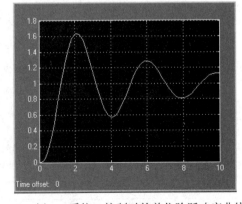

图 8.23　例 8-6 系统等幅振荡曲线　　　　图 8.24　例 8-6 系统 P 控制时的单位阶跃响应曲线

　　根据表 8.2，可知 PI 控制整定时，比例放大系数 $K_p = 13.5$，积分时间常数 $T_i = 2.3417$，将"KP"的值置为 13.5，"1/Ti"的值置为 1/2.3417，将积分器的输出连线连上，仿真运行，运行完毕后，双击"Scope"得到如图 8.25 所示的结果，它是 PI 控制时系统的单位阶跃响应。

根据表 8.2，可知 PID 控制整定时，比例放大系数 $K_p = 17.6471$，积分时间常数 $T_i = 1.405$，微分时间常数 $\tau = 0.35124$，将"KP"的值置为 17.6471，"1/Ti"的值置为 1/1.405，"tou"的值置为 0.35124，将微分器的输出连线连上，仿真运行，运行完毕后，双击"Scope"得到如图 8.26 所示的结果，它是 PID 控制时系统的单位阶跃响应。

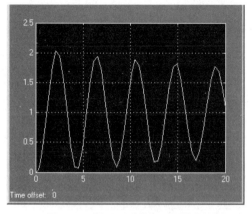

图 8.25　例 8-6 系统 PI 控制时的
单位阶跃响应曲线

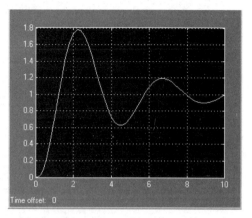

图 8.26　例 8-6 系统 PID 控制时的
单位阶跃响应曲线

由图 8.24、图 8.25 和图 8.26 对比可以看出，P 控制和 PI 控制的阶跃响应上升速度基本相同，由于这两种控制的比例系数不同，因此系统稳定的输出值不同。PI 控制的超调量比 P 控制的要小，PID 控制比 P 控制和 PI 控制的响应速度要快，但是超调量大些。

值得注意的是，由于工程整定方法依据的是经验公式，不是在任何情况下都适用的，因此，按照经验公式整定的 PID 参数并不是最好的，需要进行一些调整。本例中，按照表 8.2 整定的 PI 控制器的参数就不是非常好，这从图 8.25 中可以看出。将比例放大系数调整为 $K_p = 13.5$，积分时间常数调整为 $T_i = 12.5$，仿真运行，运行完毕后，双击"Scope"得到如图 8.27 所示的结果。

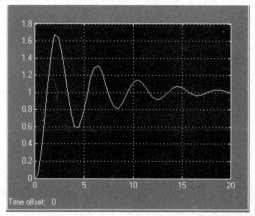

图 8.27　例 8-6 系统调整 PI 参数后的单位阶跃响应曲线

对比图 8.27 和图 8.25 可以看出，调整 PI 参数后系统的超调量减小了，调节时间也减小了。当然，调整参数的方法有多种，既可以调整 P 的参数，也可以调整 I 的参数，也可以同时调整这两者的参数。

3．衰减曲线法

衰减曲线法根据衰减频率特性整定控制器参数。先把控制系统中调节器参数置成纯比例作用（$T_i = \infty$，$\tau = 0$），使系统投入运行，再把比例度 δ 从大逐渐调小，直到出现 4:1 衰减过程曲线，如图 8.28 所示。

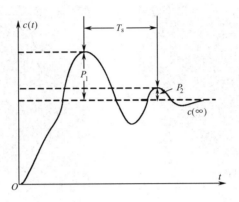

图 8.28 4:1 衰减曲线

此时的比例度为 4:1，即 $\dfrac{P_1}{P_2} = 4:1$，衰减比例度为 δ_s，上升时间为 t_r，两个相邻波峰间的时间间隔 T_s 称为 4:1 衰减振荡周期。

根据 δ_s、t_r 或 T_s，使用表 8.3 所示的经验公式，即可计算出调节器的各个整定参数值。

表 8.3 衰减曲线法整定控制器参数

控制器类型	比例度 δ/%	积分时间 T_i	微分时间 τ
P	δ_s	∞	0
PI	$1.2\delta_s$	$2t_r$ 或 $0.5T_s$	0
PID	$0.8\delta_s$	$1.2t_r$ 或 $0.3T_s$	$0.4t_r$ 或 $0.1T_s$

按"先 P 后 I 最后 D"的操作顺序，将求得的整定参数设置在调节器上，再观察运行曲线，若不太理想，还可适当调整。

衰减曲线法的注意事项有：

（1）反应较快的控制系统，要认定 4:1 衰减曲线和读出 T_s 比较困难，此时，可用记录指针来回摆动两次就达到稳定作为 4:1 衰减过程。

（2）在生产过程中，负荷变化会影响过程特性。当负荷变化较大时，必须重新整定调节器参数值。

（3）若认为 4:1 衰减太慢，可采用 10:1 衰减过程。对于 10:1 衰减曲线法整定调节器参数的步骤与上述完全相同，仅所用计算公式有些不同，具体公式可查阅相关资料，此处不再赘述。

【例 8-7】 已知如图 8.11 所示的控制系统,其中系统开环传递函数 $G_o(s) = \dfrac{6}{(s+1)(s+2)(s+3)}$，试采用临界比例度法计算系统 P、PI、PID 控制器的参数，并绘制整定后系统的单位阶跃响应曲线。

解：根据题意，建立如图 8.29 所示的 Simulink 模型。

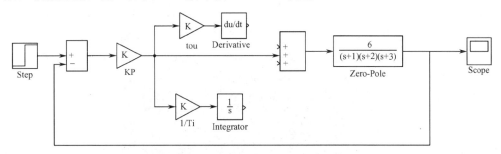

图 8.29　例 8-7 系统 Simulink 模型

衰减曲线法整定的第一步是获取系统的衰减曲线，本例按 4:1 衰减曲线整定，在 Simulink 中，把反馈连线、微分器的输出连线、积分器的输出连线都断开，"KP" 的值从大到小进行试验，每次仿真结束后，观察示波器的输出，直到输出 4:1 衰减振荡曲线为止。当 $K_p = 3.823$ 时，在 $t=1.55$ 时出现第一峰值，它的值为 1.13；在 $t=4.24$ 时出现第二峰值，它的值为 0.88，稳定值是 0.8，计算可得衰减度为 4:1。因此，当 $K_p = 3.823$ 时，系统出现 4:1 衰减振荡，且 $T_s = 4.24 - 1.55 = 2.69$，曲线如图 8.30 所示。

根据表 8.3，可知 P 控制整定时，比例放大系数和出现 4:1 衰减振荡时的比例系数相同，因此，P 控制时系统的单位阶跃响应曲线和图 8.30 相同。

根据表 8.3，可知 PI 控制整定时，比例放大系数 $K_p = 3.1858$，积分时间常数 $T_i = 1.345$，将 "KP" 的值置为 3.1815，"1/Ti" 的值置为 1/1.345，将积分器的输出连线连上，仿真运行，运行完毕后，双击 "Scope" 得到如图 8.31 所示的结果，它是 PI 控制时系统的单位阶跃响应曲线。

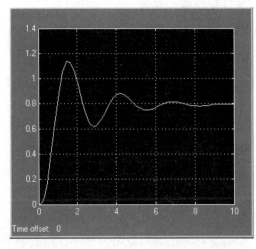

图 8.30　例 8-7 系统 4:1 衰减振荡曲线

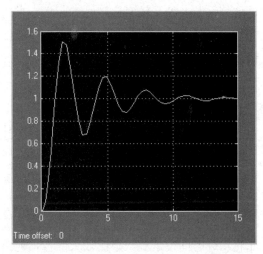

图 8.31　例 8-7 系统 PI 控制时的单位阶跃响应曲线

根据表 8.3，可知 PID 控制整定时，比例放大系数 $K_p = 4.7787$，积分时间常数 $T_i = 0.807$，微分时间常数 $\tau = 0.269$，将 "KP" 的值置为 4.7787，"1/Ti" 的值置为 1/0.807，"tou" 的值置为 0.269，将微分器的输出连线连上，仿真运行，运行完毕后，双击 "Scope" 得到如图 8.32 所示的结果，它是 PID 控制时系统的单位阶跃响应曲线。

由图 8.30、图 8.31 和图 8.32 对比可以看出，P 控制和 PI 控制的阶跃响应上升速度基本相同，由于这两种控制的比例系数不同，因此系统稳定的输出值不同。PI 控制的超调量比 P 控制的要小，PID 控制比 P 控制和 PI 控制的响应速度要快，但是超调量大些。

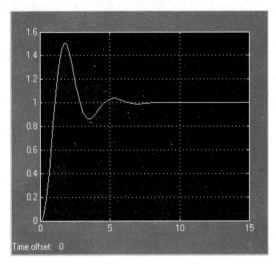

图 8.32　例 8-7 系统 PID 控制时的单位阶跃响应曲线

在 PID 参数进行整定时，如果能够有理论的方法确定 PID 参数当然是最理想的方法，但是在实际应用中，更多的是通过凑试法来确定 PID 的参数的。通过上面的例子，可以总结出几条基本的 PID 参数整定规律。

（1）增大比例系数一般将加快系统的响应，在有静差的情况下有利于减小静差，但是过大的比例系数会使系统有比较大的超调，并产生振荡，使稳定性变差。

（2）增大积分时间有利于减小超调、减小振荡，使系统的稳定性增加，但是系统静差消除时间变长。

（3）增大微分时间有利于加快系统的响应速度，使系统超调量减小，稳定性增加，但系统对扰动的抑制能力减弱。

在凑试时，可参考以上参数对系统控制过程的影响趋势，对参数调整实行先比例、后积分、再微分的整定步骤。即先整定比例部分，将比例参数由小变大，并观察相应的系统响应，直至得到反应快、超调小的响应曲线。如果系统没有静差或静差已经小到允许范围内，并且对响应曲线已经满意，则只需要比例调节器即可。

如果在比例调节的基础上系统的静差不能满足设计要求，则必须加入积分环节。在整定时先将积分时间设定到一个比较大的值，然后将已经调节好的比例系数略为缩小（一般缩小为原值的 0.8 倍），然后减小积分时间，使得系统在保持良好动态性能的情况下，静差得到消除。在此过程中，可根据系统的响应曲线的好坏反复改变比例系数和积分时间，以期得到满意的控制过程和整定参数。

如果在上述调整过程中对系统的动态过程反复调整还不能得到满意的结果，则可以加入微分环节。首先把微分时间设置为 0，在上述基础上逐渐增加微分时间，同时相应地改变比例系数和积分时间，逐步凑试，直至得到满意的调节效果。

8.4　控制系统校正的根轨迹法

根轨迹法是一种图解法，它描述了系统某一参数（通常是增益）从零变化到无穷大时其闭环极点位置的变化。但在实际中，只调整增益通常是不能获得所希望的性能的，因此，必须改造根轨迹，通过引入适当的校正装置来改变原来的根轨迹。引入校正装置就是在系统中增加零点和（或）极点，通过零/极点的变化改变根轨迹的形状。

用根轨迹法进行校正的基础，是通过在系统开环传递函数中增加零点和极点以改变根轨迹的形状，从而使系统根轨迹在 S 平面上通过希望的闭环极点。根轨迹法校正的特征是基于闭环系统具有一对主导闭环极点，当然，零点和附加的极点会影响响应特性。

应用根轨迹进行校正，实质上是通过采用校正装置改变根轨迹的，从而将一对主导闭环极点配置到期望的位置上。

在开环传递函数中增加极点，可以使根轨迹向右方移动，从而降低系统的相对稳定性，增大系统调节时间。前面讲的积分控制，相当于给系统增加了位于原点的极点，因此降低了系统的稳定性。

在开环传递函数中增加零点，可以使根轨迹向左方移动，从而提高系统的相对稳定性，减小系统调节时间。前面讲的微分控制，相当于给系统前向通道中增加了零点，因此增加了系统的超调量，并且加快了瞬态响应。

当系统的性能指标是以最大超调量、上升时间、调整时间、阻尼比，以及希望的闭环阻尼比、闭环极点无阻尼振频率等表示时，采用根轨迹法进行校正比较方便，在设计系统时，如果需要对增益以外的参数进行调整，则必须通过引入适当的校正装置来改变原来的零极点。

采用根轨迹法确定串联校正参数的条件是：

- 已确定采用串联校正方案；
- 给定时域指标 σ_p、t_s、$e_{ss}(\infty)$。

设已知系统不可变部分的传递函数为

$$G_o(s) = k \frac{(s-z_1)(s-z_2)\cdots(s-z_m)}{s^v(s-p_1)(s-p_2)\cdots(s-p_n)} \tag{8-14}$$

式中，K 为开环增益，$K = \lim\limits_{s \to 0} s^v G_o(s) = k \dfrac{\prod\limits_{i=1}^{m}(-z_i)}{\prod\limits_{i=1}^{n-v}(-p_i)}$，开环极点 $p_i(i=1,2,3,\cdots,n-v)$ 和零点 $z_i(i=1,2,3,\cdots,m)$ 为已知数据。

8.4.1　基于根轨迹法的超前校正

用根轨迹法设计超前校正装置的步骤为：

（1）先假定系统的控制性能由靠虚轴最近的一对闭环共轭极点 s_d 来主导。

（2）应用二阶系统参量 ζ 和 ω_n 与时域指标间的关系，按给定的 σ_p 与 t_s 确定闭环主导极点的位置。

（3）绘制原系统根轨迹，如果根轨迹不能通过希望的闭环主导极点，则表明仅调整增益不能满足给定要求，需加校正装置。如果原系统根轨迹位于期望极点的右侧，则应加入超前校正装置。

（4）计算超前校正装置应提供的超前相角。

（5）按式（8-15）求校正装置零点、极点位置。

$$\varphi_c = \pm(2k+1)\pi - \angle G_o(s_d) \tag{8-15}$$

（6）由幅值条件确定校正后系统增益。

（7）校验系统的性能指标，如果系统不能满足要求指标，适当调整零点、极点的位置。如果需要大的静态误差系数，则应采用其他方案。

8.4.2　基于根轨迹法的滞后校正

用根轨迹法设计串联滞后校正的设计步骤为：

（1）绘制出未校正系统的根轨迹。

（2）根据要求的瞬态响应指标，确定希望的闭环主导极点，根据根轨迹的幅值条件，计算与主导极点对应的开环增益。

（3）按给定的性能指标中关于稳态误差的要求，计算应增大的误差系数值。

（4）由应增大的误差系数值确定校正装置 β 值，通常 β 取值不超过 10。

（5）确定滞后校正装置的零点、极点，原则是使零点、极点靠近坐标原点，且两者相距 β 倍。

（6）绘出校正后系统的根轨迹，并求出希望的主导极点。

（7）由希望的闭环极点，根据幅值条件，适当调整放大器的增益。

（8）校验校正后系统各项性能指标，如不满足要求，则适当调整校正装置零点、极点。

8.4.3　基于根轨迹法的超前滞后校正

用根轨迹法设计串联超前滞后校正的设计步骤为：

（1）根据要求的性能指标，确定希望的主导极点 s_d 的位置。

（2）为使闭环极点位于希望的位置，计算超前滞后校正中超前部分应产生的超前相角。

$$\varphi_c = \pm(2k+1)\pi - \angle G_o(s_d)$$

（3）超前滞后校正装置的传递函数为

$$\varphi_c = \pm(2k+1)\pi - \angle G_o(s_d) , \qquad G_c(s) = K_c\left(\frac{s+\dfrac{1}{T_1}}{s+\dfrac{\beta}{T_1}}\right)\left(\frac{s+\dfrac{1}{T_2}}{s+\dfrac{1}{T_2\beta}}\right)$$

（4）对超前滞后校正中滞后部分的 T_2 选择要足够大，即

$$\left|\frac{s_d+\dfrac{1}{T_2}}{s_d+\dfrac{1}{T_2\beta}}\right| = 1, \quad \left|\frac{s_d+\dfrac{1}{T_1}}{s_d+\dfrac{\beta}{T_1}}\right||K_1 G_o(s_d)| = 1, \quad \angle\left(s_d+\dfrac{1}{T_1}\right) - \angle\left(s_d+\dfrac{\beta}{T_1}\right) = \varphi$$

（5）利用求得的 β 值，选择 T_2，使

$$\left|\frac{s_d+\dfrac{1}{T_2}}{s_d+\dfrac{1}{\beta T_2}}\right| \approx 1, \quad 0° < \angle\left(\frac{s_d+\dfrac{1}{T_2}}{s_d+\dfrac{1}{\beta T_2}}\right) < 3°$$

（6）检验性能指标。

8.4.4 MATLAB/Simulink 在根轨迹法校正中的应用

根据前面所讲的根轨迹校正设计原则，可以采用 MATLAB 编写校正函数，调用函数便可设计出所需的校正器，为线性控制系统的设计提供了一种简单有效的途径。下面通过实例介绍用 MATLAB 实现校正器的根轨迹法设计的详细过程。

【例 8-8】 已知系统开环传递函数 $G_o(s) = \dfrac{2.3}{s(1+0.2s)(1+0.15s)}$，试设计超前校正环节，使其校正后系统的静态速度误差系数 $K_v \leqslant 4.6$，闭环主导极点满足阻尼比 $\zeta = 0.2$，自然振荡角频率 $\omega_n = 12.0 \text{ rad/s}$，并绘制校正前后系统的单位阶跃响应曲线、单位脉冲响应曲线和根轨迹。

解： 计算串联超前校正环节参数的子函数 MATLAB 程序代码如下。

```
%采用根轨迹法设计的串联超前校正的子函数
%G 为校正前系统的开环传递函数；Gc 为校正环节的传递函数
function Gc=cqjz_root(G, s1, kc)
numG=G.num{1}; denG=G.den{1}
ngv=polyval(numG, s1); dgv=polyval(denG, s1)
g=ngv/dgv
theta_G=angle(g); theta_s=angle(s1)
MG=abs(g); Ms=abs(s1)
Tz=( sin(theta_s)-kc*MG*sin(theta_G-theta_s) )/( kc*MG*Ms*sin(theta_G) )
Tp=-( kc*MG*sin(theta_s)+sin(theta_G+theta_s))/(Ms*sin(theta_G))
Gc=tf([Tz, 1], [Tp, 1])
```

主函数 MATLAB 代码如下。

```
num=2.3; den=conv([1, 0], conv([0.2, 1], [0.15, 1]) ); G=tf(num, den)
                                        %建立校正前系统开环传递函数
```

```
zeta=0.2; wn=12.0                          %校正后系统的要求性能参数
[num, den]=ord2(wn, zeta)
s=roots(den)
s1=s(1);  kc=2
Gc=cqjz_root(G, s1, kc)
GGc=G*Gc*kc                                %校正后的系统开环传递函数
Gy_close=feedback(G, 1)                     %校正前系统的闭环传递函数
Gx_close=feedback(GGc, 1)                   %校正后系统的闭环传递函数
figure(1);  step(Gx_close, 'b', 3.5);  hold on
                                           %绘制校正后系统的单位阶跃响应图
step(Gy_close, 'r', 3.5) ;  grid           %校正前系统的单位阶跃响应
gtext('校正前的');  gtext('校正后的')        %放置曲线的文字注释
figure(2);  impulse(Gx_close, 'b', 3.5);  hold on
                                           %绘制校正后系统的单位冲激响应图
impulse(Gy_close, 'r', 3.5) ;  grid        %校正前系统的单位冲激响应
gtext('校正前的');  gtext('校正后的')        %放置曲线的文字注释
figure(3);  rlocus(G, GGc);  grid          %绘制校正后系统的根轨迹图
gtext('校正前的');  gtext('校正后的')        %放置曲线的文字注释
```

运行结果如下。

```
%超前校正环节传递函数
1.016 s + 1
------------
0.0404 s + 1
%校正后系统闭环传递函数
                    4.672 s + 4.6
-----------------------------------------------------
0.001212 s^4 + 0.04414 s^3 + 0.3904 s^2 + 5.672 s + 4.6
```

系统校正前后的单位阶跃响应曲线如图 8.33 所示。

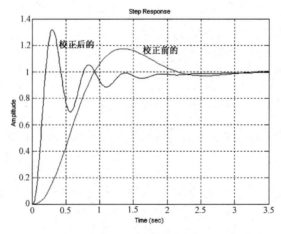

图 8.33　例 8-8 系统校正前后单位阶跃响应曲线

系统校正前后的单位脉冲响应曲线如图 8.34 所示。

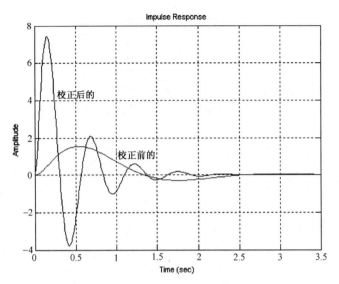

图 8.34　例 8-8 系统校正前后单位脉冲响应曲线

系统校正前后的根轨迹曲线如图 8.35 所示。

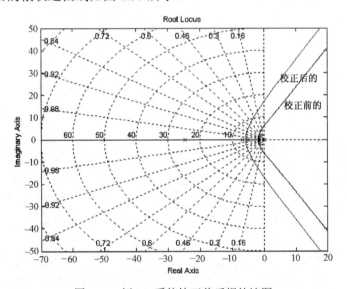

图 8.35　例 8-8 系统校正前后根轨迹图

由运行结果可知，串联超前校正环节的传递函数 $G_c(s) = \dfrac{1.016s + 1}{0.0404s + 1}$。在阶跃响应图上单击鼠标右键，选择弹出菜单"Charateristics"，分别选择"Peak Response"、"Rise Time"、"Setting Time"便可得到系统的超调、上升时间和调节时间。

由运行图可知，校正前的系统超调为 $\sigma = 17.3\%$，上升时间 $t_r = 0.58\,\mathrm{s}$，调节时间 $t_s = 2.92\,\mathrm{s}$；校正后的系统超调为 $\sigma = 31.7\%$，上升时间 $t_r = 0.123\,\mathrm{s}$，调节时间 $t_s = 2.3\,\mathrm{s}$，可知校正后系统的性能提高了。

从根轨迹图可以看出，校正后系统根轨迹左移，从而提高系统的相对稳定性，缩短系统调节时间。

【例 8-9】 已知系统开环传递函数 $G_o(s) = \dfrac{4}{s(s+2.5)}$，试设计滞后校正环节，使其校正后系统的静态速度误差系数 $K_v \leqslant 6$，闭环主导极点满足阻尼比 $\zeta = 0.407$，并绘制校正前后系统的单位阶跃响应曲线、单位脉冲响应曲线和根轨迹。

解： 计算串联滞后校正环节参数的子函数 MATLAB 程序代码如下。

```
%采用根轨迹法设计的串联滞后校正的子函数
%G 为校正前系统的开环传递函数；Gc 为校正环节的传递函数
function [Gc, kc]=zhjz_root(G, zeta, wc, Tz)
G=tf(G);  [r, k]=rlocus(G)
za=zeta/sqrt(1-zeta^2)
ri=r(1, find(imag(r(1, :))>0))
ra=imag(ri)./real(ri)
kc=spline(ra, k(find(imag(r(1, :))>0)), 1/za)
syms x; syms ng; syms dg
ng=poly2sym(G.num{1}) ; dg=poly2sym(G.den{1})
ess=limit(ng*kc/dg*x)
beta=round(100/sym2poly(ess)/wc);  Tp=Tz/beta
Gc=tf([1, Tz], [1, Tp])
```

主函数的代码如下。

```
num=4; den=conv([1, 0], [1, 2.5] ); G=tf(num, den)    %建立校正前系统的传递函数
zeta=0.407; wc=6; Tz=0.1
[Gc, Kc]=zhjz_root(G, zeta, wc, Tz)
GGc=G*Gc*Kc                              %校正后系统的开环传递函数
Gy_close=feedback(G, 1)                   %校正前系统的闭环传递函数
Gx_close=feedback(GGc, 1)                 %校正后系统的闭环传递函数
figure(1);  step(Gx_close, 'b');  hold on    %绘制校正后系统的单位阶跃响应图
step(Gy_close, 'r');  grid               %绘制校正前系统的单位阶跃响应图
gtext('校正前的');  gtext('校正后的')        %放置曲线的文字注释
figure(2);  impulse(Gx_close, 'b');  hold on  %绘制校正后系统的单位冲激响应图
impulse(Gy_close, 'r');  grid            %绘制校正前系统的单位冲激响应图
gtext('校正前的');  gtext('校正后的')        %放置曲线的文字注释
figure(3);  rlocus(G, GGc);  grid        %绘制校正后系统的根轨迹图
gtext('校正前的');  gtext('校正后的')        %放置曲线的文字注释
```

运行结果如下。

```
%滞后校正环节传递函数
s + 0.1
---------
s + 0.025
%系统增益
Kc =    2.3581
%校正后系统闭环传递函数
      9.433 s + 0.9433
---------------------------------
s^3 + 2.525 s^2 + 9.495 s + 0.9433
```

系统校正前后的单位阶跃响应曲线如图 8.36 所示。

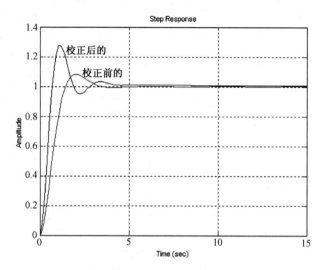

图 8.36　例 8-9 系统校正前后单位阶跃响应曲线

系统校正前后的单位脉冲响应曲线如图 8.37 所示。

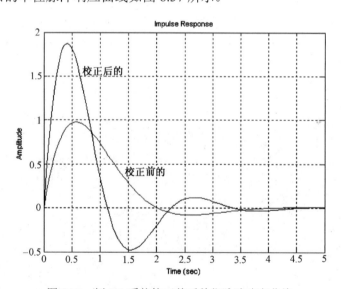

图 8.37　例 8-9 系统校正前后单位脉冲响应曲线

系统校正前后的根轨迹曲线如图 8.38 所示。

由运行结果可知，串联超前校正环节的传递函数 $G_c(s) = \dfrac{s+0.1}{s+0.025}$。在阶跃响应图上单击鼠标右键，选择弹出菜单"Charateristics"，分别选择"Peak Response"、"Rise Time"、"Setting Time"，便可得到系统的超调、上升时间和调节时间。

由运行图可知，校正前的系统超调为 $\sigma = 8.08\%$，上升时间 $t_r = 0.961\,\text{s}$，调节时间 $t_s = 2.99\,\text{s}$；校正后的系统超调为 $\sigma = 27.4\%$，上升时间 $t_r = 0.478\,\text{s}$，调节时间 $t_s = 2.3\,\text{s}$，可知校正后系统的性能提高了。

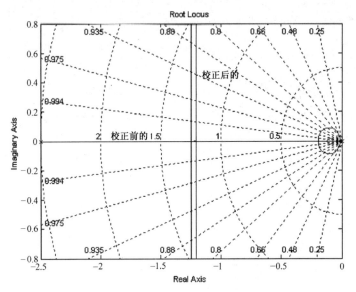

图 8.38 例 8-9 系统校正前后根轨迹

【**例 8-10**】 已知系统开环传递函数 $G_o(s) = \dfrac{8}{s(s + 0.4)}$，试设计超前滞后校正环节，使其校正后系统的静态速度误差系数 $K_v \leqslant 5$，闭环主导极点满足阻尼比 $\zeta = 0.2$ 和自然振荡角频率 $\omega_n = 5\ \text{rad/s}$，相角裕度为 $50°$，并绘制校正前后系统的单位阶跃响应曲线、单位脉冲响应曲线和根轨迹。

解：函数 MATLAB 程序代码如下。

```
z=[];  p=[0, -0.4];  k=8
Gz=zpk(z, p, k);  G=tf(Gz)
zeta=0.2; wn=5
kc=1;  Tz=0.1;  dPm=50+5
ng=G.num{1}; dg=G.den{1}
[num, den]=ord2(wn, zeta)
s=roots(den)
s1=s(1)
Gc1=cqjz_root(G, s1, kc)
G1=G*Gc1*kc
[Gc2, Kc2]=zhjz_root(G, zeta, wn, Tz)
GGc=G1*Gc2*Kc2                              %校正后系统的开环传递函数
Gy_close=feedback(G, 1)                     %校正前系统的闭环传递函数
Gx_close=feedback(GGc, 1)                   %校正后系统的闭环传递函数
figure(1);  step(Gx_close, 'b');  hold on  %绘制校正后系统的单位阶跃响应图
step(Gy_close, 'r');  grid                  %绘制校正前系统的单位阶跃响应图
gtext('校正前的'); gtext('校正后的')        %放置曲线的文字注释
figure(2);  impulse(Gx_close, 'b');  hold on %绘制校正后系统的单位冲激响应图
impulse(Gy_close, 'r');  grid               %绘制校正前系统的单位冲激响应图
gtext('校正前的'); gtext('校正后的')        %放置曲线的文字注释
figure(3);  rlocus(G, GGc);  grid           %绘制校正后系统的根轨迹图
gtext('校正前的'); gtext('校正后的')        %放置曲线的文字注释
```

运行结果如下。

```
%超前校正环节传递函数
1.358 s + 1
-----------
0.425 s + 1
%滞后校正环节传递函数
s + 0.1
-----------
s + 0.0125
%校正后系统闭环传递函数
    1.358 s^2 + 1.136 s + 0.1
------------------------------------------------
0.425 s^4 + 1.175 s^3 + 1.773 s^2 + 1.141 s + 0.1
```

系统校正前后的单位阶跃响应曲线如图 8.39 所示。

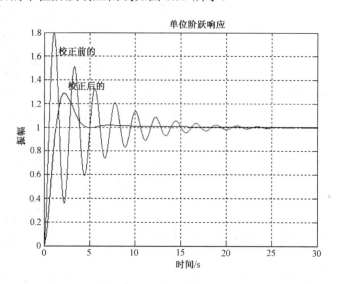

图 8.39　例 8-10 系统校正前后单位阶跃响应曲线

系统校正前后的单位脉冲响应曲线如图 8.40 所示。

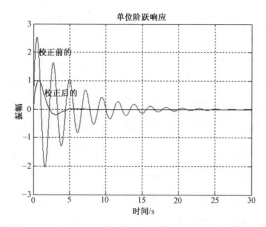

图 8.40　例 8-10 系统校正前后单位脉冲响应曲线

系统校正前后的根轨迹如图 8.41 所示。

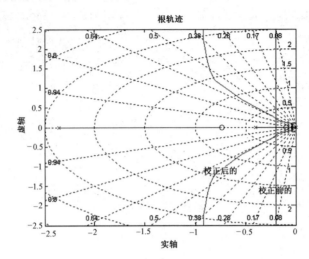

图 8.41　例 8-10 系统校正前后根轨迹

由运行结果可知，串联超前校正环节的传递函数 $G_c(s) = 0.125 \times \dfrac{s+0.1}{s+0.0125} \times \dfrac{1.358s+1}{0.425s+1}$。

在阶跃响应图上单击鼠标右键，选择弹出菜单"Charateristics"，分别选择"Peak Response"、"Rise Time"和"Setting Time"，便可得到系统的超调、上升时间和调节时间。

由运行图可知，校正前的系统超调为 $\sigma = 79.9\%$，上升时间 $t_r = 0.384\,s$，调节时间 $t_s = 19.1\,s$；校正后的系统超调为 $\sigma = 28.9\%$，上升时间 $t_r = 0.907\,s$，调节时间 $t_s = 4.19\,s$，可知校正后，系统的性能显著提高了。

8.5 控制系统校正的频率响应法

前文提到对数频率特性的低频段影响系统的稳态误差，当要求系统的输出量以某一精度跟随输入时，需要系统在低频段具有相当的增益；在中频段，为了保证系统有足够的相角裕度，其特性斜率应为–20 dB/dec，一般最大不超过–30 dB/dec，而且在穿越频率附近要有一定的延伸段；为了减小高频干扰的影响，通常需要有尽快衰减的特性。

8.5.1　基于频率法的超前校正

频率法中的串联超前校正是利用校正装置的超前相位在穿越频率处对系统进行相位补偿，以提高系统的相位稳定裕量，同时也提高了穿越频率值，从而改善系统的稳定性和快速性。串联超前校正主要适用于稳定精度不需要改变，暂态性能不佳，而穿越频率附近相位变化平稳的系统。

应用频率法进行串联超前校正的步骤如下。

（1）根据所要求的稳态性能指标，确定系统的开环增益 K。

（2）绘制满足由（1）确定的值下的系统 Bode 图，并求出系统的相角裕量 γ_0。

（3）确定为使相角裕量达到要求值所需增加的超前相角 φ_c，即 $\varphi_c = \gamma - \gamma_0 + \varepsilon$，其中，$\gamma$ 为要求的相角裕量，是考虑到校正装置影响剪切频率的位置而附加的相角裕量，当未校正系统中频段的斜率为–40 dB/dec 时，取 $\varepsilon = 5° \sim 15°$，当未校正系统中频段斜率为–60 dB/dec 时，取 $\varepsilon = 5° \sim 20°$。

（4）令超前校正网络的最大超前相角 $\varphi_m = \varphi_c$，则由下式求出校正装置的参数 α。

$$\alpha = \frac{1 - \sin \varphi_m}{1 + \sin \varphi_m}$$

（5）在 Bode 图上确定未校正系统幅值为 $20\lg \sqrt{\alpha}$ 时的频率 ω_m，该频率作为校正后系统的开环剪切频率 ω_c，即 $\omega_c = \omega_m$。

（6）由 ω_m 确定校正装置的转折频率 ω_1 和 ω_2，$\omega_1 = \frac{1}{\tau} = \omega_m \sqrt{\alpha}$，$\omega_2 = \frac{1}{\alpha\tau} = \frac{\omega_m}{\sqrt{\alpha}}$。超前校正装置的传递函数 $G_c(s) = \alpha \dfrac{\tau s + 1}{\alpha\tau s + 1}$。

（7）将系统放大倍数增大 $1/\alpha$ 倍，以补偿超前校正装置引起的幅值衰减，即 $K_c = 1/\alpha$。

（8）画出校正后系统的 Bode 图，校正后系统的开环传递函数为 $G(s) = G_o(s)G_c(s)K_c$。

（9）检验系统的性能指标，若不满足要求，可增大 ε 值，从步骤（3）重新计算。

8.5.2 基于频率法的滞后校正

频率法中的串联滞后校正在于提高系统的开环增益，改善控制系统的稳态性能，并尽量不影响原有系统的动态性能。串联滞后校正主要适用于未校正系统或经串联超前校正的系统的动态性能不能满足给定性能指标的需要，只需增大开环增益用以提高控制系统精度的一类系统中。

基于频率法的串联滞后校正步骤如下。

（1）根据稳态误差的要求确定系统开环放大系数，再用这一放大系数绘制原系统的 Bode 图，计算出本校正系统的相角裕度和增益裕量。

（2）根据给定相角裕度，增加 $5° \sim 15°$ 的补偿，估计需要附加的相角位移，找出符合这一要求的频率作为穿越频率 ω_c。

（3）确定出原系统在 $\omega = \omega_c$ 处幅值下降到 0 dB 时所必需的衰减量，使这一衰减量等于 $-20\lg \gamma_i$，从而确定 γ_i 的值。

（4）选择 $\omega_2 = \dfrac{1}{T_d}$，计算 $\omega_1 = \dfrac{\omega_2}{\gamma_i}$。

（5）计算校正后频率特性的相角裕度并判断是否满足给定要求，若不满足则重新计算。

（6）计算校正装置参数。

8.5.3 MATLAB/Simulink 在频率响应法校正中的应用

根据前面所讲的频率响应法校正设计原则，可以采用 MATLAB 编写校正函数，调用函数便可设计出所需的校正器，为线性控制系统的设计提供了一种简单有效的途径。下面通过实例介绍用 MATLAB 实现校正器的频率响应法设计的详细过程。

【例 8-11】 已知系统开环传递函数 $G_o(s) = \dfrac{2}{s(1+0.1s)(1+0.3s)}$，试设计超前校正环节，使其校正后系统的静态速度误差系数 $K_v \leqslant 6$，相角裕度为 $45°$，并绘制校正前后系统的单位阶跃响应曲线，开环 Bode 图和闭环 Nyquist 图。

解： 计算串联超前校正环节参数的子函数 MATLAB 程序代码如下。

```
%采用频率响应法设计的串联超前校正的子函数
%G 为校正前系统的开环传递函数；Gc 为校正环节的传递函数
function Gc=cqjz_frequency(G, kc, yPm)
G=tf(G)
[mag, pha, w]=bode(G*kc);   Mag=20*log10(mag)
[Gm, Pm.Wcg, Wcp]=margin(G*kc)
phi=(yPm-getfield(Pm, 'Wcg'))*pi/180; alpha=(1+sin(phi))/(1-sin(phi))
Mn=-10*log10(alpha);   Wcgn=spline(Mag, w, Mn)
T=1/Wcgn/sqrt(alpha); Tz=alpha*T
Gc=tf([Tz, 1], [T, 1])
```

主函数 MATLAB 代码如下。

```
num=2; den=conv([1, 0], conv([0.3, 1], [0.1, 1]) ); G=tf(num, den)
                                        %建立校正前系统的开环传递函数

kc=3;   yPm=45+12
Gc=cqjz_frequency(G, kc, yPm)           %求得串联超前校正环节的传递函数
G=G*kc;   GGc=G*Gc
Gy_close=feedback(G, 1)                 %校正前系统的闭环传递函数
Gx_close=feedback(GGc, 1)               %校正后系统的闭环传递函数
figure(1);   step(Gx_close, 'b');   hold on   %绘制校正后系统的单位阶跃响应图
step(Gy_close, 'r');   grid             %绘制校正前系统的单位阶跃响应图
gtext('校正前的'); gtext('校正后的')     %放置曲线的文字注释
figure(2);   bode(G, 'b');   hold on    %绘制校正前系统的 Bode 图
bode(GGc, 'r');   grid                  %绘制校正后系统的 Bode 图
gtext('校正前的'); gtext('校正后的'); gtext('校正前的'); gtext('校正后的');
                                        %放置曲线的文字注释
figure(3);   nyquist(Gx_close, 'b');   hold on   %绘制校正后系统的 Nyquist 图
nyquist(Gy_close, 'r');   grid          %绘制校正前系统的 Nyquist 图
gtext('校正前的'); gtext('校正后的')     %放置曲线的文字注释
```

运行结果如下。

```
%超前校正环节传递函数
Transfer function:
0.3611 s + 1
-------------
0.09471 s + 1
%校正后系统闭环传递函数
```

```
   2.167 s + 6
-----------------------------------------------------
0.002841 s^4 + 0.06788 s^3 + 0.4947 s^2 + 3.167 s + 6
```

系统校正前后的单位阶跃响应曲线如图 8.42 所示。

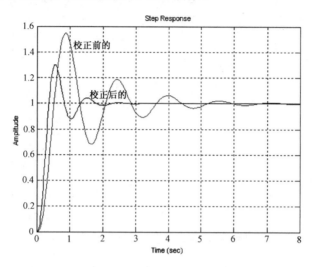

图 8.42　例 8-11 系统校正前后单位阶跃响应曲线

系统校正前后的开环 Bode 图如图 8.43 所示。

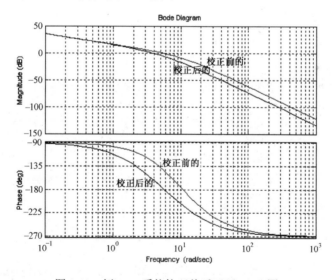

图 8.43　例 8-11 系统校正前后开环 Bode 图

系统校正前后的闭环 Nyquist 图如图 8.44 所示。

由运行结果可知，串联超前校正环节的传递函数 $G_c(s) = \dfrac{0.3611s+1}{0.09471s+1}$。在 Bode 图上单击

鼠标右键，选择弹出菜单"Charateristics"，选择"Stability"便可得到系统的幅值裕度、相角裕度和调节时间。

由运行图可知，校正前的幅值裕度为 6.94 dB，相角裕度为 21.2；校正后的系统幅值裕度

为 10.1 dB，相角裕度为 39，可知引入串联超前校正后，系统的带宽增加，闭环系统谐振峰值下降，静态误差系数增大。

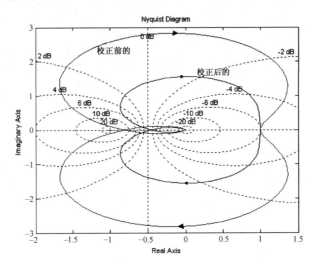

图 8.44　例 8-11 系统校正前后闭环 Nyquist 图

【例 8-12】　已知系统开环传递函数 $G_o(s) = \dfrac{2}{s(s+2.8)(s+0.8)}$，试设计滞后校正环节，使其校正后系统的静态速度误差系数 $K_v \leqslant 6$，系统阻尼比 $\zeta = 0.307$，并绘制校正前后系统的单位阶跃响应曲线，开环 Bode 图和闭环 Nyquist 图。

解：计算串联滞后校正环节参数的子函数 MATLAB 程序代码如下。

```
%采用频率响应法设计的串联滞后校正的子函数
%G 为校正前系统的开环传递函数；Gc 为校正环节的传递函数
function Gc=cqjz_frequency(G, kc, dPm)
G=tf(G); num=G.num{1}; den=G.den{1}
[mag, phase, w]=bode(G*kc)
wcg=spline(phase(1, :), w', dPm-180)
magdb=20*log10(mag)
Gr=-spline(w', magdb(1, :), wcg)
alpha=10^(Gr/20); T=10/(alpha*wcg)
Gc=tf([alpha*T, 1], [T, 1])
```

主函数 MATLAB 代码如下。

```
num=2; den=conv([1, 0], conv([1, 2.8], [1, 0.8])); G=tf(num, den)
zeta=0.307; Pm=2*sin(zeta)*180/pi
dPm=Pm+5; kc=2
Gc=zhjz_frequency(G, kc, dPm)
G=G*kc; GGc=G*Gc                    %获得校正后系统的开环传递函数
Gy_close=feedback(G, 1)            %校正前系统的闭环传递函数
Gx_close=feedback(GGc, 1)          %校正后系统的闭环传递函数
figure(1); step(Gx_close, 'b'); hold on;   %绘制校正后系统的单位阶跃响应图
step(Gy_close, 'r'); grid          %绘制校正前系统的单位阶跃响应图
gtext('校正前的'); gtext('校正后的')   %放置曲线的文字注释
```

```
figure(2);  bode(G, 'b');  hold on          %绘制校正前系统的 Bode 图
bode(GGc, 'r');   grid                       %绘制校正后系统的 Bode 图
gtext('校正前的'); gtext('校正后的'); gtext('校正前的'); gtext('校正后的');
                                             %放置曲线的文字注释
figure(3);  nyquist(Gx_close, 'b');  hold on  %绘制校正后系统的 Nyquist 图
nyquist(Gy_close, 'r');  grid                %绘制校正前系统的 Nyquist 图
gtext('校正前的');  gtext('校正后的')          %放置曲线的文字注释
```

运行结果如下。

```
%滞后校正环节传递函数
16.08 s + 1
-----------
35.61 s + 1
%校正后系统闭环传递函数
       64.34 s + 4
------------------------------------------------
35.61 s^4 + 129.2 s^3 + 83.37 s^2 + 66.58 s + 4
```

系统校正前后的单位阶跃响应曲线如图 8.45 所示。

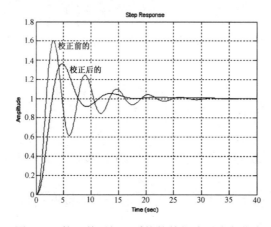

图 8.45　校正前后闭环系统的单位阶跃响应曲线

系统校正前后的 Bode 图如图 8.46 所示。

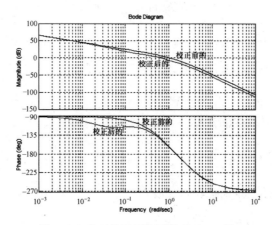

图 8.46　校正前后开环系统的 Bode 图

系统校正前后的 Nyquist 图如图 8.47 所示。

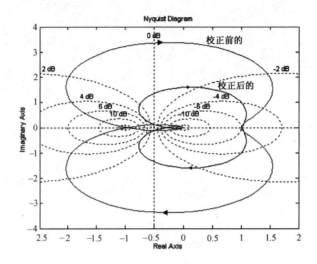

图 8.47　校正前后闭环系统的 Nyquist 图

由运行结果可知，串联滞后校正环节的传递函数 $G_c(s) = \dfrac{16.08s+1}{35.61s+1}$。在 Bode 图上单击鼠标右键，选择弹出菜单"Charateristics"，再选择"Stability"便可得到系统的幅值裕度、相角裕度和调节时间。

由运行图可知，校正前的幅值裕度为 6.09 dB，相角裕度为 17.7；校正后的系统幅值裕度为 12.5 dB，相角裕度为 36.4，系统的幅值裕度和相角裕度都得到了改善。

频率法中的串联超前滞后校正，可兼有上述两种作用，主要用于要求较高但单纯的超前校正或滞后校正不能满足或无法应用的系统的校正，设计方法与前面类似，此处不再赘述。

8.6　综合实例及 MATLAB/Simulink 应用

下面通过一个综合实例，讲述 MATLAB/Simulink 在本章中的应用。

【例 8-13】　某单位负反馈控制系统的开环传递函数 $G(s) = \dfrac{K}{s(s+1)(s+2)}$，设计一个串联的校正装置，使校正后的系统静态速度误差系数 $\geqslant 10s^{-1}$，相角裕量 $\geqslant 45$，增益裕量 $\geqslant 10$ dB。

解： 使用 MATLAB/Simunlink 求解本题的基本步骤如下。

步骤 1　确定开环传递函数中的系数 K。

系统的静态速度误差系数的计算公式为

$$\lim_{s \to 0} sG(s) = \lim_{s \to 0} \frac{K \times s}{s(s+1)(s+2)} = \lim_{s \to 0} \frac{K}{(s+1)(s+2)} = \frac{K}{2}$$

根据题目要求，校正后的系统静态速度误差系数最小为 $10s^{-1}$，因此可求得 $K=20$。因此，系统的开环传递函数为 $G(s) = \dfrac{20}{s(s+1)(s+2)}$。

步骤 2　建立控制系统的数学模型。

MATLAB 的代码如下。

```
clc;                                      %清除工作空间显示
clear;                                    %清除工作空间的所有变量
num_open = [0 20];                        %开环传递函数分子多项式系数
den_open = conv(conv([1 0],[1 1]),[1 2]); %开环传递函数分母多项式系数
sys_open = tf(num_open,den_open)          %开环传递函数模型
```

程序运行的结果为

```
Transfer function:
      20
---------------------
s^3 + 3 s^2 + 2 s
```

步骤 3　分析系统的动态特性。

根据建立好的数学模型，绘制系统的频率响应曲线，分析系统的动态特性。利用 margin 命令计算闭环系统当前的相角裕量和增益裕量，以此确定所需的串联校正环节。

MATLAB 代码如下。

```
%分析系统的频率响应特性
[Gm, Pm, Wcg, Wcp] = margin(sys_open)       %计算相角裕量和增益裕量
margin(sys_open);
```

程序的运行结果为

```
Gm =    -10.50
Pm =    -28.0814
Wcg =   1.4142
Wcp =   2.4253
```

系统频率响应曲线如图 8.48 所示。

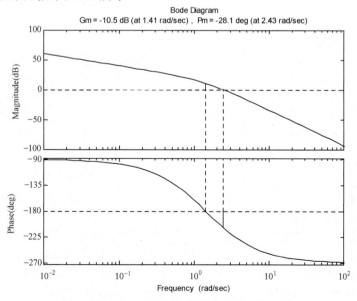

图 8.48　闭环系统的频率响应曲线

计算结果显示，未校正的系统增益裕量只有-10.5，相角裕量为-28.0814，相角穿越频率为 1.4142，幅值穿越频率为 2.4253。系统尚不稳定，离要求的性能相去甚远。因此，需要串联校正环节，使系统的动态特性满足要求。

步骤 4　设计系统的串联校正装置。

由于系统期望相角裕量为 45，因此校正装置需要将相角提升大约 73。如果单纯采用超前校正，则很难提升如此之大的相角；如果单纯采用滞后校正，则系统的增益裕量又会下降（目前的增益裕量尚且没有满足题设的要求）。综合考虑，需要采用超前滞后校正。

首先设计滞后环节。假定校正后的系统增益穿越频率为 1，并且取零极点之比为 10，则滞后环节的传递函数为 $\dfrac{s+0.1}{s+0.01}$。此时，系统的频率响应如图 8.49 所示。

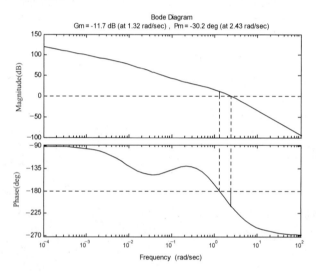

图 8.49　加入滞后环节后的系统频率响应曲线

对应的 MATLAB 代码如下。

```
%设计串联校正器的滞后环节
num_zhihou = [1 0.1];                           %滞后环节传递函数的分子多项式系数
den_zhihou = [1 0.01];                          %滞后环节传递函数的分母多项式系数
sys_zhihou = tf(num_zhihou, den_zhihou);        %滞后环节的传递函数模型
sys_new = sys_open * sys_zhihou                 %加入滞后环节后系统的开环传递函数
margin(sys_new);                                %绘制加入滞后环节后系统的 Bode 曲线
```

随后，根据滞后校正得出的结果，相应设计超前校正环节为 $\dfrac{s+0.5}{s+5}$，此时系统的频率响应如图 8.50 所示。

对应的 MATLAB 代码如下。

```
%设计串联校正器的超前环节
num_chaoqian = [1 0.5]; den_chaoqian = [1 5];   %超前环节传递函数的分子、分母多项式系数
sys_chaoqian = tf(num_chaoqian,den_chaoqian);   %超前环节的传递函数模型
sys_new = sys_new * sys_chaoqian;               %加入超前-滞后环节后系统的开环传递函数
margin(sys_new);                                %绘制加入超前-滞后环节后系统的 Bode 曲线
```

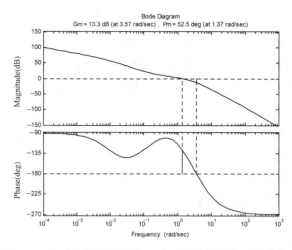

图 8.50 加入超前滞后校正环节后系统的频率响应曲线

不难看出，此时闭环系统的增益裕量为 13.3，相角裕量为 52.5，增益穿越频率为 1.37；各项参数均符合题设要求。

利用如下 MATLAB 代码，可以对比校正前后系统的频率响应。

```
%对比校正前后的系统频率响应
figure(1);                                    %开启新的图形显示窗口
bode(sys_open);                               %绘制开环传递函数的Bode曲线
hold on;                                      %在同一幅图像上显示多条曲线
bode(sys_new);                                %绘制加入校正环节后系统的Bode曲线
gtext('校正前的'); gtext('校正后的'); gtext('校正前的'); gtext('校正后的');
                                              %为曲线添加标注
grid on                                       %显示网格线
```

程序运行的结果如图 8.51 所示，从图 8.51 中可以看出，超前滞后校正环节主要作用于 $0.01\sim10$ 频率段，滞后校正将低频部分的相频曲线"压低"，超前校正则将高频部分的相频曲线"抬高"，从而大大提高系统中频段的相位。

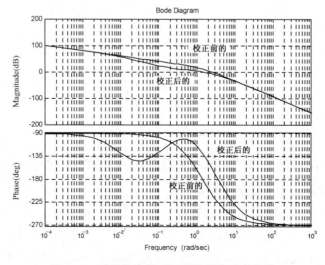

图 8.51 系统校正前后不同的频率响应曲线

同时，滞后校正"抬高"低频部分的幅频曲线，而超前校正"压低"从低频开始较广频率范围的幅频曲线，这又使得系统的增益频率左移。双重作用下，系统的相角裕量大大增加。此外，相角穿越频率右移，使系统的增益裕量进一步提高。超前滞后校正较好的满足了题设的要求。当然，这些是以牺牲系统的增益穿越频率为代价的。

综上，校正后的系统开环传递函数为

```
Transfer function:
        20 s^2 + 12 s + 1
-------------------------------------------------------
s^5 + 8.01 s^4 + 17.08 s^3 + 10.17 s^2 + 0.1 s
```

步骤 5 比较校正前后系统的性能。

比较一下校正前后系统的阶跃响应，MATLAB 代码如下。

```
%系统校正前后的阶跃响应曲线
figure(2);                          %开启新的图形显示窗口
step(feedback(sys_open,1));         %绘制原始闭环系统的阶跃响应曲线
grid on;                            %显示网格线
figure(3);                          %开启新的图形显示窗口
step(feedback(sys_new,1));          %绘制校正后闭环系统的阶跃响应曲线
gtext('校正前的');  gtext('校正后的');   %为曲线添加标注
grid on;                            %显示网格线
```

程序运行的结果如图 8.52 和图 8.53 所示。

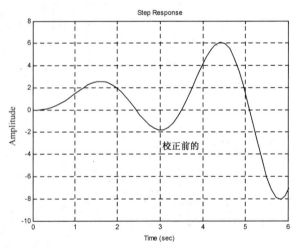

图 8.52 系统校正前的阶跃响应曲线

可见，校正环节的加入，使得系统由不稳定变得动态特性良好。

步骤 6 顺便指出，还可以采用在第 7 章中提过的 rltool 工具进行校正。在 rltool 中可以很方便地放置零极点，通过观察系统的频率响应曲线，不断调节零极点的位置，直到系统的频率特性符合要求。此时，可从界面中直接读取出校正环节的传递函数，非常简捷。

MATLAB 命令为 rltool(sys_open)。校正后的结果如图 8.54 所示，具体过程不再赘述。

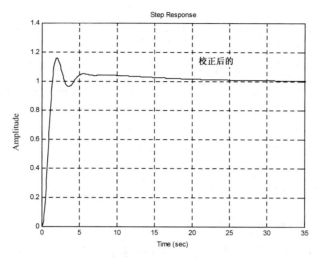

图 8.53　系统校正后的阶跃响应曲线

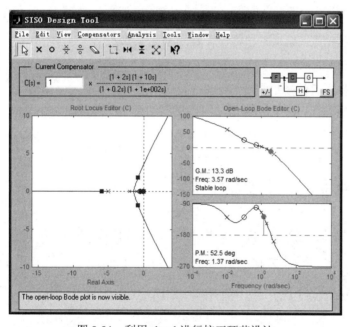

图 8.54　利用 rltool 进行校正环节设计

习　　题

【8.1】　给定单位负反馈控制系统，被控对象的传递函数 $G(s) = \dfrac{6}{s(s+1)(s+2)}$ 。

（1）利用 MATLAB 建立控制系统的数学模型，并绘制其幅频特性曲线。

（2）设计一个滞后校正装置，使得系统的相角裕量达到 45° 。

（提示：采用 Bode 图校正方法）

【8.2】　已知某单位负反馈控制系统的开环传递函数 $G(s) = \dfrac{10}{s(0.2s+1)(0.5s+1)}$。

（1）利用 MATLAB 建立控制系统的数学模型，并绘制其幅频特性曲线。

（2）设计一个超前校正装置，使系统的静态速度误差系数为 $K_v = 10s^{-1}$，相角裕量不小于 $50°$。

（3）设计一个滞后校正装置，使系统的静态速度误差系数为 $K_v = 10s^{-1}$，相角裕量不小于 $50°$。

（4）比较两种校正效果的差别。

（提示：采用 Bode 图校正方法）

【8.3】　已知某单位负反馈控制系统的开环传递函数 $G(s) = \dfrac{1}{s(s+1)(s+5)}$。

（1）利用 MATLAB 建立控制系统的数学模型，并绘制出其幅频特性曲线，计算其相角裕量、增益裕量、幅值穿越频率和相角穿越频率等参数。

（2）设计一个超前滞后校正环节，保证系统的静态速度误差系数为 $K_v = 20s^{-1}$，相角裕量不小于 $60°$，并且增益裕量大于等于 8 dB。

（提示：采用 Bode 图校正方法）

【8.4】　已知某单位负反馈控制系统的开环传递函数 $G(s) = \dfrac{K}{s(s+1)(s+2)(s+3)}$。

（1）利用 MATLAB 建立控制系统的数学模型，并绘制其根轨迹曲线，确定使系统稳定时 K 的取值范围。

（2）如果只采用增益校正，确定 K 的取值，保证闭环系统主导极点阻尼比为 0.5。

（提示：采用根轨迹校正方法）

【8.5】　单位负反馈控制系统中的开环传递函数 $G(s) = \dfrac{10}{s(s+2)(s+5)}$。

（1）利用 MATLAB 建立控制系统的数学模型，并绘制其根轨迹曲线，确定使系统稳定时 K 的取值范围。

（2）设计校正装置，保证闭环系统的主导极点位于 $-2 \pm 2\sqrt{3}i$，并且静态速度误差系数为 $K_v = 50s^{-1}$。

（提示：采用根轨迹校正方法）

【8.6】　利用 MATLAB 中的 rltool 工具，重新完成习题 8.5。

（提示：利用 rltool 工具中放置零极点位置的功能）

第 9 章

线性系统状态空间分析

9.1 引言

在经典控制论中，常用高阶微分方程或传递函数来描述一个线性定常系统的运动规律，而微分方程或传递函数只能用于描述系统输入与输出之间的关系，不能描述系统内部的结构及其状态变量。

从经典控制论发展而来的现代控制论采用状态空间法来分析系统，用一组状态变量的一阶微分方程组作为系统的数学模型，它可反映出系统全部独立变量的变化情况，从而能同时确定系统的全部内部运动状态。

通过本章，读者对线性系统状态空间的基础知识和分析方法会有一个全面的认识，并熟练使用 MATLAB/Simulink 进行状态空间分析。

本章的知识点及要求概括如下。

序号	知 识 点	了解	熟悉	掌握	精通
1	状态空间法的基本概念		√		
2	状态可控性及标准型		√		
3	状态可观性及标准型		√		
4	线性系统的稳定性分析		√		
5	MATLAB/Simulink 进行状态空间分析			√	

9.2 线性系统状态空间基础

9.2.1 状态空间基本概念

（1）状态。任何一个系统在特定时刻都有一个特定的状态，系统在 t_0 时刻的状态是 t_0 时刻的一种信息量，它与此后的输入一起唯一地确定系统在 $t \geqslant t_0$ 时的行为。

（2）状态变量。状态变量是一个完全表征系统时间域行为的最小内部变量组。

（3）状态向量。设系统有 n 个状态变量，用 $x_1(t), x_2(t), \cdots, x_n(t)$ 表示，而且把这些状态变量看成向量 $\boldsymbol{x}(t)$ 的分量，则向量 $\boldsymbol{x}(t)$ 称为状态向量，记为

$$x(t) = [x_1(t), x_2(t), \cdots, x_n(t)]'$$

（4）状态空间。以状态变量 $x_1(t), x_2(t), \cdots, x_n(t)$ 为轴的 n 维实向量空间称为状态空间。

（5）状态方程。描述系统状态变量与输入变量之间关系的一阶微分方程组（连续时间系统）或一阶差分方程组（离散时间系统）称为系统的状态方程，它表征了输入对内部状态的变换过程，其一般形式为

$$\dot{x}(t) = f[x(t), u(t), t]$$

式中，t 是时间变量，$u(t)$ 是输入变量。

（6）输出方程。描述系统输出量与系统状态变量和输入变量之间函数关系的代数方程称为输出方程，它表征了系统内部状态变化和输入所引起的系统输出变换，是一个变化过程。输出方程的一般形式为

$$y(t) = g[x(t), u(t), t]$$

（7）状态空间表达式。状态方程与输出方程的组合称为状态空间表达式，也称为动态方程，它表征一个系统完整的动态过程，其一般形式为

$$\begin{cases} \dot{x}(t) = f[x(t), u(t), t] \\ y(t) = g[x(t), u(t), t] \end{cases}$$

通常，对于线性定常系统，状态方程习惯写成如下形式。

$$\begin{bmatrix} \dot{x}_1 \\ \dot{x}_2 \\ \vdots \\ \dot{x}_n \end{bmatrix} = \begin{bmatrix} a_{11} & a_{12} & \cdots & a_{1n} \\ a_{21} & a_{22} & \cdots & a_{2n} \\ \vdots & \vdots & \vdots & \vdots \\ a_{n1} & a_{n2} & \cdots & a_{nn} \end{bmatrix} \cdot \begin{bmatrix} x_1 \\ x_2 \\ \vdots \\ x_n \end{bmatrix} + \begin{bmatrix} b_{11} & b_{12} & \cdots & b_{1r} \\ b_{21} & b_{22} & \cdots & b_{2r} \\ \vdots & \vdots & \vdots & \vdots \\ b_{n1} & b_{n2} & \cdots & b_{nr} \end{bmatrix} \cdot \begin{bmatrix} u_1 & u_2 & \cdots & u_r \end{bmatrix}$$

输出方程习惯写成

$$\begin{bmatrix} y_1 \\ y_2 \\ \vdots \\ y_m \end{bmatrix} = \begin{bmatrix} c_{11} & c_{12} & \cdots & c_{1n} \\ c_{21} & c_{22} & \cdots & c_{2n} \\ \vdots & \vdots & \vdots & \vdots \\ c_{m1} & c_{m2} & \cdots & c_{mn} \end{bmatrix} \cdot \begin{bmatrix} x_1 \\ x_2 \\ \vdots \\ x_n \end{bmatrix} + \begin{bmatrix} d_{11} & d_{12} & \cdots & d_{1r} \\ d_{21} & d_{22} & \cdots & d_{2r} \\ \vdots & \vdots & \vdots & \vdots \\ d_{m1} & d_{m2} & \cdots & d_{mr} \end{bmatrix} \cdot \begin{bmatrix} u_1 & u_2 & \cdots & u_r \end{bmatrix}$$

将其写成向量矩阵形式为

$$\begin{cases} \dot{x} = Ax + Bu \\ y = Cx + Du \end{cases}$$

式中，$x = [x_1, \ x_2, \ ..., \ x_n]'$ 表示 n 维状态向量；$y = [y_1, \ y_2, \ ..., \ y_m]'$ 表示 m 维输出向量；$u = [u_1, \ u_2, \ ..., \ u_r]'$ 表示 r 维输入向量；A 表示系统内部状态的系数矩阵，称为系统矩阵 $A_{n \times n}$；B 表示输入对状态作用的矩阵，称为输入（或控制）矩阵 $B_{n \times r}$；C 表示输出与状态关系的矩阵，称为输出矩阵 $C_{m \times n}$；D 表示输入直接对输出作用的矩阵，称为直接转移矩阵 $D_{m \times r}$，也称为前馈系数矩阵。

A 由系统内部结构及其参数决定，体现了系统内部的特性，而 B 则主要体现了系统输入的施加情况，通常情况下 $D=0$。

系统动态方程可用如图 9.1 所示的方框图表示，系统由两个前向通道和一个状态反馈回路组成，其中 D 通道表示控制输入 U 到系统输出 Y 的直接转移。

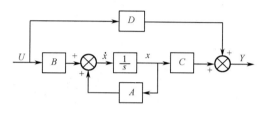

图 9.1　线性系统方框图

状态空间描述具有以下特点。

（1）状态空间描述考虑到了"输入-状态-输出"这一过程，考虑到了被经典控制理论的"输入-输出"描述所忽略的状态，因此它揭示了问题的本质，即输入引起状态的变化，而状态决定了输出。

（2）输入引起的状态变化是一个运动过程，数学上表现为向量微分方程，即状态方程。状态决定输出是一个变换过程，数学上表现为变换方程，即代数方程。

（3）系统的状态变量个数等于系统的阶数，一个 n 阶系统的状态变量个数为 n。

（4）对于给定的系统，状态变量的选择不唯一，状态变量的线性变换结果也可以作为状态变量。

（5）一般来说，状态变量不一定是物理上可测量或可观察的量，但从便于构造控制系统来说，把状态变量选为可测量或可观察的量更合适。

9.2.2　状态空间实现

控制系统一般可分为电气、机械、机电、液压、热力等系统，要研究它们，一般先要建立其运动的数学模型（如微分方程组、传递函数、动态方程等）。根据具体系统结构及其研究目的，选择一定的物理量作为系统的状态变量和输出变量，并利用各种物理定律，如牛顿定律、基尔霍夫电压/电流定律、能量守恒定律等，建立系统的动态方程模型。下面以典型的 RLC 电路动态方程为例，讲述系统的状态空间实现。

【例 9-1】　如图 9.2 所示的 RLC 电路，系统的控制输入为电压 $u_i(t)$，系统输出为电压 $u_o(t)$，试建立系统的状态空间表达式。

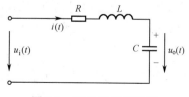

图 9.2　RLC 电路示意图

解： 建立系统状态方程的步骤如下。

（1）选择状态变量。该 RLC 电路有两个独立的储能元件 L 和 C，可以取电容 C 两端电压 $u_o(t)$ 和流过电感 L 的电流 $i(t)$ 作为系统的两个状态变量，分别记做 x_1 和 x_2。

（2）列写微分方程。根据基尔霍夫电压定律和 R、L、C 元件的电压电流关系，可得到下列方程。

$$\begin{cases} L\dfrac{\mathrm{d}x_2(t)}{\mathrm{d}t} + R \cdot x_2(t) + x_1(t) = u_i(t) \\ x_2(t) = C\dfrac{\mathrm{d}x_1(t)}{\mathrm{d}t} \end{cases}$$

（3）转化为状态变量的一阶微分方程组。微分方程可整理为

$$\begin{cases} \dot{x}_1 = \dfrac{1}{C}x_2 \\ \dot{x}_2 = -\dfrac{1}{L}x_1 - \dfrac{R}{L}x_2 + \dfrac{1}{L}u_i(t) \\ y = x_1 \end{cases}$$

（4）把一阶微分方程组写成向量矩阵形式，即状态空间表达式。

一阶微分方程组写成矢量形式为

$$\begin{cases} \dot{\boldsymbol{X}} = \begin{bmatrix} 0 & \dfrac{1}{C} \\ -\dfrac{1}{L} & -\dfrac{R}{L} \end{bmatrix} \boldsymbol{X} + \begin{bmatrix} 0 \\ \dfrac{1}{L} \end{bmatrix} u_i(t) \\ \boldsymbol{Y} = \begin{bmatrix} 1 & 0 \end{bmatrix} \boldsymbol{X} \end{cases}$$

以上就是建立如图 9.2 所示 RLC 网络状态空间表达式的过程。

从经典控制理论中知道，任何一个线性系统都可以用线性微分方程表示为

$$y^{(n)}(t) + a_{n-1}y^{(n-1)}(t) + \cdots + a_1 y^{(1)}(t) + a_0 y(t)$$
$$= b_m u^{(m)}(t) + b_{m-1}u^{(m-1)}(t) + \cdots + b_1 u^{(1)}(t) + b_0 u(t), \quad n \geqslant m$$

式中，u 为系统的输入量，y 为系统的输出量，在零初始条件下，输入量与输出量的拉普拉斯变换之比就是这个系统的传递函数，即

$$G(s) = \frac{Y(s)}{U(s)} = \frac{b_m s^m + b_{m-1}s^{m-1} + \cdots + b_1 s + b_0}{s^n + a_{n-1}s^{n-1} + \cdots + a_1 s + a_0} \tag{9-1}$$

利用传递函数的概念，可以用以 s 为变量的代数方程表示系统的动态特性。如果传递函数分母中 s 的最高次数为 n，则称该系统为 n 阶系统。

传递函数只是表达了系统输出与输入的关系，没有表明系统内部的结构，而状态空间表达式可以完整地表明系统的内部结构，由系统的传递函数求其状态方程的过程称为系统的实现问题。

有了系统的状态空间表达式，就可以实现该系统，系统的实现一般有直接实现法、串联实现法和并联实现法，下面分别对这三种方法进行讲述。

1. 状态空间直接实现法

不失一般性，假设 $m = n$ ，则式（9-1）可以写成

$$G(s) = \frac{Y(s)}{U(s)} = b_n + \frac{b'_{n-1}s^{n-1} + b'_{n-2}s^{n-2} + \cdots + b'_1 s + b'_0}{s^n + a_{n-1}s^{n-1} + \cdots + a_1 s + a_0} \tag{9-2}$$

式中， $b'_i = b_i - b_n a_i \ (i = 0,1,\cdots,n-1)$ 。令

$$\frac{Z(s)}{U(s)} = \frac{b'_{n-1}s^{n-1} + b'_{n-2}s^{n-2} + \cdots + b'_1 s + b'_0}{s^n + a_{n-1}s^{n-1} + \cdots + a_1 s + a_0} \tag{9-3}$$

代入式（9-2），可得

$$Y(s) = Z(s) + b_n U(s) \tag{9-4}$$

引入新变量 $Y_1(s)$ ，并且令

$$\frac{Y_1(s)}{U(s)} = \frac{1}{s^n + a_{n-1}s^{n-1} + \cdots + a_1 s + a_0} \tag{9-5}$$

则由式（9-3）可得

$$\frac{Z(s)}{Y_1(s)} = b'_{n-1}s^{n-1} + b'_{n-2}s^{n-2} + \cdots + b'_1 s + b'_0 \tag{9-6}$$

对式（9-5）和式（9-6）分别进行拉氏反变换，可得

$$y_1^{(n)} + a_{n-1}y_1^{(n-1)} + \cdots + a_1 y_1^{(1)} + a_0 y_1 = u(t) \tag{9-7}$$

$$z(t) = b'_{n-1}y_1^{(n-1)} + b'_{n-2}y_1^{(n-2)} + \cdots + b'_1 y_1^{(1)} + b'_0 y_1 \tag{9-8}$$

选择状态变量如下。

$$\begin{cases} x_1 = y_1 \\ x_2 = y_1^{(1)} = \dot{x}_1 \\ x_3 = y_1^{(2)} = \dot{x}_2 \\ \vdots \\ x_n = y_1^{(n-1)} = \dot{x}_{n-1} \end{cases} \tag{9-9}$$

即

$$\begin{cases} \dot{x}_1 = x_2 \\ \dot{x}_2 = x_3 \\ \dot{x}_3 = x_4 \\ \vdots \\ \dot{x}_n = y_1^{(n)} \end{cases} \tag{9-10}$$

则 $\dot{x}_n$ 为

$$\dot{x}_n = y_1^{(n)} = -a_0 y_1 - a_1 y_1^{(1)} - \cdots - a_{n-1} y_1^{(n-1)} + u(t) \tag{9-11}$$
$$= -a_0 x_1 - a_1 x_2 - \cdots - a_{n-1} x_n + u(t)$$

得到的系统状态方程为

$$\begin{cases} \dot{x}_1 = x_2 \\ \dot{x}_2 = x_3 \\ \dot{x}_3 = x_4 \\ \quad\vdots \\ \dot{x}_{n-1} = x_n \\ \dot{x}_n = -a_0 x_1 - a_1 x_2 - \cdots - a_{n-1} x_n + u(t) \end{cases} \tag{9-12}$$

对式（9-4）进行拉氏反变换，并将式（9-8）代入，可得系统的输出 y，即

$$y = z + b_n u = b_0' x_1 + b_1' x_2 + \cdots + b_{n-1}' x_n + b_n u \tag{9-13}$$

将式（9-12）和式（9-13）写成矢量形式，得到系统的动态方程为

$$\begin{cases} \dot{\boldsymbol{X}} = \begin{bmatrix} 0 & 1 & 0 & \cdots & 0 \\ 0 & 0 & 1 & \cdots & 0 \\ \vdots & \vdots & \vdots & \vdots & \vdots \\ 0 & 0 & 0 & \cdots & 1 \\ -\alpha_0 & -\alpha_1 & -\alpha_2 & \cdots & -\alpha_{n-1} \end{bmatrix} \boldsymbol{X} + \begin{bmatrix} 0 \\ 0 \\ \vdots \\ 0 \\ 1 \end{bmatrix} \boldsymbol{U} \\ \boldsymbol{Y} = \begin{bmatrix} b_0' & b_1' & b_2' & \cdots & b_{n-1}' \end{bmatrix} \boldsymbol{X} + b_n \boldsymbol{U} \end{cases} \tag{9-14}$$

式（9-14）所代表的系统实现的结构图如图 9.3 所示。这种系统的实现称为可控型（I 型）实现，关于可控型将在后续章节介绍。

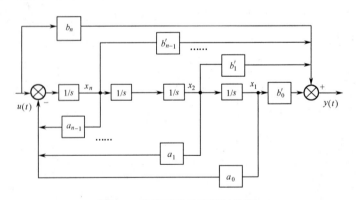

图 9.3　传递函数的直接法实现

注意　当式（9-2）中 $m < n$ 时，$b_n = 0$，$b_i' = b_i (i = 0, 1, \cdots, m)$，这时式（9-14）可以直接从传递函数的分子、分母多项式系数中写出。当式（9-2）中 $m=0$，即系统没有零点时，上述实现方法中系统状态变量就是输出变量的各阶导数 $y(0)$、$y(1)$、$\cdots$、$y(n-1)$。

在通常的低阶物理系统中，上述各状态变量的物理意义非常明确，如位移、速度、加速度等。

2．状态空间串联实现法

式（9-1）所示传递函数为多项式相除形式，分子多项式（num）为

$$\text{num} = b_m s^m + b_{m-1} s^{m-1} + \cdots + b_1 s + b_0$$

分母多项式（den）为

$$\text{den} = s^n + a_{n-1} s^{n-1} + \cdots + a_1 s + a_0$$

如果 $z_1, z_2, \cdots, z_m$ 为 $G(s)$ 的 m 个零点，$p_1, p_2, \cdots, p_n$ 为 $G(s)$ 的 n 个极点，那么 $G(s)$ 可以表示为

$$G(s) = \frac{b_m (s - z_1)(s - z_2)\ldots(s - z_m)}{(s - p_1)(s - p_2)\ldots(s - p_n)}$$

$$= \frac{s - z_1}{s - p_1} \cdot \frac{s - z_2}{s - p_2} \cdots \frac{s - z_m}{s - p_m} \cdot \frac{b_m}{s - p_{m+1}} \cdots \frac{1}{s - p_n}$$

所以，系统的实现可以由 $\dfrac{s - z_1}{s - p_1}, \dfrac{s - z_2}{s - p_2}, \cdots, \dfrac{1}{s - p_n}$ 共 n 个环节串联而成，如图 9.4 所示。

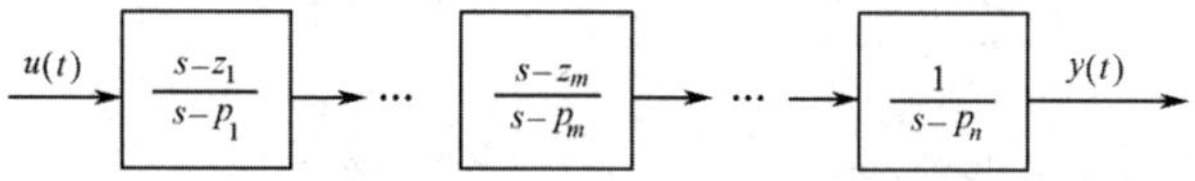

图 9.4　传递函数的串联实现结构图

图 9.4 中的第一个环节可变形为

$$\frac{s - z_1}{s - p_1} = 1 + \frac{p_1 - z_1}{s - p_1} = 1 + (p_1 - z_1) \frac{\dfrac{1}{s}}{1 - p_1 \dfrac{1}{s}}$$

其结构图可用图 9.5 中虚框表示，其他环节可类似地等效变换，因此可以得到如图 9.5 所示的只有标准积分器、比例器、综合器组成的等效方框图。令各个积分器的输出为系统状态变量，则得系统状态方程为

$$\begin{cases} \dot{x}_1 = p_1 x_1 + u \\ \dot{x}_2 = (p_1 - z_1)x_1 + u + p_2 x_2 = (p_1 - z_1)x_1 + p_2 x_2 + u \\ \qquad\qquad\qquad \vdots \\ \dot{x}_n = (p_1 - z_1)x_1 + (p_2 - z_2)x_2 + \cdots + (p_{n-1} - z_{n-1})x_{n-1} + p_n x_n + u \end{cases}$$

系统输出方程为

$$y = b_m x_n = b_{n-1} x_n, \ (m = n - 1)$$

写成矢量形式，有

$$\begin{cases} \dot{\boldsymbol{X}} = \begin{bmatrix} p_1 & 0 & 0 & \cdots & 0 \\ p_1 - z_1 & p_1 & 1 & \cdots & 0 \\ p_1 - z_1 & p_2 - z_2 & p_2 & \cdots & \vdots \\ \vdots & \vdots & \vdots & \cdots & 1 \\ p_1 - z_1 & p_2 - z_2 & p_3 - z_3 & \cdots & p_n \end{bmatrix} \boldsymbol{X} + \begin{bmatrix} 1 \\ 1 \\ \vdots \\ 1 \\ 1 \end{bmatrix} \boldsymbol{U} \\ \boldsymbol{Y} = \begin{bmatrix} 0 & 0 & 0 & \cdots & b_{n-1} \end{bmatrix} \boldsymbol{X} \end{cases} \qquad (9\text{-}15)$$

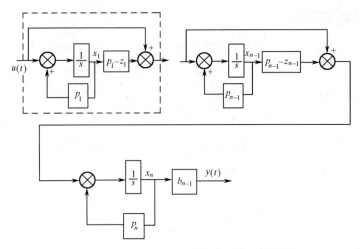

图 9.5　有重根的传递函数的串联实现结构图

3. 状态空间并联实现法

设系统传递函数为

$$G(s) = \frac{\text{num}}{\text{den}} = \frac{b_m s^m + b_{m-1} s^{m-1} + \cdots + b_1 s + b_0}{s^n + a_{n-1} s^{n-1} + \cdots + a_1 s + a_0}, \quad m \leqslant n$$

$\text{den} = s^n + a_{n-1} s^{n-1} + \cdots + a_1 s + a_0 = 0$ 为系统的特征方程。当 $\text{den} = 0$ 有 n 个不等的特征根 $p_i (i = 1, 2, \cdots, n)$ 时，$G(s)$ 可以分解为 n 个分式之和，即

$$G(s) = \frac{Y(s)}{U(s)} = \frac{c_1}{s - p_1} + \frac{c_2}{s - p_2} + \cdots + \frac{c_n}{s - p_n} \tag{9-16}$$

式中，$c_i = \lim\limits_{s \to p_i} (s - p_i) G(s)$，称系统对应极点 p_i 的留数。

根据式（9-16），有

$$Y(s) = \frac{c_1}{s - p_1} U(s) + \frac{c_2}{s - p_2} U(s) + \cdots + \frac{c_n}{s - p_n} U(s) \tag{9-17}$$

式（9-17）可以用如图 9.6 所示的并联方式实现，或用图 9.7（图 9.5 的等效形式）所示的方式实现。

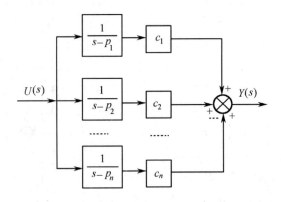

图 9.6　传递函数的并联实现结构图

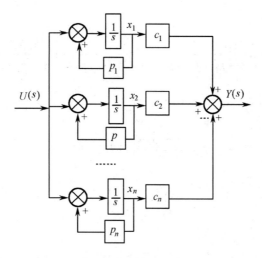

图 9.7　传递函数的并联实现结构等效图

从图 9.7 可得系统的状态方程为

$$\begin{cases} \dot{x}_1 = p_1 x_1 + u \\ \dot{x}_2 = p_2 x_2 + u \\ \quad\quad\vdots \\ \dot{x}_n = p_n x_n + u \end{cases}$$

输出方程为

$$y = c_1 x_1 + c_2 x_2 + \cdots + c_n x_n$$

写成矢量形式，有

$$\begin{cases} \dot{\boldsymbol{X}} = \begin{bmatrix} p_1 & 0 & \cdots & 0 \\ 0 & p_2 & \cdots & 0 \\ \vdots & \vdots & \cdots & \vdots \\ 0 & 0 & \cdots & p_n \end{bmatrix} \boldsymbol{X} + \begin{bmatrix} 1 \\ 1 \\ \vdots \\ 1 \end{bmatrix} \boldsymbol{U} \\ \boldsymbol{Y} = \begin{bmatrix} c_1 & c_2 & \cdots & c_n \end{bmatrix} \boldsymbol{X} \end{cases} \tag{9-18}$$

注意到这里的系统矩阵 $\boldsymbol{A}$ 为一个标准的对角型。

当上述 $G(s)$ 的分母 den $=0$ 有重根时，不失一般性地假设 den $= (s-p_1)^q (s-p_{q+1})$ $\cdots (s-p_n)$，即 $s=p_1$ 为 q 重根，其他为单根。这时 $G(s)$ 可以分解为

$$G(s) = \frac{\text{num}}{\text{den}} = \frac{c_{11}}{s-p_1} + \frac{c_{12}}{(s-p_1)^2} + \cdots + \frac{c_{1q}}{(s-p_1)^q} + \frac{c_{q+1}}{s-p_{q+1}} + \cdots + \frac{c_n}{s-p_n} \tag{9-19}$$

式中，

$$c_{1i} = \frac{1}{(q-i)!} \cdot \lim_{s \to p_i} \frac{\mathrm{d}^{q-i}}{\mathrm{d}s^{q-i}} \left[(s-p_i)^q G(s) \right], \quad i = 1, 2, \cdots, q$$

$$c_j = \lim_{s \to p_i} \left[(s-p_i) G(s) \right], \quad j = q+1, q+2, \cdots, n$$

由式（9-19）可知

$$G(s) = \frac{Y(s)}{U(s)} = \frac{c_{11}}{s - p_1} + \frac{c_{12}}{(s - p_1)^2} + \cdots + \frac{c_{1q}}{(s - p_1)^q} + \frac{c_{q+1}}{s - p_{q+1}} + \cdots + \frac{c_n}{s - p_n} \quad （9\text{-}20）$$

$$Y(s) = \frac{c_{11}}{s - p_1}U(s) + \frac{c_{12}}{(s - p_1)^2}U(s) + \cdots + \frac{c_{1q}}{(s - p_1)^q}U(s) + \frac{c_{q+1}}{s - p_{q+1}}U(s) + \cdots + \frac{c_n}{s - p_n}U(s) \quad （9\text{-}21）$$

式（9-21）可以用如图 9.7 所示的方框图表示。取图 9.8 中每个积分器的输出为状态变量，则有

$$\begin{cases} \dot{x}_1 = p_1 x_1 + x_2 \\ \dot{x}_2 = p_2 x_2 + x_3 \\ \quad \vdots \\ \dot{x}_{q-1} = p_1 x_{q-1} + x_q \\ \dot{x}_q = p_1 x_q + u \\ \quad \vdots \\ \dot{x}_n = p_n x_n + u \end{cases}$$

$$y = c_{1q}x_1 + c_{1q-1}x_2 + \cdots + c_{11}x_q + c_{q+1}x_{q+1} + \cdots + c_n x_n$$

其矢量形式为

$$\begin{cases} \dot{\boldsymbol{X}} = \begin{bmatrix} p_1 & 1 & \cdots & 0 & 0 & \cdots & 0 \\ 0 & p_1 & \cdots & \vdots & \vdots & \cdots & \vdots \\ \vdots & \vdots & \cdots & 1 & 0 & \cdots & 0 \\ 0 & 0 & \cdots & p_1 & 0 & \cdots & 0 \\ 0 & 0 & \cdots & & p_{q+1} & \cdots & 0 \\ \vdots & \vdots & \vdots & \vdots & \vdots & \cdots & \vdots \\ 0 & 0 & \cdots & 0 & 0 & \cdots & p_n \end{bmatrix} \boldsymbol{X} + \begin{bmatrix} 0 \\ \vdots \\ 0 \\ 1 \\ 1 \\ \vdots \\ 1 \end{bmatrix} \boldsymbol{U} \\ \boldsymbol{Y} = \begin{bmatrix} c_{1q} & c_{1q-1} & \cdots & c_{11} & c_{q+1} & \cdots & c_n \end{bmatrix} \boldsymbol{X} \end{cases} \quad （9\text{-}22）$$

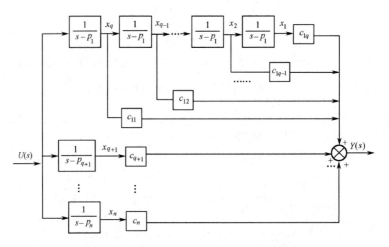

图 9.8　有重根传递函数的并联实现结构图

注意 式（9-22）中的 A 为约当标准型。关于约当标准型，请参见后续章节。

9.2.3 状态空间的标准型

系统动态方程的建立，无论是从实际物理系统或系统方框图出发，还是从系统微分方程或传递函数出发，在状态变量的选取方面都有很大的、人为的随意性，因而求得的系统状态方程也带有很大的人为因素和随意性，因此会得出不同的系统状态方程。

虽然实际物理系统结构不可能变化，但状态变量取法不同就会产生不同的动态方程。系统方框图在取状态变量之前需要进行等效变换，而等效变换过程就有很大程度上的随意性，因此会产生一定程度上的结构差异，这也会导致动态方程差异的产生。从系统微分方程或传递函数出发的系统实现问题，更是会导致迥然不同的系统内部结构，因而也肯定会产生不同的动态方程。所以说，系统动态方程是非唯一的。

虽然同一实际物理系统、同一方框图、同一传递函数所产生的动态方程会各种各样，但其独立的状态变量的个数是相同的，而且各种不同动态方程间也有一定联系，这种联系就是变量间的线性变换关系。

如图 9.3 所示的传递函数的直接法实现，按照图上所示各状态变量的取法，有式（9-14）所示的动态方程。若将各变量的次序颠倒，即令

$$\begin{cases} \bar{x}_1 = x_n \\ \bar{x}_2 = x_{n-1} \\ \bar{x}_3 = x_{n-2} \\ \vdots \\ \bar{x}_n = x_1 \end{cases}$$

取

$$\bar{X} = \begin{bmatrix} 0 & 0 & \cdots & 1 \\ \vdots & & 1 & \vdots \\ \vdots & \ddots & \cdots & \vdots \\ 1 & \cdots & \cdots & 0 \end{bmatrix} X = TX$$

将 $X = T^{-1}X$ 代入动态方程，可得

$$\begin{cases} T^{-1}\bar{X} = AT^{-1}\bar{X} = +BU \\ Y = CT^{-1}\bar{X} \end{cases}$$

因此，系统的动态方程为

$$\begin{cases} \dot{\bar{X}} = TAT^{-1}\bar{X} + TBU = \begin{bmatrix} -a_{n-1} & -a_{n-2} & \cdots & -a_0 \\ 1 & & & \vdots \\ & \ddots & & \vdots \\ 0 & \cdots & 1 & 0 \end{bmatrix} \bar{X} + \begin{bmatrix} 1 \\ 0 \\ \vdots \\ 0 \end{bmatrix} U \\ Y = CT^{-1}\bar{X} + b_n U = [b'_{n-1}, \ b'_{n-2}, \ \cdots, b'_1, \ b'_0] + b_n U \end{cases} \quad (9\text{-}23)$$

式（9-23）与式（9-14）是相同的。也就是说式（9-23）与式（9-14）代表的动态方程是一种线性变换的关系。

由于上述非奇异的变换矩阵 T 可以有无数种，所以系统的动态方程也有无数种。虽然通过非奇异的线性变换可以求出无数种系统的动态方程，但是有几种标准型特别有用，如可控标准型、可观标准型、对角标准型和约当标准型。下面对最常见的对角标准型和约当标准型进行介绍。

1. 对角标准型

设某系统的动态方程为

$$\begin{cases} \dot{X} = AX + BU \\ Y = CX + DU \end{cases}$$

式中，系统矩阵 A 有 n 个不相等的特征根 $\lambda_i\ (i = 1, 2, 3, \cdots, n)$，相应地有 n 个不相等的特征向量 $m_i\ (i = 1, 2, 3, \cdots, n)$，因此矩阵 A 的特征矩阵（模态矩阵）为 $M = \begin{bmatrix} m_1 & m_2 & \cdots & m_n \end{bmatrix}$。

利用矩阵论知识，可得

$$A' = M^{-1}AM = \begin{bmatrix} \lambda_1 & & & 0 \\ & \lambda_2 & & \\ & & \ddots & \\ 0 & & & \lambda_n \end{bmatrix} = \mathrm{diag}[\lambda_1, \lambda_2, \cdots, \lambda_n] \tag{9-24}$$

对代表原系统的动态方程进行下列线性变换：$X = MZ$，得到

$$\begin{cases} M\dot{Z} = AMZ + BU \\ Y = CMZ + DU \end{cases} \tag{9-25}$$

式（9-25）可写成

$$\begin{cases} \dot{Z} = M^{-1}AMZ + M^{-1}BU = A'Z + B'U \\ Y = C'Z + D'U \end{cases} \tag{9-26}$$

式中，

$$A' = M^{-1}AM = \mathrm{diag}[\lambda_1, \lambda_2, \cdots, \lambda_n], \qquad B' = M^{-1}B,\ C' = CM,\ D' = D \tag{9-27}$$

这样就将代表原系统的动态方程转化成了式（9-26）所示的对角型。从上面各式可以看出，只要求出系统矩阵 A 的 n 个不同特征根 $\lambda_i\ (i = 1, 2, 3, \cdots, n)$，就可以直接写出 A' 和 D'，但要求出 B' 和 C'，还需根据矩阵论知识求出矩阵 M 及其逆矩阵 M^{-1}，然后根据式（9-27）才能求得。

将系统矩阵 A 变换为标准对角型，其变换矩阵也是非唯一的，实际上有无数种。这无数种变换矩阵不会改变式（9-27）中 A' 的对角型形式，只会改变 B' 和 C' 的结果。

另外，还有一种不同形式的标准对角型状态空间表达式，它的系统矩阵 A' 与式（9-27）一样，并且此时 B' 也有标准的形式 $(1, 1, \cdots, 1)^{\mathrm{T}}$。

要得到上述标准型，只需进行如下线性变换：

$$X = MTZ$$

式中，M 为模态矩阵，T 为一个待定的对角矩阵，设 $T = \text{diag}(t_1, t_2, \cdots, t_n)$。此时，式（9-26）变为

$$\begin{cases} \dot{Z} = T^{-1}M^{-1}AMTZ + T^{-1}M^{-1}BU = A'Z + B'U \\ Y = CMTZ + DU \end{cases} \tag{9-28}$$

式中，

$$A' = T^{-1}M^{-1}AMT = \text{diag}[\lambda_1, \lambda_2, \cdots, \lambda_n], \qquad B' = T^{-1}M^{-1}B = (1 \quad 1 \quad \cdots \quad 1)^{\text{T}}$$

$$C' = CMT, \qquad D' = D$$

矩阵 T 可以通过式（9-29）求得：

$$M^{-1}B = T(1, 1, \cdots, 1)^{\text{T}} = \text{diag}(t_1, t_2, \cdots, t_n)(1, 1, \cdots, 1)^{\text{T}} \tag{9-29}$$

2. 约当标准型

设系统有 k 个 m_i 重特征值 $\lambda_i \, (i = 1, 2, 3, \cdots, k)$，那么其约当标准型为

$$\begin{cases} \dot{Z} = JZ + \tilde{B}U \\ Y = \tilde{C}Z + \tilde{D}U \end{cases} \tag{9-30}$$

式中，J 为约当矩阵，即 $J = \text{diag}[J_1 \quad J_2 \quad \cdots \quad J_k]$。$J_i$ 为 m_i 重特征根 λ_i 所对应的约当块，即

$$J_i = \begin{bmatrix} \lambda_i & 1 & & 0 \\ & \lambda_i & \ddots & \\ & & & 1 \\ 0 & & & \lambda_i \end{bmatrix}_{(m_i \times m_i)}$$

设现有系统的动态方程为 $\begin{cases} \dot{X} = AX + BU \\ Y = CX + DU \end{cases}$，求线性变换矩阵 T_{J}，使得变换后得到式（9-30）所示的约当标准型。

要得到上述标准型，只需进行线性变换：$X = T_{\text{J}}Z$ 代入得：

$$\begin{cases} T_{\text{J}}\dot{Z} = AT_{\text{J}}Z + BU \\ Y = CT_{\text{J}}Z + DU \end{cases} \tag{9-31}$$

即

$$\begin{cases} \dot{Z} = T_{\text{J}}^{-1}AT_{\text{J}}Z + T_{\text{J}}^{-1}BU \\ Y = CT_{\text{J}}Z + DU \end{cases} \tag{9-32}$$

对照式（9-30）约当标准型，有

$$T_{\text{J}}^{-1}AT_{\text{J}} = J \tag{9-33}$$

式（9-33）可写成

$$AT_{\text{J}} = T_{\text{J}}J \tag{9-34}$$

设 $T_J = [t_1, t_2, \cdots, t_n]$，代入式（9-34），可得

$$[t_1, t_2, \cdots, t_n]J = A[t_1, t_2, \cdots, t_n] \tag{9-35}$$

式（9-35）可写成

$$[t_1, t_2, \cdots, t_n]\begin{bmatrix} J_1 & & & \\ & J_2 & & \\ & & \ddots & \\ & & & J_k \end{bmatrix} = A[t_1, t_2, \cdots, t_n] \tag{9-36}$$

对于 m_i 重的特征根 λ_i，T_J 中有 m_i 个列向量 $[t_1, t_2, \cdots, t_{m_i}]$ 与 J_i 对应，即

$$[t_1, t_2, \cdots, t_{m_i}]\begin{bmatrix} \lambda_i & 1 & & 0 \\ & \lambda_i & \ddots & \\ & & & 1 \\ 0 & & & \lambda_i \end{bmatrix} = A[t_1, t_2, \cdots, t_{m_i}] \tag{9-37}$$

展开式（9-37），可得

$$\begin{cases} |\lambda_i I - A|t_1 = 0 \\ |\lambda_i I - A|t_1 = -t_1 \\ \quad\vdots \\ |\lambda_i I - A|t_{m_i} = -t_{m_i-1} \end{cases} \tag{9-38}$$

由式（9-38）即可求得各特征根 λ_i 所对应的 m_i 个列向量 $(t_1, t_2, \cdots, t_{m_i})$，从而求得变换矩阵 T_J，进一步根据式（9-32）即可求得系统的约当标准型。

9.2.4 状态方程求解

1. 线性连续定常齐次方程求解

所谓齐次方程解也就是系统的自由解，是指系统在没有控制输入的情况下，由系统的初始状态引起的自由运动，其状态方程为

$$\dot{X} = AX, \qquad X\big|_{t=0} = X_0$$

式中，X 是 $n \times 1$ 维的状态向量，A 是 $n \times n$ 维的常数矩阵。

标量定常微分方程 $\dot{x} = ax$ 的解为

$$x = e^{at}x(0) = \left[1 + at + \frac{1}{2!}a^2t^2 + \cdots + \frac{1}{k!}a^kt^k + \cdots\right]x(0) \tag{9-39}$$

与式（9-39）类似，假设 $\dot{X} = AX$ 的解 $X(t)$ 为时间 t 的幂级数形式，即

$$X(t) = b_0 + b_1t + \cdots + b_kt^k + \cdots$$

式中，$b_i(i = 0, 1, \cdots)$ 为与 $X(t)$ 同维的矢量。

将式 $X(t)$ 两边对 t 求导，并代入 $\dot{X} = AX$，可得

$$b_1 + 2bt + \cdots + kb_k t^{k-1} + \cdots = A(b_0 + b_1 t + \cdots + b_k t^k + \cdots)$$

$$= Ab_0 + Ab_1 t + \cdots + Ab_k t^k + \cdots \tag{9-40}$$

式（9-40）对任意时间 t 都应该成立，所以变量 t 的各阶幂的系数都应该相等，即

$$\begin{cases} b_1 = Ab_0 \\ 2b_2 = Ab_1 \\ \quad\cdots\cdots \\ kb_k = Ab_{k-1} \\ \quad\cdots\cdots \end{cases}$$

改写为

$$\begin{cases} b_1 = Ab_0 \\ b_2 = \dfrac{1}{2} Ab_1 = \dfrac{1}{2} A^2 b_0 \\ \quad\cdots\cdots \\ b_k = \dfrac{1}{k} Ab_{k-1} = \dfrac{1}{k!} A^k b_0 \\ \quad\cdots\cdots \end{cases} \tag{9-41}$$

将系统初始条件 $X(t)\big|_{t=0} = X_0$ 代入 $X(t)$ 的幂级数形式，可得 $b_0 = X_0$，代入式（9-41）可得

$$\begin{cases} b_1 = AX_0 \\ b_2 = \dfrac{1}{2} A^2 X_0 \\ \quad\cdots\cdots \\ b_k = \dfrac{1}{k!} A^k X_0 \\ \quad\cdots\cdots \end{cases} \tag{9-42}$$

将式（9-42）代入 $X(t)$ 的幂级数形式，可得 $\dot{X} = AX$ 的解，即

$$X(t) = (I + At + \frac{1}{2} A^2 t^2 + \cdots + \frac{1}{k!} A^k t^k + \cdots)X_0$$

记为

$$\mathrm{e}^{At} = I + At + \frac{1}{2} A^2 t^2 + \cdots + \frac{1}{k!} A^k t^k + \cdots \tag{9-43}$$

式中，e^{At} 为一矩阵指数函数，它是一个 $n \times n$ 方阵。因此 $\dot{X} = AX$ 变为 $X(t) = \mathrm{e}^{At} X_0$。

当给定的是 t_0 时刻的状态值 $X(t_0)$ 时，不难证明

$$X(t) = \mathrm{e}^{A(t-t_0)} X_{t_0} \tag{9-44}$$

从式（9-44）可看出，$\mathrm{e}^{A(t-t_0)}$ 形式上是一个矩阵指数函数，也是一个各元素随时间 t 变化的 $n \times n$ 矩阵。但本质上，它的作用是将 t_0 时刻的系统状态矢量 $X(t_0)$ 转移到 t 时刻的状态矢量 $X(t)$，也就是说它起到了系统状态转移的作用，因此称之为状态转移矩阵，记为 $\boldsymbol{\Phi}(t-t_0) = \mathrm{e}^{A(t-t_0)}$。

因此 $X(t)$ 的解为

$$X(t) = \Phi(t - t_0)X(t_0) \tag{9-45}$$

2．矩阵指数的性质及求法

对线性定常系统来说，齐次方程的求解可归结为求矩阵指数 $e^{A(t-t_0)}$，它具有以下基本性质。

（1）性质 1：组合性质，从 $-\tau$ 转移到 0，再从 0 转移到 t 的组合等于从 $-\tau$ 转移到 t，即 $e^{A\tau} \cdot e^{At} = e^{A(t+\tau)}$。

（2）性质 2：状态矢量从时刻 t 转移到时刻 t，状态矢量不变，$e^{A0} = I$，$e^{At} \cdot e^{-At} = I$。

（3）性质 3：状态转移矩阵的逆意味着时间的逆转，$\left[e^{At}\right]^{-1} = e^{-At}$。

（4）性质 4：若矩阵 A、B 可交换，即 $AB = BA$，那么 $e^{(A+B)t} = e^{At} \cdot e^{Bt}$，否则不成立。

（5）性质 5：$\dfrac{de^{At}}{dt} = Ae^{At} = e^{At} \cdot A$，该性质可用来从给定的 e^{At} 矩阵中求出系统矩阵 A，即 $A = \left[e^{At}\right]^{-1} \cdot \dfrac{de^{At}}{dt} = e^{-At} \cdot \dfrac{de^{At}}{dt}$。

（6）性质 6：若矩阵 A 为一对角阵，即 $A = \mathrm{diag}(\lambda_1, \lambda_2, \cdots, \lambda_n)$，那么 e^{At} 也是对角阵，且 $e^{At} = \mathrm{diag}(e^{\lambda_1 t}, e^{\lambda_2 t}, \cdots, e^{\lambda_n t})$。

（7）性质 7：若 $n \times n$ 方阵 A 有 n 个不相等的特征根 $\lambda_i (i = 1, 2, \cdots, n)$，$M$ 是 A 的模态矩阵，$\tilde{A} = \mathrm{diag}(\lambda_1, \lambda_2, \cdots, \lambda_n)$，则 $M^{-1}e^{At}M = e^{\tilde{A}t}$，即 $e^{At} = Me^{\tilde{A}t}M^{-1}e^{At}$，它常用来求 e^{At}。

（8）性质 8：若 J_i 为 $m_i \times m_i$ 阶约当块，即 $J_i = \begin{bmatrix} \lambda_i & 1 & & 0 \\ & \lambda_i & \ddots & \\ & & & 1 \\ 0 & & & \lambda_i \end{bmatrix}_{(m_i \times m_i)}$，则

$$e^{J_i t} = e^{\lambda_i t} \begin{bmatrix} 1 & t & \dfrac{t^2}{2} & \cdots & \dfrac{t^{m_i-1}}{(m_i-1)!} \\ & 1 & t & \cdots & \vdots \\ & & 1 & \ddots & \vdots \\ & & & & t \\ & & & & 1 \end{bmatrix}$$

（9）性质 9：若约当标准型矩阵 $J = \mathrm{diag}\begin{bmatrix} J_1 & J_2 & \cdots & J_i \end{bmatrix}$，式中 J_i 为 $m_i \times m_i$ 阶约当块，则

$$e^{Jt} = \mathrm{diag}\begin{bmatrix} e^{J_1 t} & e^{J_2 t} & \cdots & e^{J_i t} \end{bmatrix}$$

（10）性质 10：若 $n \times n$ 阶矩阵 A 有重特征根，T_J 是将 A 转化为约当标准型 J 的变换阵，即 $J = T_J^{-1}AT_J$，则 $e^{At} = T_J e^{Jt} T_J^{-1}$。

（11）性质 11：设 $A = \begin{bmatrix} 0 & \omega \\ -\omega & 0 \end{bmatrix}$，$B = \begin{bmatrix} \sigma & \omega \\ -\omega & \sigma \end{bmatrix}$，则

$$\mathrm{e}^{At} = \begin{bmatrix} \cos\omega t & \sin\omega t \\ -\sin\omega t & \cos\omega t \end{bmatrix}, \qquad \mathrm{e}^{Bt} = \mathrm{e}^{\sigma t} \cdot \mathrm{e}^{At} = \mathrm{e}^{\sigma t} \begin{bmatrix} \cos\omega t & \sin\omega t \\ -\sin\omega t & \cos\omega t \end{bmatrix}$$

（12）性质 12：矩阵指数 e^{At} 可表示为有限项之和，即 $\mathrm{e}^{At} = \sum\limits_{i=0}^{n-1} A^i a_i(t)$。

当 A 的 n 个特征根互不相等时，$a_i(t)$ 满足 $\begin{bmatrix} a_0(t) \\ a_1(t) \\ \vdots \\ a_{n-1}(t) \end{bmatrix} = \begin{bmatrix} 1 & \lambda_1 & \lambda_1^2 & \cdots & \lambda_1^{n-1} \\ 1 & \lambda_2 & \lambda_2^2 & \cdots & \lambda_2^{n-1} \\ \vdots & \vdots & \vdots & \cdots & \cdots \\ 1 & \lambda_n & \lambda_n^2 & \cdots & \lambda_n^{n-1} \end{bmatrix}^{-1} \begin{bmatrix} \mathrm{e}^{\lambda_1 t} \\ \mathrm{e}^{\lambda_2 t} \\ \vdots \\ \mathrm{e}^{\lambda_n t} \end{bmatrix}$，即

满足 $a_0(t) + a_1(t)\lambda_i + \cdots + a_{n-1}(t)\lambda_i^{n-1} = \mathrm{e}^{\lambda_i t}, \ (i=1,2,\cdots,n)$。

若 A 有 n 重特征根，设 λ_1 为 m_1 重根，此时上式只有 $n - m_1 + 1$ 个独立方程，剩下的 $m_1 - 1$ 个方程可由下列关系添加

$$\frac{\mathrm{d}^k}{\mathrm{d}\lambda^k}\left\{ a_0(t) + a_1(t)\lambda_i + \cdots + a_{n-1}(t)\lambda_i^{n-1} - \mathrm{e}^{\lambda t} \right\}\Bigg|_{\lambda=\lambda_i} = 0, \ (k=1,2,\cdots,m_1-1)$$

（13）性质 13：矩阵指数函数可用拉氏反变换法求得 $\mathrm{e}^{At} = L^{-1}\left\{ [sI - A]^{-1} \right\}$。

3．线性连续定常非齐次状态方程求解

线性连续定常非齐次状态方程为

$$\dot{X} = AX + BU, \qquad X\big|_{t=t_0} = X(t_0) \tag{9-46}$$

从物理意义上看，系统从 t_0 时刻的初始状态 $X(t_0)$ 开始，在外界控制 $u(t)$ 的作用下运动。欲求系统在任意时刻的状态 $X(t)$，就必须求解式（9-46）。

采用类似于齐次标量定常微分方程的解法，式（9-46）可写为 $\dot{X} - AX = BU$，两边同时左乘 e^{-At}，可得

$$\mathrm{e}^{-At}(\dot{X} - AX) = \mathrm{e}^{-At}BU$$

利用矩阵微积分知识，可由上式进一步得 $\dfrac{\mathrm{d}}{\mathrm{d}t}(\mathrm{e}^{-At}X) = \mathrm{e}^{-At}BU$。两边同时在 $[t_0, \ t]$ 区间积分，得

$$\mathrm{e}^{-At}X(t)\big|_{t_0}^{t} = \int_{t_0}^{t} \mathrm{e}^{-A\tau}BU(\tau)\mathrm{d}\tau, \qquad \mathrm{e}^{-At}X(t) - \mathrm{e}^{-At_0}X(t_0) = \int_{t_0}^{t} \mathrm{e}^{-A\tau}BU(\tau)\mathrm{d}\tau$$

上式两边同时左乘 e^{At}，得

$$X(t) = \mathrm{e}^{A(t-t_0)}X(t_0) + \mathrm{e}^{At}\int_{t_0}^{t} \mathrm{e}^{-A\tau}BU(\tau)\mathrm{d}\tau \tag{9-47}$$

即

$$X(t) = \boldsymbol{\Phi}(t-t_0)X(t_0) + \int_{t_0}^{t} \boldsymbol{\Phi}(t-\tau)BU(\tau)\mathrm{d}\tau \tag{9-48}$$

当初始时刻 $t_0 = 0$ 时，式（9-47）变为

$$X(t) = \boldsymbol{\Phi}(t)X(0) + \int_0^t \boldsymbol{\Phi}(t-\tau)\boldsymbol{B}U(\tau)\mathrm{d}\tau \qquad (9\text{-}49)$$

从式（9-48）和式（9-49）可知，非齐次状态方程的解由两部分组成：第一部分是在初始状态 $X(t_0)$ 作用下的自由运动，第二部分是在系统输入 $U(t)$ 作用下的强制运动。

下面讨论 $U(t)$ 为几种典型的控制输入时方程的解。

（1）脉冲信号输入。此时 $U(t) = K\delta(t)$，因此

$$X(t) = \mathrm{e}^{At}X(0) + \int_0^t \boldsymbol{\Phi}(t-\tau)\boldsymbol{B}K\delta(\tau)\mathrm{d}\tau$$

$$= \mathrm{e}^{At}X(0) + \mathrm{e}^{At}\left[\int_0^t \mathrm{e}^{-A\tau}\delta(\tau)\mathrm{d}\tau\right]\boldsymbol{B}K = \mathrm{e}^{At}X(0) + \mathrm{e}^{At}\boldsymbol{B}K$$

即 $X(t) = \mathrm{e}^{At}(X(0) + \boldsymbol{B}K)$。

（2）阶跃信号输入。此时 $U(t) = K1(t)$，因此

$$X(t) = \mathrm{e}^{At}X(0) + \int_0^t \boldsymbol{\Phi}(t-\tau)\boldsymbol{B}K1(\tau)\mathrm{d}\tau$$

$$= \mathrm{e}^{At}X(0) + \mathrm{e}^{At}\left[\int_0^t \mathrm{e}^{-A\tau}\mathrm{d}\tau\right]\boldsymbol{B}K = \mathrm{e}^{At}X(0) + \mathrm{e}^{At}\left[\boldsymbol{I} - \mathrm{e}^{-At}\right]\boldsymbol{A}^{-1}\boldsymbol{B}K$$

即 $X(t) = \mathrm{e}^{At}X(0) + \left[\mathrm{e}^{At} - \boldsymbol{I}\right]\boldsymbol{A}^{-1}\boldsymbol{B}K$。

（3）斜坡信号输入。此时 $U(t) = Kt$，因此

$$X(t) = \mathrm{e}^{At}X(0) + \left[\boldsymbol{A}^{-2}(\mathrm{e}^{At} - \boldsymbol{I}) - \boldsymbol{A}^{-1}t\right]\boldsymbol{B}K$$

4．离散时间系统状态方程求解

计算机处理的是时间上离散的数字量，如果要采用计算机对连续时间系统进行控制，就必须将连续系统状态方程离散化。因此，在对离散时间状态方程进行求解前，必须将连续状态空间表达式离散化。

设连续系统动态方程为

$$\begin{cases} \dot{X} = \boldsymbol{A}X + \boldsymbol{B}U \\ Y = \boldsymbol{C}X + \boldsymbol{D}U \end{cases}$$

系统离散化的原则是：在每个采样时刻 $kT(k = 0, 1, 2\cdots)$，T 为采样周期，系统离散化前后的 $U(kt)$、$X(kt)$、$Y(kt)$ 保持不变。而采样的方法是在 $t = kT$ 时刻对 $U(t)$ 值采样，得 $U(kT)$，并通过零阶保持器，使 $U(kt)$ 的值在 $[kT, (k+1)T]$ 时间段保持不变。

根据上述离散化原则，得到离散化后的动态方程为

$$\begin{cases} X[(k+1)T] = \boldsymbol{G}(T)X(kT) + \boldsymbol{H}(T)U(kT) \\ Y(kT) = \boldsymbol{C}X(kT) + \boldsymbol{D}U(kT) \end{cases} \qquad (9\text{-}50)$$

上述输出方程表示了 kT 时刻离散系统的输出 $Y(kT)$ 和输入 $U(kT)$ 及其系统状态量 $X(kT)$ 之间的关系，它应该与离散化前的关系一样。

根据连续时间状态方程求解公式，假设 $t_0 = kT$，求 $t = (k+1)T$ 时刻的状态 $\boldsymbol{X}[(k+1)T]$。注意到 $\boldsymbol{U}(t) = \boldsymbol{U}(kT)$ 在 $kT \sim (k+1)T$ 时段保持不变，因此 $\boldsymbol{X}[(k+1)T]$ 为

$$\boldsymbol{X}\big[(k+1)T\big] = \mathrm{e}^{At}\boldsymbol{X}(kT) + \int_{kT}^{(k+1)T} \mathrm{e}^{A[(k+1)T-\tau]}\boldsymbol{B}\boldsymbol{U}(kT)\mathrm{d}\tau$$

$$= \mathrm{e}^{At}\boldsymbol{X}(kT) + \int_{kT}^{(k+1)T} \mathrm{e}^{A[(k+1)T-\tau]}\boldsymbol{B} \cdot \mathrm{d}\tau \cdot \boldsymbol{U}(kT) \qquad (9\text{-}51)$$

$$= \boldsymbol{G}(T)\boldsymbol{X}(kT) + \boldsymbol{H}(T)\boldsymbol{U}(kT)$$

式中，$\boldsymbol{G}(T) = \mathrm{e}^{AT}$，它只与采样周期 T 有关，$\boldsymbol{H}(T) = \displaystyle\int_{kT}^{(k+1)T} \mathrm{e}^{A[(k+1)T-\tau]}\boldsymbol{B} \cdot \mathrm{d}\tau$。

令 $t = (k+1)T - \tau$，则

$$\mathrm{d}t = -\mathrm{d}\tau, \quad \begin{cases} \tau = kT \text{ 时}, & t = T \\ \tau = (k+1)T \text{ 时}, & t = 0 \end{cases}$$

因此

$$\boldsymbol{H}(T) = \int_{\tau}^{0} \mathrm{e}^{At}\boldsymbol{B}(-\mathrm{d}t) = \int_{0}^{\tau} \mathrm{e}^{At}\boldsymbol{B}\mathrm{d}t = A^{-1}(\mathrm{e}^{A\tau} - I)\boldsymbol{B} \qquad (9\text{-}52)$$

式（9-52）也只与采样周期 T 有关。为了方便起见，在书写时通常忽略 kT 时刻的 T 符号，直接用 k 代表 kT 时刻。因此连续系统离散化公式为

$$\begin{cases} \boldsymbol{X}(k+1) = \boldsymbol{G}(T)\boldsymbol{X}(k) + \boldsymbol{H}(T)\boldsymbol{U}(k) \\ \boldsymbol{Y}(k) = \boldsymbol{C}\boldsymbol{X}(k) + \boldsymbol{D}\boldsymbol{U}(k) \end{cases} \qquad (9\text{-}53)$$

式中，$\boldsymbol{G}(T) = \mathrm{e}^{AT}, \boldsymbol{H}(T) = \displaystyle\int_{0}^{\tau} \mathrm{e}^{At}\boldsymbol{B}\mathrm{d}t = A^{-1}(\mathrm{e}^{A\tau} - I)\boldsymbol{B}$。

离散时间状态方程求解一般有两种方法：递推法（迭代法）和 Z 变换法。前者对定常、时变系统都适用，而后者只适用于定常系统。此处只介绍递推法，Z 变换法将在后面章节介绍。

对于线性定常离散系统状态方程：$\boldsymbol{X}(k+1) = \boldsymbol{G}(T)\boldsymbol{X}(k) + \boldsymbol{H}(T)\boldsymbol{U}(k), \boldsymbol{X}(k)\big|_{k=0} = \boldsymbol{X}(0)$，依次取 $k = 0, 1, 2, \cdots$，可得

$$\boldsymbol{X}(1) = \boldsymbol{G}\boldsymbol{X}(0) + \boldsymbol{H}\boldsymbol{U}(0)$$

$$\boldsymbol{X}(2) = \boldsymbol{G}\boldsymbol{X}(1) + \boldsymbol{H}\boldsymbol{U}(1) = \boldsymbol{G}^2\boldsymbol{X}(0) + \boldsymbol{G}\boldsymbol{H}\boldsymbol{U}(0) + \boldsymbol{H}\boldsymbol{U}(1)$$

$$\boldsymbol{X}(3) = \boldsymbol{G}\boldsymbol{X}(2) + \boldsymbol{H}\boldsymbol{U}(2) = \boldsymbol{G}^3\boldsymbol{X}(0) + \boldsymbol{G}^2\boldsymbol{H}\boldsymbol{U}(0) + \boldsymbol{G}\boldsymbol{H}\boldsymbol{U}(1) + \boldsymbol{H}\boldsymbol{U}(2)$$

$$\boldsymbol{X}(k) = \boldsymbol{G}\boldsymbol{X}(k-1) + \boldsymbol{H}\boldsymbol{U}(k-1)$$

$$= \boldsymbol{G}^k\boldsymbol{X}(0) + \boldsymbol{G}^{k-1}\boldsymbol{H}\boldsymbol{U}(0) + \cdots + \boldsymbol{G}\boldsymbol{H}\boldsymbol{U}(k-2) + \boldsymbol{H}\boldsymbol{U}(k-1)$$

$$= \boldsymbol{G}^k\boldsymbol{X}(0) + \sum_{j=0}^{k-1} \boldsymbol{G}^j\boldsymbol{H}\boldsymbol{U}(k-1-j)$$

$$= \boldsymbol{G}^k\boldsymbol{X}(0) + \sum_{j=0}^{k-1} \boldsymbol{G}^{k-1-j}\boldsymbol{H}\boldsymbol{U}(j)$$

当初始时刻为 h 时，同理可推出

$$\boldsymbol{X}(k) = \boldsymbol{G}^{k-h}\boldsymbol{X}(h) + \sum_{j=h}^{k-1} \boldsymbol{G}^{k-1-j}\boldsymbol{H}\boldsymbol{U}(j) \qquad (9\text{-}54)$$

与连续时间系统方程解类似，记为 $\boldsymbol{\Phi}(k)=\boldsymbol{G}^{k}$ 或 $\boldsymbol{\Phi}(k-h)=\boldsymbol{G}^{k-h}$，称它们为离散系统的状态转移矩阵。因此离散系统的解可记为

$$\boldsymbol{X}(k)=\boldsymbol{\Phi}(k)\boldsymbol{X}(0)+\sum_{j=0}^{k-1}\boldsymbol{\Phi}(k-1-j)\boldsymbol{H}\boldsymbol{U}(j) \tag{9-55}$$

或者

$$\boldsymbol{X}(k)=\boldsymbol{\Phi}(k-h)\boldsymbol{X}(h)+\sum_{j=h}^{k-1}\boldsymbol{\Phi}(k-1-j)\boldsymbol{H}\boldsymbol{U}(j) \tag{9-56}$$

9.2.5　MATLAB/Simulink 在线性系统状态空间描述中的应用

1. MATLAB 中状态空间模型的实现

MATLAB 提供了将传递函数模型转化为状态空间模型的函数，常见的有将传递函数模型转换为状态空间模型的函数 tf2ss()、将零极点模型转换为状态空间模型的函数 zp2ss()，以及直接建立状态空间模型的函数 ss()。

这些函数的具体用法在本书的第 4 章进行了详细讲述，此处不再赘述。下面仅通过实例来讲述采用 MATLAB 的状态空间实现。

【**例 9-2**】　已知系统 $G_1(s)$ 和 $G_2(s)$ 的模型分别为 $G_1(s)=\dfrac{2s^2+8s+6}{s^3+8s^2+16s+6}$ 和 $G_2(s)=\dfrac{2(s+1)(s+3)}{s(s+2)(s+8)}$，试求系统的状态空间模型。

解： MATLAB 程序代码如下。

```
num=[2, 8, 6];  den=[1, 8, 16, 6]          %G₁的分子、分母多项式系数
[A1, B1, C1, D1]=tf2ss(num, den)           %将 G₁的传递函数模型转换成状态空间模型
z=[-1, -3];  p=[0, -2, -8];  k=2 ;         %G₂传递函数的零点、极点和增益
[A2, B2, C2, D2]=zp2ss(z, p, k)            %将 G₂的零极点增益模型转换成状态空间模型
```

运行结果如下。

```
A1= -8    -16    -6
     1      0     0
     0      1     0
B1=  1
     0
     0
C1=  2      8     6
D1=  0
A2=  0      0     0
     1    -10    -4
     0      4     0
B2=  1
     0
     0
```

```
C2= 2.0000  -12.0000  -6.5000
D2= 0
```

由运算结果可知，系统 $G_1(s)$ 和 $G_2(s)$ 的状态空间表达式分别为

$$\begin{cases} \dot{X} = \begin{bmatrix} -8 & -16 & -6 \\ 1 & 0 & 0 \\ 0 & 1 & 0 \end{bmatrix} X + \begin{bmatrix} 1 \\ 0 \\ 0 \end{bmatrix} U \\ Y = \begin{bmatrix} 2 & 8 & 6 \end{bmatrix} X \end{cases} \quad 和 \quad \begin{cases} \dot{X} = \begin{bmatrix} 0 & 0 & 0 \\ 1 & -10 & -4 \\ 0 & 4 & 0 \end{bmatrix} X + \begin{bmatrix} 1 \\ 0 \\ 0 \end{bmatrix} U \\ Y = \begin{bmatrix} 2 & -12 & -6.5 \end{bmatrix} X \end{cases}$$

【例 9-3】 已知系统的动力学微分方程为

$$y^{(3)}(t) + 3y^{(2)}(t) + 3y^{(1)}(t) + y(t) = u^{(2)}(t) + 2u^{(1)}(t) + u(t)$$

求系统的状态空间模型。

解： MATLAB 程序代码如下。

```
num=[1, 2, 1] ; den=[1, 3, 3, 1]    %微分方程输入量、输出量的系数
sys1=tf(num, den)                    %建立传递函数模型
sys=ss(sys1)                         %求状态空间表达式
```

运行结果如下。

```
a=        x1      x2      x3
  x1      -3    -0.75   -0.25
  x2       4      0       0
  x3       0      1       0
b=       u1
  x1      1
  x2      0
  x3      0
c=        x1      x2      x3
  y1      1      0.5    0.25
d=       u1
  y1      0
Continuous-time model
```

由运算结果可知，系统的状态空间表达式为 $\begin{cases} \dot{X} = \begin{bmatrix} -3 & -0.75 & -0.25 \\ 4 & 0 & 0 \\ 0 & 1 & 0 \end{bmatrix} X + \begin{bmatrix} 1 \\ 0 \\ 0 \end{bmatrix} U \\ Y = \begin{bmatrix} 1 & 0.5 & 0.25 \end{bmatrix} X \end{cases}$。

2. MATLAB 中状态空间标准型的实现

MATLAB 提供了以下两个函数，可用于状态空间标准型的实现，下面分别进行介绍。

（1）将系统直接转化为对角型的函数 canon ()。MATLAB 提供了函数 canon( )可以将系统直接转化为对角型，其常用的调用格式为

```
[As, Bs, Cs, Ds, Ts]=canon(A, B, C, D, 'mod')
```

其中，A、B、C 和 D 是变换前系统的状态空间实现，参数 'mod' 表示转化成对角型，As、Bs、Cs 和 Ds 是变换后的对角型，Ts 表示所作的线性变换。

（2）进行状态空间表达式的线性变换的函数 ss2ss ()。MATLAB 还提供了函数 ss2ss()，可以进行状态空间表达式的线性变换，其常用的调用格式为

```
[A1,B1,C1,D1]=ss2ss(A,B,C,D,T)
```

其中，T 为变换矩阵。注意变换方程为 X1=TX，而不是常见的 X=TX1，因此要与用户习惯的变换方程一致，必须用 T 的逆代入上式，即

```
[A1,B1,C1,D1]=ss2ss(A,B,C,D,inv(T))
```

【例 9-4】 已知系统的状态空间模型为 $\begin{cases} \dot{X} = \begin{bmatrix} 0 & 1 & 0 \\ 0 & 0 & 1 \\ -6 & -11 & -6 \end{bmatrix} X + \begin{bmatrix} 1 \\ 0 \\ 0 \end{bmatrix} U \\ Y = \begin{bmatrix} 1 & 1 & 0 \end{bmatrix} X \end{cases}$，求系统的对角标准型。

解： MATLAB 程序代码如下。

```
A=[0 1 0; 0 0 1; -6 -11 -6];  B=[1; 0; 0];  C=[1 1 0];   D=0;  %系统的系数矩阵
[As, Bs, Cs, Ds, Ts]=canon(A, B, C, D, 'mod')          %生成对角标准型
```

运行结果如下。

```
As=-1.0000        0        0
         0   -2.0000        0
         0        0   -3.0000
Bs=-5.1962
  -13.7477
   -9.5394
Cs= 0.0000   -0.2182    0.2097
Ds=  0
Ts=-5.1962   -4.3301   -0.8660
  -13.7477  -18.3303   -4.5826
   -9.5394  -14.3091   -4.7697
```

由运算结果可知系统的对角标准型为

$$\begin{cases} \dot{X} = \begin{bmatrix} -1 & 0 & 0 \\ 0 & -2 & 0 \\ 0 & 0 & -3 \end{bmatrix} X + \begin{bmatrix} -5.1962 \\ -13.7477 \\ -9.5394 \end{bmatrix} U \\ Y = \begin{bmatrix} 0 & -0.2182 & 0.2097 \end{bmatrix} X \end{cases}$$

【例 9-5】 已知系统的传递函数模型 $G(s) = \dfrac{2s+1}{s^3 + 7s^2 + 14s + 8}$、$\dfrac{2s^2 + 5s + 3}{(s-1)^3}$，试分别求系统的约当标准型。

解： MATLAB 程序代码如下。

```
num1=[2, 1] ;  den1=[1, 7, 14, 8]                %传递函数的分子和分母多项式系数
 [r1, p1, k1]=residue(num1, den1)                %求系统的分式表达式
A1=diag(p1) ; B1=ones(length(r1), 1) ; C1=rat(r1); D1=0 %对分式结果进行变换，
                                                 %得到约当标准型
num2=[2, 5, 3]; den2=conv( [1,−1], conv( [1,−1], [1,− 1]) ) %传递函数的分子和分
                                                 %母多项式系数
 [r2, p2, k2]=residue(num2, den2)                %求系统的分式表达式
A2=diag(p2) ; B2=rot90(r2); C2=ones(1, length(r2)); D2=0 %对分式结果进行变
                                                 %换，得到约当标准型
```

运行结果如下。

```
A1=  −4.0000        0          0
         0   −2.0000          0
         0          0   −1.0000
B1= 1
    1
    1
C1= −1 + 1/(−6)
2 + 1/(−2)
−0 + 1/(−3)
D1=    0
A2=
    1.0000        0          0
         0   1.0000          0
         0          0   1.0000
B2=
    2.0000    9.0000   10.0000
C2=
    1    1    1
D2=
    0
```

由运算结果可知，系统的约当标准型分别为

$$
\begin{cases}
\dot{X} = \begin{bmatrix} -4 & 0 & 0 \\ 0 & -2 & 0 \\ 0 & 0 & -1 \end{bmatrix} X + \begin{bmatrix} 1 \\ 1 \\ 1 \end{bmatrix} U \\
Y = \begin{bmatrix} -\dfrac{7}{6} & \dfrac{3}{2} & -\dfrac{1}{3} \end{bmatrix} X
\end{cases}
\quad \text{和} \quad
\begin{cases}
\dot{X} = \begin{bmatrix} 1 & 0 & 0 \\ 0 & 1 & 0 \\ 0 & 0 & 1 \end{bmatrix} X + \begin{bmatrix} 1 \\ 1 \\ 1 \end{bmatrix} U \\
Y = \begin{bmatrix} 2 & 9 & 10 \end{bmatrix} X
\end{cases}
$$

3. 采用 MATLAB 求解状态方程

MATLAB 中提供了函数 expm( )来计算给定时刻 t 的 A 矩阵指数，常用的格式为 expm(At)，它的功能是求出矩阵 A 的指数 e^{At}。

【例 9-6】　考虑如下矩阵 $A = \begin{bmatrix} 0 & 1 & 0 \\ 0 & 0 & 1 \\ 1 & -3 & 3 \end{bmatrix}$，当 t=0.2 s 时，试求状态转移矩阵。

解：MATLAB 程序代码如下。

```
A=[0, 1, 0;0, 0, 1;1, -3, 3]              %矩阵 A
t=0.2                                      %状态转移时刻
Phi=expm(A*t)                              %计算状态转移矩阵
```

运行结果如下。

```
Phi=1.0016    0.1954    0.0244
     0.0244    0.9283    0.2687
     0.2687   -0.7817    1.7344
```

由运算结果可知，该状态转移矩阵为

$$Phi = \begin{bmatrix} 1.0016 & 0.1954 & 0.0244 \\ 0.0244 & 0.9283 & 0.2687 \\ 0.2687 & -0.7817 & 1.7344 \end{bmatrix}$$

【例 9-7】 已知系统的状态空间模型为 $A = \begin{bmatrix} -2 & -2.5 & -0.5 \\ 1 & 0 & 0 \\ 0 & 1 & 0 \end{bmatrix}$, $B = \begin{bmatrix} 1 \\ 0 \\ 0 \end{bmatrix}$, $C = [0 \quad 1.5 \quad 1]$,

$D = 0$，试求：

（1）系统的脉冲响应和阶跃响应。

（2）在初始状态为 $x(0) = [1 \quad 0 \quad 2]^T$ 的条件下，输入 $u(t) = \begin{cases} 2 & , 0 \leq t < 2 \\ 0.5, & t \leq 2 \end{cases}$ 时，状态变量

$X(t) = [x_1(t), \quad x_2(t), \quad x_3(t)]^T$ 的响应曲线。

解：MATLAB 程序代码如下。

```
A=[-2 -2.5 -0.5; 1 0 0; 0 1 0] ; B=[1; 0; 0]; C=[0 1.5 1]; D=0;   %系统的系数矩阵
G=ss(A, B, C, D)                          %建立状态空间模型
t=[0:0.1:20]';                            %仿真时间
impulse(G, t);    grid;                   %计算脉冲响应并添加栅格
step(G, t);  grid                         %计算阶跃响应并添加栅格
```

输出结果如图 9.9 和图 9.10 所示。

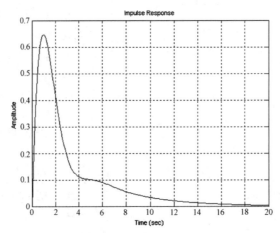

图 9.9　例 9-7 系统脉冲响应曲线

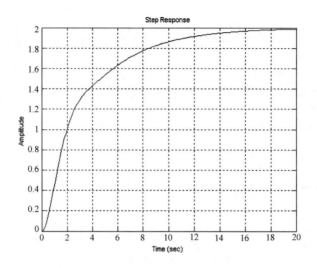

图 9.10　例 9-7 系统阶跃响应曲线

接着输入如下 MATLAB 程序代码。

```
xo=[1; 0; 2]                                              %初始状态
u(1, 1:20)=2*ones(1, 20);  u(1, 21:201)=0.5*ones(1, 181);  %输入量 u
[y, t, x]=lsim(G, u, t, xo);                             %计算输入响应
plot(t, x(:, 1), '-', t, x(:, 2), '--', t, x(:, 3), '-.')  %绘制曲线
xlabel('时间/秒 ');  ylabel('幅值');                        %标注坐标轴
grid                                                     %添加栅格
text(6, 0.3, 'x_1(t)'); text(6, -0.5, 'x_2(t)'); text(8, 1.8, 'x_3(t)')  %标注曲线
```

输出结果如图 9.11 所示。

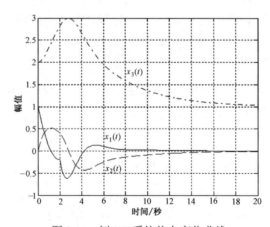

图 9.11　例 9-7 系统状态变化曲线

9.3　线性系统的状态可控性与状态可观性

在现代控制理论中，可控性（Controllability）和可观性（Observability）是两个重要的概念，它们是卡尔曼（R.E. Kalman）在 1960 年提出的，是最优控制和最优估计的设计基础。

可观（测）性针对的是系统状态空间模型中状态的可观测性，它表示系统内部状态（通常是不可以直接测量的）可由系统输出量 $Y(t)$（通常是可以直接测量的）反映的能力。

严格地说，可控性分为有两种：一种是系统控制输入 $U(t)$ 对系统内部状态 $X(t)$ 的控制能力；另一种是控制输入 $U(t)$ 对系统输出 $Y(t)$ 的控制能力。但一般没有特别指明时，指的都是状态的可控性。

系统的可控性和可观性研究一般都基于系统的状态空间表达式。

9.3.1　状态可控性

1．可控的定义

设单输入 n 阶线性定常离散系统状态方程为

$$X(k+1) = GX(k) + HU(k)$$

式中，$X(k)$ 为 n 维状态向量；$U(k)$ 为 1 维输入向量；G 为 $n \times n$ 系统矩阵；H 为 $n \times 1$ 输入矩阵。如果存在有限步的控制信号序列 $U(k)$，$U(k+1)$，$\cdots$，$U(N-1)$，使得系统第 k 步的状态 $X(k)$ 能在第 N 步到达零状态，即 $X(N) = 0$，其中 N 是大于 k 的有限正整数，那么就说系统在第 k 步的状态 $X(k)$ 是可控的；如果第 k 步的所有状态都可控，则称系统在第 k 步是完全可控的；进一步，如果系统的每一步都是可控的，则称系统是完全可控的，或称系统为可控系统。

设单输入 n 阶线性定常连续系统为

$$\dot{X} = AX + BU$$

若存在一个分段连续的控制函数 $U(t)$，能在有限的时间段 $[t_0, t_f]$ 内把将系统从 t_0 时刻的初始状态 $X(t_0)$ 转移至任意指定的终态 $X(t_f)$，则称系统在 t_0 时刻的状态 $X(t_0)$ 是可控的；如果系统每一个状态 $X(t_0)$ 都可控，则称系统是状态完全可控的；反之，只要有一个状态不可控，就称系统是不可控的。

对于线性定常连续系统，为简便起见，可假设 $t_0 = 0$，$X(t_f) = 0$，即 0 时刻的任意初始状态 $X(0)$ 在有限时间段内转移至零状态（原点）。

2．可控的判据

单输入 n 阶离散系统可控的充分必要条件是可控判别阵 $M = [h \quad Gh \quad \cdots \quad G^{n-1}h]_{n \times n}$ 的秩等于 n，即

$$\text{rank}(M) = \text{rank}[h \quad Gh \quad \cdots \quad G^{n-1}h] = n \tag{9-57}$$

n 阶连续系统可控的充分必要条件为可控判别阵 $M = [b \quad Ab \quad \cdots \quad A^{n-1}b]_{n \times n}$ 的秩等于 n。对于多输入 n 阶连续定常系统：

$$\dot{X} = AX + BU$$

其中，A 为 $n \times n$ 阶阵，B 为 $n \times r$ 阶阵，U 为 r 维输入。系统可控的充分必要条件为可控判别阵 $M = \begin{bmatrix} B & AB & \cdots & A^{n-1}B \end{bmatrix}_{n \times n}$ 的秩等于 n，即 $\text{rank}(M) = n$。

对于 $\dot{X} = AX + BU$ 所表示的系统状态方程，如果输入 $U(t)$ 对状态 $X(t)$ 的传递函数（阵）没有零极点对消，那么系统可控，否则系统不可控。

对于连续系统：

$$\begin{cases} \dot{X} = AX + BU \\ Y = CX + DU \end{cases}$$

其中，X 为 n 维状态向量，Y 为 m 维输出向量，U 为 r 维控制向量，A 为 $n \times m$ 阶阵，B 为 $n \times r$ 阶阵，C 为 $m \times n$ 阶阵，D 为 $m \times r$ 阶阵。如果 $m \times (n+1)r$ 阶矩阵 $[CB \quad CAB \quad CA^2B \quad \cdots \quad CA^{n-1}B \quad D]$ 的秩为 m，那么系统是输出可控的。也就是说对任意给定输出初始量 $Y(t_0)$，总能找到一个分段连续的控制 $U(t)$，使系统输出能在有限的时间 $[t_0, t_f]$ 段内，转移至任一指定的输出 $Y(t_f)$。

9.3.2　状态可观性

1．可观的定义

对于线性定常离散系统：

$$\begin{cases} X(k+1) = GX(k) + HU(k) \\ Y(kT) = CX(k) \end{cases}$$

其中，$X(k)$ 为 n 维状态向量；$U(k)$ 为 1 维输入向量；$Y(k)$ 为 1 维输出向量；G 为 $n \times n$ 系统矩阵；H 为 $n \times 1$ 输入矩阵；C 为 $1 \times n$ 输出矩阵。如果根据第 i 步以及之后有限步的输出观测 $y(i), y(i+1), \cdots, y(N)$，就能惟一确定第 i 步的状态 $X(i)$，则称系统是可观的。

对于线性定常离散系统，不失一般性，可设 $i = 0$，即从第 0 步开始观测，确定的是 $X(0)$ 的值，并且由于 $U(k)$ 不影响系统的可观性，因此可令 $U(k) \equiv 0$，则系统表示为

$$\begin{cases} X(k+1) = GX(k) \\ Y(kT) = CX(k) \end{cases}$$

对于线性连续系统，表示为

$$\begin{cases} \dot{X} = AX + BU \\ Y = CX \end{cases}$$

若对任意给定的输入 $U(t)$，总能在有限的时间段 $[t_0, t_f]$ 内，根据系统的输入 $U(t)$ 及系统观测 $Y(t)$，能惟一地确定 t_0 时刻的每一状态 $X(t_0)$，那么称系统在 t_0 时刻是状态可观的。

若系统在所讨论时间段内每一时刻都可观，则称系统是完全可观的。

2．可观的判据

对于离散系统，其完全可观的充分必要条件为可观判别阵 $N = \begin{bmatrix} C & CG & \dots & CG^{n-1} \end{bmatrix}'$ 的秩等于 n，即 $\operatorname{rank}(N) = n$。

线性连续系统完全可观的充分必要条件是可观判别阵 $N = \begin{bmatrix} C & CA & \dots & CA^{n-1} \end{bmatrix}'$ 的秩为 n。

9.3.3 对偶系统和对偶原理

1. 对偶系统

设系统 $\sum 1$ 的动态方程为

$$\begin{cases} \dot{X}_1 = A_1 X_1 + B_1 U_1 \\ Y_1 = C_1 X_1 \end{cases}$$

系统 $\sum 2$ 的动态方程为

$$\begin{cases} \dot{X}_2 = A_2 X_2 + B_2 U_2 \\ Y_2 = C_2 X_2 \end{cases}$$

若 $\sum 1$ 和 $\sum 2$ 满足：$A_2 = A_1^{\mathrm{T}}$，$B_2 = C_1^{\mathrm{T}}$，$C_2 = B_1^{\mathrm{T}}$，则称 $\sum 1$ 和 $\sum 2$ 互为对偶系统。

对偶系统具有以下基本性质。

（1）如果将 $\sum 1$ 模拟结构图中信号线反向，即输入端变输出端，输出端变输入端，信号综合点变信号引出点，信号引出点变信号综合点，那么形成的就是 $\sum 2$ 的模拟结构图，如图 9.12 所示。

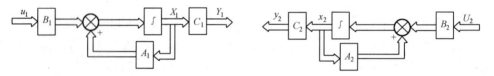

图 9.12　对偶系统结构图

（2）对偶系统的传递函数阵互为转置，即

$$\begin{aligned}
W_2(s) &= C_2(sI - A_1)^{-1} B_1 = B_1^{\mathrm{T}}(sI - A_1^{\mathrm{T}})^{-1} C_1^{\mathrm{T}} \\
&= B_1^{\mathrm{T}}\left[(sI - A_1^{\mathrm{T}})^{-1}\right]^{\mathrm{T}} C_1^{\mathrm{T}} = \left[(sI - A_1^{\mathrm{T}})^{-1} B_1\right]^{\mathrm{T}} = \left[W_1(s)\right]^{\mathrm{T}}
\end{aligned} \tag{9-58}$$

因此，若 $\sum 1$ 和 $\sum 2$ 为单入单出（SISO）系统，则有 $W_1(s) = W_2(s)$。

（3）对偶系统特征方程式相同。$|sI - A_2| = |sI - A_1^{\mathrm{T}}| = (|sI - A_1|)^{\mathrm{T}} = 0$，即 $|sI - A_2| = 0$ 和 $|sI - A_1| = 0$ 是等价的。

2. 对偶原理

若系统 $\sum 1 = (A_1, B_1, C_1)$ 和 $\sum 2 = (A_2, B_2, C_2)$ 互为对偶系统，则 $\sum 1$ 的可控性等价于 $\sum 2$ 的可观性，$\sum 1$ 的可观性等价于 $\sum 2$ 的可控性，即

$$N_2 = \begin{bmatrix} C_2 \\ C_2 A_2 \\ \vdots \\ C_2 A_2^{n-1} \end{bmatrix} = \begin{bmatrix} B_1^{\mathrm{T}} \\ B_1^{\mathrm{T}} A_1^{\mathrm{T}} \\ \vdots \\ B_1^{\mathrm{T}}(A_1^{\mathrm{T}})^{n-1} \end{bmatrix} = \begin{bmatrix} B_1^{\mathrm{T}} \\ (A_1 B_1)^{\mathrm{T}} \\ \vdots \\ (A_1^{n-1} B_1)^{\mathrm{T}} \end{bmatrix} = \begin{bmatrix} B_1 & A_1 B_1 & \cdots & A_1^{n-1} B_1 \end{bmatrix}^{\mathrm{T}} = M_1^{\mathrm{T}} \tag{9-59}$$

因此 $\mathrm{rank}(N_2) = \mathrm{rank}(M_1)$，即 $\sum 1$ 的可控性等价于 $\sum 2$ 的可观性。

9.3.4　可控标准型和可观标准型

1．可控标准型

控制系统的可控标准型有两种形式，分别称之为可控 I 型和可控 II 型。

对于可控 I 型 $\sum c1(\boldsymbol{A}_{c1},\boldsymbol{B}_{c1},\boldsymbol{C}_{c1})$，其各矩阵的形式为

$$
\begin{cases}
\boldsymbol{A}_{c1} = \begin{bmatrix} 0 & 1 & 0 & \cdots & 0 \\ 0 & 0 & 1 & \cdots & 0 \\ \vdots & \vdots & \vdots & \vdots & \vdots \\ 0 & 0 & \cdots & \cdots & 1 \\ -a_0 & -a_1 & \cdots & \cdots & -a_{n-1} \end{bmatrix},\ \boldsymbol{B}_{c1} = \begin{bmatrix} 0 \\ \vdots \\ \vdots \\ 0 \\ 1 \end{bmatrix} \\
\boldsymbol{C}_{c1} = \begin{bmatrix} \beta_0 & \beta_1 & \cdots & \beta_{n-1} \end{bmatrix}
\end{cases}
\tag{9-60}
$$

对于可控 II 型 $\sum c2(\boldsymbol{A}_{c2},\boldsymbol{B}_{c2},\boldsymbol{C}_{c2})$，其各矩阵的形式为

$$
\begin{cases}
\boldsymbol{A}_{c1} = \begin{bmatrix} 0 & \cdots & \cdots & \cdots & 0 & -a_0 \\ 1 & 0 & & & 0 & -a_1 \\ 0 & 1 & 0 & \cdots & \cdots & \vdots \\ \vdots & \vdots & \vdots & \vdots & \vdots & \vdots \\ 0 & \cdots & \cdots & \cdots & 1 & -a_{n-1} \end{bmatrix},\ \boldsymbol{B}_{c1} = \begin{bmatrix} 1 \\ 0 \\ \vdots \\ \vdots \\ 0 \end{bmatrix} \\
\boldsymbol{C}_{c1} = \begin{bmatrix} \beta_0 & \beta_1 & \cdots & \beta_{n-1} \end{bmatrix}
\end{cases}
\tag{9-61}
$$

注意　$\boldsymbol{C}_{c1}$ 中的 β_i 与 $\boldsymbol{C}_{c2}$ 中的 β_i 不是同一数值。

$\sum c1$ 的模拟结构图如图 9.13 所示，$\sum c2$ 结构图如图 9.14 所示。

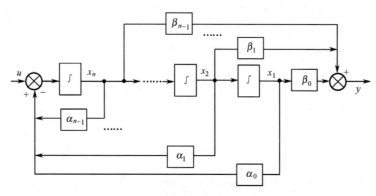

图 9.13　可控 I 型模拟结构图

$\sum c1(\boldsymbol{A}_{c1},\boldsymbol{B}_{c1},\boldsymbol{C}_{c1})$ 和 $\sum c2(\boldsymbol{A}_{c2},\boldsymbol{B}_{c2},\boldsymbol{C}_{c2})$ 之所以称为可控型，主要是这种形式的动态方程所表示的系统是可控的。

动态方程到可控标准型的转化步骤如下所述。

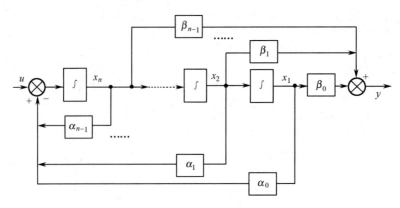

图 9.14　可控 II 型模拟结构图

对于一般动态方程 $\begin{cases} \dot{X} = AX + BU \\ Y = CX \end{cases}$，如果系统可控，即 $\text{rank}[b \quad Ab \quad \cdots \quad A^{n-1}b]$ 满秩，那么可以通过非奇异矩阵

$$T_{c1} = \begin{bmatrix} A^{n-1}b & A^{n-2}b & \cdots & Ab & b \end{bmatrix} \begin{bmatrix} 1 & \cdots & \cdots & \cdots & 0 \\ a_{n-1} & 1 & \cdots & \cdots & \vdots \\ \vdots & \vdots & \cdots & \vdots & \vdots \\ a_2 & \cdots & \cdots & \cdots & \vdots \\ a_1 & a_2 & \cdots & a_{n-1} & 1 \end{bmatrix}$$

的线性变换，将系统 $\sum(A, B, C)$ 变换成可控 I 型 $\sum c1(A_{c1}, B_{c1} C_{c1})$，有

$$A_{c1} = T_{c1}^{-1} A T_{c1}, \quad B_{c1} = T_{c1}^{-1} B, \quad C_{c1} = C T_{c1}$$

其中，a_i $(i = 0, 1, 2, \cdots, n-1)$ 是系统特征多项式的系数，即 $|\lambda I - A| = \lambda^n + a_{n-1}\lambda + \cdots + a_1\lambda + a_0$。

由可控 I 型求系统传递函数是非常方便的，因为

$$W(s) = C_{c1}(sI - A_{c1})^{-1} B_{c1}$$

$$= \begin{pmatrix} \beta_0 & \beta_1 & \cdots & \beta_{n-1} \end{pmatrix} \begin{bmatrix} s & -1 & \cdots & \cdots & 0 \\ 0 & s & -1 & \cdots & \vdots \\ \vdots & \vdots & \cdots & \vdots & \vdots \\ 0 & \vdots & \cdots & \vdots & -1 \\ a_0 & a_1 & \cdots & a_{n-1} & s+a_{n-1} \end{bmatrix}^{-1} \begin{bmatrix} 0 \\ \vdots \\ \vdots \\ 0 \\ 1 \end{bmatrix} \quad (9\text{-}62)$$

$$= \frac{\beta_{n-1}s^{n-1} + \beta_{n-2}s^{n-2} + \cdots + \beta_1 s + \beta_0}{s^n + a_{n-1}s^{n-1} + \cdots + a_1 s + a_0}$$

由式（9-62）可知，根据系统的传递函数 $W(s)$ 可直接写出系统的可控 I 型，反之亦然。

对于一般动态系统，如果系统可控，即 $\text{rank}\begin{bmatrix} b & Ab & \cdots & A^{n-1}b \end{bmatrix}$ 满秩，那么可以通过非奇异变换 $T_{c2} = \begin{bmatrix} b & Ab & \cdots & A^{n-1}b \end{bmatrix}$ 将系统 $\sum(A, B, C)$ 变换成可控 II 型 $\sum c2(A_{c2}, B_{c2}, C_{c2})$，其中，

$$\begin{cases} \boldsymbol{A}_{c2} = \boldsymbol{T}_{c2}^{-1}\boldsymbol{A}\boldsymbol{T}_{c2} \\ \boldsymbol{B}_{c2} = \boldsymbol{T}_{c2}^{-1}\boldsymbol{B} \\ \boldsymbol{C}_{c2} = \boldsymbol{C}\boldsymbol{T}_{c2} = \begin{bmatrix} \boldsymbol{CB} & \boldsymbol{CAB} & \cdots & \boldsymbol{CA}^{n-1}\boldsymbol{B} \end{bmatrix} \end{cases}$$

$\boldsymbol{A}_{c2}$ 中的 a_i $(i=0,1,2,\cdots,n-1)$ 是系统特征多项式的系数，即 $|\lambda\boldsymbol{I}-\boldsymbol{A}|=\lambda^n+a_{n-1}\lambda+\cdots+a_1\lambda+a_0$。

2．可观标准型

控制系统的可观标准型也有两种形式，可观 I 型 $\sum o1(\boldsymbol{A}_{o1},\boldsymbol{B}_{o1},\boldsymbol{C}_{o1})$ 和可观 II 型 $\sum o2(\boldsymbol{A}_{o2},\boldsymbol{B}_{o2},\boldsymbol{C}_{o2})$，其中

$$\begin{cases} \boldsymbol{A}_{o1} = \begin{bmatrix} 0 & 1 & 0 & \cdots & 0 \\ 0 & 0 & 1 & \cdots & 0 \\ \vdots & \vdots & \vdots & & \vdots \\ 0 & 0 & \cdots & & 1 \\ -a_0 & -a_1 & \cdots & & -a_{n-1} \end{bmatrix}, \boldsymbol{B}_{o1} = \begin{bmatrix} \beta_0 \\ \beta_1 \\ \vdots \\ \vdots \\ \beta_{n-1} \end{bmatrix} \\ \boldsymbol{C}_{o1} = \begin{bmatrix} 1 & 0 & \cdots & & 0 \end{bmatrix} \end{cases} \tag{9-63}$$

$$\begin{cases} \boldsymbol{A}_{o1} = \begin{bmatrix} 0 & \cdots & \cdots & 0 & -a_0 \\ 1 & 0 & \cdots & \cdots & 0 & -a_1 \\ 0 & 1 & 0 & \cdots & 0 & \vdots \\ \vdots & \vdots & \vdots & \cdots & \vdots & \vdots \\ 0 & & 1 & & -a_{n-1} \end{bmatrix}, \boldsymbol{B}_{o1} = \begin{bmatrix} \beta_0 \\ \beta_1 \\ \vdots \\ \vdots \\ \beta_{n-1} \end{bmatrix} \\ \boldsymbol{C}_{o1} = \begin{bmatrix} 0 & \cdots & 0 & 1 \end{bmatrix} \end{cases} \tag{9-64}$$

注意 $\sum o1$ 中的 β_i 与 $\sum o2$ 中的 β_i 不是同一数值。

可观 I 型 $\sum o1$ 的模拟结构图如图 9.15 所示，可观 II 型 $\sum o2$ 的模拟结构图如图 9.16 所示。

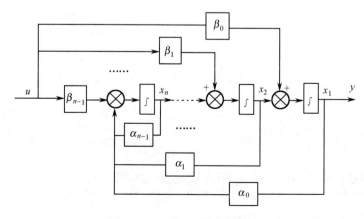

图 9.15　可观 I 型模拟结构图

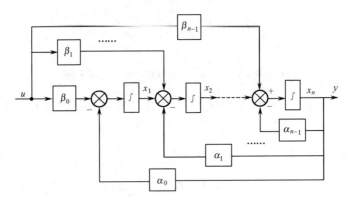

图 9.16 可观 Ⅱ 型模拟结构图

$\sum o1(\boldsymbol{A}_{o1}, \boldsymbol{B}_{o1}, \boldsymbol{C}_{o1})$ 和 $\sum o2(\boldsymbol{A}_{o2}, \boldsymbol{B}_{o2}, \boldsymbol{C}_{o2})$ 之所以称为可观标准型，主要是因为这种形式的动态方程所表示的系统是可观的。

动态方程到可观标准型的转化步骤如下所述。

对一般动态方程：$\begin{cases} \dot{X} = AX + BU \\ Y = CX \end{cases}$ 表示的系统，如果系统可观，即系统可观判别阵

$$N = \begin{bmatrix} \boldsymbol{C} & \boldsymbol{CA} & \boldsymbol{...} & \boldsymbol{CA}^{n-1} \end{bmatrix}'$$ 满秩，那么可以通过 $\boldsymbol{T}_{o1} = \boldsymbol{N}^{-1} = \begin{bmatrix} C \\ CA \\ \vdots \\ CA^{n-1} \end{bmatrix}^{-1}$ 变换，将系统 $\sum(A,B,C)$

变换成可观 Ⅰ 型，其中 B_{o1} 中的 $\beta_i = CA_ib$ $(i = 0,1,2,\cdots,n-1)$。

如果系统可观，那么通过矩阵

$$\boldsymbol{T}_{o2} = \begin{bmatrix} 1 & a_{n-1} & \cdots & \cdots & a_1 \\ 0 & 1 & a_{n-1} & \ddots & a_2 \\ 0 & 0 & 1 & \ddots & \vdots \\ \vdots & \vdots & \vdots & \cdots & a_{n-1} \\ 0 & \cdots & \cdots & \cdots & 1 \end{bmatrix} \begin{bmatrix} CA^{n-1} \\ CA^{n-2} \\ \vdots \\ CA \\ C \end{bmatrix}^{-1}$$

的线性变换，可以将系统转换成可观 Ⅱ 型，其中 b_{o2} 由下列公式求得：

$$b_{o2} = \boldsymbol{T}_{o2}^{-1}b = \begin{bmatrix} 1 & a_{n-1} & \cdots & \cdots & a_1 \\ 0 & 1 & a_{n-1} & \ddots & a_2 \\ 0 & 0 & 1 & \ddots & \vdots \\ \vdots & \vdots & \vdots & \cdots & a_{n-1} \\ 0 & \cdots & \cdots & \cdots & 1 \end{bmatrix} \begin{bmatrix} CA^{n-1} \\ CA^{n-2} \\ \vdots \\ CA \\ C \end{bmatrix} b \tag{9-65}$$

9.3.5   MATLAB/Simulink 在可控和可观标准型中的应用

1. MATLAB 中的标准型相关的函数

MATLAB 提供了以下 4 个用于可控和可观标准型的相关函数，下面分别进行介绍。

（1）求取系统可控判别矩阵的函数 ctrb()。求系统可控判别矩阵 $M=[B, AB, A^2B \ldots]$ 的函数 ctrb(A, B)，其常用的调用格式为

```
M= ctrb(A , B)
```

结合求 M 秩的函数 rank(M)，从而判断系统的能控性。

（2）求取系统可观判别矩阵的函数 obsv()。求系统可观判别矩阵 $N=[C, CA, CA^2, \cdots]$ 的函数 obsv (A, C)，其常用的调用格式为

```
N= obsv(A, C)
```

结合求 N 秩的函数 rank(N)，从而判断系统的能观性。

（3）系统进行能控性分解的函数 ctrbf ()。当系统能控性矩阵的秩小于系统的维数 n 时，可以使用函数 ctrbf()对线性系统进行能控性分解，其常用的调用格式为

```
[Ac,Bc,Cc]=ctrbf(A,B,C)
```

其中，A、B 和 C 是变换前系统矩阵，Ac、Bc 和 Cc 是能控性分解后的矩阵。

（4）系统进行能观测性分解的函数 obsvf()。当系统能观测性矩阵的秩小于系统的维数 n 时，可以使用函数 obsvf()对线性系统进行能观测性分解，其常用的调用格式为

```
[Ao,Bo,Co]= obsvf(A,B,C)
```

其中，A、B 和 C 是变换前系统矩阵，Ao、Bo 和 Co 是能观测性分解后的矩阵。

需要注意的是：当系统的模型用 sys=ss(A,B,C,D)输入以后，也就是当系统模型用状态空间的形式表示时，也可以用 M=ctrb(sys)和 N=obsv(sys)的形式求出该系统的能控性矩阵和能观测性矩阵。与之类似，可以用[Ac,Bc,Cc]=ctrbf(sys)和[Ao,Bo,Co]= obsvf (sys) 的形式对该系统的能控性分解和能观测性分解。

2．实例分析

下面通过几个实例讲述上述函数的应用。

【例 9-8】　已知系统 $\sum(A,B,C)$ 的相应系统矩阵为

$$A = \begin{bmatrix} 1 & 0 & -1 \\ -1 & -2 & 0 \\ 3 & 0 & 1 \end{bmatrix}, \quad B = \begin{bmatrix} 1 & 0 \\ 2 & 1 \\ 0 & 2 \end{bmatrix}, \quad C = \begin{bmatrix} 1 & 0 & 0 \\ 0 & -1 & 0 \end{bmatrix}$$

试判断系统是否可控？是否可观？

解： 首先分别计算系统的能控性矩阵和能观测性矩阵，然后用 rank()函数计算这两个矩阵的秩，MATLAB 程序代码如下。

```
A=[1,0,-1;-1,-2,0;3,0,1]; B=[1,0;2,1;0,2]; C=[1,0,0;0,-1,0];%系统的系数矩阵
M=ctrb(A,B)                                              %计算可控判别矩阵
RM=rank(M)                                               %计算可控判别矩阵的秩
N=obsv(A,C)                                              %计算可观判别矩阵
RN=rank(N)                                               %计算可观判别矩阵的秩
```

运行结果如下。

```
M -   1      0      1     -2     -2     -4
      2      1     -5     -2      9      6
      0      2      3      2      6     -4
RM =      3
N = 1      0      0
    0     -1      0
    1      0     -1
    1      2      0
   -2      0     -2
   -1     -4     -1
RN =      3
```

从计算结果可以看出，系统能控性矩阵和能观测性矩阵的秩都是 3，为满秩，因此该系统是能控的，也是能观测的。

【例 9-9】 已知系统 $\sum(A, B, C, D)$ 的相应系统矩阵为

$$A = \begin{bmatrix} 1 & 2 & 0 \\ 3 & -1 & 1 \\ 0 & 2 & 0 \end{bmatrix}, \quad B = \begin{bmatrix} 2 \\ 1 \\ 1 \end{bmatrix}, \quad C = \begin{bmatrix} 0 & 0 & 1 \end{bmatrix}, \quad D = 0$$

试判断它的可控性。如果完全可控，将其转化为可控 II 型。

解： MATLAB 程序代码如下。

```
A=[1, 2, 0;3, -1, 1;0, 2, 0]; B=[2;1;1]; C=[0, 0, 1] ;D=0 %系统的系数矩阵
T=ctrb(A, B)                                    %计算可控判别矩阵
R=rank(T)                                       %计算可控判别矩阵的秩
```

运行结果如下。

```
T=  2      4     16
    1      6      8
    1      2     12
R=  3
```

由运算结果 "R=3" 可知，系统完全可控，可以将其转化为可控 II 型。

接着输入以下 MATLAB 程序代码。

```
[Ac2, Bc2, Cc2, Dc2]=ss2ss(A, B, C, D, inv(T))     %进行状态空间的线性变换
```

运行结果如下。

```
Ac2= 0      0     -2
     1      0      9
     0      1      0
Bc2= 1
     0
     0
Cc2= 1      2     12
Dc2= 0
```

由计算结果可知，该系统的可控 II 型为 $\begin{cases} \dot{Z} = \begin{bmatrix} 0 & 0 & -2 \\ 1 & 0 & 9 \\ 0 & 1 & 0 \end{bmatrix} Z + \begin{bmatrix} 1 \\ 0 \\ 0 \end{bmatrix} U \\ Y = \begin{bmatrix} 1 & 0 & 0 \end{bmatrix} Z \end{cases}$。

【例 9-10】 已知系统 $\sum(A,B,C,D)$ 的相应系统矩阵为

$$A = \begin{bmatrix} 1 & 2 & 0 \\ 3 & -1 & 1 \\ 0 & 2 & 0 \end{bmatrix}, \quad B = \begin{bmatrix} 2 \\ 1 \\ 1 \end{bmatrix}, \quad C = \begin{bmatrix} 0 & 0 & 1 \end{bmatrix}, \quad D = 0$$

试求该系统的可观 I 型。

解： MATLAB 程序代码如下。

```
A=[1, 2, 0;3, -1, 1;0, 2, 0]; B=[2;1;1]; C=[0, 0, 1]; D=0    %系统的系数矩阵
T=obsv(A, C)                                                  %计算可观判别矩阵
[Ao1, Bo1, Co1, Do1]=ss2ss(A, B, C, D, T)                    %进行状态空间的线性变换
```

运行结果如下。

```
T=    0    0    1
      0    2    0
      6   -2    2
Ao1= 0    1    0
     0    0    1
    -2    9    0
Bo1=1
     2
    12
Co1= 1    0    0
Do1= 0
```

由计算结果可知，该系统的可观 I 型为 $\begin{cases} \dot{Z} = \begin{bmatrix} 0 & 1 & 0 \\ 0 & 0 & 1 \\ -2 & 9 & 0 \end{bmatrix} Z + \begin{bmatrix} 1 \\ 2 \\ 12 \end{bmatrix} U \\ Y = \begin{bmatrix} 1 & 0 & 0 \end{bmatrix} Z \end{cases}$。

【例 9-11】 已知系统 $\sum(A,B,C)$ 的相应系统矩阵为

$$A = \begin{bmatrix} 0 & 0 & -1 \\ 1 & 0 & -3 \\ 0 & 1 & -3 \end{bmatrix}, \quad B = \begin{bmatrix} 1 \\ 1 \\ 0 \end{bmatrix}, \quad C = \begin{bmatrix} 0 & 1 & -2 \end{bmatrix}$$

试利用 MATLAB 对系统进行能控性结构分解和能观测性结构分解。

解： MATLAB 程序代码如下。

```
A=[0 0 -1;1 0 -3;0 1 -3];B=[1 1 0]';C=[0 1 -2];    %系统的系数矩阵
[Ac,Bc,Cc]=ctrbf(A,B,C)                            %能控性结构分解
[Ao,Bo,Co]=obsvf(A,B,C)                            %能观测性结构分解运行结果
```

运行结果如下。

```
Ac =  -1.0000       0.0000        -0.0000
      -2.1213      -2.5000         0.8660
      -1.2247      -2.5981         0.5000
Bc =      0
          0
         -1.4142
Cc =  1.7321       1.2247        -0.7071
Ao =  -1.0000      -1.3416        -3.8341
       0.0000      -0.4000        -0.7348
            0       0.4899        -1.6000
Bo =1.2247
     -0.5477
     -0.4472
Co =      0       0.0000        -2.2361
```

需要注意的是：由 MATLAB 提供的分解矩阵与前面提到的标准形式不一样，这主要是由于状态变量的编号选取不同，若要得到前面提到的标准形式，只需加下面语句。

```
Acc=rot90(Ac,2)，Bcc=rot90(Bc,2)，Ccc=rot90(Cc,2)
```

便可得到下面表述形式。

```
Acc =0.5000      -2.5981       -1.2247
      0.8660      -2.5000       -2.1213
     -0.0000       0.0000       -1.0000
Bcc = -1.4142
0
0
Ccc = -0.7071      1.2247        1.7321
```

9.4 线性系统稳定性分析

9.4.1 稳定性分析基础

对于一个实际的控制系统，其工作的稳定性无疑是一个极其重要的问题，一个不稳定的系统在实际应用中是很难有效发挥作用的。

从直观上看，系统的稳定性就是指一个处于稳态的系统，在某一干扰信号的作用下，其状态偏离了原有平衡位置，若系统是稳定的，那么在干扰取消后的有限时间内，系统会在自身作用下回到平衡状态；反之若系统不稳定，则系统永远不会回到原来的平衡位置。

系统的稳定可分为外部稳定和内部稳定两种。外部稳定又称为输出稳定，也就是系统在干扰取消后，在一定时间内其输出会恢复到原来的稳态输出，输出稳定有时描述为系统的 BIBO 稳定，即有限的系统输入只能产生有限的系统输出；内部稳定主要针对系统内部状态，反映的是系统内部状态受干扰信号的影响情况，当干扰信号取消后，若系统的内部状态会在一定时间内恢复到原来的平衡状态，则称系统状态是稳定的。

在经典控制论中，研究对象都是用高阶微分方程或传递函数描述的单输入单输出（SISO）系统，反映的仅是输入与输出的关系，不涉及系统的内部状态，因此经典控制论中只讨论系统的输出稳定问题。

系统的稳定性是系统本身的特性，与系统的外部输入（控制）无关。

如果系统不是线性定常系统，那么对于系统内部状态稳定问题，经典控制论中的方法就不好发挥作用了，这就需要用到下面介绍的李雅普诺夫（Lyapunov）稳定性理论。设控制系统的齐次状态方程为

$$\dot{\boldsymbol{X}} = f(\boldsymbol{X}, t) \qquad \boldsymbol{X}(t)\big|_{t=t_0} = \boldsymbol{X}_0$$

其中，$\boldsymbol{X}(t)$ 为系统的 n 维状态向量，f 是有关状态向量 $\boldsymbol{X}$，以及时间 t 的 n 维矢量函数，f 不一定是线性定常的。如果对于所有 t，状态 $\boldsymbol{X}_e$ 总满足：$f(\boldsymbol{X}_e, t) = 0$，则称 X_e 为系统的平衡状态。对于一般控制系统，可能没有，也可能有一个或多个平衡状态。

如果系统是一个线性定常系统，即 $\dot{\boldsymbol{X}} = \boldsymbol{AX}$，那么当 $\boldsymbol{A}$ 为非奇异矩阵时，$\boldsymbol{X}_e = 0$ 是系统的唯一平衡状态；当 $\boldsymbol{A}$ 为奇异矩阵时，$\boldsymbol{AX} = 0$ 有无数解，也就是说系统有无数个平衡状态。

系统的状态稳定性是针对系统的平衡状态的，当系统有多个平衡状态时，需要对每个平衡状态分别进行讨论。对系统矩阵 $\boldsymbol{A}$ 非奇异的线性定常系统，$\boldsymbol{X}_e = 0$ 是系统的唯一平衡状态，所以对线性定常（LTI）系统，一般可笼统地用 $\boldsymbol{X}_e$ 的稳定性代表系统的稳定性。

9.4.2　李雅普诺夫稳定性分析

1892 年，李雅普诺夫就如何判断系统的稳定性问题归纳出两种方法（称为第一法和第二法），第一法的基本思路和分析方法与经典控制理论是一致的；第二法的特点是不求解系统方程，而是通过一个叫李雅普诺夫函数的标量函数来直接判断系统的稳定性。

1. 李雅普诺夫稳定性定义

设一般控制系统的解为 $X(t) = \Phi(t; X_0, t_0)$，它是与初始时间 t_0 及其初始状态 X_0 有关的，体现系统状态从 (t_0, X_0) 出发的一条状态轨迹。

设 X_e 为系统的一个平衡点，如果给定一个以 X_e 为球心，以 ε 为半径的 n 维球域 $S(\varepsilon)$，总能找到一个同样以 X_e 为球心，$\delta(\varepsilon, t_0)$ 为半径的 n 维球域 $S(\delta)$，使得从 $S(\delta)$ 球域出发的任意一条系统状态轨迹 $\Phi(t; X_0, t_0)$ 在 $t \geqslant t_0$ 的所有时间内，都不会跑出 $S(\varepsilon)$ 球域，则称系统的平衡状态 X_e 是李雅普诺夫稳定的（Lyapunov Stability）。

一般来说，δ 的大小不但与 ε 有关，而且与系统的初始时间 t_0 有关。当 δ 仅与 ε 有关时，称 X_e 是一致稳定的平衡状态。

进一步地，如果 X_e 不仅是李雅普诺夫稳定的平衡状态，而且当时间 t 无限增加时，从 $S(\delta)$ 球域出发的任一条状态轨迹 $\Phi(t; X_0, t_0)$ 都最终收敛于球心平衡点 X_e，那么称 X_e 是渐进稳定的（Asymptotic Stability）。

更进一步，如果从 $S(\infty)$ 即整个系统状态空间的任一点出发的任一条状态轨迹

$\boldsymbol{\Phi}(t;X_0,t_0)$，当 $t \to \infty$ 时都收敛于平衡点 X_e，那么称 X_e 是大范围渐进稳定的。显然，此时的 X_e 是系统的唯一平衡点。

反之，对于给定 $S(\varepsilon)$，不论 $\delta > 0$ 取得多么小，若从 $S(\delta)$ 球域出发的状态轨迹 $\boldsymbol{\Phi}(t;X_0,t_0)$ 至少有一条跑出 $S(\varepsilon)$ 球域，那么称平衡点 X_e 是不稳定的。

2. 李雅普诺夫第一法（间接法）

李雅普诺夫第一法通过分析系统微分方程的显式解来分析系统的稳定性，对线性定常系统，它可以直接通过系统的特征根来分析。李雅普诺夫第一法的基本思路与经典控制论中的稳定性判别思路基本一致。

设线性定常系统的动态方程为 $\begin{cases} \dot{X} = AX + bU \\ Y = CX \end{cases}$，在讨论系统状态稳定性（内部稳定）时，可以不考虑系统的输入结构和输入信号，而只考虑系统的齐次状态方程或矩阵 A，显然，当 $|A| \neq 0$ 时，$X_e = 0$ 是系统的惟一平衡点。

对于 $X_e = 0$ 的稳定性，有如下判据（X_e 大范围渐进稳定的充分必要条件）。

当线性定常系统的系统矩阵 A 的所有特征根都有负的实部时，其惟一的状态平衡点 $X_e = 0$ 是渐进稳定的，而且是大范围渐进稳定的。

对于线性定常系统，其输入/输出的传递函数为 $W(s) = C(sI-A)^{-1}b$，当 $W(s)$ 的极点全部都有负实部时，该系统有界的输入将引起有界的输出（BIBO），也就是说系统是输出稳定的。

可以证明，当系统的传递函数 $W(s)$ 没有零极点对消时，系统的状态稳定性和系统的输出稳定性是一致的，因为此时系统矩阵的特征根就是系统传递函数的极点。

3. 李雅普诺夫第二法（直接法）

李雅普诺夫第二法不必求解系统的状态方程，而是通过一个系统的能量函数来直接判断系统的稳定性的，所以又称为直接法。直接法不但适用于线性定常系统，而且适用于非线性和时变的系统。

在实际系统中，往往不容易找出系统的能量函数，于是李雅普诺夫定义了一个正定的标量函数 $V(x)$，作为系统的虚构广义能量函数。根据 $\dot{V}(x)$ 的符号性质，可以判断系统的状态稳定性。

设 $V(x)$ 是定义在 n 维空间 R_n 上的标量函数，且当 $X = 0$ 时，$V(x) = 0$，那么对其余 $X \in R_n 3$，有

- 若 $V(x) > 0$，则称 $V(x)$ 是正定的；
- 若 $V(x) \geqslant 0$，则称 $V(x)$ 是半正定的（非负定）；
- 若 $V(x) < 0$，称 $V(x)$ 是负定的；
- 若 $V(x) \leqslant 0$，则称 $V(x)$ 是半负定的（非正定）；
- 若 $V(x)$ 任意，则称 $V(x)$ 不定。

在建立于李雅普诺夫第二法基础上的稳定性分析中，有一类标量函数起着重要的作用，它就是二次型函数。

设 $X = (x_1,\ x_2,\ \cdots,\ x_n)^{\mathrm{T}}$，$P$ 为 $n \times n$ 阶的实对称矩阵，则

$$V(x) = X^{\mathrm{T}}PX$$

$$= \begin{bmatrix} x_1 & x_2 & \cdots & x_n \end{bmatrix} \begin{bmatrix} p_{11} & p_{12} & \cdots & p_{1n} \\ p_{21} & p_{22} & \cdots & p_{2n} \\ & & \cdots & \\ p_{n1} & p_{n2} & \cdots & p_{nn} \end{bmatrix} \begin{bmatrix} x_1 \\ x_1 \\ \\ x_n \end{bmatrix} \qquad (9\text{-}66)$$

称为二次型函数。

二次型标量函数的符号性质可以由赛尔维斯特（Sylvester）准则来判别。设实对称阵 P 的各阶主子行列式为

$$\varDelta_1 = p_{11}, \ \varDelta_2 = \begin{vmatrix} p_{11} & p_{12} \\ p_{21} & p_{22} \end{vmatrix}, \cdots, \ \varDelta_n = |P| \qquad (9\text{-}67)$$

（1）若 $\varDelta_i > 0 \ (i = 1, 2, \cdots, n)$，则 $V(x) > 0$。

（2）若 $\varDelta_i \begin{cases} > 0 & i \text{为偶数} \\ < 0 & i \text{为奇数} \end{cases}$，或 $(-1)^i \varDelta_i > 0$，则 $V(x) < 0$。

（3）若 $\varDelta_i \begin{cases} \geqslant 0 & i = 1, 2, \cdots, n-1 \\ = 0 & i = n \end{cases}$，则 $V(x) \geqslant 0$。

（4）若 $\varDelta_i \begin{cases} \geqslant 0 & i \text{为偶数} \\ \leqslant 0 & i \text{为偶数} \\ = 0 & i = n \end{cases}$，则 $\dot{V}(x) \leqslant 0$。

设系统状态方程为 $\dot{X} = f(X, t)$，其中，$X_e = 0$ 为系统的一个平衡状态。

如果存在一个正定的标量函数 $V(x)$，并且具有连续的一阶偏导数，那么根据 $\dot{V}(x) = \dfrac{\mathrm{d}V(x)}{\mathrm{d}t}$ 的符号性质，有：

● 若 $\dot{V}(x) > 0$，则 $X_e = 0$ 不稳定；

● 若 $\dot{V}(x) \leqslant 0$，则 $X_e = 0$ 李雅普诺夫稳定；

● 若 $\dot{V}(x) < 0$ 或者 $\dot{V}(x) \leqslant 0$，当 $X \neq 0$ 时 $\dot{V}(x)$ 不恒为零，则 $X_e = 0$ 渐进稳定；

● 若 $X_e = 0$ 渐进稳定，且当 $\| X \| \to \infty$ 时 $V(x) \to \infty$，则 $X_e = 0$ 大范围渐进稳定。

应当指出，上述稳定性判据只是一个充分条件，并不是必要条件。如果给定的 $V(x)$ 满足上述 4 个条件之一，那么其结果成立。反之，如果给定的 $V(x)$ 不满足上述任何一个条件，那么只能说明所选的 $V(x)$ 对式（9-157）所表示的系统失效，必须重新构造 $V(x)$。

4. 线性定常系统的李雅普诺夫稳定分析及系统参数优化

研究下列线性定常系统 $\dot{X} = AX$，若 A 为非奇异矩阵，那么 $X_e = 0$ 是系统的唯一平衡状态，其稳定性可以通过李雅普诺夫第二法来分析。取

$$V(X) = X^{\mathrm{T}}PX \qquad (9\text{-}68)$$

式中，P 为正定实对称矩阵，所以 $V(x)$ 对 X 有连续偏导数，并且 $V(x) > 0$。

$$\dot{V}(x) = \dot{X}^{\mathrm{T}} PX + X^{\mathrm{T}} P\dot{X} = (AX)^{\mathrm{T}} PX + X^{\mathrm{T}} P(AX)$$
$$= X^{\mathrm{T}} A^{\mathrm{T}} PX + X^{\mathrm{T}} PAX = X^{\mathrm{T}}(A^{\mathrm{T}} P + PA)X \tag{9-69}$$

令

$$A^{\mathrm{T}} P + PA = -Q \tag{9-70}$$

式（9-70）称为李雅普诺夫方程，可得

$$\dot{V}(X) = -X^{\mathrm{T}} QX \tag{9-71}$$

式中，$Q = -(A^{\mathrm{T}} P + PA)$ 为对称矩阵。若 $Q > 0$，则 $\dot{V}(x) < 0$，因此 $X_e = 0$ 为渐进稳定，而且是大范围渐进稳定。

在实际应用中，先给定一正定矩阵 Q，然后通过李雅普诺夫方程求出实对称矩阵 P，最后通过赛尔维斯特准则判别 P 的正定性。若 $P>0$，则系统稳定。

在应用李雅普诺夫方程时，应注意以下几点。

（1）由李雅普诺夫方程求得的 P 为正定是 $X_e = 0$ 渐进稳定的充分必要条件。

（2）Q 的选取是任意的，只要满足对称且正定（在一定条件下可以是半正定），Q 的选取不会影响系统稳定性判别的结果。

（3）如果 $a_i(t)$ 沿任意一条轨迹不恒等于零，那么 Q 可以取半正定阵，即 $Q \geqslant 0$。

（4）当 Q 取为单位阵 I 时，李雅普诺夫方程变为 $A^{\mathrm{T}} P + PA = -I$，这是一个比较简单的李雅普诺夫方程。

9.4.3　MATLAB/Simulink 在李雅普诺夫稳定性分析中的应用

在 MATLAB 控制工具箱中，提供了求解李雅普诺夫方程的函数 lyap()、lyap2()和 dlyap()，函数常用的调用格式如下。

P=lyap(A, Q)，其中输入参数 A 是已知系统的状态矩阵，Q 是给定的正定对称矩阵，输出量 P 是李雅普诺夫方程 $AP + PA^{\mathrm{T}} + Q = 0$ 的解，即正定实对称矩阵 P。

P=lyap2(A, Q)，其中输入参数 A 是已知系统的状态矩阵，Q 是给定的正定对称矩阵，输出量 P 是李雅普诺夫方程 $AP + PA^{\mathrm{T}} + Q = 0$ 的解，即正定实对称矩阵 P。lyap2()采用特征值分解法求解李雅普诺夫方程，其运算速度比 lyap()快很多。

对于离散系统，相应的函数为 P=dlyap(A, Q)，参数的含义与连续系统的类似，此处不再赘述。

【例 9-12】　已知系统的状态矩阵 $A = \begin{bmatrix} 0 & 1 \\ -1 & -1 \end{bmatrix}$，给定的正定对称矩阵 $C = \begin{bmatrix} 1 & 0 \\ 0 & 1 \end{bmatrix}$，试求李雅普诺夫方程的解 P。

解： MATLAB 程序代码如下。

```
A=[0, 1; -1, -1];              %状态矩阵
```

```
Q=[1, 0; 0, 1];                    %给定的正定对称矩阵
P=lyap(A', Q);                     %求解李雅普诺夫方程
```

运行结果如下。

```
P= 1.5000  0.5000
   0.5000  1.0000
```

由运算结果可知，李雅普诺夫方程的解 $\boldsymbol{P} = \begin{bmatrix} 1.5 & 0.5 \\ 0.5 & 1.0 \end{bmatrix}$。

9.5　综合实例及 MATLAB/Simulink 应用

下面通过一个综合实例，讲述 MATLAB/Simulink 在本章中的应用。

【例 9-13】　给定如下线性定常系统：

$$\begin{cases} \begin{bmatrix} x_1' \\ x_2' \\ x_3' \end{bmatrix} = \begin{bmatrix} 0 & 1 & 0 \\ 0 & -2 & 1 \\ -1 & 0 & -1 \end{bmatrix} \begin{bmatrix} x_1 \\ x_2 \\ x_3 \end{bmatrix} + \begin{bmatrix} 0 \\ 0 \\ 1 \end{bmatrix} u \\ y = \begin{bmatrix} 1 & 0 & 0 \end{bmatrix} \begin{bmatrix} x_1 & x_2 & x_3 \end{bmatrix}^{\mathrm{T}} \end{cases}$$

试利用 MATLAB 进行以下分析。

（1）分析系统的可控性、可观性。

（2）对系统进行非奇异线性变换，使其状态转移矩阵对角化，进而分析变换后系统的可控性、可观性。

（3）分析系统的稳定性，绘制系统的阶跃响应曲线。

（4）使用 LTI Viewer 工具绘制上述系统的阶跃响应和冲激响应曲线。

解：利用 MATLAB 求解的基本步骤如下。

步骤 1　建立控制系统的数学模型。

题设中的系统采用状态空间的方式给出，所以建模时需要利用 ss() 命令，相应的 MATLAB 代码如下。

```
clear all;                         %清除工作空间的变量
A = [0 1 0; 0 -2 1; -1 0 -1]; B = [0;0;1]; C = [1 0 0]; D = 0;
sys = ss(A,B,C,D)                  %利用 ss() 命令建立状态空间模型
```

程序运行后，在 MATLAB 工作空间建立系统的状态空间模型。

步骤 2　检验此系统的可控性和可观性。

相应的 MATLAB 代码如下。

```
control_matrix = ctrb(A,B);        %检验控制系统的可控性
rank_control = rank(control_matrix);
if rank_control < 3                %根据题意，可知能控矩阵的秩小于 3 时，系统不可控
```

```
        disp('系统不可控! ');
    else
        disp('系统可控! ');
    end
    observe_matrix = obsv(A,C);          %检验控制系统的可观性
    rank_observe = rank(observe_matrix);
    if rank_observe < 3                  %根据题意，可知能观矩阵的秩小于 3 时，系统可观
        disp('系统不可观! ');
    else
        disp('系统可观! ');
    end
```

程序的运行结果为

```
系统可控!
系统可观!
```

可见，题目中给定的系统是完成能控能观的。

步骤 3　对系统进行线性对角化变换。

需要利用求取矩阵特征值和特征向量的命令 eig()，相应的 MATLAB 代码如下。

```
[V,S] = eig(A)                   %求取矩阵特征值和特征向量
if rank(V) == 3                  %矩阵满秩，进行对角化变换
    AA = inv(V) * A * V;
    BB = inv(V) * B;
    CC = C * V;
    sys_diag = ss(AA,BB,CC,D)
else
    disp('这个系统不可对角化');
end
```

程序运行结果为

```
a =                x1                  x2                   x3
    x1       -0.338+0.562i  1.39e-017-4.16e-016i  2.64e-016+4.23e-016i
    x2  1.39e-017+4.72e-016i    -0.338-0.562i  1.39e-017-6.66e-016i
    x3    1e-016+1.49e-016i  1.22e-016-1.29e-016i    -2.32+7.91e-017i
b =                u1
    x1        0.593+0.398i
    x2        0.593-0.398i
    x3    -0.619+4.55e-017i
c =            x1           x2          x3
    y1  -0.459-0.39i  -0.459+0.39i    -0.379
d =        u1
    y1    0
```

由于数值计算的精度问题，上面的结果中矩阵 a、b、c 实际应为

$$
a = \begin{bmatrix} -0.338+0.562i & 0 & 0 \\ 0 & -0.338-0.562i & 0 \\ 0 & 0 & -2.32 \end{bmatrix}, \quad b = \begin{bmatrix} 0.593+0.398i \\ 0.593-0.398i \\ -0.619 \end{bmatrix}, \quad c = \begin{bmatrix} -0.459-0.39i \\ -0.459+0.39i \\ -0.379 \end{bmatrix}
$$

不难看出，此时系统的状态矩阵确实为对角矩阵。

步骤 4　分析线性变换后的系统可控性及可观性。

相应的 MATLAB 代码如下。

```
control_matrix = ctrb(AA,BB);          %检验控制系统的可控性
rank_control = rank(control_matrix);
if rank_control < 3                     %根据题意，可知能控矩阵的秩小于 3 时，系统不可控
    disp('线性变换后系统不可控! ');
else
    disp('线性变换后系统可控! ');
end
observe_matrix = obsv(AA,CC);          %检验控制系统的可观性
rank_observe = rank(observe_matrix);
if rank_observe < 3                     %根据题意，可知能观矩阵的秩小于 3 时，系统可观
    disp('线性变换后系统不可观! ');
else
    disp('线性变换后系统可观! ');
end
```

程序运行结果为

```
线性变换后系统可控!
线性变换后系统可观!
```

这也验证了"对系统进行非奇异线性变换，不改变其原有的可控性和可观性"。

步骤 5　分析系统的稳定性。

利用李雅普诺夫方法，分析系统的稳定性，相应的 MATLAB 代码如下。

```
P = lyap(A',eye(3))                     %利用李雅普诺夫方法分析系统的稳定性
```

程序运行的结果为

```
P = 3.5000    1.5000    0.5000
    1.5000    1.0000    0.5000
    0.5000    0.5000    1.0000
```

不难看出，P 矩阵为正定的，因此系统是渐进稳定的。

步骤 6　绘制系统的阶跃响应曲线。

相应的 MATLAB 代码如下。

```
step(sys)                               %绘制阶跃响应曲线
```

运行程序，输出结果如图 9.17 所示。

曲线收敛，验证了步骤 4 中得出的结论：系统渐进稳定，因此这是一个既可控、又可观的渐进稳定线性定常系统。

步骤 7　使用 LTI Viewer 工具进行分析。

用 LTI Viewer 工具绘制上述系统的阶跃响应曲线，代码如下。

```
ltiview;                                %调用 LTI Viewer 工具
```

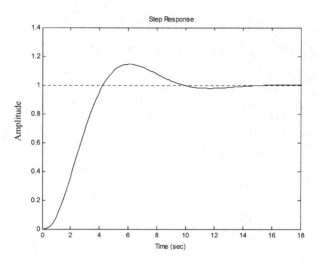

图 9.17　系统的阶跃响应曲线

　　在 LTI Viewer 工具中，导入控制系统模型 sys，并且选择 Plot Configurations，同时绘制系统 sys 的阶跃响应曲线和冲激响应曲线，结果如图 9.18 所示。

　　从图 9.18 中不难看出，题设中的线性系统是渐进稳定的。这与步骤 5 得出的结论是完全一致的。

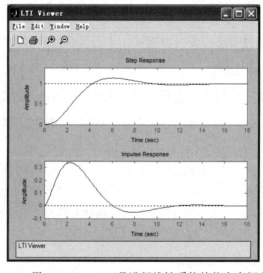

图 9.18　用 LTI Viewer 工具进行线性系统的状态空间分析

习　　题

【9.1】　已知系统的状态方程如下。

$$\begin{cases} \dot{x} = \begin{bmatrix} 0 & 1 \\ -2 & -3 \end{bmatrix} x + \begin{bmatrix} 1 \\ 0 \end{bmatrix} u \\ y = \begin{bmatrix} 1 & 0 \end{bmatrix} x \end{cases}$$

（1）利用 MATLAB 建立控制系统的数学模型。

（2）编程绘制上述系统的阶跃响应和冲激响应，并分析系统稳定性。

（3）练习使用 LTI Viewer 工具，绘制系统的阶跃响应曲线和冲激响应曲线。

（4）计算上述系统的能控矩阵和能观矩阵，给出系统的能控性和能观性。

【9.2】　将如下几个系统化为特征值规范型。

（1）$A = \begin{bmatrix} 0 & 1 & 0 \\ 0 & 0 & 1 \\ -25 & -35 & -11 \end{bmatrix}, B = \begin{bmatrix} 0 \\ 0 \\ 16 \end{bmatrix}, C = \begin{bmatrix} 1 & 0 & 0 \end{bmatrix}$。

（2）$A = \begin{bmatrix} 4 & 1 & -2 \\ 1 & 0 & 2 \\ 1 & -1 & 3 \end{bmatrix}, B = \begin{bmatrix} 3 & 1 \\ 2 & 7 \\ 5 & 3 \end{bmatrix}, C = \begin{bmatrix} 1 & 0 & 0 \\ 0 & 1 & 0 \end{bmatrix}$。

【9.3】　给定系统的状态方程如下。

$$\begin{cases} \dot{x} = \begin{bmatrix} -2 & 2 & -1 \\ 0 & -2 & 0 \\ 1 & -4 & 0 \end{bmatrix} x + \begin{bmatrix} 0 \\ 0 \\ 1 \end{bmatrix} u \\ y = \begin{bmatrix} 1 & 0 & 0 \end{bmatrix} x \end{cases}$$

（1）利用 MATLAB 建立控制系统的数学模型。

（2）分析系统的可控性和可观性。

（3）计算系统的传递函数。

（4）根据传递函数，计算系统的零极点，并判断系统的稳定性。

（5）利用 LTI Viewer 工具绘制系统的阶跃响应曲线，验证系统的稳定性。

【9.4】　判断如下系统的可控子空间维数（可控子空间维数等于可控性矩阵的秩）。

（1）$A = \begin{bmatrix} -3 & 1 & 0 \\ 0 & -3 & 0 \\ 0 & 0 & -1 \end{bmatrix}, B = \begin{bmatrix} 1 & -1 \\ 0 & 0 \\ 3 & 0 \end{bmatrix}$。

（2）$A = \begin{bmatrix} -2 & 2 & -1 \\ 0 & -2 & 0 \\ 1 & -4 & 0 \end{bmatrix}, B = \begin{bmatrix} 0 \\ 0 \\ 1 \end{bmatrix}$。

【9.5】　判断如下系统的可观子空间维数（可观子空间维数等于可观性矩阵的秩）。

（1）$A = \begin{bmatrix} 0 & 1 & 0 \\ 0 & 0 & 1 \\ -24 & -26 & -9 \end{bmatrix}, C = \begin{bmatrix} 2 & 1 & 0 \end{bmatrix}$。

（2） $A = \begin{bmatrix} 0 & 2 & -1 \\ 3 & 0 & 1 \\ 0 & 0 & 2 \end{bmatrix}, C = \begin{bmatrix} 0 & -2 & 1 \\ 0 & 0 & 1 \end{bmatrix}$。

【9.6】 给定系统

$$\begin{cases} \dot{x} = \begin{bmatrix} -1 & 0 & 0 & 0 \\ 2 & -3 & 0 & 0 \\ 1 & 0 & -2 & 0 \\ 4 & -1 & 2 & -4 \end{bmatrix} x + \begin{bmatrix} 0 \\ 0 \\ 1 \\ 2 \end{bmatrix} u \\ y = \begin{bmatrix} 3 & 0 & 1 & 0 \end{bmatrix} x \end{cases}$$

（1）利用 MATLAB 建立控制系统的数学模型。

（2）判断系统的可控性和可观性；如果不是完全可控或完全可观的，则计算其可控子空间维数和可观子空间维数。

（3）计算上述系统的传递函数。

（4）根据得到的传递函数，计算系统的零极点，判断系统的稳定性。

（5）在 LTI Viewer 中，绘制系统的阶跃响应曲线，验证系统的稳定性。

（6）利用李雅普诺夫方法，判断系统的稳定性，分析结果是否与第（4）问吻合？

第 10 章

线性系统状态空间设计

10.1 引言

控制系统分析（System Analysis）与系统综合（System Synthesis）或设计是系统研究中的两大课题。系统分析是在建立控制系统数学模型的基础上，分析系统的各种性能。系统综合或系统设计的任务则是通过设计系统控制器，改善原有系统的性能，从而更好地达成系统所要求的各种性能指标。

状态空间法适用于多输入多输出（MIMO）系统，它根据给定的性能指标设计系统，而不必根据特定的输入函数（脉冲函数、阶跃函数）进行设计，同时还可以包含初始条件，且状态空间法还可用于非线性控制系统与时变系统的设计，如最优控制系统、自适应控制系统。

通过本章的学习，读者可对线性系统状态空间设计的理论和方法有全面的认识，并熟练使用 MATLAB/Simulink 进行状态空间设计。

本章的知识点及要求概括如下。

序号	知 识 点	了解	熟悉	掌握	精通
1	状态反馈和输出反馈		√		
2	极点配置法			√	
3	状态观测器的基本概念		√		
4	全维观测器和降维观测器		√		
5	MATLAB/Simulink 进行线性系统状态空间设计		√		

10.2 状态反馈与极点配置

与经典控制理论一样，现代控制系统中仍然主要采用反馈控制结构，但不同的是，经典控制理论中主要采用输出反馈，而现代控制系统中主要采用内部状态反馈。状态反馈可以为系统控制提供更多的信息反馈，从而实现更优的控制。

闭环系统极点的分布情况取决于系统的稳定性和动态品质，因此，可以根据对系统动态品质的要求，规定闭环系统的极点所应具备的分布情况，把极点的布置作为系统的动态品质指标。这种把极点布置在希望的位置的过程称为极点配置，在空间状态法中，一般采用反馈系统状态变量或输出变量的方法来实现系统的极点配置。

10.2.1 状态反馈

状态反馈是将系统的内部状态变量乘以一定的反馈系数（矢量），然后反馈到系统输入端与系统的参考输入综合，综合而成的信号作为系统的输入对系统实施控制。

控制系统结构如图 10.1 所示，实线部分表示原来系统 $\sum(\boldsymbol{A}, \boldsymbol{B}, \boldsymbol{C}, \boldsymbol{D})$ 的结构图，其动态方程为

$$\begin{cases} \dot{\boldsymbol{X}} = \boldsymbol{AX} + \boldsymbol{BU} \\ \boldsymbol{Y} = \boldsymbol{CX} + \boldsymbol{DU} \end{cases} \tag{10-1}$$

当加上图 10.1 中虚线所示的状态反馈环节后，其中的线性状态反馈控制律为

$$\boldsymbol{U} = \boldsymbol{R} + \boldsymbol{K} \cdot \boldsymbol{X} \tag{10-2}$$

式中，$\boldsymbol{R}$ 是参考输入，$\boldsymbol{K}$ 称为状态反馈增益矩阵，为 $p \times n$ 矩阵。

系统动态方程变为

$$\begin{cases} \dot{\boldsymbol{X}} = \boldsymbol{AX} + \boldsymbol{B}(\boldsymbol{KX} + \boldsymbol{R}) = (\boldsymbol{A} + \boldsymbol{BK})\boldsymbol{X} + \boldsymbol{BR} = \boldsymbol{A}_K \boldsymbol{X} + \boldsymbol{BR} \\ \boldsymbol{Y} = \boldsymbol{CX} + \boldsymbol{D}(\boldsymbol{KX} + \boldsymbol{R}) = (\boldsymbol{C} + \boldsymbol{DK})\boldsymbol{X} + \boldsymbol{DR} = \boldsymbol{C}_K \boldsymbol{X} + \boldsymbol{DR} \end{cases} \tag{10-3}$$

式中，$\boldsymbol{A}_K = \boldsymbol{A} + \boldsymbol{BK}$，$\boldsymbol{C}_K = \boldsymbol{C} + \boldsymbol{DK}$，当 $\boldsymbol{D} = 0$ 时，状态反馈系统闭环传递函数

$$\boldsymbol{W}_K(s) = \boldsymbol{C}[s\boldsymbol{I} - (\boldsymbol{A} + \boldsymbol{BK})]^{-1} \boldsymbol{B} \tag{10-4}$$

式中，$\boldsymbol{A} + \boldsymbol{BK}$ 为闭环系统的系统矩阵。

从式（10-1）和式（10-3）可以看出，状态反馈前后的系统矩阵分别为 $\boldsymbol{A}$ 和 $\boldsymbol{A} + \boldsymbol{BK}$，特征方程分别为 $\det[\lambda\boldsymbol{I} - \boldsymbol{A}]$ 和 $\det[\lambda\boldsymbol{I} - (\boldsymbol{A} + \boldsymbol{BK})]$，可看出状态反馈后的系统特征根（系统的极点）不仅与系统本身的结构参数有关，而且与状态反馈 $\boldsymbol{K}$ 有关。应该指出完全能控的系统经过状态反馈后，仍是完全能控的，但状态反馈可能改变系统的能观性，即原来可观的系统在某些状态反馈下，闭环可以是不可观的。同样，原来不可观的系统在某些状态反馈下，闭环可以是可观的。状态反馈是否改变系统的可观测性，要做具体分析。

状态反馈后的控制系统 $\sum_K(\boldsymbol{A}_K, \boldsymbol{B}, \boldsymbol{C}_K, \boldsymbol{D})$ 其系统维数不变，但系统矩阵 $\boldsymbol{A}_K$ 及系统输出矩阵 $\boldsymbol{C}_K$ 随反馈环节 $\boldsymbol{K}$ 而改变。通过调整 $\boldsymbol{K}$ 可以改善系统的稳定性、快速性、稳定误差，以及系统可观性与可控性，这也是后面利用状态反馈对极点进行配置的依据。

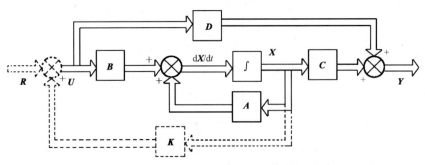

图 10.1　状态反馈控制结构图

10.2.2　输出反馈

　　把系统的输出变量按照一定的比例关系反馈到系统的输入端或 $\dot{X}$ 端称为输出反馈，如图 10.2 所示。由于状态变量不一定具有物理意义，所以状态反馈往往不易实现；而输出变量则具有明显的物理意义，因此输出反馈比较容易实现。

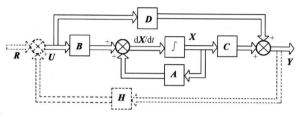

图 10.2　输出反馈控制结构图

　　输出反馈是采用输出矢量 Y 构成反馈信号综合到系统的控制输入端，以改善系统的各项性能。实线部分表示原来系统 $\sum(A, B, C, D)$，虚线部分表示加上输出反馈环节 H 后形成的输出反馈。输出反馈的控制信号为

$$U = HY + R = H(CX + DU) + R = HCX + HDU + R$$

化简可得

$$U = (I - HD)^{-1}(HCX + R) \tag{10-5}$$

将式（10-5）代入式（10-1）所代表的原系统动态方程，可得

$$\begin{cases} \dot{X} = AX + B(I - HD)^{-1}(HCX + R) = A_{\mathrm{H}}X + B_{\mathrm{H}}R \\ Y = CX + D(I - HD)^{-1}(HCX + R) = C_{\mathrm{H}}X + D_{\mathrm{H}}R \end{cases} \tag{10-6}$$

式中，

$$A_{\mathrm{H}} = A + B(I - HD)^{-1}HC$$

$$B_{\mathrm{H}} = B(I - HD)^{-1}$$

$$C_{\mathrm{H}} = C + D(I - HD)^{-1}HC$$

$$D_{\mathrm{H}} = D(I - HD)^{-1}$$

当 $D = 0$ 时，

$$A_{\mathrm{H}} = A + BHC, \quad B_{\mathrm{H}} = B, \quad C_{\mathrm{H}} = C, \quad D_{\mathrm{H}} = 0$$

输出反馈系统闭环传递函数

$$W_{\mathrm{H}}(s) = C[sI - (A + BHC)]^{-1}B \tag{10-7}$$

式中，$(A + BHC)$ 为闭环系统的系统矩阵。

　　从式（10-1）和式（10-6）可以看出，输出反馈前后的系统矩阵分别为 A 和 $A + BHC$，特征方程分别为 $\det[\lambda I - A]$ 和 $\det[\lambda I - (A + BHC)]$，可看出状态反馈后的系统特征根（系统的极点）不仅与系统本身的结构参数有关，而且与输出反馈矩阵 H 有关。也就是说，输出反馈 H 改变了原系统的系统矩阵 A，从而改变了系统稳定性（改变了系统的特征根）、系统

可控性（改变了可控判别阵 M）和系统可观性（改变了可观判别矩阵 N）。

比较式（10-4）和式（10-7）可知，输出反馈系统中的 HC 相当于状态反馈中的 K。但由于 H 是 $r \times m$ 阶矩阵，而 K 是 $r \times n$ 阶矩阵（其中 r 是系统输入维数，m 是输出维数，n 是状态维数），且通常情况下 $n > m$，因此状态反馈一般能提供更多的系统反馈信息，从而带来更优的控制效果。

从上面的分析中可以归纳出状态反馈与输出反馈的如下基本特点。

（1）两种形式反馈的重要特点是反馈的引入并不增加新的状态变量，即闭环系统和开环系统具有相同的阶数。

（2）两种反馈闭环系统均能保持反馈引入前的能控性，而对于反馈闭环系统的能观性则不然。对状态反馈，闭环后不一定能保持系统的能观性；而对输出反馈，闭环后必定能保持系统的能观性。

（3）在工程实现方面，两种反馈形式都会遇到一定的困难。

（4）输出反馈的一个突出优点是工程上构成方便，但事实证明，状态反馈比输出反馈具有更好的特性。对具体系统而言，要从实际出发进行具体分析与选择。

10.2.3　极点配置

动力学的各种特性或各种品质指标，在很大程度上是由系统的极点决定的，因此系统设计的一个重要目标是在 S 平面上设计一组系统所希望的极点。

所谓极点配置问题，就是通过反馈矩阵的选择，使闭环系统的极点，即闭环特征方程的特征值恰好处于所希望的一组极点位置上。由于希望的极点具有一定的任意性，因此极点的配置也具有一定的任意性。

状态反馈和输出反馈（主要指输出反馈至 $\dot{X}$ 的情况）都能够对系统进行极点配置，且一般认为用简单的比例反馈就能使问题得到解决。

极点配置通过选择一个状态反馈矩阵，使闭环系统的极点处于期望的位置上。在状态空间中，极点任意配置的充分必要条件是系统必须是完全状态可控的。

极点配置方法如下所述：如果系统是完全状态可控的，那么可选择期望设置的极点，然后以这些极点作为闭环极点来设计系统，利用状态观测器反馈全部或部分状态变量，使所有的闭环极点均落在各期望位置上，以满足系统的性能要求。这种设置期望闭环极点的方法就称为极点配置方法。

在极点配置方法中，为使全部的闭环极点位于期望的位置上，需要反馈全部的状态变量。但在实际系统中，不可能测量到全部的状态变量，为了实现状态反馈，利用状态观测器对未知的状态变量进行估计是十分必要的。

设给定的线性定常系统为

$$\dot{X} = AX + BU$$

式中，X 为 n 维状态向量；U 为 p 维状态向量；A 和 B 为相应维数的常数阵。若给定 n 个反馈性能的期望闭环极点为 $\{p_1, p_2, \cdots, p_n\}$，则极点配置的设计问题就是确定一个 $p \times n$ 状态反馈增益矩阵 K，使状态反馈闭环系统的极点为 $\{p_1, p_2, \cdots, p_n\}$，即

$$\dot{X} = (A - BK)X + Bv$$
$$\lambda_i(A - BK) = p_i \, (i = 1, 2, \cdots, n)$$

（10-8）

式中，$\lambda_i(\cdot)$ 表示 $(\cdot)$ 的特征值。

1. 单输入单输出系统的极点配置

对于单输入单输出的 n 阶系统，其反馈增益矩阵 K 是一行向量，仅包含 n 个元素，可由 n 个极点唯一确定。反馈增益矩阵 K 由期望的闭环极点确定，而期望的闭环极点根据闭环系统的设计要求决定，如对响应速度、阻尼比、带宽等的要求。

设已知系统为 $\sum(A, b)$，期望的闭环极点为 $\{p_1, p_2, \cdots, p_n\}$，要确定 $1 \times n$ 的反馈增益矩阵 K，使得 K 满足式（10-8）。

单输入单输出系统极点配置方法设计步骤如下。

（1）确定受控系统 $\sum(A, b)$ 完全可控，如果系统不是完全可控，则不能进行极点配置，并确定系统开环特征多项式 $\det(sI{-}A)$。

$$\det(sI - A) = s^n + a_{n-1}s^{n-1} + \cdots + a_1 s + a_0$$

（2）由希望的闭环极点 $\{p_1, p_2, \cdots, p_n\}$ 计算闭环期望的特征多项式。

$$\det[\lambda I - (A + BK)] = (s - p_1)(s - p_2) \cdots (s - p_n) = s^n + a'_{n-1}s^{n-1} + \cdots + a'_1 s + a'_0$$

（3）计算

$$\bar{K} = KP = [a'_0 - a_0 \quad a'_1 - a_1 \quad \cdots \quad a'_{n-1} - a_{n-1}]$$

（4）计算变换矩阵 P 及其逆 P^{-1}。

$$P = \begin{bmatrix} A^{n-1}b & \cdots & Ab & b \end{bmatrix} \begin{bmatrix} 1 & 0 & \cdots & 0 \\ a_{n-1} & \ddots & & \vdots \\ \vdots & & \ddots & 0 \\ a_1 & \cdots & a_{n-1} & 1 \end{bmatrix}$$

（5）将所求出的状态反馈增益阵转换成实际实施的 K。

$$K = \bar{K}P^{-1}$$

2. 多输入多输出系统的极点配置

对于多输入多输出系统的极点配置，有多种算法可以确定状态反馈增益矩阵，但与单输入单输出系统相比，则要复杂得多。在多变量系统中，状态反馈增益矩阵 K 不是唯一的，如果要确定唯一的极点，则必须附加其他条件，但从工程应用角度来说，希望 K 的各个元素尽可能小。

多输入多输出系统 $\sum(A, B)$ 极点配置方法设计步骤如下所述。

（1）将能控矩阵对 $\{A, B\}$ 转化成某种规范型（如龙博格规范型）。

（2）将给定的期望闭环极点 $\{p_1, p_2, \cdots, p_n\}$ 按规范型 $\overline{A}$ 计算它们的特征多项式。

（3）求取规范型的状态反馈增益阵 K。

3．极点配置的注意问题

使用极点配置方法时，要注意以下问题。

（1）系统完全状态可控是求解的充分必要条件。

（2）应把闭环系统的期望特性转化为极点位置。

（3）理论上，选择反馈增益可使系统有任意快的时间响应。加大反馈增益可提高系统的频带、加快系统的响应。但过大的反馈增益，在有一定误差信号时，将会导致控制信号无限增大，这在工程上是无法实现的，因此必须考虑到反馈增益物理实现的可能性。

（4）当系统的阶次较高时，可用 Ackerman 公式，通过计算机求解。

10.2.4　MATLAB/Simulink 在极点配置中的应用

利用 MATLAB 控制系统工具箱中的 place() 或 acker() 函数，容易求出全状态反馈闭环系统的反馈矩阵，使系统极点配置在所希望的位置上。下面分别对这两个函数进行介绍。

（1）place() 函数。place() 函数是基于鲁棒极点配置的算法编写的，用来求取状态反馈阵 K，使得多输入系统具有指定的闭环极点 p，即 $p = \mathrm{eig}(A - B \cdot K)$。

place() 函数常用的调用格式为

```
K=place(A,B,p)
[K,prec,message]=place(A,B,p)
```

其中，（A,B）为系统状态方程模型，p 为包含期望闭环极点位置的列向量，返回变量 K 为状态反馈行向量。prec 为闭环系统的实际极点与期望极点 p 的接近程度，prec 中的每个量的值为匹配的位数。如果闭环系统的实际极点偏离期望极点 10% 以上，那么 message 将给出警告信息。

需要注意的是：函数 place() 不适用于含有多重期望极点的配置问题。

（2）acker() 函数。acker() 函数是根据 Ackerman 公式编写的，Ackerman 公式如下所述。

若单输入系统是可控的，那么反馈矩阵 K 可由式（10-9）求得。采用的状态反馈规律为 $u = r + Kx$，则反馈矩阵

$$K = [0 \quad 0 \quad \cdots \quad 0 \quad 1][B \vdots AB \vdots \cdots \vdots A^{n-1}B]^{-1}\phi^*(A) \tag{10-9}$$

$\phi^*(s)$ 是状态观测器的期望特征多项式，即

$$\phi^*(s) = (s - \mu_1)(s - \mu_2)\cdots(s - \mu_n) \tag{10-10}$$

式中，$\mu_1, \mu_2, \cdots, \mu_n$ 是期望的特征值，$\phi^*(A)$ 为

$$\phi^*(A) = (A - \mu_1)(A - \mu_2)\cdots(A - \mu_n) \tag{10-11}$$

acker()函数常用的调用格式为

```
K=acker(A,B,P)
```

其中，(A,B)为系统状态方程模型，p 为包含期望闭环极点位置的列向量，返回变量 K 为状态反馈行向量。

需要注意的是：acker()只适用于单输入系统，希望的极点可以包括多重极点（位于同一位置的多个极点）。

下面通过实例讲述采用 MATLAB/Simulink 进行极点配置。

【例 10-1】　已知系统的方程为 $\dot{X} = AX + BU$，其中 $A = \begin{bmatrix} 0 & 1 & 0 \\ 0 & 0 & 1 \\ -1 & -5 & -6 \end{bmatrix}$，$B = \begin{bmatrix} 0 \\ 0 \\ 1 \end{bmatrix}$，试采用状态反馈 $U = -KX$，希望的闭环极点为 $p_{1,2} = -2 \pm j4$，$p_3 = -10$，试用 MATLAB 确定状态反馈增益矩阵，并计算当系统初始条件为 $X_0 = [1, \ 0, \ 0]$ 时的零输入响应。

解：MATLAB 程序代码如下。

```
A=[0, 1, 0; 0, 0, 1; -1, -5, -6];  B=[0; 0; 1]    %状态矩阵 A 和输入矩阵 B
P=[-2+j*4, -2-4*j, -10]                %希望配置的极点
K=acker(A, B, P)                       %采用 Ackerman 公式法进行极点配置
sys_new=ss(A-B*K, eye(3), eye(3), eye(3))    %极点配置后的新系统
t=0:0.1:4                              %仿真时间
X=initial(sys_new, [1; 0; 0], t)       %初始条件为[X₀=[1,0,0]]时的零输入响应
x1=[1, 0, 0]*X' ; x2=[0, 1, 0]*X';  x3=[0, 0, 1]*X'; %状态 x1、x2、x3
subplot(3, 1, 1)                       %将状态 x1、x2 和 x3 的零输入响应绘制在
                                       %同一个图形窗口中
plot(t, x1);   grid                    %绘制状态 x1 的零输入响应并添加栅格
title('零输入响应')                     %添加图标题
ylabel('状态变量x1')                    %标注纵坐标轴
subplot(3, 1, 2)                       %将状态 x1、x2 和 x3 的零输入响应绘制在
                                       %同一个图形窗口中
plot(t, x2) ;   grid                   %绘制状态 x2 的零输入响应并添加栅格
ylabel('状态变量x2')                    %标注纵坐标轴
subplot(3, 1, 3)                       %将状态 x1、x2 和 x3 的零输入响应绘制在
                                          同一个%图形窗口中
plot(t, x3) ;   grid                   %绘制状态 x31 的零输入响应并添加栅格
xlabel('时间/秒') ; ylabel('状态变量x3')  %标注横纵坐标轴
```

运行结果如下。

```
K=   199   55   8                      %状态反馈增益矩阵
```

由输出结果可知，所求状态反馈增益矩阵 $K = [199, 55, 8]$。

零输入响应曲线如图 10.3 所示。

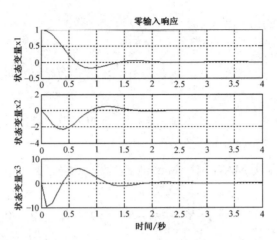

图 10.3　3 个系统状态的零输入响应曲线

【例 10-2】　已知数字控制系统的状态方程为

$$x(k+1) = \begin{bmatrix} 0 & 1 \\ -0.16 & -1 \end{bmatrix} x(k) + \begin{bmatrix} 0 \\ 1 \end{bmatrix} u(k)$$

设系统期望的闭环极点为 $z=0.5\pm j0.5$，现用全状态反馈控制系统，求反馈增益矩阵 $\boldsymbol{K}$。

解： MATLAB 程序代码如下。

```
A=[0, 1; -0.16, -1];  B=[0; 1]          %状态矩阵 A 和输入矩阵 B
P=[0.5+j*0.5, 0.5-0.5*j]                %希望配置的闭环极点
K=acker(A, B, P)                        %采用 Ackerman 公式法进行极点配置
```

运行结果如下。

```
K= 0.3400  -2.0000                      %状态反馈增益矩阵
```

由输出结果可知，所求状态反馈增益矩阵 $\boldsymbol{K} = [0.34, -2]$。

【例 10-3】　已知如图 10.4 所示的受控系统，其中 $G_1(s) = \dfrac{1}{s}$、$G_2(s) = \dfrac{1}{s+6}$、$G_3(s) = \dfrac{1}{s+12}$，状态变量 x_1、x_2、x_3 如图 10.4 所示，试对系统进行极点配置，以达到系统期望的指标：输出超调量 $\sigma_p \leqslant 5\%$，超调时间 $t_p \leqslant 0.5\,\mathrm{s}$，系统频宽 $\omega_b \leqslant 10$，跟踪误差 $e_p = 0$（对于阶跃输入），$e_v \leqslant 0.2$（对于速度输入），并求极点配置后系统的阶跃响应。

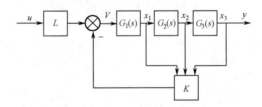

图 10.4　例 10-3 的系统结构图

解： 本题通过以下几个步骤进行求解。

步骤 1　确定受控系统的状态空间模型。

由图可知：$x_1(s) = V(s)G_1(s)$，$x_2(s) = x_1(s)G_2(s)$，$x_3(s) = x_2(s)G_3(s)$，$y = x_3$，把题中的条件代入，得系统的状态方程为

$$\begin{cases} \begin{bmatrix} \dot{x}_1 \\ \dot{x}_2 \\ \dot{x}_3 \end{bmatrix} = \begin{bmatrix} 0 & 0 & 0 \\ 1 & -6 & 0 \\ 0 & 1 & -12 \end{bmatrix} \begin{bmatrix} x_1 \\ x_2 \\ x_3 \end{bmatrix} + \begin{bmatrix} 1 \\ 0 \\ 0 \end{bmatrix} v \\ \\ y = \begin{bmatrix} 0 & 0 & 1 \end{bmatrix} \begin{bmatrix} x_1 \\ x_2 \\ x_3 \end{bmatrix} \end{cases}$$

步骤 2　确定希望的极点。

由于系统是三阶系统，系统有 3 个极点，可选定其中一对为主导极点，另一个为远极点，系统的性能主要由主导极点决定，远极点对系统的影响不大。

根据二阶系统的关系，先求出主导极点。

$$\sigma_p = e^{-\frac{\pi\xi}{\sqrt{1-\xi^2}}}, \quad t_p = \frac{\pi}{\omega_n\sqrt{1-\xi^2}}, \quad \omega_b = \omega_n\left(\sqrt{1-2\xi^2+\sqrt{2-4\xi^2+4\xi^4}}\right)$$

式中，ξ 和 ω_n 为此二阶系统的阻尼比和自然频率。

由 $\sigma_p = e^{-\frac{\pi\xi}{\sqrt{1-\xi^2}}} \leqslant 5\%$，可得 $-\frac{\pi\xi}{\sqrt{1-\xi^2}} \geqslant 3.14$，从而有 $\xi \geqslant \frac{\sqrt{2}}{2}$，选 $\xi = \frac{\sqrt{2}}{2}$。

由 $t_p \leqslant 0.5\,\text{s}$ 得

$$\frac{\pi}{\omega_n\sqrt{1-\xi^2}} \leqslant 0.5, \quad \omega_n \geqslant \frac{\pi}{0.5 \times \frac{\sqrt{2}}{2}} \approx 9$$

由 $\omega_b \leqslant 10$ 和 $\xi = \frac{\sqrt{2}}{2}$ 得 $\omega_n = 10$，这样，主导极点为

$$p_{1,2} = -\xi\omega_n \pm j\omega_n\sqrt{1-\xi^2}$$

远极点选择使得它和原点的距离大于 $5|p_1|$，现取 $p_3 = 10|p_1|$，因此确定的希望极点为

$$p_1 = -5\sqrt{2} + j5\sqrt{2}, \qquad p_2 = -5\sqrt{2} - j5\sqrt{2}, \qquad p_3 = -100$$

步骤 3　确定状态反馈矩阵 $\boldsymbol{K}$。

MATLAB 程序如下。

```
A=[0, 0, 0; 1, -6, 0; 0, 1, -12] ;   B=[1; 0; 0]          %系统状态矩阵和输入矩阵
P=[-sqrt(2)*5+j*5*sqrt(2), -sqrt(2)*5-j*5*sqrt(2), -100]  %希望的极点
K=place(A, B, P)                                          %采用鲁棒极点配置法进行极点配置
```

运行结果如下。

```
K=96.14, -288.3, 6538.                                   %状态反馈增益矩阵
```

由输出结果可知，所求状态反馈增益矩阵 $\boldsymbol{K}$ 为

$$\boldsymbol{K} = [96.14, -288.3, 6538]$$

步骤 4　确定输入放大系数 L。

对应的闭环传递函数为 $W_K(s) = \dfrac{L}{s^3 + 114.1s^2 + 1510s + 10000}$，由于系统要求的跟踪阶跃信号误差为 0，则

$$e_p = 0 = \lim_{t \to \infty}(1 - y(t)) = \lim_{s \to 0} s\left(\frac{1}{s} - \frac{W_K(s)}{s}\right) = \frac{10000 - L}{10000}$$

得到放大系数 $L = 10000$。

步骤 5　求极点配置后系统的阶跃响应。

MATLAB 的程序如下。

```
A=[0, 0, 0; 1, -6, 0; 0, 1, -12]; B=[1; 0; 0]; C=[0, 0, 1]; D=0;
P=[-sqrt(2)*5+j*5*sqrt(2), -sqrt(2)*5-j*5*sqrt(2), -100]  %期望配置的极点
K=place(A, B, P)                          %采用鲁棒极点配置法进行极点配置
L=10000                                   %输入放大系数
sys_new=ss(A-B*K, B, C, D)                %极点配置后新系统模型
t=0:0.01:5                                %仿真时间
y_new=L*step(sys_new, t)                  %求取阶跃响应
plot(t, y_new);  grid                     %绘制阶跃响应曲线并添加栅格
title('极点配置后系统的阶跃响应曲线')      %添加图标题
xlabel('时间/秒');  ylabel('y(t)')         %标注横纵坐标轴
```

程序运行后，输出结果如图 10.5 所示。

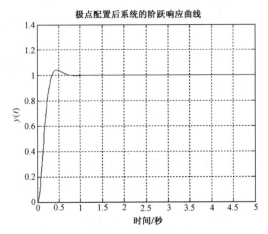

图 10.5　极点配置后系统的阶跃响应曲线

10.3　状态观测器

在前面介绍控制系统设计中的极点配置方法时，曾假设所有的状态变量均可有效地用于反馈，而在实际工作中，并不是所有的状态变量都可用于反馈的，这时就需要估计不可观测

的状态变量。不可观测状态变量的估计通常称为观测，估计状态变量的装置或算法称为状态观测器，简称为观测器。

10.3.1　状态观测器的基本概念

1. 状态观测器定义

对于完全能控的线性定常系统，通过状态反馈配置期望的极点，使闭环系统具有期望要求的动态特性。但在实际系统中，并不是所有的状态变量都能测量到的。但为了实现状态反馈控制律，必须对状态变量进行测量，因此要设法利用已知的信息（输入量与输出量），通过一个模型（或系统、软件）来对状态变量进行估计。为了解决这一问题，提出了状态重构问题。

龙博格（Luenberger）提出了状态观测器理论，它是现代控制理论中具有工程实用价值的基本内容之一，这个理论解决了在确定性控制条件下受控系统状态的重构问题，从而使状态反馈成为一种现实的控制规律。

重构状态就是在系统的实际状态不可得的情况下构造系统，利用原系统可直接测量的输入变量 u 和输出变量 y 重新构造一个状态 $\hat{x}(t)$，使之在一定的指标下和系统的真实状态 $x(t)$ 等价，即 $\lim\limits_{t \to \infty} \hat{x}(t) = \lim\limits_{t \to \infty} x(t)$。

如果系统可观测，从可测量 u 和 y 中把 $x(t)$ 间接重构出来是可能的，这种必要性与可能性正是观测器理论的出发点。状态观测器又称为状态渐近估计器。

设线性定常系统 $\sum_0 = (A, B, C)$ 的状态 X 是不能直接测量的，如果动态系统 $\tilde{\sum}$ 以 $\sum_0$ 的输入 u 和输出 y 作为它的输入量，$\tilde{\sum}$ 的输出 $\hat{x}(t)$ 满足如下等价性指标。

$$\lim_{t \to \infty} \left[x(t) - \hat{x}(t) \right] = 0 \qquad (10\text{-}12)$$

则称动态系统 $\tilde{\sum}$ 为 $\sum_0$ 的状态观测器。

2. 状态观测器的构成

一般系统的输入量 u 和输出量 y 均为已知，因此希望利用 $y = cx$ 与 $\hat{y} = c\hat{x}$ 的偏差信号来修正 $\hat{x}$ 的值，这样就形成了如图 10.6 所示的闭环估计方案。

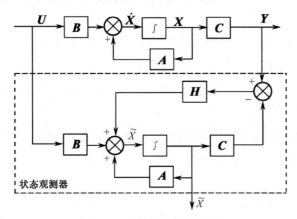

图 10.6　状态观测器结构图

在图 10.6 中，虚线框出的部分称为状态观测器或状态估计器，它是一个动态系统，以原系统的输入量和输出量作为它的输入量，而估计器的输出量是原系统状态变量的估计值 $\hat{x}$，它应当满足

$$\lim_{t \to \infty}(x - \hat{x}) = 0, \qquad \forall u, x(0), \hat{x}(0) \tag{10-13}$$

根据如图 10.6 所示的关系，可写出观测器部分的状态方程为

$$\dot{\hat{x}} = A\hat{x} + Bu + H(y - C\hat{x}) = (A - HC)\,\hat{x} + Bu + Hy \tag{10-14}$$

式（10-14）也可写成

$$\dot{\hat{x}} = (A - HC)\hat{x} + (B \quad H)\begin{pmatrix} u \\ y \end{pmatrix} \tag{10-15}$$

在一类工程实际问题中，产生状态估计值的目的是用以构成反馈控制规律，在这种情况下，完全可以直接讨论如何产生状态线性组合的估计值，而没有必要去产生状态的估计值。

根据观测的状态变量个数，状态观测器可分为全维状态观测器和降维状态观测器。全维状态观测器用来观测全部状态变量，而降维状态观测器只需估计不可测量或没有测量的状态变量。

3．状态观测器的设计原则和设计步骤

由上述定义，不难得出构成系统观测器的原则是：

（1）观测器 $\tilde{\Sigma}$ 以原系统 Σ_0 的输入和输出作为其输入。

（2）为了满足等价性指标，原系统 $\tilde{\Sigma}$ 应当是完全能观测的，或者 X 中不能观测的部分是渐进稳定的。

（3）$\tilde{\Sigma}$ 的输出 $\hat{x}(t)$ 应有足够快的速度逼近，这就要求 $\tilde{\Sigma}$ 有足够宽的频带。

（4）$\tilde{\Sigma}$ 应有较高的抗干扰性，这就要求 $\tilde{\Sigma}$ 有较窄的频带，显然，观测器的快速性和抗干扰性是矛盾的，只能折中地加以选择。

（5）$\tilde{\Sigma}$ 在结构上应尽可能简单，即具有尽可能低的维数。

状态观测器的设计步骤如下。

（1）判断系统的可控性，只有系统是可控的，设计状态观测器才有意义。

（2）判断系统的可观性，只有系统是可观的，才能从系统的测量信号估计状态。

（3）确定系统的极点，若根据控制要求给定了极点，则分别确定状态反馈增益矩阵 F 和观测器增益矩阵 K。

（4）设计数字补偿器，系统中的估计状态和输出序列两部分均由计算机实现，将两部分的功能组合成一个数字补偿器算式，以便于在计算机上实现。

10.3.2　全维状态观测器

全维状态观测器利用输出测量值和输入控制值观测系统的全部状态。将原系统输出量

$y(k)$ 和观测器输出量 $\tilde{y}(k)$ 之间的误差反馈至状态观测器，构成闭环状态观测器，其观测状态包含了受控系统的全部状态变量。

1. 全维状态观测器

考虑如下线性定常系统 $\begin{cases} \dot{x} = Ax + Bu \\ y = Cx \end{cases}$，假设状态向量 x 由如下动态方程中的状态 $\tilde{x}$ 来近似，该式表示状态观测器：

$$\dot{\tilde{x}} = A\tilde{x} + Bu + K_e(y - C\tilde{x}) \tag{10-16}$$

注意到状态观测器的输入为 y 和 u，输出为 $\tilde{x}$。

式（10-16）的右端最后一项包含被观测输出 $C\tilde{x}$ 之间差的修正项，矩阵 K_e 起到加权矩阵的作用，$\tilde{x}$ 为修正项监控状态变量。当此模型使用的矩阵 A 和 B 与实际系统使用的矩阵 A 和 B 之间存在差异时，由于动态模型和实际系统之间的差异，该附加的修正项将减小这些影响。图 10.7 为系统和全维状态观测器结构示意图。

将 $\dot{x}$ 减去 $\dot{\tilde{x}}$ 可得观测器的误差方程为

$$\dot{x} - \dot{\tilde{x}} = Ax - A\tilde{x} - K_e(Cx - C\tilde{x}) = (A - K_eC)(x - \tilde{x}) \tag{10-17}$$

定义 x 和 $\tilde{x}$ 之差为误差向量，即 $e = x - \tilde{x}$，则式（10-17）可改写为

$$\dot{e} = (A - K_eC)e \tag{10-18}$$

由式（10-18）可看出，误差向量的动态特性由矩阵 $A - K_eC$ 的特征值决定。如果矩阵 $A - K_eC$ 是稳定矩阵，则对任意初始误差向量 $e(0)$，误差向量都将趋近于零。也就是说，不管 $x(0)$ 和 $\tilde{x}(0)$ 值如何，$\tilde{x}(t)$ 都将收敛到 $x(t)$。如果所选的矩阵 $A - K_eC$ 的特征值使得误差向量的动态特性渐近稳定且足够快，则任意误差向量都将以足够快的速度趋近于零（原点）。

如果系统是完全能观测的，则证明可以选择 K_e 使得 $A - K_eC$ 具有任意所期望的特征值。也就是说，可以确定观测器的增益矩阵 K_e，以产生所期望的矩阵 $A - K_eC$。

确定观测器增益矩阵 K_e 的问题，也就是全维状态观测器的设计问题，以使由式（10-18）定义的误差动态方程以足够快的响应速度渐近稳定（渐近稳定性和误差动态方程的响应速度由矩阵 $A - K_eC$ 的特征值决定）。因此，全维观测器的设计就变成为了确定一个合适的 K_e，使得 $A - K_eC$ 具有所期望的特征值，这样，全维状态观测器的设计问题也就变成为了前面所讨论的极点配置问题。

考虑如下的线性定常系统 $\begin{cases} \dot{x} = Ax + Bu \\ y = Cx \end{cases}$，在设计全维状态观测器时，可以求解其对偶问题。也就是说，求解如下对偶系统的极点配置问题：

$$\begin{cases} \dot{z} = A^T z + C^T \upsilon \\ n = B^T z \end{cases}$$

假设控制输入为 $\upsilon = -Kz$，如果对偶系统是状态完全能控制的，则可确定状态反馈增益矩阵 K，使得矩阵 $A^T - C^T K$ 得到一组期望的特征值。

如果 $\mu_1, \mu_2, \cdots, \mu_n$ 是期望的状态观测器矩阵特征值，则通过取相同的 μ_i 作为对偶系统状态反馈增益矩阵的期望特征值，可得 $\left| sI - (A^T - C^T K) \right| = (s - \mu_1)(s - \mu_2) \cdots (s - \mu_n)$。

注意到 $A^T - C^T K$ 和 $A - K^T C$ 的特征值相同，得 $\left| sI - (A^T - C^T K) \right| = \left| sI - (A - K^T C) \right|$。

比较特征多项式 $\left| sI - (A - K^T C) \right|$ 和观测器系统的特征多项式 $\left| sI - (A - K_e C) \right|$，可找出 K_e 和 K^T 的关系为

$$K_e = K^T$$

因此，通过在对偶系统中由极点配置方法确定矩阵 K，则由关系式 $K_e = K^T$ 就可确定原系统的观测器增益矩阵 K。

如前所述，确定 $A - K_e C$ 所对应的观测器增益矩阵 K_e 的充分必要条件是原系统的对偶系统 $\dot{z} = A^* z + C^* v$ 是状态完全能控制的。该对偶系统状态完全能控制的条件是

$$[\, C^* \vdots A^* C^* \vdots \cdots \vdots (A^*)^{n-1} C^* \,]$$

的秩为 n。这是线性定常系统完全能观测的条件，即线性定常系统的系统状态能观测的充分必要条件是系统完全能观测。

2. 全维状态观测器的设计

考虑由下式定义的线性定常系统：

$$\begin{cases} \dot{x} = Ax + Bu \\ y = Cx \end{cases} \tag{10-19}$$

式中，$x \in R^n$、$u \in R^1$、$y \in R^1$、$A \in R^{n \times n}$、$B \in R^{n \times 1}$、$C \in R^{1 \times n}$。假设系统是完全能观测的，又设系统结构如图 10.7 所示。

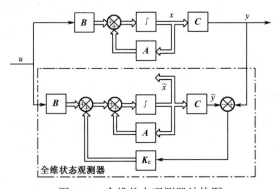

图 10.7　全维状态观测器结构图

在设计全维状态观测器时，如果将式（10-19）给出的系统变换为能观测标准型就很方便了。如前所述，可按下列步骤进行。

定义一个变换矩阵 P，使得 $P = (WR)^{-1}$，其中，R 是能观测性矩阵。

$$R^T = [\, C^T \vdots A^T C^T \vdots \cdots \vdots (A^T)^{n-1} C^T \,]$$

且对称矩阵 W 为

$$W = \begin{bmatrix} a_{n-1} & a_{n-2} & \cdots & a_1 & 1 \\ a_{n-2} & a_{n-3} & \cdots & 1 & 0 \\ \vdots & \vdots & & \vdots & \vdots \\ a_1 & 1 & \cdots & 0 & 0 \\ 1 & 0 & \cdots & 0 & 0 \end{bmatrix}$$

式中，a_i 是由式（10-19）给出的如下特征方程的系数。

$$|sI - A| = s^n + a_1 s^{n-1} + \cdots + a_{n-1}s + a_n = 0$$

显然，由于假设系统是完全能观测的，因此矩阵 WR 的逆存在。

现定义一个新的 n 维状态向量 ξ：

$$x = P\xi \tag{10-20}$$

则式（10-19）为

$$\begin{cases} \dot{\xi} = P^{-1}AP\xi + P^{-1}Bu \\ y = CP\xi \end{cases} \tag{10-21}$$

式中，

$$P^{-1}AP = \begin{bmatrix} 0 & 0 & \cdots & 0 & -a_n \\ 1 & 0 & \cdots & 0 & -a_{n-1} \\ \vdots & \vdots & & \vdots & \vdots \\ 0 & 0 & \cdots & 1 & -a_1 \end{bmatrix}, \quad P^{-1}B = \begin{bmatrix} b_n - a_n b_o \\ b_{n-1} - a_{n-1} b_o \\ \vdots \\ b_1 - a_1 b_o \end{bmatrix}, \quad CP = \begin{bmatrix} 0 \\ \cdots \\ 0 \\ 1 \end{bmatrix}$$

式（10-21）是能观测标准型，因而给定一个状态方程和输出方程，如果系统是完全能观测的，并且通过采用式（10-20）所给出的变换，将原系统的状态向量 x 变换为新的状态向量 ξ，则可将给定的状态方程和输出方程变换为能观测标准型。注意，如果矩阵 A 已经是能观测标准型，则 $Q=I$。

如前所述，选择由

$$\dot{\tilde{x}} = A\tilde{x} + Bu + K_e(y - C\tilde{x}) = (A - K_e C)\tilde{x} + Bu + K_e Cx \tag{10-22}$$

给出的状态观测器的动态方程。

现定义 $\tilde{x} = P\tilde{\xi}$，将 $\tilde{x}$ 式（10-49）代入式（10-22），有：

$$\dot{\tilde{\xi}} = P^{-1}(A - K_e C)P\tilde{\xi} + P^{-1}Bu + P^{-1}K_e CP\xi$$

用 $\dot{\xi}$ 减去 $\dot{\tilde{\xi}}$，可得 $\dot{\xi} - \dot{\tilde{\xi}} = P^{-1}(A - K_e C)P(\xi - \tilde{\xi})$。

定义：$\dot{\varepsilon} = \xi - \tilde{\xi}$，则 $\dot{\varepsilon}$ 可表示为

$$\dot{\varepsilon} = P^{-1}(A - K_e C)P\varepsilon \tag{10-23}$$

要求误差动态方程是渐近稳定的，且 $\varepsilon(t)$ 以足够快的速度趋于零。

确定矩阵 K_e 的步骤是：选择所期望的观测器极点（$A - K_e C$ 的特征值），然后确定 K_e，使其给出所期望的观测器极点。注意 $P^{-1} = WR$，可得：

$$P^{-1}K_e = \begin{bmatrix} a_{n-1} & a_{n-2} & \cdots & a_1 & 1 \\ a_{n-2} & a_{n-3} & \cdots & 1 & 0 \\ \vdots & \vdots & & \vdots & \vdots \\ a_1 & 1 & \cdots & 0 & 0 \\ 1 & 0 & \cdots & 0 & 0 \end{bmatrix} \begin{bmatrix} C \\ CA \\ \vdots \\ CA^{n-2} \\ CA^{n-1} \end{bmatrix} \begin{bmatrix} k_1 \\ k_2 \\ \vdots \\ k_{n-1} \\ k_n \end{bmatrix}$$

式中，$K_e = \begin{bmatrix} k_1 & k_2 & \dots & k_n \end{bmatrix}'$。由于 $P^{-1}K_e$ 是一个 n 维向量，则

$$P^{-1}K_e = \begin{bmatrix} \delta_n & \delta_{n-1} & \dots & \delta_1 \end{bmatrix}'$$

那么 $P^{-1}K_e CP$ 为

$$P^{-1}K_e CP = \begin{bmatrix} \delta_n \\ \delta_{n-1} \\ \vdots \\ \delta_1 \end{bmatrix} [0 \ 0 \ \cdots \ 1] = \begin{bmatrix} 0 & 0 & \cdots & 0 & \delta_n \\ 0 & 0 & \cdots & 0 & \delta_{n-1} \\ \vdots & \vdots & & \vdots & \vdots \\ 0 & 0 & \cdots & 0 & \delta_1 \end{bmatrix}$$

$$P^{-1}(A - K_e C)P = P^{-1}AP - P^{-1}K_e CP = \begin{bmatrix} 0 & 0 & \cdots & 0 & -a_n - \delta_n \\ 1 & 0 & \cdots & 0 & -a_{n-1} - \delta_{n-1} \\ 0 & 1 & \cdots & 0 & -a_{n-2} - \delta_{n-2} \\ \vdots & \vdots & & \vdots & \vdots \\ 0 & 0 & \cdots & 1 & -a_1 - \delta_1 \end{bmatrix}$$

特征方程为 $\left| sI - P^{-1}(A - K_e C)P \right| = 0$，即

$$\begin{vmatrix} s & 0 & 0 & \cdots & 0 & a_n + \delta_n \\ -1 & s & 0 & \cdots & 0 & a_{n-1} + \delta_{n-1} \\ 0 & -1 & s & \cdots & 0 & a_{n-2} + \delta_{n-2} \\ \vdots & \vdots & \vdots & & \vdots & \vdots \\ 0 & 0 & 0 & \cdots & -1 & s + a_1 + \delta_1 \end{vmatrix} = 0$$

或者

$$s^n + (a_1 + \delta_1)s^{n-1} + (a_2 + \delta_2)s^{n-2} + \cdots + (a_n + \delta_n) = 0 \tag{10-24}$$

可见，δ_n、δ_{n-1}、$\cdots$、δ_1 中的每一个只与特征方程系数中的一个相关联。

假设误差动态方程所期望的特征方程为

$$(s - \mu_1)(s - \mu_2)\cdots(s - \mu_n) = s^n + a_1^* s^{n-1} + a_2^* s^{n-2} + \cdots + a_{n-1}^* s + a_n^* = 0 \tag{10-25}$$

注意　期望的特征值 μ_i 确定了被观测状态以多快的速度收敛于系统的真实状态。

比较式（10-24）和式（10-25）的 s 同幂项的系数，可得

$$a_1 + \delta_1 = a_1^*, \qquad a_2 + \delta_2 = a_2^*, \qquad \cdots, \qquad a_n + \delta_n = a_n^*$$

从而有：$\delta_1 = a_1^* - a_1$，$\delta_2 = a_2^* - a_2$，$\cdots$，$\delta_n = a_n^* - a_n$，于是，$P^{-1}K_e$ 可写为

$$\boldsymbol{P}^{-1}\boldsymbol{K}_{\mathrm{e}} = \begin{bmatrix} \delta_n \\ \delta_{n-1} \\ \vdots \\ \delta_1 \end{bmatrix} = \begin{bmatrix} a_n^* - a_n \\ a_{n-1}^* - a_{n-1} \\ \vdots \\ a_1^* - a_1 \end{bmatrix}$$

因此

$$\boldsymbol{K}_{\mathrm{e}} = \boldsymbol{P} \begin{bmatrix} a_n^* - a_n \\ a_{n-1}^* - a_{n-1} \\ \vdots \\ a_1^* - a_1 \end{bmatrix} = (\boldsymbol{WR})^{-1} \begin{bmatrix} a_n^* - a_n \\ a_{n-1}^* - a_{n-1} \\ \vdots \\ a_1^* - a_1 \end{bmatrix} \tag{10-26}$$

式（10-26）规定了所需的状态观测器增益矩阵 $\boldsymbol{K}_{\mathrm{e}}$。

如前所述，式（10-26）也可通过其对偶式得到。也就是说，考虑对偶系统的极点配置问题，并求出对偶系统的状态反馈增益矩阵 $\boldsymbol{K}$，那么状态观测器的增益矩阵 $\boldsymbol{K}$ 就可由 $\boldsymbol{K}^{\mathrm{T}}$ 来确定。

一旦选择了所期望的特征值（或所期望的特征方程），只要系统完全能观测，就能设计出全维状态观测器。所选择的特征方程的期望特征值应能使状态观测器的响应速度至少比所考虑的闭环系统快 2～5 倍。

如前所述，全维状态观测器的方程为：$\dot{\tilde{x}} = (\boldsymbol{A} - \boldsymbol{K}_{\mathrm{e}}\boldsymbol{C})\tilde{x} + \boldsymbol{B}u + \boldsymbol{K}y$。

注意　至此，假设观测器中的矩阵 $\boldsymbol{A}$ 和 $\boldsymbol{B}$ 与实际系统中的完全相同。实际上这是做不到的，因此误差动态方程不可能由式（10-23）给出，这就意味着误差不可能趋于零。因此，应尽可能建立观测器的准确数学模型，以使误差小到令人满意的程度。

10.3.3　降维状态观测器

当状态观测器估计状态向量的维数小于被控对象状态向量的维数时，称为降维状态观测器。对于 q 维输出系统，有 q 个输出变量可直接测量得到，通过线性变换，有 q 个状态变量可由输出得到，观测器只需估计 $(n-q)$ 个状态变量，称为 $(n-q)$ 维状态观测器。它是一个 $(n-q)$ 维子系统。

$(n-q)$ 维子系统动态方程的建立步骤如下所述。

设 n 维受控系统的动态方程为

$$\begin{cases} \dot{x} = \boldsymbol{A}x + \boldsymbol{B}u \\ y = \boldsymbol{C}x \end{cases}$$

系统有 q 个输出，且系统是可控和可观测的。系统可控保证了可以任意配置系统的极点，系统可观测确定了降维状态观测器的维数为 $(n-q)$。把 x 分解为 $\bar{x}_1$ 和 $\bar{x}_2$（q 个可直接由输出测得的状态变量）两部分。

引入非奇异线性变换 $x = \boldsymbol{T}\bar{x}$，其中 $\boldsymbol{T}_{n \times n} = \begin{bmatrix} \boldsymbol{D} \\ \cdots \\ \boldsymbol{C} \end{bmatrix} \begin{matrix} (n-q) \\ \\ q \end{matrix}$，变换后的系统动态方程为

$$\begin{cases} \dot{\bar{x}} = \bar{A}\bar{x} + \bar{B}u \\ \bar{y} = y = \bar{C}\bar{x} \end{cases}$$

式中，

$$\bar{x} = \begin{bmatrix} \bar{x}_1, & \bar{x}_2 \end{bmatrix}', \quad \bar{A} = T^{-1}AT = \begin{bmatrix} \bar{A}_{11} & \bar{A}_{12} \\ \bar{A}_{21} & \bar{A}_{22} \end{bmatrix} \begin{matrix} n-q \\ q \end{matrix}, \quad \bar{B} = T^{-1}B = \begin{bmatrix} \bar{B}_1 \\ \bar{B}_2 \end{bmatrix} \begin{matrix} n-q \\ q \end{matrix}$$

$$\bar{C} = CT = C\begin{bmatrix} D \\ C \end{bmatrix}^{-1}, \quad \begin{cases} C = CT = C\begin{bmatrix} D \\ C \end{bmatrix}^{-1}\begin{bmatrix} D \\ C \end{bmatrix} = \bar{C}\begin{bmatrix} D \\ C \end{bmatrix}, \\ C = \begin{bmatrix} 0 & I \end{bmatrix}\begin{bmatrix} D \\ C \end{bmatrix} \end{cases}, \quad \bar{C} = \begin{bmatrix} 0 & I \end{bmatrix} \begin{matrix} q \\ n-q \ \ q \end{matrix} \ \bar{y} = \bar{x}_2$$

则变换后的状态方程展开为

$$\begin{cases} \dot{\bar{x}}_1 = \bar{A}_{11}\bar{x}_1 + \bar{A}_{12}\bar{x}_1 + \bar{B}_1 u = \bar{A}_{11}\bar{x}_1 + \bar{A}_{12}\bar{y} + \bar{B}_1 u \\ \dot{\bar{y}} = \bar{A}_{21}\bar{x}_1 + \bar{A}_{22}\bar{y} + \bar{B}_2 u \end{cases}$$

令 $v = \bar{A}_{12}\bar{y} + \bar{B}_1 u$，并把它看成（$n-q$）维子系统的输入向量；$z = \dot{y} - \bar{A}_2\bar{y} - \bar{B}_2 u$，并把它看成（$n-q$）维子系统的输出向量，则（$n-q$）维子系统的动态方程为

$$\begin{cases} \dot{\bar{x}}_1 = \bar{A}_{11}\bar{x}_1 + v \\ z = \bar{A}_{21}\bar{x}_1 \end{cases}$$

由于原 n 维系统可观测，因此该（$n-q$）维子系统也是可观测的。

与全维状态观测器的构成方法相同，设计（$n-q$）维子系统的全维状态观测器，其原理结构图如图 10.8 所示。

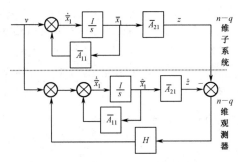

图 10.8 （$n-q$）维子系统及其观测器原理结构图

降维状态观测器的动态方程为

$$\begin{cases} \dot{\hat{\bar{x}}}_1 = \bar{A}_{11}\hat{\bar{x}}_1 + v + H(z - \hat{z}) \\ \hat{z} = \bar{A}_{21}\hat{\bar{x}}_1 \end{cases}$$

代入 v 和 z 的表达式，有 $\dot{\hat{\bar{x}}}_1 = (\bar{A}_{11} - H\bar{A}_{21})\hat{\bar{x}}_1 + (\bar{A}_{21}\bar{y} + \bar{B}_1 u) + H(\dot{\bar{y}} - \bar{A}_{22}\bar{y} - \bar{B}_2 u)$。

由于式中含有导数项 $\dot{\bar{y}}$，将影响估计状态的唯一性，另选状态变量以使状态方程中不含 $\dot{\bar{y}}$，设 $w = \hat{\bar{x}}_1 - H\bar{y}$，则 $\dot{w} = \dot{\hat{\bar{x}}}_1 - H\dot{\bar{y}}$，于是

$$\begin{cases} \dot{w} = (\overline{A}_{11} - H\overline{A}_{21})w + (\overline{B}_1 - H\overline{B}_2)u + \left[(\overline{A}_{11} - H\overline{A}_{21})H + \overline{A}_{12} - H\overline{A}_{22}\right]\overline{y} \\ \hat{\overline{x}}_1 = w + H\overline{y} \end{cases} \quad (10\text{-}27)$$

式（10-27）即降维状态观测器的状态方程，式中 $(\overline{A}_{11} - H\overline{A}_{21})$ 为降维状态观测器的状态矩阵，降维状态观测器的极点由下列特征方程决定。

$$\left| \lambda I - (\overline{A}_{11} - H\overline{A}_{21}) \right| = 0$$

用于状态反馈的估计状态向量由两部分组成：由 $(n-q)$ 维状态观测器给出的状态估值 $\hat{\overline{x}}_1$，以及由输出传感器测得的状态 $\overline{x}_2 = \overline{y}$。

因为 $\hat{\overline{x}}_1 = w + H\overline{y}$，所以

$$\hat{\overline{x}} = \begin{bmatrix} \hat{\overline{x}}_1 \\ \cdots \\ \overline{y} \end{bmatrix} = \begin{bmatrix} w + H\overline{y} \\ \cdots \\ \overline{y} \end{bmatrix} = \begin{bmatrix} I_{n-q} & H \\ 0 & I_q \end{bmatrix} \begin{bmatrix} w \\ \cdots \\ \overline{y} \end{bmatrix} \quad (10\text{-}28)$$

于是 $\hat{x} = T\hat{\overline{x}}$。

带降维状态观测器的全状态反馈系统的设计步骤可归纳如下。

（1）检查受控系统的可观测性，确定降维状态观测器的维数 $(n-q)$。

（2）运用非奇异线性变换 $x = T\overline{x}$，将可由传感器测得的 q 个状态变量与待观测器估计的 $(n-q)$ 个状态变量分离。

（3）构造 $(n-q)$ 维状态观测器，观测器反馈系数矩阵 H 由观测器期望特征值求得。

（4）将 $\overline{x}$ 变换回到原系统状态空间，将估值 $\hat{x}$ 作为原系统状态反馈的状态信息。

按上述方法构成的 $(n-q)$ 维状态观测器称为龙博格观测器。在变换的状态空间内的龙博格观测器结构如图 10.9 所示。

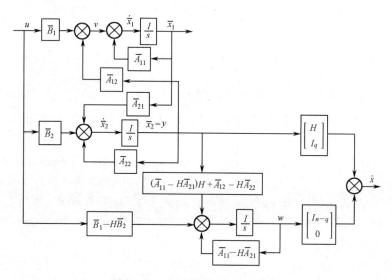

图 10.9 龙博格观测器结构图

10.3.4　MATLAB/Simulink 在状态观测器设计中的应用

利用 MATLAB 控制系统工具箱中的函数，可以计算状态反馈增益矩阵 $\boldsymbol{K}$ 和 $\boldsymbol{H}$，得到了这两个矩阵就可以获得状态观测器。下面通过实例讲述采用 MATLAB/Simulink 进行状态观测器设计。

【例 10-4】　考虑一个调节器系统的设计。给定线性定常系统为 $\begin{cases} \dot{x} = Ax + Bu \\ y = Cx \end{cases}$，其中

$A = \begin{bmatrix} 0 & 1 \\ 20.6 & 0 \end{bmatrix}$，$B = \begin{bmatrix} 0 \\ 1 \end{bmatrix}$，$C = [1 \quad 0]$。闭环极点为 $s = \mu_i (i=1,2)$，其中 $\mu_1 = -1.8 + j2.4$，$\mu_2 = -1.8 - j2.4$。期望用观测状态反馈控制，而不是用真实的状态反馈控制。观测器的期望特征值为 $\mu_1 = \mu_2 = -8$。试采用 MATLAB 确定相应的状态反馈增益矩阵 $\boldsymbol{K}$ 和观测器增益矩阵 $\boldsymbol{K}_e$。

解：MATLAB 的程序代码如下。

```
A=[0 1; 20.6 0]; B=[0; 1]; C=[1 0]; D=[0];
Q=[B, A*B];                    %构建能控矩阵
Rank(Q)                        %计算能控矩阵的秩
```

运行结果如下。

```
ans=2                          %能控矩阵的秩
```

由输出结果可知，系统完全可控，因此可以实现任意的极点配置。接着输入以下 MATLAB 程序代码，计算状态反馈增益矩阵 $\boldsymbol{K}$。

```
J=[-1.8+2.4*i 0; 0 -1.8-2.4*i]; %期望的闭环极点
Poly(J)                          %计算期望闭环极点的多项式
Phi=polyvalm(poly(J),A);         %计算 Ackerman 公式中的 φ*(A)
K=[0 1]*inv(Q)*Phi               %根据 Ackerman 公式计算状态反馈增益矩阵 K
RT=[C', A'*C'];                  %构建能观测矩阵
rank(RT)                         %计算能观测矩阵的秩
```

计算输出结果如下。

```
ans=1.0000    3.6000    9.0000   %Poly(J)
K=29.6000    3.6000               %状态反馈增益矩阵 K
ans=2                            %能观测矩阵的秩
```

由输出结果可知，系统完全可观，因此可以对系统设计观测器。接着输入如下 MATLAB 程序代码。

```
JO=[-8 0; 0 -8];                 %观测器期望的特征值
poly(JO)                         %计算期望观测器极点的多项式
Ph=polyvalm(poly(JO),A);         %计算 Ackerman 公式中的 φ*(A)
Ke=Ph*(inv(RT'))*[0; 1]          %根据 Ackerman 公式计算观测器增益矩阵 Ke
```

计算输出结果如下。

```
ans=1    16    64    %poly(JO)
Ke=16.0000
   84.6000
```

由输出结果可知，所求状态反馈增益矩阵 $K = \begin{bmatrix} 29.6 & 3.6 \end{bmatrix}$，观测器增益矩阵 $K_e = \begin{bmatrix} 16 \\ 84.6 \end{bmatrix}$，

该观测状态反馈控制系统是 4 阶的，其特征方程为

$$\left| sI - A + BK \right| \left| sI - A + K_e C \right| = 0$$

将期望的闭环极点和期望的观测器极点代入上式，接着输入如下代码。

```
X=[eig(A-B*K); eig(A-Ke*C)]        %期望的闭环极点和期望的观测器极点
poly(X)                             %计算特征多项式|sI-A+BK||sI-A+KeC|
```

计算输出结果如下。

```
X=  -1.8000 + 2.4000i
    -1.8000 - 2.4000i
     -8.0000
    -8.0000
%poly(X)
ans=   1.0000   19.6000   130.6000   374.4000   576.0000
```

由输出结果可知。

$$\left| sI - A + BK \right| \left| sI - A + K_e C \right| = (s + 1.8 - \mathrm{j}2.4)(s + 1.8 + \mathrm{j}2.4)(s + 8)^2$$
$$= s^4 + 19.6s^3 + 130.6s^2 + 374.4s + 576$$

注意　前面计算 Ackerman 公式中的 $\phi^*(A)$ 时，采用了函数 polyvalm，它以矩阵方式进行多项式函数计算，它的语法为 polyvalm(a,X)，其中 X 为矩阵，而 a 则是多项式。

10.4　综合实例及 MATLAB/Simulink 应用

下面通过一个综合实例，讲述 MATLAB/Simulink 在本章中的应用。

【例 10-5】　给定一个线性系统，其状态空间表达为 $\begin{cases} X' = \begin{bmatrix} 0 & 1 \\ 0 & -5 \end{bmatrix} X + \begin{bmatrix} 0 \\ 100 \end{bmatrix} u \\ y = \begin{bmatrix} 1 & 0 \end{bmatrix} X \end{cases}$，试采用

两维状态反馈方法，实现闭环阻尼比 $\xi = 0.707$，无阻尼自然振荡频率 $\omega_c = 10 \text{ rad/s}$。

解：利用 MATLAB 求解的基本步骤如下。

步骤 1　建立系统的状态空间模型。

相应的 MATLAB 代码如下。

```
clear all;                          %清除工作空间的变量
A = [0 1; 0 -5]; B = [0; 100]; C = [1 0]; D = 0;
sys = ss(A,B,C,D)                   %建立系统的状态空间模型
```

步骤 2　检验此系统的可控性和可观性。

相应的 MATLAB 代码如下。

```
ctrl_matrix = ctrb(A,B);                %检验控制系统的可控性
if(rank(ctrl_matrix) == 2)              %根据题意，可知能控矩阵的秩为 2 时，系统完全可控
    disp('系统完全可控！');
else
    disp('系统不完全可控！');
end
observe_matrix = obsv(A,C);             %检验控制系统的可观性
if(rank(observe_matrix) == 2)           %根据题意，可知能观矩阵的秩为 2 时，系统完全可观
    disp('系统完全可观！');
else
    disp('系统不完全可观！');
end
```

运行程序，输出结果为

```
系统完全可控！
系统完全可观！
```

由输出结果可知，题设中的系统是可控且可观的，因此可以实现任意的极点配置，也可以对系统设计观测器。

步骤 3   求取状态反馈矩阵，进行状态反馈。

根据题设要求，闭环阻尼比 $\xi = 0.707$，无阻尼自然振荡频率 $\omega_c = 10 \text{ rad/s}$；不难得出，闭环系统的期望极点为 $s_{1,2} = -7.07 \pm 7.07\text{i}$。

因此系统的特征多项式为 $(s - s_1)(s - s_2) = s^2 + 14.14s + 100$。

假设两维状态反馈矩阵为 $\boldsymbol{K} = [k_1, k_2]$，那么反馈后的闭环系统特征多项式为

$$\det[s\boldsymbol{I} - (\boldsymbol{A} - \boldsymbol{BK})] = \det\begin{bmatrix} s & -1 \\ 100k_1 & s+5+100k_2 \end{bmatrix}$$

根据 $(s - s_1)(s - s_2) = \det[s\boldsymbol{I} - (\boldsymbol{A} - \boldsymbol{BK})]$，可直接求得状态反馈矩阵 $\boldsymbol{K} = [1, 0.914]$。

步骤 4   对状态反馈前后的系统进行对比分析。

利用 MATLAB 对状态反馈后的系统进行建模，并且对比反馈前后系统的阶跃响应，代码如下。

```
K = [1 0.914];                          %状态反馈矩阵 K
A_state_feedback = A - B * K;           %对系统进行状态反馈
sys_state_feedback = ss(A_state_feedback,B,C,D)  %状态反馈后系统的状态空间模型
syms s;                                 %定义符号变量 s
det(s * eye(2) - A_state_feedback)      %求取状态反馈后系统的特征多项式
figure(1);                              %在图 1 上绘制反馈前后阶跃响应曲线对比
step(sys);                              %反馈前系统的阶跃响应曲线
hold on;                                %允许在同一坐标系下绘制不同的图形
step(sys_state_feedback,2);             %反馈后系统的阶跃响应曲线
title('反馈前后阶跃响应曲线对比图')      %添加图标题
gtext('反馈前系统的阶跃响应曲线'); gtext('反馈后系统的阶跃响应曲线');%在响应曲线上标示
grid on;                                %添加栅格
```

```
figure(2);                              %在图 2 上单独绘制反馈
                                        %后阶跃响应曲线
step(sys_state_feedback);    grid on;   %反馈后系统的阶跃响应
                                        %曲线并添加栅格
title('反馈后阶跃响应曲线图')            %添加图标题
```

程序运行结果为

```
%反馈后系统的状态空间表达式
a =         x1    x2
   x1       0     1
   x2    -100  -96.4
b =      u1
   x1    0
   x2  100
c =      x1   x2
   y1     1    0
d =      u1
   y1     0
Continuous-time model.
%反馈后，闭环系统的特征多项式
ans =   s^2+482/5*s+100
```

反馈前后，系统阶跃响应曲线的对比如图 10.10 所示。

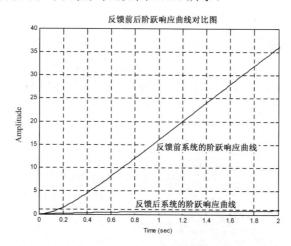

图 10.10　状态反馈前后系统阶跃响应曲线的对比

不难看出，在进行反馈前，系统不稳定，阶跃响应曲线很快发散。加入二维状态反馈后，闭环系统稳定，阶跃响应曲线的如图 10.11 所示。

分析其原因，在反馈前系统的特征多项式为 $\det[s\boldsymbol{I} - \boldsymbol{A}] = \det\begin{bmatrix} s & -1 \\ 0 & s+5 \end{bmatrix} = s^2 + 5s$，有极点 $(0,0)$，不在 S 平面的左半部分，系统不稳定；状态反馈后，系统的极点是 $-7.07 \pm 7.07\mathrm{i}$，在 S 平面的左半部分，系统稳定。

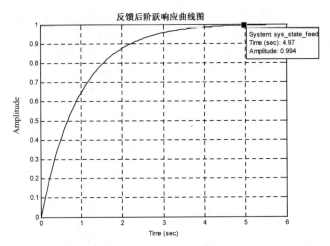

图 10.11　进行状态反馈后系统的阶跃响应曲线

【例 10-6】　给定受控系统的状态空间模型为 $\begin{cases} \dot{x} = \begin{bmatrix} 4 & 4 & 4 \\ -11 & -12 & -12 \\ 13 & 14 & 13 \end{bmatrix} x + \begin{bmatrix} 1 \\ -1 \\ 0 \end{bmatrix} u \\ y = \begin{bmatrix} 1 & 1 & 1 \end{bmatrix} x \end{cases}$，试在

MATLAB 中建立上述控制系统的数学模型，并且设计其降维状态观测器。

解：利用 MATLAB 求解的基本步骤如下。

步骤 1　建立系统的状态空间模型。

相应的 MATLAB 代码如下。

```
A = [4 4 4; -11 -12 -12; 13 14 13];  B = [1; -1; 0];   C = [1 1 1];  D = 0;
sys = ss(A,B,C,D)                      %建立系统的状态空间模型
```

步骤 2　判断系统的可观性。

相应的 MATLAB 代码如下。

```
observe_matrix = obsv(A,C);          %系统的能观测矩阵
rank_of_obsv = rank(observe_matrix); %能观测矩阵的秩
if rank_of_obsv == 3                 %判断系统的能观性
    disp('系统是完全可观的');
else
    disp('系统是不完全可观的');
end
```

运行程序，输出结果为

```
系统是完全可观的
```

同时，输出矩阵 **C** 的秩为 1，所以降维观测器的最小维数为 3−1=2。

步骤 3　设定降维观测器的期望极点。

设定常数矩阵 **R** 和降维观测器期望极点的位置向量 **p**，代码如下。

```
R = [0 1 0;0 0 1]; P = [C; R];       %常数矩阵 R 和 P
```

```
invP = inv(P)                          %常数矩阵 P 的逆矩阵
p = [-3; -4];                          %期望的观测器极点位置
```

步骤 4 求取等价系统的模型。

确定受控系统在非奇异变换 $\bar{x} = Px$ 下，所得的代数等价系统为

$$
\begin{cases}
\begin{bmatrix} \dot{\bar{x}}_1 \\ \dot{\bar{x}}_2 \end{bmatrix} = \begin{bmatrix} \bar{A}_{11} & \bar{A}_{12} \\ \bar{A}_{21} & \bar{A}_{22} \end{bmatrix} \begin{bmatrix} \bar{x}_1 \\ \bar{x}_2 \end{bmatrix} + \begin{bmatrix} \bar{B}_1 \\ \bar{B}_2 \end{bmatrix} u \\
y = \begin{bmatrix} I & 0 & 0 \end{bmatrix} \begin{bmatrix} \bar{x}_1 \\ \bar{x}_2 \end{bmatrix}
\end{cases}
$$

相应的 MATLAB 代码如下。

```
AA = P * A * invP;                     %等价系统的状态转移矩阵 AA
A11 = [AA(1,1)];  A12 = [AA(1,2:3)];  A21 = [AA(2:3,1)];  A22 = [AA(2:3,2:3)];
                                       %对矩阵分块
BB = P * B;                            %等价系统的输入矩阵 BB
B1 = BB(1);  B2 = BB(2:3);             %对矩阵分块
CC = C * invP;                         %等价系统的输出矩阵 CC
```

程序运行的结果为

```
AA =          6      0     -1
            -11     -1     -1
             13      1      0
BB =          0
             -1
              0
CC =          1      0      0
```

步骤 5 求取矩阵 L。

确定矩阵 L，使得 $(\bar{A}_{22} - L\bar{A}_{12})$ 的特征值为步骤 2 中指定的 p 向量。计算系统特征多项式的代码如下。

```
syms L_1 L_2                           %在工作空间中声明符号变量 L_1 和 L_2
syms s                                 %在工作空间中声明符号变量 s，用于计算特征多项式
L = [L_1;L_2];
eq = collect(det(s * eye(2) - (A22 - L * A12)),s)  %以 s 为变量，计算系统的特征多项式
```

程序运行的结果为

```
eq =    s^2+(1-L_2)*s+1-L_1-L_2
```

为了确定矩阵 L 的具体取值，需要首先计算期望的系统特征多项式，代码如下。

```
syms s
system_eq = expand((s - p(1)) * (s - p(2)))    %以 s 为变量，展开期望的系统特
                                               %征多项式
```

得出的期望特征多项式为

```
system_eq = s^2+7*s+12
```

由此，可以唯一地确定 L 矩阵的数值，代码如下。

```
[L_1,L 2] = solve('1-L_2 = 7','1-L_1-L_2 = 12')        %解方程组
```

求解结果为

```
L_1 =  -5
L_2 =  -6
```

因此，L 矩阵为[−5; −6]。

步骤 6　求取降维观测器的动态方程。

至此就可以得出系统降维观测器的动态方程了，代码如下。

```
L = [L_1; L_2]
AW = (A22 - L * A12);   BU = (B2 - L * B1);   BY = (A21 - L * A11) + (A22
    - L * A12) * L;
CW = invP(1:3,2:3);     DY = invP(1:3,1) + invP(1:3,2:3) * L;
```

程序运行的结果为

```
AW =     [ -1, -6]
         [  1, -6]
BU =     [ -1]
[  0]
BY =     [ 60]
         [ 80]
CW =    -1    -1
         1     0
         0     1
DY =     [ 12]
         [ -5]
         [ -6]
```

因此，系统的降维观测器动态方程为
$$\begin{cases} \dot{w} = \begin{bmatrix} -1 & -6 \\ 1 & -6 \end{bmatrix} w + \begin{bmatrix} -1 \\ 0 \end{bmatrix} u + \begin{bmatrix} 60 \\ 80 \end{bmatrix} y \\ \hat{x} = \begin{bmatrix} -1 & -1 \\ 1 & 0 \\ 0 & 1 \end{bmatrix} w + \begin{bmatrix} 12 \\ -5 \\ -6 \end{bmatrix} y \end{cases}$$
。

习　　题

【10.1】　给定单输入、单输出受控系统状态空间表达为
$$\begin{cases} \dot{x} = \begin{bmatrix} 0 & 1 & 0 & 0 \\ 0 & 5 & 0 & 0 \\ 0 & 0 & -7 & 0 \\ 0 & 0 & 0 & -8 \end{bmatrix} x + \begin{bmatrix} 0 \\ 1 \\ 0 \\ 1 \end{bmatrix} u \\ y = \begin{bmatrix} 1 & 2 & 3 & 4 \end{bmatrix} x \end{cases}$$

（1）利用 MATLAB 建立系统的数学模型。

（2）计算上述控制系统的极点，并判断系统的稳定性。

（3）计算状态反馈矩阵，将不稳定的极点配置到指定位置–1 和–2。

（4）计算反馈后闭环系统的极点，并且绘制反馈前后系统的阶跃响应曲线，比较二者的区别。

【10.2】 已知系统的开环传递函数为 $G(s) = \dfrac{20}{s^3 + 4s^2 + 3s}$。

（1）利用 MATLAB 建立上述控制系统的数学模型。

（2）将得出的传递函数模型转换为状态空间模型。

（3）计算状态反馈矩阵，使闭环系统的极点位于–5 和–2 ± 2i。

（4）画出反馈系统的结构图，绘制反馈前后系统的阶跃响应曲线。

【10.3】 已知倒立摆系统的状态空间方程为

$$\dot{x} = \begin{bmatrix} 0 & 1 & 0 & 0 \\ 20.601 & 0 & 0 & 0 \\ 0 & 0 & 0 & 1 \\ -0.4905 & 0 & 0 & 0 \end{bmatrix} x + \begin{bmatrix} 0 \\ -1 \\ 0 \\ 0.5 \end{bmatrix} u$$

$$y = \begin{bmatrix} 1 & 0 & 0 & 0 \\ 0 & 0 & 1 & 0 \end{bmatrix} x$$

（1）利用 MATLAB 建立上述控制系统的数学模型。

（2）计算系统的可控性矩阵，判断系统是否完全能控。

（3）设计状态反馈矩阵，使闭环系统的极点位于 $\mu_{1,2} = -2 \pm 2\sqrt{3}\mathrm{i}, \mu_3 = \mu_4 = -10$。

【10.4】 给定受控系统系数矩阵为 $A = \begin{bmatrix} 0 & 1 \\ -2 & -3 \end{bmatrix}, B = \begin{bmatrix} 0 \\ 1 \end{bmatrix}, C = \begin{bmatrix} 2 & 0 \end{bmatrix}$。

（1）利用 MATLAB 对上述控制系统建立数学模型。

（2）设计观测器，使观测器的极点为–10 两重根。

【10.5】 设计下列系统的降维观测器，并使极点为给定的值。

（1）$A = \begin{bmatrix} -1 & 0 \\ 1 & -2 \end{bmatrix}, B = \begin{bmatrix} 1 \\ 0 \end{bmatrix}, C = \begin{bmatrix} 0 & 1 \end{bmatrix}$，要求极点为–3。

（2）$A = \begin{bmatrix} 2 & 1 & 1 \\ 1 & -1 & 1 \\ 0 & 0 & 0 \end{bmatrix}, B = \begin{bmatrix} 1 \\ 0 \\ 0 \end{bmatrix}, C = \begin{bmatrix} 1 & 0 & 0 \end{bmatrix}$，要求极点为–1 和–2。

【10.6】已知某伺服电机的传递函数为 $G(s) = \dfrac{50}{s(s+2)}$。

（1）利用 MATLAB 建立伺服电机的数学模型。

（2）将得到的传递函数模型转化为状态空间模型。

（3）设计降维状态观测器，使观测器的极点为 -15。

（4）设计状态反馈矩阵，使得闭环传递函数为 $G(s) = \dfrac{50}{s^2 + 10s + 50}$。

（5）绘制系统的阶跃响应曲线，分析系统的动态特性，计算其稳态误差。

第 11 章

非线性系统

11.1 引言

物理系统具有固有的非线性，所有控制系统都具有一定程度的非线性。现代技术对控制系统提出了更为严格的要求，因而非线性系统及其控制引起越来越多的重视，对非线性系统的研究已成为控制工程领域的一项重要内容。

对于某些控制系统，为了简化分析过程，可通过在工作点附近线性化来处理，但当系统中包含有本质性的非线性特性时，就不能用线性化的方法来简化处理了。非线性系统与线性系统有本质的差别，非线性系统不满足叠加原理，其稳定性不仅取决于控制系统的固有结构和参数，而且与系统的初始条件和输入信号有关。

通过本章，读者能了解非线性系统的发展概况、非线性系统的数学描述和特性、非线性系统的研究方法和特点，掌握非线性系统分析和设计的基本概念和方法，以及利用 MATLAB/Simulink 对非线性系统进行分析。

本章的知识点及要求概括如下。

序号	知 识 点	了解	熟悉	掌握	精通
1	非线性控制理论的发展历程	√			
2	典型非线性特性及 Simulink 中的模块			√	
3	相平面法			√	
4	描述函数法			√	
5	非线性系统的 MATLAB/Simulink 分析			√	

11.2 非线性系统概述

11.2.1 非线性控制理论发展概况

在控制领域，人们最先研究的控制系统都是线性的。对线性系统的物理描述和数学求解是比较容易实现的事情，而且已经形成了一套完善的线性理论和分析研究方法。但对非线性系统来说，除极少数情况外，目前还没有一套可行的通用方法，而且每种方法只能适用于某一类问题，不能普遍适用。

目前对非线性系统的认识和处理基本上还是处于初级阶段。从对控制系统的精度要求来看，用线性系统理论来处理目前绝大多数工程技术问题在一定范围内都可以得到比较满意的结果，因此，一个物理系统的非线性因素常常被忽略了，或者被各种线性关系所简化或代替。这就是线性系统理论发展迅速并趋于完善，而非线性系统理论长期得不到重视和发展的主要原因。

随着科学技术的不断发展，人们对实际生产过程的分析要求日益精密，各种较为精确的分析和科学实验结果表明，任何一个实际的物理系统都是非线性的。所谓线性，只是对非线性的一种简化或近似，或者说是非线性的一种特例。

到 20 世纪 40 年代，对非线性系统的研究已取得一些明显的进展。目前主要的非线性分析方法有相平面法、李雅普诺夫法和描述函数法等，这些方法都已经被广泛用来解决实际的非线性系统问题。

但是这些方法都有一定的局限性，都不能成为分析非线性系统的通用方法。例如，用相平面法虽然能够获得系统的全部特征，如稳定性、过渡过程等，但对于大于三阶的系统则无法应用。李亚普诺夫法仅限于分析系统的绝对稳定性问题，而且要求非线性元件的特性满足一定条件。虽然这些年来，国内外有不少学者一直在这方面进行探讨，也研究出了一些新的方法，如频域的波波夫判据、广义圆判据、输入输出稳定性理论等，但总体来说，非线性控制系统理论目前仍处于发展阶段，远不如线性系统那样完善，很多问题都还有待解决，未来的研究领域十分宽广。

11.2.2　典型非线性特性

含有非线性元件或环节的系统称为非线性系统，非线性特性包括许多类型，典型的静态非线性特性包括死区非线性、饱和非线性、间隙非线性和继电非线性，下面分别加以介绍。

1. 死区非线性

死区非线性是一种常见的非线性，如图 11.1 所示，它通常是由放大器、传感器、执行机构的不灵敏区造成的。

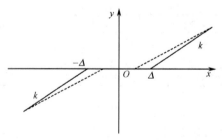

图 11.1　死区非线性

理想的死区非线性一般可用图 11.1 中的三段直线（实线）来表示，实际的死区非线性一般可用图 11.1 中的点画线来表示。理想的死区非线性可用数学模型描述为

$$y = \begin{cases} k(x+\Delta), & x < -\Delta \\ 0, & |x| \leqslant \Delta \\ k(x-\Delta), & x > \Delta \end{cases} \tag{11-1}$$

从式（11-1）可以看出，当输入 $|x| < \Delta$ 时，输出为 0，系统处于开环状态，失去调节作用，控制灵敏度下降，稳态误差加大，给控制系统带来不利影响；另一方面，当系统输入端存在小扰动信号时，死区可减小扰动信号，给控制系统带来有利影响，有些系统为提高抗干扰能力而引入死区非线性。就静态特性而言，死区非线性总是增大系统稳态误差。

2．饱和非线性

饱和非线性如图 11.2 所示，它是由饱和引起的，当输入增大到某个值以后，输出便不再变化，这种现象称为饱和。任何实际的控制系统都存在饱和非线性，因为其输出不可能无限增大，这是放大元件或执行元件的固有特性。

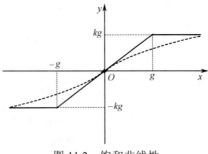

图 11.2　饱和非线性

理想的饱和非线性一般可用图 11.2 中的三段直线来表示，实际的饱和非线性一般可用图 11.2 中的点划线表示。理想的饱和非线性特性可用数学模型描述为

$$y = \begin{cases} -kg, & x < -g \\ kx, & |x| \leqslant g \\ kg, & x > g \end{cases} \tag{11-2}$$

饱和非线性往往促使系统稳定，但会减小放大系数，从而降低稳态精度。有时出于技术上的考虑，采用限幅，以使特性的线性区变窄，实际上是利用了饱和非线性。

3．间隙非线性

间隙非线性如图 11.3 所示，其形成原因通常是由于滞后的作用，类似于线性系统的滞后环节，但不完全等价。齿轮传动是典型的间隙非线性。间隙非线性可用数学模型描述为

$$y = \begin{cases} k(x-b), & x - y/k = b \\ 0, & -b < x - y/k < b \\ k(x+b), & x - y/k = -b \end{cases} \tag{11-3}$$

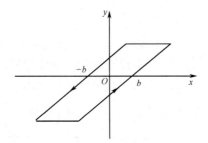

图 11.3　间隙非线性

间隙非线性对控制总是有害的，它会引起系统不稳定或自激振荡，对系统稳定品质也不利，故应消除或削弱它的影响。

4．继电非线性

继电非线性，顾名思义就是继电器所具有的非线性，其他装置（如电磁阀、斯密特触发器等）都具有类似的非线性特性。它常见的种类有双位继电非线性，如图 11.4（a）所示，以及三位继电非线性，如图 11.4（b）所示。

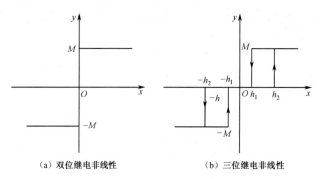

（a）双位继电非线性 　　　　（b）三位继电非线性

图 11.4　继电非线性

双位继电非线性可用数学模型描述为

$$y = \begin{cases} +M, & x > 0 \\ -M, & x < 0 \end{cases} \tag{11-4}$$

三位继电非线性可用数学模型描述为

$$\dot{x} > 0: y = \begin{cases} +M, & x > h \\ 0, & h > x > -mh \\ -M, & x < -mh \end{cases}, \quad \dot{x} < 0: y = \begin{cases} +M, & x > mh \\ 0, & mh > x > -h \\ -M, & x < -h \end{cases} \tag{11-5}$$

继电非线性常会使系统产生振荡，对系统是不利的。分析继电非线性具有十分重要的意义，因为采用继电器、电磁阀等元件的控制系统比比皆是，如大多数家用电冰箱、空调就属于继电器控制系统，研究继电非线性的目的是为了克服其不利影响，最终使具有继电非线性的控制系统更加完善。

11.2.3　Simulink 中的非线性模块

Simulink 中的不连续系统模块库（Discontinuous）提供了 12 种常用标准非线性模块，如回环、死区、继电器、饱和、开关等非线性模块。

对非线性系统进行仿真时，可直接调用这些非线性模块，从而省去编程实现这些非线性特性的麻烦。当然，对于那些 Simulink 中没有提供的非线性模块，则需要根据具体的非线性特性来编程实现，然后封装成模块，仿真时就可以直接调用了。

在 Simulink 基本模块中选择不连续系统模块库后，单击便看到如图 11.5 所示的界面。

从图 11.5 中可以看出，不连续系统模块库包括以下非线性模块。

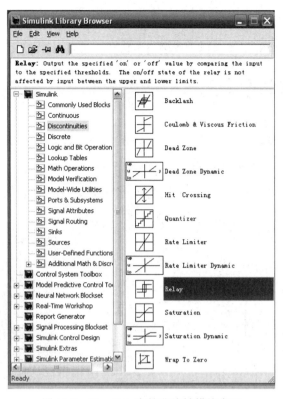

图 11.5 Simulink 中的非线性模块窗口

- Backlash：间隙非线性。
- Coulomb&Viscous Friction：库仑和黏度摩擦非线性。
- Dead Zone：死区非线性。
- Dead Zone Dynamic：动态死区非线性。
- Hit Crossing：冲击非线性。
- Quantizer：量化非线性。
- Rate Limiter：比例限制非线性。
- Rate Limiter Dynamic：动态比例限制非线性。
- Relay：继电非线性。
- Saturation：饱和非线性。
- Saturation Dynamic：动态饱和非线性。
- Wrap To Zero：环零非线性。

需要注意的是，这些模块的框图表示了次非线性特性的输入和输出的关系。例如，死区非线性的框图⊞，它与图 11.1 所描述的输入和输出关系相似，因此，从框图上便可直接看出其输入和输出关系。

单击模块时，在上方的框中将出现关于此非线性特性的介绍。

【例 11-1】 死区非线性的输入和输出特性实例。在 Simulink 中，利用幅值为 1 的正弦信号直接作用于限幅为 0.5 的死区非线性模块，试求其输出，并与输入信号进行比较。

解：具体步骤如下。

（1）在 Simulink 的 Library 窗口中选择【File】→【New】，建立一个新的 Simulink 工作平台。

（2）分别将信号源库、输出方式库、信号路线和非线性环节库中的 Sine、Scope 、Mux 和 Dead Zone 各功能模块拖至工作平台。

（3）按系统要求将各模块加以连接，如图 11.6 所示，并对各模块进行参数设置，如设置死区非线性模块的"Start of dead zone"为-0.5，"End of dead zone"为 0.5。

（4）执行仿真，双击 Scope 图标可得到系统的仿真曲线如图 11.7 所示，图中可以清晰看出原始信号（幅值为 1 的正弦信号）和死区非线性作用后的曲线。

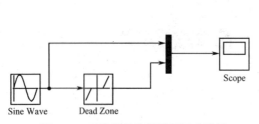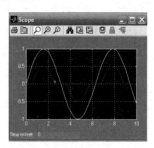

图 11.6　正弦信号作用于死区非线性　　图 11.7　死区非线性模块作用前后的标准
　　　　正弦信号对比图　　　　　　　　　　　模块的模型

读者可以利用类似的方法，通过 Simulink 方便地研究其他非线性特性。例如，在分析库仑和黏度摩擦非线性时，可建立类似于上例的系统，然后仿真，对比分析次非线性特性，模型和仿真结果如图 11.8 所示，具体分析过程此处不再赘述。

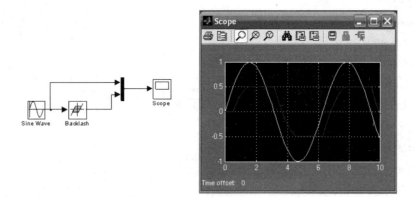

图 11.8　库仑和黏度摩擦非线性特性的 Simulink 简单仿真分析

11.3　相平面法

相平面法是庞加莱（Poincare）于 1885 年首先提出的，它通过图解法把求解一阶和二阶系统运动方程组转化成位置和速度平面上的相轨迹，能直观、准确地反映系统的稳定性、平衡状态、稳态精度，以及初始条件和参数对系统运动的影响。

应用相平面法分析一阶尤其是二阶非线性控制系统，弄清非线性系统的稳定性、稳定域等基本属性，以及解释极限环等特殊现象，具有非常直观形象的效果。

由于绘制二维以上的相轨迹十分困难，因此相平面法对于二阶以上的系统几乎无能为力，这是相平面法的局限。

11.3.1　相平面法基础知识

1．相轨迹和相平面

对于二阶时不变系统，可用式（11-6）所示的常微分方程描述，有

$$\ddot{x} = f(x, \dot{x}) \tag{11-6}$$

式中，$f(x, \dot{x})$ 是 $x(t)$ 和 $\dot{x}(t)$ 的线性或非线性函数。该方程的解可以用 $x(t)$ 的时间函数曲线表示。

把式（11-6）所示的二阶微分方程改写成二元一阶微分方程组，有

$$\begin{cases} \dfrac{\mathrm{d}x}{\mathrm{d}t} = \dot{x} \\[2mm] \dfrac{\mathrm{d}\dot{x}}{\mathrm{d}t} = f(x, \dot{x}) \end{cases} \tag{11-7}$$

式中，x 可以看成广义位移，$\dot{x}$ 可以看成广义速度。对式（11-7）所示的微分方程组求解，可以得到解 $x(t)$ 和 $\dot{x}(t)$。

如果取 $x(t)$ 为横坐标，$\dot{x}(t)$ 为纵坐标，以时间 t 为参变量，就可以用 $x(t)$ 和 $\dot{x}(t)$ 的关系曲线表示方程的解，而 t 为参变量。此时，系统每一时刻的状态均对应于该平面上的一点，当参变量 t 变化时，方程的解在 $x - \dot{x}$ 平面上绘出的曲线即表征了系统的运动过程，这个曲线就是相轨迹。相轨迹上箭头符号表示参变量时间 t 的增加方向。两个变量 $x(t)$ 和 $\dot{x}(t)$ 构成的直角坐标系称为相平面。

根据微分方程解的存在与唯一性定理，对于任一给定的初始条件，相平面上有一条相轨迹与之对应。多个初始条件下的运动对应多条相轨迹，形成相轨迹簇，而由一簇相轨迹所组成的图形称为相平面图。

2．奇点

对于二阶系统 $\ddot{x} = f(x, \dot{x})$，相平面上满足 $\dot{x} = 0$ 且 $\ddot{x} = 0$ 的点称为奇点，记为 X_e。奇点坐标 $(x_e, \dot{x}_e)$ 是下列代数方程的解，显然奇点一定在坐标轴上。

$$\begin{cases} \dot{x} = 0 \\ f(x, \dot{x}) = 0 \end{cases} \tag{11-8}$$

对于二阶系统，$\dot{x} = 0$ 和 $\ddot{x} = 0$ 表示系统的速度和加速度均为零，也就意味着系统不再运动，因此，奇点又称为平衡点。相平面上任何其他点都称为普通点。奇点又可分为稳定奇点和不稳定奇点。

3．相轨迹切线斜率

由式（11-7）可知，相轨迹上任一点的切线斜率为

$$\alpha(x,\dot{x}) = \frac{\mathrm{d}\dot{x}}{\mathrm{d}x} = \frac{f(x,\dot{x})}{\dot{x}} \tag{11-9}$$

某点的切线斜率就是相轨迹通过该点的运动方向。

在奇点处，$\alpha(x,\dot{x}) = \dfrac{\mathrm{d}\dot{x}}{\mathrm{d}x} = \dfrac{0}{0}$，其值不定，表明系统在奇点处可以按任意方向趋近或离开奇点，因此，在奇点处多条相轨迹相交。

等倾线就是相轨迹场上所有切线斜率等于某一常数的点的连线。

4．相轨迹图形特征

如果微分方程（11-7）满足解的存在性和唯一性条件，那么相轨迹图一定有如下基本特征。

● 相轨迹不相交，即相平面上任一普通点有且只有一条相轨迹通过（坐标原点除外）。
● 相轨迹必垂直通过坐标轴。
● 相平面横轴上方的相轨迹从左向右运动，横轴下方的相轨迹从右向左运动。

5．极限环

极限环是非线性系统特有的现象，它对应的响应曲线是等幅振荡，也是一种随处可见的现象，可以说，凡是能持续振荡的动态系统都是运行在稳定极限环上的。钟摆的摆动、电子振荡器等都是例证。显然，在干扰环境中，线性系统不可能产生持续等幅振荡，因为极微小的干扰就可能导致振荡发散或衰减到零。

极微小的干扰就导致系统振荡发散或衰减到零的极限环称为不稳定极限环。即使干扰使振荡短时离开极限环，干扰消失后则又回到的极限环称为稳定极限环。

11.3.2　MATLAB/Simulink 在相轨迹图绘制中的应用

相轨迹图有多种绘制办法，主要有以下三种。

（1）手工绘制概略图：概略图就像相轨迹的"素描"，它是根据相轨迹的基本特征、特殊点、特殊线等信息而"随手"画出的草图，它虽然在具体细节上缺乏精度，但能提供许多重要的定性结论。

（2）手工绘制近似图：在计算机未得到广泛应用的年代，人们研究出好几种手工近似作图法，如等倾线法、δ 法等。这些手工作图法要绘出有一定精度的相轨迹图是十分烦琐的，如今已没有多大实用价值。

（3）计算机绘制精确图：借助计算机数值解法以及 MATLAB/Simulink 等软件绘制相轨迹图。

下面讲述采用 MATLAB/Simulink 绘制相轨迹图的方法。

1．采用 MATLAB 绘制相轨迹图

绘制相轨迹图的实质是求解微分方程的解。求解微分方程数值解的算法有多种，

MATLAB 提供了求解微分方程的函数组，常用的有 ode45，它采用的计算方法是变步长的龙格-库塔 4/5 阶算法。

ode45()常用的调用格式为

```
[t, y]=ode45(odefun, tspan, y0)
```

在用户自己编写的 MATLAB 函数中既可以描述线性系统特性，也可以描述非线性系统特性。描述系统模型的文件名可以由字符串变量名 odefun 给出；参数 tspan 可以由初始时间 t0 和终止时间 tfinal 构成向量给出，如 tspan=[t0 tfinal]，参数 y0 为系统状态变量初始值，其默认值是一个空矩阵。函数调用后，将返回系统的时间向量 t 和状态变量 y。

【例 11-2】　已知一个二阶线性系统的微分方程为：$\ddot{x} + ax = 0$，$a > 0$，$x(t_0) = x_0$，$\dot{x}(t_0) = \dot{x}_0$，其中 $a=2$，试用 MATLAB 函数绘制系统的相平面图和零输入响应曲线。

解： 取状态变量 $x_2 = x$，$x_1 = \dot{x}$，得到系统状态方程模型，即一阶常微分方程组。

$$\begin{cases} \dot{x}_2 = \dfrac{\mathrm{d}x}{\mathrm{d}t} = x_1 \\ \dot{x}_1 = \ddot{x} = -ax_2 \end{cases}$$

由此模型就可以用 MATLAB 来求解了。

主程序 MATLAB 代码如下。

```
%test_11_2 是系统微分方程的描述函数
 [t, x]=ode45('test_11_2', [0, 20], [0, 1]);    %初始化状态变量为[0, 1]，计
                                                 %算时间为[0, 20]
 [t1, x1]=ode45('test_11_2', [0, 20], [1, 1]);  %初始化状态变量为[1, 1]，计
                                                 %算时间为[0, 20]
plot(x(:, 1), x(:, 2), '-', x1(:, 1), x1(:, 2), '.');   %绘制相轨迹
xlabel('x'); ylabel('dx/dt')                     %添加横纵坐标注
grid                                             %添加栅格
title('相轨迹图')                                 %添加图表题
```

运行结果如下。

```
%例 11-2 程序的子函数代码
function xdot= test_11_2(t, x)          %求取状态导数的函数
xdot=[-2*x(2); x(1)];                   %导数关系式
%格式
%  function xdot=filename(t, x)
%  xdot=[表达式 1；表达式 2；表达式 3；…；表达式 n-1]
%  表达式 1 对应  x1'=x2；表达式 2 对应  x2'=x3
%  表达式 3 对应  x3'=x4；…；表达式 n-1 对应  xn-1'=xn
```

主函数运行后，输出如图 11.9 所示的相轨迹图。

然后输入如下 MATLAB 程序代码来绘制系统时域响应图。

```
plot(t, x(:, 2), '-', t1, x1(:, 2), '.')    %绘制时域响应曲线
xlabel('t');    ylabel('x(t)')              %添加横纵坐标注
grid                                        %添加栅格
```

title('时间响应曲线')   %添加图表题

运行后，输出如图 11.10 所示，从图中可以看出是等幅振荡。

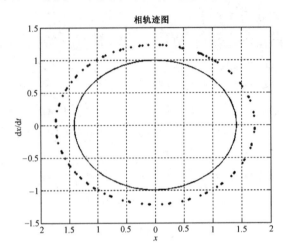

图 11.9　例 11-2 相轨迹图

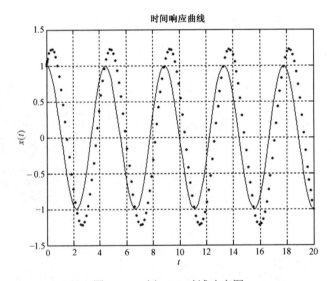

图 11.10　例 11-2 时域响应图

本题的相轨迹是如图 11.9 所示的椭圆。如果取遍所有的初始值，就会得到无数个一环套一环的椭圆，称为相轨迹场。相轨迹场布满了整个相平面，相轨迹场从全局上展示了动态系统的运动过程，图 11.9 中只绘出了相轨迹场中的两条相轨迹。

【例 11-3】　已知一个二阶非线性系统的微分方程为：$\ddot{x} + (x^2 - 1)\dot{x} + x = 0$，$x(0) = 3$，$\dot{x}(0) = 2$，试用 MATLAB 函数绘制系统的相平面图。

解：取状态变量 $x_2 = x$，$x_1 = \dot{x}$，得到系统状态方程模型，即一阶常微分方程组。

$$\begin{cases} \dot{x}_2 = \dfrac{\mathrm{d}x}{\mathrm{d}t} = x_1 \\ \dot{x}_1 = \ddot{x} = x_1(1 - x_2{}^2) - x_2 \end{cases} \quad \text{且} \begin{cases} x_2(0) = 2 \\ x_1(0) = 3 \end{cases}$$

由此模型就可以用 MATLAB 来求解了。

主程序 MATLAB 代码如下。

```
[t, x]=ode45(' test_11_3', [0, 20], [3, 2])    %test_11_3是系统微分方程的描述
                                               %函数
plot(x(:, 1), x(:, 2))                         %绘制相轨迹
axis([-6, 6, -6, 6])                           %添加坐标轴的显示范围
xlabel('x');  ylabel('dx/dt')                  %添加横纵坐标标注
grid                                           %添加栅格
title('相轨迹图')                               %添加图表题
```

子函数 MATLAB 代码如下。

```
function xdot= test_11_3(t, x)                 %状态导数
xdot=[x(1)*(1-x(2)^2)-x(2); x(1)];
%function xdot=filename(t, x)
%%xdot=[表达式1; 表达式2; 表达式3;…; 表达式n-1]
%表达式1 对应  x1'=x2; 表达式2 对应  x2'=x3
%%表达式3 对应  x3'=x4,…,表达式n-1 对应  xn-1'=xn
```

主函数运行后，输出如图 11.11 所示。

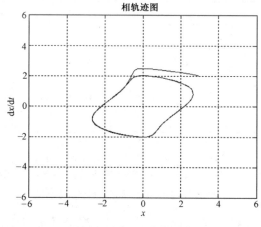

图 11.11　例 11-3 相轨迹图

2. 采用 Simulink 绘制相轨迹图

Simulink 对于非线性系统的分析与设计是很有用的，Simulink 提供了非线性模块，包括死区、饱和、继电等多种类型的非线性，也能构成很复杂的非线性函数。

下面以实例说明如何在 Simulink 中使用非线性模块，以及如何采用 Simulink 绘制相轨迹。

【例 11-4】　已知一个非线性控制系统如图 11.12 所示，输入为零初始条件，线性环节为

$G(s) = \dfrac{K}{s(Ts+1)}$，其中，$T$=1，$K$=4，$N$ 为如图 11.2 所示的理想饱和非线性，$y = \begin{cases} -0.2 & x < -0.2 \\ x & |x| \leqslant 0.2 \\ 0.2 & x > 0.2 \end{cases}$，

系统的初始状态为 0，试求

（1）在 $e-\dot{e}$ 平面上画出相轨迹。

（2）绘出 $e(t)$、$c(t)$ 的时间响应波形。

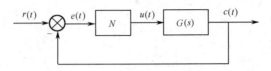

图 11.12　非线性控制系统示意图

解：取状态变量 $e(t)$ 和 $\dot{e}(t)$，使用 Simulink 来解此题的步骤如下。

在 MATLAB 窗中双击 Simulink 图标就打开 Simulink Library Browser 窗口，再在此窗口进入 File→New→Model，打开一个 untitled 窗（可以用 Save as 保存此窗口并改名）。

在 Simulink Library Browser 窗口下有 Continuous、Discontinuities、Math Operations、Sinks、Sources 等子目录，每个子目录下都包含若干可利用的模块，可直接拖至 untitled 窗口，如图 11.13 所示。

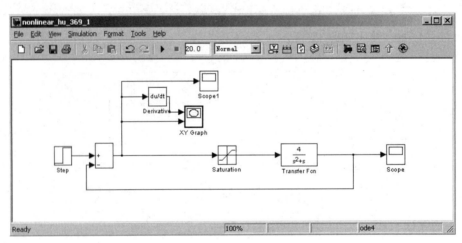

图 11.13　例 11-4 的 Simulink 仿真模型

在图 11.13 中，传递函数环节（Transfer Fcn）、微分环节（Derivative）来自 Simulink/Continuous；饱和非线性（Saturation）来自 Simulink/Discontinuities；求和（Sum）来自 Simulink/Math Operations；双踪示波器（XY Graph）、单踪示波器（Scope）来自 Simulink/Sinks；阶跃函数（Step）来自 Simulink/Sources。

要在 XY Graph 上绘出相轨迹，关键是要得到 e 和 $\dot{e}$ 信号。显然，e 直接取自比较器的输出（图中 Sum 环节的输出），$\dot{e}$ 可以在 e 后面加一微分环节实现，然后把这两个信号接到 XY Graph 便可画出相轨迹。

双击饱和模块，就会出现该模块的设置窗口，按照题意设置饱和特性的限幅为 [−0.2, 0.2]。

在 Simulation/Simulation Configuration Parameters/Solver 中设置 Type 为“Fixed Step”，“Solver”（步长）为 0.05，“Stop Time”为 40。运行 Simulation/Start，XY Graph 绘出的相轨迹如图 11.14 所示。

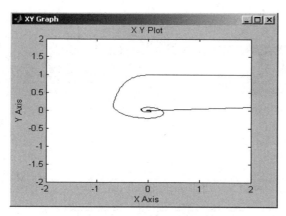

图 11.14 例 11-4 的相轨迹图

双击系统输出连接的单踪示波器，看到 $c(t)$ 的时间响应波形，如图 11.15 所示。

双击比较环节输出连接的单踪示波器，看到 $e(t)$ 的时间响应波形，如图 11.16 所示。

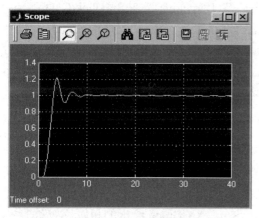

图 11.15 例 11-4 中 $c(t)$ 的时间响应波形

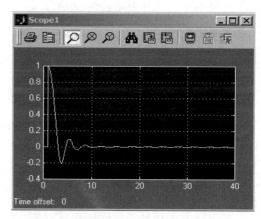

图 11.16 例 11-4 中 $e(t)$ 的时间响应波形

【例 11-5】 已知一个控制系统如图 11.17 所示，输入为零初始条件，线性环节为 $G_2(s) = \dfrac{1}{s(4s+1)}$ ，系统的初始状态为 0， $G_1(s)$ 取下列两种情况。

（1） $G_1(s)$ 为非线性环节 N，且 N 为理想饱和非线性，其函数 $y = \begin{cases} -2, & x < -2 \\ x, & |x| \leqslant 2 \\ 2, & x > 2 \end{cases}$ 。

（2） $G_1(s)$ 为比例环节，比例增益为 2。

试求系统在单位阶跃作用下的相轨迹及系统输出。

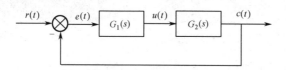

图 11.17 例 11-5 的控制系统框图

解：取状态变量 $e(t)$ 和 $\dot{e}(t)$，使用 Simulink 建立如图 11.18 所示的仿真框图。

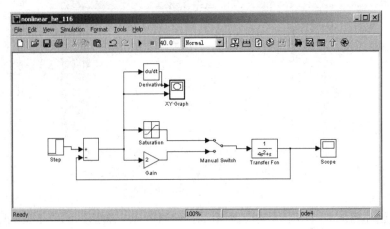

图 11.18　例 11-5 的 Simulink 仿真模型

在图 11.18 中，传递函数环节（Transfer Fcn）、微分环节（Derivative）来自 Simulink/Continuous；饱和非线性（Saturation）来自 Simulink/Discontinuties；求和（Sum）来自 Simulink/Math Operations；双踪示波器（XY Graph）、单踪示波器（Scope）来自 Simulink/Sinks；阶跃函数（Step）来自 Simulink/Sources；手动切换开关（Manual Switch）来自 Simulink/Signal Routing，它用来在同一个图上实现 $G_1(s)$ 两种情况的切换，双击该图标便可实现切换。

要在 XY Graph 上绘出相轨迹，关键是得到 e 和 $\dot{e}$ 信号，显然，e 直接取自比较器的输出（图中的 Sum 环节的输出），$\dot{e}$ 可以在 e 后面加一个微分环节实现，然后把这两个信号接到 XY Graph 便可画出相轨迹。

双击饱和模块，就会出现该模块的设置窗口，按照题意设置饱和特性的限幅为[−2, 2]。

在手动开关选择非线性模块后，运行 Simulation/Start，XY Graph 绘出的相轨迹如图 11.19 所示；双击系统输出连接的单踪示波器，看到系统的时间响应波形，如图 11.20 所示。

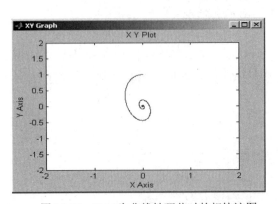

图 11.19　$G_1(s)$ 为非线性环节时的相轨迹图

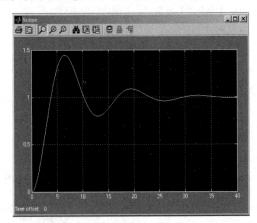

图 11.20　$G_1(s)$ 为非线性环节时的系统输出

在手动开关选择线性模块后，运行 Simulation/Start，XY Graph 绘出的相轨迹如图 11.21 所示；双击系统输出连接的单踪示波器，看到系统的时间响应波形，如图 11.22 所示。

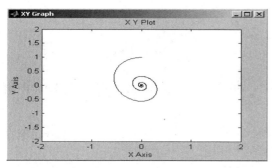

图 11.21 $G_1(s)$ 为线性环节时的相轨迹图

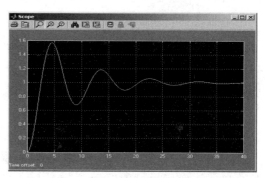

图 11.22 $G_1(s)$ 为线性环节时的系统输出

11.4 描述函数法

描述函数法是达尼尔（P. J. Daniel）于 1940 年提出的，它是线性系统频率法在非线性系统中的推广，是非线性系统稳定性的近似判别法，它要求系统具有良好的低通特性且非线性较弱，描述函数法的优点是能用于高阶系统。

11.4.1 描述函数基本概念

在频率法中，对于线性时不变系统，当输入为正弦函数时输出也是同频率的正弦函数，输出和输入只有幅值和相位的差别。对于非线性系统，当输入为正弦函数时，输出是同频率的非正弦函数，也就是说输出中含有高次谐波，可见线性系统的频率法不适用于非线性系统。描述函数的作用相当于对线性系统中的频率法进行改进并使之适用于非线性系统。

描述函数的基本思想：当系统满足一定的假设条件时，系统中非线性环节在正弦信号作用下的输出可用一次谐波分量来近似，由此导出非线性环节的近似等效频率特性，即描述函数。这样，非线性系统就近似等效为一个线性系统，并可用线性系统理论中的频率法对系统进行频域分析。

11.4.2 描述函数定义

对于如图 11.23 所示的非线性系统，其中 N 是非线性环节，它的输入输出关系为 $y(t) = f(x(t))$，线性部分的传递函数为 $G(s)$。

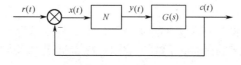

图 11.23 非线性系统框图

非线性环节的输入为

$$x(t) = X \sin \omega t \tag{11-10}$$

式中，X 是正弦函数的幅值。

将非线性环节的输出 $y(t)$ 分解为傅里叶级数，有

$$y(t) = A_0 + \sum_{n=1}^{\infty}(A_n \cos n\omega t + B_n \sin n\omega t) = A_0 + \sum_{n=1}^{\infty} Y_n \sin(n\omega t + \phi_n) \tag{11-11}$$

式中，A_0 是直流分量；A_n 和 B_n 是傅里叶系数；Y_n 和 ϕ_n 分别是第 n 次谐波分量的幅值和相角，且

$$A_n = \frac{1}{\pi}\int_0^{2\pi} y(t)\cos n\omega t \mathrm{d}(\omega t)$$

$$B_n = \frac{1}{\pi}\int_0^{2\pi} y(t)\sin n\omega t \mathrm{d}(\omega t) \tag{11-12}$$

$$Y_n = \sqrt{A_n^2 + B_n^2}, \phi_n = \arctan\left(\frac{A_n}{B_n}\right)$$

如果非线性特性是奇对称的，那么直流分量 $A_0 = 0$，式（11-11）可简化为

$$y(t) = \sum_{n=1}^{\infty}(A_n \cos n\omega t + B_n \sin n\omega t) = \sum_{n=1}^{\infty} Y_n \sin(n\omega t + \phi_n) \tag{11-13}$$

式（11-13）表明，非线性环节的输出 $y(t)$ 中含有高次谐波。如果系统线性部分具有良好的低通滤波特性，那么系统信号中高次谐波就被大大衰减，即当 $n > 1$ 时 Y_n 会很小，因此可以用基波来近似，如式（11-14）所示。

$$y(t) \approx y_1(t) = A_1 \cos \omega t + B_1 \sin \omega t = Y_1 \sin(\omega t + \phi_1) \tag{11-14}$$

可以看出，非线性环节可近似为与线性环节类似的频率响应形式，这就是非线性特性在频域的线性化。

在正弦信号输入下可用非线性环节输出中的基波分量和输入正弦函数的复数比来描述这个非线性环节，如式（11-15）所示。

$$N(X) = \frac{B_1(X) + \mathrm{j}A_1(X)}{X} = \frac{Y_1(X)}{X}\mathrm{e}^{\mathrm{j}\phi_1(X)} \tag{11-15}$$

式中，幅值 X 是一个待定常数；A_1、B_1、Y_1、ϕ_1 只与 X 有关，记为 $A_1(X)$、$B_1(X)$、$Y_1(X)$ 和 $\phi_1(X)$；$N(X)$ 称为非线性环节 $y(t) = f(x(t))$ 的描述函数。

显然，描述函数是幅值 X 的函数，描述函数可以理解为非线性环节在忽略高次谐波情况下的非线性增益——这个增益与输入正弦函数的幅值有关。如果非线性特性是单值奇对称的，那么 $A_1 = 0, \phi_1 = 0, N = B_1/X$。

这相当于用一个等效环节代替原来的非线性环节，而等效环节的幅相特性函数 $N(X)$ 是输入函数 $x(t) = X\sin \omega t$ 幅值 X 的函数，这样，图 11.23 就可等效为图 11.24。

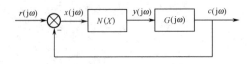

图 11.24　非线性系统等效框图

11.4.3　描述函数的计算

当非线性环节的频率特性用描述函数表示后，线性系统中普遍应用的频率法就可以推广到非线性系统了，问题的关键是非线性环节描述函数如何计算。

描述函数求解的基本过程是：先根据已知的输入 $x(t) = X\sin\omega t$ 和非线性特性 $y(t) = f(x(t))$ 求出输出 $y(t)$，然后通过积分求出 $A_1(X)$、$B_1(X)$、$Y_1(X)$、$\phi_1(X)$ 和 $N(X)$。其工作量和技巧主要在于积分。

下面举例说明描述函数的计算过程。

对于如图 11.1 所示的死区非线性，当输入为正弦函数 $x(t) = X\sin\omega t (X > \Delta)$ 时，输出 $y(t)$ 为

$$y(t) = \begin{cases} 0, & 0 \leqslant \omega t \leqslant \omega t_1 \\ k(X\sin\omega t - \Delta), & \omega t_1 \leqslant \omega t \leqslant \dfrac{\pi}{2} \end{cases}$$

式中，$\omega t_1 = \arctan\Delta$，由于图中的死区非线性是单值奇对称的，因此 $A_1 = 0$、$\phi_1 = 0$，且

$$B_1 = \frac{1}{\pi}\int_0^{2\pi} y(t)\sin\omega t\,\mathrm{d}(\omega t) = \frac{4}{\pi}\int_0^{\frac{\pi}{2}} y(t)\sin\omega t\,\mathrm{d}(\omega t)$$

$$= \frac{4k}{\pi}\int_0^{\frac{\pi}{2}}(X\sin\omega t - \Delta)\sin\omega t\,\mathrm{d}(\omega t)$$

式中，$\Delta = X\sin\omega t_1$，$\omega t_1 = \arcsin\left(\dfrac{\Delta}{X}\right)$。故

$$B_1 = \frac{4Xk}{\pi}\left[\int_{\omega t_1}^{\frac{\pi}{2}}\sin^2\omega t - \sin\omega t_1\int_{\omega t_1}^{\frac{\pi}{2}}\sin\omega t\,\mathrm{d}(\omega t)\right]$$

$$= \frac{4Xk}{\pi}\left[\int_{\omega t_1}^{\frac{\pi}{2}}\frac{1-\cos 2\omega t}{2} - \sin\omega t_1\int_{\omega t_1}^{\frac{\pi}{2}}\sin\omega t\,\mathrm{d}(\omega t)\right]$$

$$= \frac{4Xk}{\pi}\left[\left(\frac{\pi}{4} - \frac{\omega t_1}{2} + \frac{1}{2}\sin\omega t_1\cos\omega t_1\right) - \sin\omega t_1\cos(\omega t_1)\right]$$

$$= \frac{2Xk}{\pi}\left[\frac{\pi}{2} - \omega t_1 - \sin\omega t_1\cos\omega t_1\right]$$

$$= \frac{2Xk}{\pi}\left[\frac{\pi}{2} - \arcsin\left(\frac{\Delta}{X}\right) - \frac{\Delta}{X}\sqrt{1 - \left(\frac{\Delta}{X}\right)^2}\right]$$

代入即可得理想死区非线性的描述函数，即

$$N(X) = \frac{B_1}{X} = k - \frac{2k}{\pi}\left[\arcsin\left(\frac{\Delta}{X}\right) - \frac{\Delta}{X}\sqrt{1 - \left(\frac{\Delta}{X}\right)^2}\right]$$

表 11.1 列出了一些典型非线性描述函数，以供查用。

表 11.1　典型非线性描述函数

非线性类型	静　特　性	描述函数 $N(X)$
理想继电非线性	$y = \begin{cases} +M, & x > 0 \\ -M, & x < 0 \end{cases}$	$\dfrac{4M}{\pi X}$
饱和非线性	$y = \begin{cases} -kg, & x < -g \\ kx, & \lvert x \rvert \leqslant g \\ kg, & x > g \end{cases}$	$\dfrac{2k}{\pi}\left[\arcsin\dfrac{g}{X} + \dfrac{g}{X}\sqrt{1-\left(\dfrac{g}{X}\right)^2}\right],\ X \geqslant g$
间隙非线性	$y = \begin{cases} k(x-b), & x - y/k = b \\ 0, & -b < x - y/k < b \\ k(x+b), & x - y/k = -b \end{cases}$	$\dfrac{k}{\pi}\left[\arcsin\left(1-\dfrac{2b}{X}\right) + 2\left(1-\dfrac{2b}{X}\right)\sqrt{\dfrac{b}{X}\left(1-\dfrac{b}{X}\right)}\right]$ $+ \mathrm{j}\dfrac{4kb}{\pi X}\left(\dfrac{b}{X}-1\right) + \dfrac{\pi}{2}\right],\ X \geqslant b$
有死区与滞环的继电非线性	$\dot{x} > 0,\ y = \begin{cases} +M, & x > h \\ 0, & h > x > -mh \\ -M, & x < -mh \end{cases}$ $\dot{x} < 0,\ y = \begin{cases} +M, & x > mh \\ 0, & mh > x > -h \\ -M, & x < -h \end{cases}$	$\dfrac{2M}{\pi X}\left[\sqrt{1-\left(\dfrac{mh}{X}\right)^2} + \sqrt{1-\left(\dfrac{h}{X}\right)^2}\right]$ $+ \mathrm{j}\dfrac{2Mh}{\pi X^2}(m-1),\ X \geqslant h$

11.4.4　非线性系统的稳定性分析

对于如图 11.25 所示的非线性控制系统，N 表示非线性部分，$G(s)$ 表示线性部分。

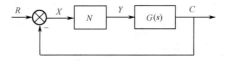

图 11.25　非线性系统框图

闭环系统频率特性为

$$\frac{C(\mathrm{j}\omega)}{R(\mathrm{j}\omega)} = \frac{N(\mathrm{j}\omega)G(\mathrm{j}\omega)}{1 + N(\mathrm{j}\omega)G(\mathrm{j}\omega)} \tag{11-16}$$

特征方程为

$$1 + N(\mathrm{j}\omega)G(\mathrm{j}\omega) = 0 \tag{11-17}$$

如果非线性部分用放大系数 k 来表示，即 $N(X) = k$，则特征方程与线性系统的特征方程相似。式（11-17）可表示为

$$-N(\mathrm{j}\omega) = \frac{1}{G(\mathrm{j}\omega)} \tag{11-18}$$

或

$$G(\mathrm{j}\omega) = -\frac{1}{N(\mathrm{j}\omega)} \tag{11-19}$$

式（11-18）用线性部分的频率特性的逆与负描述函数特性比较，式（11-19）用负倒描述函数与频率特性比较，它们常用于非线性系统的稳定性分析。

非线性系统稳定条件为：线性部分频率特性 $G(\mathrm{j}\omega)$ 的逆应包围非线性部分描述函数负值

$-N(\mathrm{j}\omega)$ 的点；或者线性部分的（–1，0）稳定点的判别被描述函数的负倒数代替。将描述函数的负倒数的轨迹作为判别点轨迹，则系统稳定判据如下。

（1）在复平面上，如果曲线 $G(\mathrm{j}\omega)$ 不包围 $-\dfrac{1}{N(\mathrm{j}\omega)}$ 曲线，那么闭环系统稳定，两者的距离越远，系统越稳定。

（2）在复平面上，如果 $G(\mathrm{j}\omega)$ 曲线包围 $-\dfrac{1}{N(\mathrm{j}\omega)}$ 曲线，那么闭环系统不稳定。

（3）在复平面上，如果曲线 $G(\mathrm{j}\omega)$ 与曲线 $-\dfrac{1}{N(\mathrm{j}\omega)}$ 相交，那么闭环系统临界稳定，闭环系统出现自激振荡（极限环）。

为了方便起见，通常将曲线 $-\dfrac{1}{N(\mathrm{j}\omega)}$ 称为"负倒描述函数曲线"。

11.5　MATLAB/Simulink 在非线性系统分析中的应用

对于非线性控制系统，繁杂的数学理论和图形绘制比较抽象，计算不仅复杂而且难以理解。

利用 Simulink 提供的非线性模块，通过简单的操作就可以完成非线性、线性系统的仿真。通过鼠标拖动 Simulink 模块建立起系统模型后，就可以通过选择仿真菜单，设置仿真参数，启动仿真过程，然后通过示波器观看系统的仿真结果，非常简单快捷。

下面通过实例进行讲述。

【例 11-6】　设非线性控制系统如图 11.26 所示。

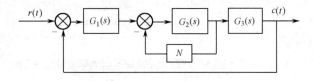

图 11.26　例 11-6 的系统框图

图中，$G_1(s)=5$，$G_2(s)=\dfrac{1}{0.4s+1}$，$G_3(s)=\dfrac{1}{s}$，非线性环节 N 为死区非线性，其表达式为

$$y=\begin{cases}x+2, & x<-2 \\ 0, & |x|\leqslant 2 \\ x-2, & x>2\end{cases}$$

试用 Simulink 分析系统单位阶跃响应，并绘制响应曲线。

解： 使用 Simulink 建立仿真框图，如图 11.27 所示。

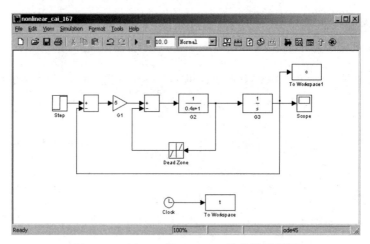

图 11.27　例 11-6 的 Simulink 仿真模型框图

在图 11.27 中，传递函数环节、微分环节来自 Simulink/Continuous；死区非线性（Dead Zone）来自 Simulink/Discontinuties；求和（Sum）来自 Simulink/Math Operations；双踪示波器（XY Graph）、单踪示波器（Scope）来自 Simulink/Sinks；阶跃函数（Step）来自 Simulink/Sources；输出到工作空间（To Workspace）来自 Simulink/Sinks，用鼠标双击"To Workspace"图标，得到如图 11.28 所示的 To Workspace 模块参数对话框。

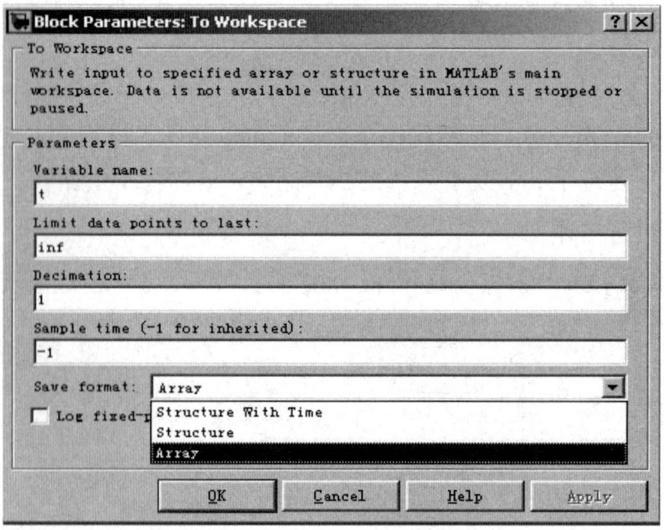

图 11.28　To Workspace 模块参数对话框

本题中，需要传输数据向量为 $c(t)$ 和 t，以设置数据向量 t 为例，在 Variable name 编辑框中输入向量名"t"，save format 编辑选择"Array"（向量）项，然后单击"OK"按钮完成设置。仿真运行后，向量 $c(t)$ 和 t 以各自变量名存在于 MATLAB 工作空间中，供 MATLAB 程序使用。

双击死区模块，就会出现该模块的设置窗口，如图 11.29 所示，图中显示的死区范围是默认值 ±0.5，分别在 Start of dead zone 和 End of dead zone 编辑框内输入"–2"和"+2"，其他选项按默认值设定，然后单击"OK"按钮完成设置。

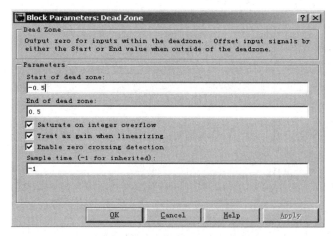

图 11.29 Dead zone 模块参数对话框

启动仿真，双击示波器，得到如图 11.30 所示的图形，它就是系统的阶跃响应曲线。

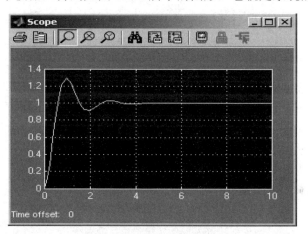

图 11.30 例 11-6 的系统输出

由于输出结果通过 "To workspace" 传送到工作空间中，因此系统输出响应曲线也可在工作空间中显示。

启动仿真后，在 MATLAB 命令窗口中输入 "whos"，则显示如下。

```
>> whos
Name      Size              Bytes  Class
  c        62x1               496   double array
  t        62x1               496   double array
  tout     62x1               496   double array
Grand total is 186 elements using 1488 bytes
```

然后输入画图命令，即可将系统输出响应曲线绘制出来。在 MATLAB 命令窗口中输入如下程序。

```
plot(t, c)                      %绘制响应曲线
xlabel('t'); ylabel('c(t)')     %标示横纵坐标
```

按回车键后显示如图 11.31 所示的响应曲线。

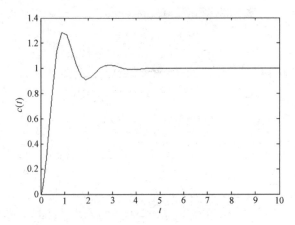

图 11.31　例 11-6 的系统阶跃响应曲线

11.6　综合实例及 MATLAB/Simulink 应用

下面通过一个综合实例，讲述 MATLAB/Simulink 在本章中的应用。

给定如图 11.32 所示的单位负反馈系统，在系统中分别引入不同的非线性环节（饱和、死区与滞环），观察系统的阶跃响应，并且分析、比较不同的非线性环节对系统性能的影响。

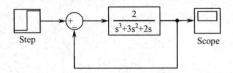

图 11.32　给定单位负反馈系统

解：使用 MATLAB/Simulink 求解本题的基本步骤如下。

步骤 1　利用 MATLAB 中的 Simulink 工具箱，对题设控制系统进行建模（如图 11.32 所示）。没有任何非线性环节的系统，其阶跃响应曲线如图 11.33 所示。

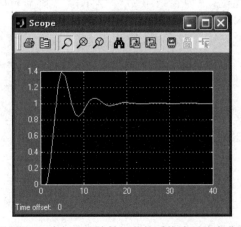

图 11.33　未加入非线性环节的系统阶跃响应曲线

步骤 2 在系统中加入饱和非线性环节，系统框图如图 11.34 所示，其中，饱和非线性环节的输出上限为 0.1，输出下限为−0.1；阶跃信号幅值为 1。

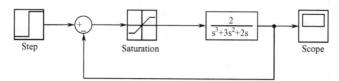

图 11.34 加入饱和非线性环节后的系统框图

利用 Simulink 进行仿真，得到的阶跃响应曲线如图 11.35 所示。

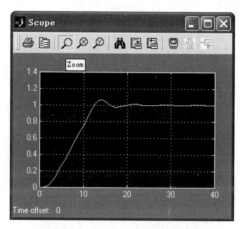

图 11.35 加入饱和非线性环节后系统的阶跃响应曲线

为了比较饱和非线性环节的输出上下限变化时系统阶跃响应的不同，可以利用 Simulink 中的 To Workspace 模块，将多次仿真的结果记录到工作空间的不同数组中，并且绘制在同一幅图像上。此时，系统框图如图 11.36 所示。

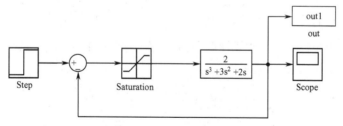

图 11.36 利用 To Workspace 模块记录仿真的结果

设定饱和非线性环节输出上限为 0.05，输出下限为−0.05，将仿真的结果记录到工作空间中的变量 out1 中；输出上限为 0.1，输出下限为−0.1 时，仿真结果存放在 out2 中；输出上限为 0.2，输出下限为−0.2 时，仿真结果存放在 out3 中；输出上限为 0.5，输出下限为−0.5 时，仿真结果存放在 out4 中。

将 4 种情况下系统的阶跃响应曲线绘制在同一幅图像中，代码如下。

```
plot(tout1,out1);          %绘制第一条阶跃响应曲线
hold on;                   %设定在同一幅图像上绘制多条曲线
grid on;                   %显示网格线
```

```
gtext('0.05');                     %为曲线添加标注
plot(tout2,out2);                  %绘制第二条阶跃响应曲线
gtext('0.1');                      %为曲线添加标注
plot(tout3,out3);                  %绘制第三条阶跃响应曲线
gtext('0.2');                      %为曲线添加标注
plot(tout4,out4);                  %绘制第四条阶跃响应曲线
gtext('0.5');                      %为曲线添加标注
```

运行程序，结果如图 11.37 所示。

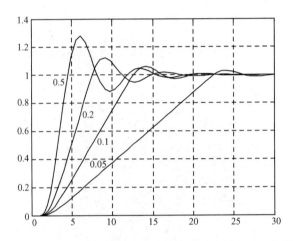

图 11.37　加入不同的饱和非线性环节时系统的阶跃响应曲线

从图 11.37 中可以看出，当饱和非线性环节的输出范围较窄时，系统的阶跃响应速度较慢，上升时间长；同时，超调量较小，振荡不明显；随着输出范围的扩大，系统的响应速度加快，上升时间大大减少，同时伴有显著的振荡。

这是因为饱和环节会对信号起到限幅作用。不难想象，限制作用越强，系统的输出越不容易超调，响应也会越慢，这从图 11.37 也可看出这一趋势。

步骤 3　在系统中引入死区非线性环节，系统框图如图 11.38 所示。其中，死区范围为[−0.1, 0.1]；阶跃信号幅值为 1。

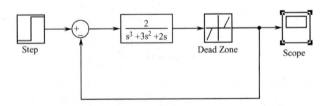

图 11.38　加入死区非线性环节后的系统框图

利用 Simulink 进行仿真，得到的阶跃响应曲线如图 11.39 所示。

同样，为了对比死区范围不同时系统的阶跃响应，采用 Simulink 中的 To Workspace 模块，将仿真的结果保存在工作空间中的数组里。绘制阶跃响应曲线的代码同步骤 2 中完全类似。仿真结果如图 11.40 所示。

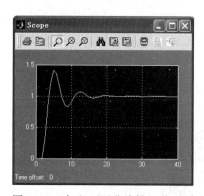

图 11.39 加入死区非线性环节后系统
的阶跃响应曲线

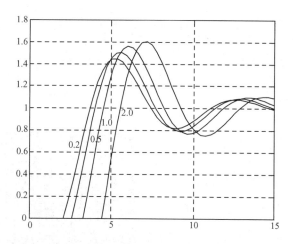

图 11.40 加入不同的死区环节时系统的阶跃响应曲线

图中曲线上标注的 0.2、0.5、1.0 和 2.0 表示死区范围，不难看出，随着死区范围的增加，系统开始响应阶跃输入信号的时刻也逐渐推迟。这是因为死区环节会将死区内的输入"忽略"，使得系统的响应变慢。

步骤 4 尝试在系统中同时加入死区单元和饱和单元，系统框图如图 11.41 所示。

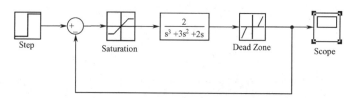

图 11.41 同时引入饱和与死区非线性环节后的系统框图

利用 Simulink 进行仿真，得到的阶跃响应曲线如图 11.42 所示。

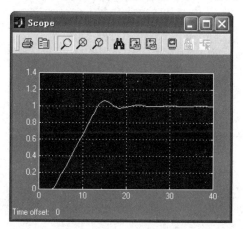

图 11.42 同时引入饱和与死区非线性环节后系统的阶跃响应曲线

步骤 5 在系统中引入滞环非线性环节，系统框图如图 11.43 所示。

利用 Simulink 进行仿真，得到的阶跃响应曲线如图 11.44 所示。

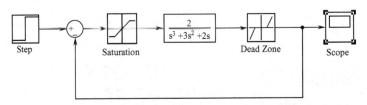

图 11.43 加入滞环非线性环节后的系统框图

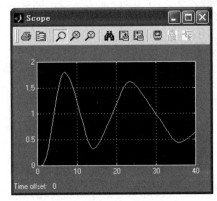

图 11.44 加入滞环非线性环节后系统的阶跃响应曲线

改变滞环非线性环节中滞环的宽度，系统的阶跃响应曲线如图 11.45 所示，图中曲线上标注的 0、0.2、0.5 和 1.0 表示滞环非线性环节中滞环的宽度。从图中不难看出，随着滞环宽度的增加，系统振荡加剧，变得越来越不稳定。所以，滞环环节的引入会引起系统的振荡。

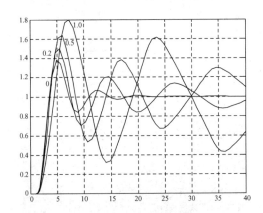

图 11.45 加入不同滞环非线性环节时系统的阶跃响应曲线

分析：对比以上各图，可以分析出非线性环节对控制系统稳定性能的影响：当系统中存在饱和非线性环节时，响应较慢，但是超调量减小；死区环节对 0 附近小范围内的输入信号无响应，而当输入超过这个"不灵敏区"后，输出与输入呈现线性；同时，滞环环节会引起系统的振荡，使系统变得不稳定。

总结：非线性系统的相关理论和方法远远不及线性系统成熟，其特殊性导致没有普遍的研究非线性系统的方法。而利用 Simulink，则可以很方便地完成对非线性系统的建模和仿真，为进一步的系统校正和综合提供基础。

习　　题

【11.1】　给定非线性控制系统的结构如图 11.A 所示，其中，饱和环节的线性区为[-1,1]，斜率为 1。试分析系统的稳定性，并绘制系统的阶跃响应曲线。

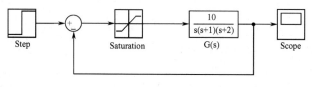

图 11.A　习题

【11.2】　给定非线性控制系统的结构如图 11.B 所示。

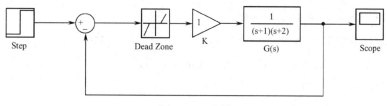

图 11.B　习题

（1）在 Simulink 中建立上述系统的模型。

（2）设定开环增益为 $K=1$，绘制系统的阶跃响应曲线。

（3）设定开环增益为 $K=10$，绘制系统的阶跃响应曲线，并与第（2）问得到的曲线进行比较。

（4）继续修改 K 的取值，分析阶跃响应曲线的变化。

第 12 章

离散控制系统

12.1　引言

随着计算机技术的发展，离散系统控制理论和技术越来越得到重视，数字控制器在许多场合取代了模拟控制器，基于工程实践的需要，离散控制系统有越来越多的实际应用。

本章主要描述离散控制基本概念及理论知识，介绍计算机控制的基础理论、离散控制系统分析和设计的基本方法，以及 MATLAB/Simulink 在离散控制系统中的应用。通过本章，读者对数字、离散控制系统能有一个比较全面的认识。

本章的知识点及要求概括如下。

序号	知　识　点	了解	熟悉	掌握	精通
1	离散控制系统的基本概念		√		
2	离散控制系统的研究方法		√		
3	Z 变换			√	
4	离散控制系统的数学模型			√	
5	离散控制系统的性能分析			√	
6	MATLAB/Simulink 进行离散控制系统性能分析				√

12.2　离散控制系统基本概念

12.2.1　离散控制系统概述

数字、离散控制系统与连续控制系统的根本区别在于：

（1）离散控制系统中既可以包含连续信号，又可以包含离散信号，是一个混合信号系统。

（2）连续系统中的控制信号、反馈信号及偏差信号都是连续型的时间函数，而在离散系统中则不然。一般情况下，其控制信号是离散型的时间函数，因此取自系统输出端的负反馈信号在和离散控制信号进行比较时，同样需要采用离散型的时间函数，那么比较后得到的偏差信号也将是离散型的时间函数。

（3）分析和设计数字、离散控制系统的数学工具是 Z 变换，采用的数学模型是差分方程、脉冲传递函数。

1. 离散控制系统基本组成

离散控制系统结构形式多样，一般如图 12.1 所示，主要由采样器、数字控制器、保持器、执行器、被控对象和测量变送器构成。

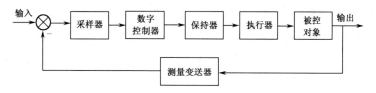

图 12.1　离散控制系统结构示意图

（1）采样器：将连续信号转换成脉冲序列。

（2）数字控制器：常用的是数字计算机，构成控制系统的数字部分，对系统进行控制，通过这部分的信号均以离散形式出现。

（3）保持器：将数字控制器输出的离散信号转换成模拟信号，用来实现采样点之间的插值，常见的保持器有零阶保持器和一阶保持器。

（4）执行器：根据控制器的控制信号，改变输出的角位移或直线位移，并通过调节机构改变被调介质的流量或能量，使工作过程符合预定要求。按照不同的动力方式可分为电动执行器、气动执行器和液动执行器。

（5）被控对象：所要控制的装置或设备。

（6）测量变送器：通常由传感器和测量线路构成，用于将被控参数转换成某种形式的信号。

2. 数字控制系统工作过程

数字控制系统通过数字计算机闭合而成，包括工作于离散状态下的数字计算机（或专用数字控制器）和具有连续工作状态的被控对象两大部分，其工作过程如图 12.2 所示。图中虚线内为用于控制目的的数字计算机或数字控制器，它构成控制系统的数字部分，通过这部分的信号均以离散形式出现。被控对象一般用 $G(s)$ 表示，是系统的不可变部分，它是控制系统连续部分的主要成分。

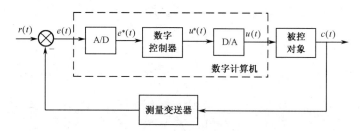

图 12.2　数字控制系统工作示意图

在数字控制系统中，具有连续时间函数形式的被控信号 $c(t)$（模拟量）受控于具有离散时间函数形式的控制信号 $u^*(t)$（数字量）。为了实现控制，需要通过数/模转换环节（D/A）将数字量转换为模拟量，即将 $u^*(t)$ 转换为 $u(t)$。连续的被控信号 $c(t)$ 经反馈环节反馈至输入

端并与参考输入 $r(t)$ 进行比较，得到 $e(t)$。$e(t)$ 经模/数转换环节（A/D）得到偏差信号 $e^*(t)$（数字量）。离散的偏差信号 $e^*(t)$ 经数字计算机加工处理变换成数字信号 $u^*(t)$，$u^*(t)$ 再经 D/A 转换为连续信号 $u(t)$，$u(t)$ 馈送到连续部分的执行机构去控制系统的被控信号 $c(t)$。

3. 离散控制系统基本特点

离散控制系统在自动控制领域中越来越多地被广泛应用，它具有以下基本特点。

（1）以数字计算机为核心组成数字式控制器，可实现复杂的控制要求，控制效果好，并可通过软件方式改变控制规律，控制方式灵活。

（2）数字信号传输可有效抑制噪声，提高系统的抗干扰能力。

（3）可采用高灵敏度的控制元件，提高系统的控制精度。

（4）可用一台数字计算机实现对几个系统的分时控制，提高设备利用率，经济性好。

（5）对于大滞后、大惯性系统，具有较好的控制效果。

（6）便于组成功能强大的集散控制系统。

12.2.2 离散信号的数学描述

离散系统的一个显著特点是系统中一处或多处信号是脉冲序列或数字序列，而自然界的信号多是连续信号，为了把连续信号变为脉冲信号，需要对连续信号进行采样，为了把脉冲信号变为连续信号则需要用保持器。

1. 采样过程及采样定理

（1）采样过程。采样过程是指采样器按一定的时间间隔对连续信号 $e(t)$ 进行采样，将其转换为相应的脉冲序列，即采样信号 $e^*(t)$ 的获取过程。实现采样过程的装置称为采样器或采样开关。

采样器可以用一个周期性闭合的开关来表示，其闭合周期为 T，每次闭合时间为 τ。实际上，由于采样持续时间通常远小于采样周期，即 $\tau \ll T$，也远小于系统连续部分的时间常数，因此，在分析采样系统时，可近似认为 $\tau \rightarrow 0$。在这种假设条件下，当采样开关的输入信号为连续信号 $e(t)$ 时，其输出信号 $e^*(t)$ 是一个脉冲序列，采样瞬时 $e^*(t)$ 的幅值等于相应瞬时 $e(t)$ 的幅值，即 $e(0), e(T), e(2T), \cdots, e(nT)$，采样过程如图 12.3 所示。

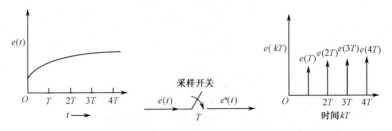

图 12.3　采样过程示意图

采样过程可以看成一个脉冲调制过程。理想的采样开关相当于一个单位理想脉冲序列发生器，它能够产生一系列单位脉冲 $e(0), e(T), e(2T), \cdots, e(nT)$。

$$e^*(t) = e(0)[1(t) - 1(t - \tau)] + e(T)[1(t - T) - 1(t - T - \tau)]$$
$$+ e(2T)[1(t - 2T) - 1(t - 2T - \tau)] + \cdots \quad (12\text{-}1)$$
$$= \sum_{k=0}^{\infty} e(kT)[1(t - kT) - 1(t - kT - \tau)] = \sum_{k=0}^{\infty} e(kT)\tau \frac{1(t - kT) - 1(t - kT - \tau)}{\tau}$$

当 $\tau \to 0$ 时，式（12-1）可写成

$$e^*(t) = \sum_{k=0}^{\infty} e(kT)\delta(t - kT) \quad (12\text{-}2)$$

或

$$e^*(t) = e(t) \sum_{k=0}^{\infty} \delta(t - kT) = e(t)\delta_T(t) \quad (12\text{-}3)$$

（2）采样定理。采样定理（香农采样定理，Shannon 定理）是在设计离散系统时必须要遵循的准则，它给出了自采样的离散信号不失真地恢复原连续信号所必需的理论上的最低采样频率。

对于如式（12-3）描述的采样信号 $e^*(t)$，令 $\delta_T(t) = \sum_{k=0}^{\infty} \delta(t - kT)$，则 $e^*(t)$ 可写成

$$e^*(t) = e(t)\delta_T(t) = e(t)\frac{1}{T}\sum_{k=0}^{\infty} e^{jw_s t}, \qquad t - nT < 0, \delta(t - nT) = 0 \quad (12\text{-}4)$$

对 $e^*(t)$ 进行拉氏变换，可得

$$E^*(s) = \frac{1}{T} \sum_{n=-\infty}^{\infty} E[s + jn\omega_s] \quad (12\text{-}5)$$

式（12-5）表明，采样函数的拉氏变换式 $E^*(s)$ 是以 ω_s（$\omega_s = \dfrac{2}{T}$，称为采样角频率）为周期的周期函数；它还表示了采样函数的拉氏变换式 $E^*(s)$ 与连续函数拉氏变换式 $E(s)$ 之间的关系。

通常 $E^*(s)$ 的全部极点均位于 S 平面的左半部，因此可用 $j\omega$ 代替上式中的复变量 s，直接求得采样信号的傅里叶变换。

$$E^*(j\omega) = \frac{1}{T} \sum_{n=-\infty}^{\infty} E[j(\omega + n\omega_s)] \quad (12\text{-}6)$$

式（12-6）为采样信号的频谱函数，它也反映了离散信号频谱和连续信号频谱之间的关系。

一般来说，连续函数的频谱是孤立的，其带宽是有限的，即上限频率为有限值，而离散函数 $e^*(t)$ 则具有以 ω_s 为周期的无限多个频谱。

在离散函数的频谱中，$n = 0$ 的部分 $\dfrac{E(j\omega)}{T}$ 称为主频谱，它对应连续信号的频谱。除了主频谱外，$E^*(j\omega)$ 还包含无限多个附加的高频频谱。为了准确复现所采样的连续信号，必须使采样后的离散信号的频谱彼此不重叠，这样就可以用一个比较理想的低通滤波器滤掉全部附加的高频频谱分量，保留主频谱。

相邻两频谱互不重叠的条件是

$$\omega_s \geq 2\omega_{max} \tag{12-7}$$

若满足式（12-7）的条件，并把采样后的离散信号 $e^*(t)$ 加到理想滤波器上，则在滤波器的输出端将不失真地复现原连续信号（幅值相差 $\frac{1}{T}$ 倍）。若 $\omega_s < 2\omega_{max}$（$2\omega_{max}$ 为连续信号的有限频率），则会出现相邻频谱的重叠现象，这时即使使用理想滤波器也不能将主频谱分离出来，因而难以准确复现原有的连续信号。

综上可以得到一条重要结论，即只有在 $\omega_s \geq 2\omega_{max}$ 的条件下，采样后的离散信号 $e^*(t)$ 才有可能无失真地恢复为原来的连续信号，这就是香农采样定理。

2. 保持器的数学描述

保持器是把数字信号转换成连续信号的装置，从数学上说，它解决了两个采样点之间的插值问题，即根据过去或现在的采样值进行外推，是一种时域的外推装置。

由采样过程的数学描述可知，在采样时刻上，连续信号的函数值与脉冲序列的脉冲强度相等，在 nT 时刻，有 $e(t)\big|_{t=nT} = e(nT) = e^*(nT)$，而在 $(n+1)T$ 时刻，则有

$$e(t)\big|_{t=(n+1)T} = e\big[(n+1)T\big] \quad = e^*\big[(n+1)T\big]$$

然而，由脉冲序列 $e^*(t)$ 向连续信号 $e(t)$ 的转换过程中，在 nT 和 $(n+1)T$ 时刻之间，即当 $0 < \Delta t < T$ 时，连续信号 $e(nT + \Delta t)$ 的值是多少？它与 $e(nT)$ 有何关系？这就是保持器要解决的问题。

通常把具有恒值、线性和抛物线外推规律的保持器分别称为零阶、一阶和二阶保持器。其中最简单、最常用的是零阶保持器和一阶保持器，下面分别进行介绍。

（1）零阶保持器。零阶保持器是一种按照恒值规律外推的保持器，它把前一采样时刻 nT 的采样值 $e(nT)$（在各采样点上 $e^*(nT) = e(nT)$）不增不减地保持到下一采样时刻 $(n+1)T$ 到来之前，从而使采样信号 $e^*(t)$ 变成阶梯信号 $e_h(t)$，如图 12.4 所示。

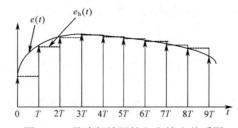

图 12.4　零阶保持器输入和输出关系图

$e(t)$、$e(nT)$ 和 $e_h(t)$ 的关系可表示为

$$e(t)\big|_{nT+\Delta T} = e(nT) + \frac{\mathrm{d}e}{\mathrm{d}t}\Big|_{nT}\Delta t + \frac{\mathrm{d}e}{\mathrm{d}t^2}\Big|_{nT}\Delta t^2 + \cdots, \quad e(t)\big|_{nT+\Delta T} = e(nT), \quad 0 \leq \Delta t < T$$

$$e_h(t) = \sum_{k=0}^{\infty} e(kT)[1(t-(k+1)T) - 1(t-kT)]$$

由图 12.4 可见，零阶保持器的输出信号是阶梯信号，它与要恢复的连续信号是有区别的，包含高次谐波。若将阶梯信号的各中点连接起来，可以得到比连续信号退后 $T/2$ 的曲线，它这反映了零阶保持器的相位滞后特性。

零阶保持器的传递函数为

$$E_{\mathrm{h}}(s) = \sum_{k=0}^{\infty} e(kT)\mathrm{e}^{-kTs}\frac{1-\mathrm{e}^{-Ts}}{s}, \quad E_{\mathrm{h}}(s) = \frac{1-\mathrm{e}^{-Ts}}{s}E^*(s), \quad G_{\mathrm{h}}(s) = \frac{E_{\mathrm{h}}(s)}{E^*(s)} = \frac{1-\mathrm{e}^{-Ts}}{s}$$

零阶保持器的频率特性为

$$G_{\mathrm{h}}(\mathrm{j}\omega) = \frac{1-\mathrm{e}^{-\mathrm{j}T\omega}}{\mathrm{j}\omega} = T\frac{\sin(\omega T/2)}{(\omega T/2)}\mathrm{e}^{-\mathrm{j}\omega T/2}$$

零阶保持器具有如下特性。

① 低通特性。由于幅频特性的幅值随频率值的增大而迅速衰减，说明零阶保持器基本上是一个低通滤波器，但与理想滤波器特性相比，在 $\omega = \omega_{\mathrm{s}}/2$ 时，其幅值只有初值的 63.7%，且截止频率不止一个，所以零阶保持器除允许主要频谱分量通过外，还允许部分高频分量通过，从而造成数字控制系统的输出中存在纹波。

② 相角特性。由相频特性可见，零阶保持器要产生相角滞后，且随着频率的增大而加大，在 $\omega = \omega_{\mathrm{s}}/2$ 时，相角滞后可达 $-180°$，从而使闭环系统的稳定性变差。

③ 时滞特性。零阶保持器的输出为阶梯信号 $e_{\mathrm{h}}(t)$，其平均响应为 $e\left(t-\dfrac{T}{2}\right)$，表明输出比输入在时间上要滞后 $T/2$，相当于给系统增加一个延迟时间为 $T/2$ 的延迟环节，对系统稳定不利。

（2）一阶保持器。一阶保持器是一种按线性规律外推的保持器，其外推关系为

$$e(t)|_{nT+\Delta T} = e(nT) + \frac{\mathrm{d}e}{\mathrm{d}t}\Big|_{nT}\Delta t$$

由于未引进高阶差分，一阶保持器的输出信号与原连续信号之间仍有差别。一阶保持器的单位脉冲响应可以分解为阶跃函数和斜坡函数之和。

一阶保持器的单位脉冲函数的拉氏变换式为

$$e(t)|_{nT+\Delta T} = e(nT) + \frac{e((n+1)T)-e(nT)}{T}\Delta T, \qquad G_{\mathrm{h}}(s) = \frac{E_{\mathrm{h}}(s)}{E^*(s)} = T(1+Ts)\frac{1-\mathrm{e}^{-Ts}}{s}$$

12.3　离散控制系统的研究方法

在离散控制系统中，系统的一处或多处信号是脉冲序列或数码，控制的过程是不连续的，不能沿用连续系统的研究方法。研究离散系统的工具是 Z 变换，通过 Z 变换，可以把前面所学的传递函数、频率特性、根轨迹法等概念应用于离散系统。

12.3.1 线性连续与离散控制系统研究方法类比

数字、离散控制系统的研究主要方法有时域分析法和频域分析法。

（1）时域分析法：通过建立时间域中离散输入序列与离散输出序列之间逻辑关系的数学模型，建立 n 阶线性差分方程式并求解。

（2）频域分析法：以 Z 变换理论为基础，通过建立反映离散系统输入输出特性的脉冲传递函数，将连续控制系统的分析计算方法用于离散控制系统的分析计算。

线性离散控制系统和线性连续控制系统的研究方法类似，因此，可进行一些类比和分析以便借鉴使用，如表 12.1 所示。

表 12.1 线性连续控制系统与线性离散控制系统研究方法比较

系统类型 比较内容		线性连续控制系统	线性离散控制系统
数学描述		线性微分方程	线性差分方程
变换方法		拉普拉斯变换	离散拉普拉斯变换或 Z 变换
瞬态响应		与闭环极点和零点在 S 平面分布有关	与闭环极点和零点在 Z 平面分布有关
稳定充要条件		闭环极点全部位于 S 平面的左半部	闭环极点全部位于 Z 平面以原点为圆心的单位圆内
传递函数		$G_c(s) = \dfrac{Y(s)}{R(s)}$	$G_c(z) = \dfrac{Y(z)}{R(z)}$
过渡函数		设脉冲响应函数为 $h(t)$，输入函数为 $r(t)$，则输出函数为 $y(t)=h(t) \cdot r(t)$	设脉冲响应函数为 $h(kT)$，输入函数为 $r(kT)$，则输出函数为 $y(kT)=h(kT) \cdot r(kT)$
频率法	频率特性	$G_o(s)\big|_{s=j\omega} \to G_o(j\omega)$	$G_o(z)\big|_{z=e^{j\omega T}} \to G_o(e^{j\omega T})$
	对数频率特性	$20\lg\|G_o(j\omega)\| \sim \lg\omega$ $\varphi(\omega) \sim \lg\omega$	$G_o(z)\big|_{z=\frac{1+jv}{1-jv}} \to G_o(jv)$ $20\lg\|G_o(jv)\| \sim \lg v,\ \varphi(v) \sim \lg v$
根轨迹法	幅值条件	$\|G_o(s)\| = 1$	$\|G_o(z)\| = 1$
	相角条件	$\angle G_o(s) = \pm 180° + i \cdot 360°$ $(i = 0,1,2,3,\cdots)$	$\angle G_o(z) = \pm 180° + i \cdot 360°$ $(i = 0,1,2,3,\cdots)$
	绘制法则	在 S 平面上绘制	在 Z 平面上绘制，绘制法则与线性连续控制系统类似
状态空间法	状态空间表达式	$\dot{x}(t) = Ax(t) + Bu(t)$ $y(t) = Cx(t) + Du(t)$	$x(kT+T) = Fx(kT) + Gu(kT)$ $y(kT) = Cx(kT) + Du(kT)$
	传递矩阵	$G(s) = H(s) = C[sI-A]^{-1}B + D$	$G(z) = H(z) = C[zI-F]^{-1}G + D$
	特征方程	$\|sI - A\| = 0$	$\|zI - A\| = 0$
状态空间法	状态方程求解	$x(t) = e^{At}x(0) + \displaystyle\int_0^t e^{A(t-\tau)}Bu(\tau)\,d\tau$ $x(t) = L^{-1}[(sI-A)^{-1}]x(0) + L^{-1}[(sI-A)^{-1}BU(s)]$	$x(kT) = F^k x(0) + \displaystyle\sum_{j=0}^{k-1} F^{k-j-1}Gu(jT)$ $x(kT) = Z^{-1}[(zI-F)^{-1}zx(0)] + Z^{-1}[(zI-F)^{-1}GU(z)]$
	稳定充要条件	在 S 平面上绘制	在 Z 平面上绘制，绘制法则与线性连续控制系统类似

12.3.2 MATLAB 中的离散控制系统相关的函数

在控制系统中的大部分适用于连续系统的 MATLAB 函数，在离散控制系统中都有对应，通常以字母 d 开头，其用法与格式与连续控制系统几乎相同。例如，用来求取离散控制系统的单位阶跃响应和单位冲激响应的函数 dstep 和 dimpulse，它们的调用格式与连续系统中的函数 step 和 impulse 类似，可以通过 help 命令来查看帮助自学。

离散控制系统中常用的一些函数及对应的连续系统中的函数如表 12.2 所示。

表 12.2　常用的离散控制系统中的函数及相应连续系统中的函数

描述模型特性相关的函数		
函数功能	离散控制系统中的函数	连续系统中的函数
阻尼系数和固有频率	ddamp	damp
稳态（直流）增益	ddcgain	dcgain
相对于白噪声的协方差响应	dcovar	covar
可控性和可观性	dgram	gram
时域响应相关的函数		
函数功能	离散控制系统中的函数	连续系统中的函数
冲激响应	dimpulse	impulse
零输入响应	dinitial	initial
任意输入下的仿真	dlsim	lsim
阶跃响应	dstep	step
在网格上画根轨迹	zgrid	sgrid
频域响应相关的函数		
函数功能	离散控制系统中的函数	连续系统中的函数
绘制 Bode 图	dbode	bode
绘制 Nichols 图	dnichols	nichols
绘制 Nyquist 图	dnyquist	nyquist

12.4　Z 变换

大多数离散控制系统可以用线性离散系统的数学模型来描述，对于线性时不变离散系统，人们习惯用线性定常系数差分方程或脉冲传递函数来表示。线性差分方程的解法主要包括迭代法、古典法和变换法。迭代法和古典法的解法比较麻烦，变换法能把复杂的计算变换成简单的代数运算。

Z 变换方法就是一种常用的变换法，在求解差分方程式时，采用 Z 变换能使求解变得十分简便。Z 变换是分析设计离散系统的重要工具之一，它在离散系统中的作用与拉氏变换在连续系统中的作用是相似的。

MATLAB 提供了符号运算工具箱，可方便地进行 Z 变换和 Z 反变换，进行 Z 变换的函数是 ztrans，进行 Z 反变换的函数是 iztrans。这部分内容在 2.7 节进行了详细讲述，此处不再赘述。

12.4.1　离散信号的 Z 变换

1．Z 变换定义

设连续时间函数 $f(t)$ 可进行拉氏变换，其拉氏变换为 $F(s)$。连续时间函数 $f(t)$ 经采样周期为 T 的采样开关后，变成离散信号 $f^*(t)$，用数学模型表示为

$$f^*(t) = f(t)\sum_{k=0}^{\infty}\delta(t-kT) = \sum_{k=0}^{\infty}f(kT)\delta(t-kT) \qquad (12\text{-}8)$$

对式（12-8）进行拉氏变换，得

$$F^*(s) = \sum_{k=0}^{\infty}f(kT)\mathrm{e}^{-kTs} \qquad (12\text{-}9)$$

上式中各项均含有 e^{-kTs} 因子，复变函数 $-kTs$ 在指数中，且 e^{-kTs} 是超越函数，因此计算很不方便。

可令 $z = \mathrm{e}^{Ts}$，其中 T 为采样周期，z 是复数平面上定义的一个复变量，通常称为 Z 变换算子，可表示为

$$z = \mathrm{e}^{Ts} \Rightarrow s = \frac{1}{T}\ln z \qquad (12\text{-}10)$$

则得到以 z 为自变量的函数 $F(z)$

$$F(z) = \sum_{k=0}^{\infty}f(kT)z^{-k} \qquad (12\text{-}11)$$

$F(z)$ 是复变量 z 的函数，它表示成一个无穷级数。如果此级数收敛，则序列的 Z 变换存在。序列 $\{f(kT), k = 0, 1, 2, \cdots\}$ 的 Z 变换存在的条件是式（12-11）所定义的级数收敛，以及 $\lim\limits_{N\to\infty}\sum\limits_{k=0}^{N}f(kT)z^{-k}$ 存在。

若式（12-11）所示级数收敛，则称 $F(z)$ 是 $f^*(t)$ 的 Z 变换，记为

$$Z(f^*(t)) = F(z) \qquad (12\text{-}12)$$

$F^*(s) = \dfrac{1}{T}\sum\limits_{n=-\infty}^{\infty}F[s+\mathrm{j}n\omega_s]$ 与 $F(z) = \sum\limits_{k=0}^{\infty}f(kT)z^{-k}$ 是相互补充的两种变换形式，前者表示 S 平面上的函数关系，后者表示 Z 平面上的函数关系。

$F(z) = \sum\limits_{k=0}^{\infty}f(kT)z^{-k}$ 所表示的 Z 变换只适用于离散函数，或者说只能表征连续函数在采样时刻的特性，而不能反映其在采样时刻之间的特性。通常称 $F(z)$ 是 $f(t)$ 的 Z 变换，指的是经过采样后 $f^*(t)$ 的 Z 变换。采样函数 $f^*(t)$ 所对应的 Z 变换是唯一的，反之亦然。但是，一个离散函数 $f^*(t)$ 所对应的连续函数却不是唯一的，而是有无穷多个。从这个意义上来说，连续时间函数 $f(t)$ 与相应的离散时间函数 $f^*(t)$ 具有相同的 Z 变换，即

$$Z[f(t)] = Z[f^*(t)] = F(z) = \sum_{k=0}^{\infty}f(kT)z^{-k} \qquad (12\text{-}13)$$

2．Z 变换性质定理

Z 变换有一些基本定理，可以使 Z 变换的应用变得简单方便。常用的定理有初值定理、终值定理和卷积定理。

（1）初值定理：如果 $f(t)$ 的 Z 变换为 $F(z)$，且 $F(z)$ 存在，则 $f(0) = \lim\limits_{z \to \infty} F(z)$。

（2）终值定理：如果 $f(t)$ 的 Z 变换为 $F(z)$，而 $(1-z^{-1})F(z)$ 在 Z 平面以原点为圆心的单位圆上和圆外没有极点，则 $\lim\limits_{t \to \infty} f(t) = \lim\limits_{t \to \infty} f(nT) = \lim\limits_{z \to 1}(1-z^{-1})F(z) = \lim\limits_{z \to 1}(z-1)F(z)$。

（3）卷积定理：如果 $x_{\mathrm{c}}(nT) = \sum\limits_{i=0}^{n} g\big[(n-i)T\big]x_{\mathrm{r}}(iT)$，其中 $n=0, 1, 2, \cdots$ 为正整数，且满足：当 $n = -1, -2, \cdots$ 时，$x_{\mathrm{c}}(nT) = 0$，$g(nT) = 0$，$x_{\mathrm{r}}(nT) = 0$，则卷积定理可表示为

$$x_{\mathrm{c}}(z) = W(z)x_{\mathrm{r}}(z) \tag{12-14}$$

式中，$W(z) = Z\{g(nT)\}$，$X_{\mathrm{r}}(z) = Z\{x_{\mathrm{r}}(nT)\}$。

常用的 Z 变换性质有线性性、滞后性、超前性和位移性，如表 12.3 所示。

表 12.3　常用的 Z 变换性质

性质 \ 函数	原函数 $f(t)$	象函数 $F(z)$
线性性	$af_1(t) + bf_2(t)$，a、b 为实数	$aF_1(z) + bF_2(z)$
滞后性	$f(t-nT)$	$z^{-n}F(z)$ $(T \geqslant 0)$
超前性	$f(t+nT)$	$z^{n}F(z) - z^{n}\sum\limits_{m=0}^{n-1} f(mT)z^{-m}$
位移性	$\mathrm{e}^{\pm at} f(t)$	$F(z\mathrm{e}^{\mp aT})$

12.4.2　Z 变换与 Z 反变换常用方法

1. Z 变换常用方法

求离散时间函数 Z 变换有多种方法，下面讲述三种常用的 Z 变换方法。

（1）部分分式法。设连续函数 $f(t)$ 的拉氏变换式为有理函数 $F(s)$，$F(s)$ 可以展开成部分分式的形式。

$$F(s) = \sum_{i=1}^{n} \frac{A_i}{s - p_i}$$

式中，p_i 为 $F(s)$ 的极点，A_i 为常系数。

$\dfrac{A_i}{s - p_i}$ 对应的时间函数为 $A_i\mathrm{e}^{p_i t}$，其 Z 变换为

$$Z[A_i\mathrm{e}^{p_i t}] = A_i \frac{z}{z - \mathrm{e}^{p_i T}}$$

则 $f(t)$ 的 Z 变换为

$$F(z) = \sum_{i=1}^{n} A_i \frac{z}{z - \mathrm{e}^{p_i T}}$$

利用部分分式法进行 Z 变换时，应先求出已知连续时间函数 $f(t)$ 的拉氏变换 $F(s)$，然后将有理分式函数 $F(s)$ 展开成部分分式之和的形式，最后求出（或查表得到）每一项相应的 Z 变换。

（2）级数求和法。根据 Z 变换定义，由离散函数 $f^*(t) = f(t)\sum_{k=0}^{\infty}\delta(t-kT) = \sum_{k=0}^{\infty}f(kT)\delta(t-kT)$

及其反变换 $F^*(s) = \sum_{k=0}^{\infty}f(kT)e^{-kTs}$ ，可得

$$F(z) = \sum_{k=0}^{\infty}f(kT)z^{-k} = f(0) + f(T)z^{-1} + f(2T)z^{-2} + \cdots + f(kT)z^{-k} + \cdots \qquad （12\text{-}15）$$

式（12-15）是离散函数 Z 变换的一种表达形式。只要已知连续函数在采样时刻 $kT(k = 0,1,2,\cdots)$ 的采样值，便可求取离散函数 Z 变换的级数展开式。对常用离散函数的 Z 变换应写成级数的求和形式。

通过级数求和法求取已知函数 Z 变换的缺点在于需要将无穷级数写成和式，这在某些情况下要求具有很高的技巧。但函数 Z 变换的无穷级数形式具有鲜明的物理含义，这又是 Z 变换无穷级数表达形式的优点。

Z 变换本身便包含着时间概念，可由函数 Z 变换的无穷级数形式清楚地看出原连续函数采样脉冲序列的分布情况。

（3）留数法。如果已知连续信号 $f(t)$ 的拉氏变换 $F(s)$ 及它的全部极点，则可用下列留数计算公式求取 $F(z)$。

$$F(z) = \sum_{i=1}^{n}\operatorname*{Res}_{s=s_i}\left[F(s)\frac{z}{z-e^{Ts}}\right]$$

函数 $F(s)\dfrac{z}{z-e^{Ts}}$ 在极点处的留数计算方法如下。

若 s_i 为单极点，则

$$\operatorname{Res}\left[F(s)\frac{z}{z-e^{Ts}}\right]_{s\to s_i} = \lim_{s\to s_i}\left[(s-s_i)F(s)\frac{z}{z-e^{Ts}}\right]$$

若 $F(s)\dfrac{z}{z-e^{Ts}}$ 有 r_i 重极点 s_i，则

$$\frac{d^{r_i-1}\left[(s-s_i)^{r_i}F(s)\dfrac{z}{z-e^{Ts}}\right]}{ds^{r_i-1}}\operatorname{Res}\left[F(s)\frac{z}{z-e^{Ts}}\right]_{s\to s_i} = \frac{1}{(r_i-1)!}\lim_{s\to s_i}$$

2. Z 反变换常用方法

与拉氏反变换类似，Z 反变换可表示为 $Z^{-1}[(F(z)] = f(kT)$ ，下面介绍三种常用的 Z 反变换法。

（1）综合除法。这种方法是用 $F(z)$ 的分母除分子。求出 z^{-1} 按升幂排列的级数展开式，然后用反变换求出相应的采样函数的脉冲序列。

$F(z)$ 可表示为

$$F(z) = \frac{b_0 + b_1 z^{-1} + b_2 z^{-2} + \cdots + b_m z^{-m}}{1 + a_1 z^{-1} + a_2 z^{-2} + \cdots + a_n z^{-n}}, \quad m \leqslant n \qquad (12\text{-}16)$$

式中，a_i、b_j 均为常系数。

通过对式（12-16）直接做综合除法，可得按 z^{-1} 升幂排列的幂级数展开式。如果得到的无穷级数是收敛的，则按 Z 变换定义可知上式中的系数 $f_k(k = 0,1,\cdots)$ 就是采样脉冲序列 $f^*(t)$ 的脉冲强度 $f(kT)$。

这样就可直接写出 $f^*(t)$ 的脉冲序列表达式为 $f^*(t) = \sum_{k=0}^{\infty} f_k \delta(t - kT)$，它就是要求通过 Z 反变换得到的离散信号 $f^*(t)$。

使用综合除法有几点要注意。

① 在进行综合除法之前，必须先将 $F(z)$ 的分子、分母多项式按 z 的降幂形式排列。

② 实际应用中，常常只需计算有限的几项就够了，因此用综合除法计算 $f^*(t)$ 最简便，这是它的优点之一。

③ 要从一组 $f(kT)$ 值中求出通项表达式，通常是比较困难的。

（2）部分分式展开法。在 Z 变换表中，所有 Z 变换函数 $F(z)$ 在其分子上都普遍含有因子 z，所以应将 $\dfrac{F(z)}{z}$ 展开为部分分式，然后将所得结果每一项都乘以 z，即得 $F(z)$ 的部分分式展开式。

（3）留数计算法。根据 Z 变换定义有 $F(z) = \sum_{k=0}^{\infty} f(kT) z^{-k}$，根据柯西留数定理有 $f(kT) = \sum_{i=1}^{n} \text{Res}[F(z) z^{k-1}]_{z \to z_i}$，式中 $\text{Res}[F(z) z^{k-1}]_{z \to z_i}$ 表示 $F(z) z^{k-1}$ 在极点 z_i 处的留数。

函数 $F(z) z^{k-1}$ 在极点处的留数计算方法如下。

若 z_i 为单极点，则

$$\text{Res}[F(z) z^{k-1}]_{z \to z_i} = \lim_{z \to z_i}[(z - z_i) F(z) z^{k-1}]$$

若 $F(z) z^{k-1}$ 有 r_i 阶重极点，则

$$\text{Res}[F(z) z^{k-1}]_{z \to z_i} = \frac{1}{(r_i - 1)!} \lim_{z \to z_i} \frac{\mathrm{d}^{r_i - 1}[(z - z_i)^{r_i} F(z) z^{k-1}]}{\mathrm{d}z^{r_i - 1}}$$

常用时间函数的 Z 变换如表 12.4 所示，供在进行相应函数 Z 变换时查阅。

表 12.4　常用函数 Z 变换表

时域函数 $y(t)$	拉氏变换函数 $Y(s)$	Z 变换函数 $Y(z)$
$\delta(t)$	1	1
$\delta(t - kT)$	e^{-kTs}	z^{-k}
$1(t)$	$\dfrac{1}{s}$	$\dfrac{z}{z-1}$

续表

时域函数 $y(t)$	拉氏变换函数 $Y(s)$	Z 变换函数 $Y(z)$
t	$\dfrac{1}{s^2}$	$\dfrac{Tz}{(z-1)^2}$
$\dfrac{t^2}{2}$	$\dfrac{1}{s^3}$	$\dfrac{T^2 z(z+1)}{2(z-1)^3}$
$\dfrac{t^3}{3!}$	$\dfrac{1}{s^4}$	$\dfrac{T^3(z^2+4z+1)}{6(z-1)^4}$
e^{-at}	$\dfrac{1}{s+a}$	$\dfrac{z}{z-e^{-aT}}$
te^{-at}	$\dfrac{1}{(s+a)^2}$	$\dfrac{Te^{-aT}z}{(z-e^{-aT})^2}$
$1-e^{-at}$	$\dfrac{a}{s(s+a)}$	$\dfrac{z(1-e^{-aT})}{(z-1)(z-e^{-aT})}$
$\sin(\omega t)$	$\dfrac{\omega}{s^2+\omega^2}$	$\dfrac{z\sin(\omega T)}{z^2-2z\cos(\omega T)+1}$
$\cos(\omega t)$	$\dfrac{s}{s^2+\omega^2}$	$\dfrac{z^2-z\cos(\omega T)}{z^2-2z\cos(\omega T)+1}$
$e^{-at}\sin(\omega t)$	$\dfrac{\omega}{(s+a)^2+\omega^2}$	$\dfrac{ze^{-aT}\sin(\omega T)}{z^2-2ze^{-aT}\cos(\omega T)+e^{-2aT}}$
$e^{-at}\cos(\omega t)$	$\dfrac{s+a}{(s+a)^2+\omega^2}$	$\dfrac{z^2-ze^{-aT}\cos(\omega T)}{z^2-2ze^{-aT}\cos(\omega T)+e^{-2aT}}$

12.5　离散控制系统数学模型

  要对一个线性离散系统或近似线性离散系统进行分析和设计，首先需要建立相应的系统模型，解决数学描述和分析工具问题。

  可用时域数学模型和频域数学模型对线性离散系统进行描述，频域数学模型主要是差分方程，频域数学模型主要是脉冲传递函数。

12.5.1　离散系统时域数学模型

  对于一般的线性定常离散系统，如图 12.5 所示，k 时刻的输出 $y(k)$ 不但与 k 时刻的输入 $x(k)$ 有关，而且与 k 时刻以前的输入 $x(k-1), x(k-2)\cdots$ 有关，同时还与 k 时刻以前的输出 $y(k-1), y(k-2)\cdots$ 有关。这种关系可以用下列差分方程描述。

$$y(kT)+a_1 y(kT-T)+a_2 y(kT-2T)+\cdots+a_{n-1}y(kT-nT+T)+a_n y(kT-nT)$$
$$=b_0 r(kT)+b_1 r(kT-T)+b_2 r(kT-2T)+\cdots+b_{m-1}r(kT-mT+T)+b_m r(kT-mT)$$

上式可表示为

$$y(kT)=\sum_{i=0}^{m}b_i r(kT-iT)-\sum_{i=1}^{n}a_i y(kT-iT)$$

式中，a 和 b 为常数，$m<n$，$k=0, 1, 2, \cdots$，称为 n 阶线性常系数差分方程，它在数学上代表一个线性定常离散系统。

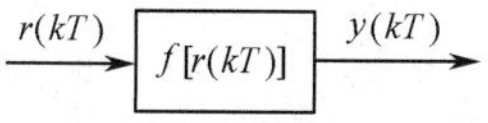

图 12.5　线性离散系统模型

差分方程的解法常用方法有迭代法和 Z 变换法，迭代法非常简单，此处不再赘述。

Z 变换法的实质是利用 Z 变换的实数位移定理，将差分方程化为以 z 为变量的代数方程，然后进行 Z 反变换，求出各采样时刻的响应。

Z 变换法的具体步骤是：

（1）对差分方程进行 Z 变换。

（2）解出方程中输出量的 Z 变换 $Y(z)$。

（3）求 $Y(z)$ 的 Z 反变换，得差分方程的解 $y(k)$。

【例 12-1】　已知一个离散线性系统的差分方程描述为

$$y(k+3) - 2.7y(k+2) + 2.42y(k+1) - 0.72y(k) = 0.1r(k+2) + 0.03r(k+1) - 0.07r(k)$$

试建立系统的传递函数，显示对象的属性，提取分子和分母多项式，并提取零极点和增益。

解：在零初始条件下，对差分方程进行 Z 变换，得到系统的传递函数，有

$$G(z) = \frac{0.1z^2 + 0.03z - 0.07}{z^3 - 2.7z^2 + 2.42z - 0.72}$$

由于系统未指明采样周期，使用命令 tf 时，它的第 3 个参数应选为 "–1"，表示采样周期 T 未知；如果 T 已知，第 3 个参数则用 T 值来代替；如果第 3 个参数完全省略了，则表示系统是连续的或非离散的。

MATLAB 程序代码如下。

```
numG=[0.1,0.03,-0.07]; denG=[1,-2.7,2.42,-0.72];  G=tf(numG, denG, -1)
                                %建立传递函数模型
get(G)                          %获得模型属性
[nn, dd]=tfdata(G, 'v')         %提取分子和分母多项式
[zz, pp, kk]=zpkdata(G, 'v')    %提取对象的零极点和增益
pzmap(G)                        %画零极点图
```

MATLAB 命令将建立 $G(z)$ 作为传递函数对象，显示其所有的当前属性，创建两个包括分子、分母多项式系统的列向量 nn 和 dd，并画出零极点图形显示于图 12.6 中，系统的极点是 $p_{1,2,3} = 0.8, 0.9, 1.0$，零点是 $z_{1,2} = 0.7, -1.0$，增益是 0.1。

程序运行结果如下。

```
Transfer function:
   0.1 z^2 + 0.03 z - 0.07
 ----------------------------
z^3 - 2.7 z^2 + 2.42 z - 0.72
nn=       0     0.1000    0.0300    -0.0700    %分子多项式
dd=  1.0000    -2.7000    2.4200    -0.7200    %分母多项式
%系统的零极点和增益
```

```
zz =-1.0000
     0.7000
pp =1.0000
     0.9000
     0.8000
kk=0.1000
```

输出图形如图 12.6 所示。

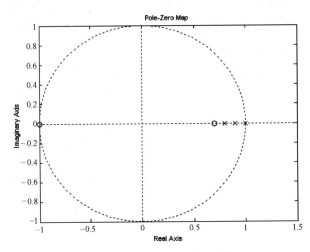

图 12.6　例 12-1 的零极点图

12.5.2　离散系统频域数学模型

在线性连续系统中，将初始条件为零时系统（或环节）输出信号的拉氏变换与输入信号的拉氏变换之比定义为传递函数，并用它来描述系统（或环节）的特性。

与此相似，在线性离散系统中，将初始条件为零时系统（或环节）的输出信号 Z 变换与输入信号的 Z 变换之比定义为脉冲传递函数，又称为 Z 传递函数。脉冲传递函数是离散系统的一个重要概念，是分析离散系统的有力工具。

1. 脉冲传递函数定义

在零初始条件下，线性定常离散系统的离散输出信号 Z 变换与离散输入信号 Z 变换之比称为该系统的脉冲传递函数（或 Z 传递函数），即

$$G(z) = \frac{Y(z)}{X(z)} \tag{12-17}$$

应该指出，多数实际采样系统的输出信号是连续信号，如图 12.7 所示。在这种情况下，可以在输出端虚设一个采样开关，并设它与输入采样开关以相同的采样周期 T 同步工作，这样就可以沿用脉冲传递函数的概念。

现分析一个孤立的单位脉冲函数 $\delta(t)$ 加在线性对象 $G(s)$ 上的情况。

由于 $\delta(t)$ 的拉氏变换等于 1，所以输出量的拉氏变换为 $y(s) = G(s)$，进一步有 $y(s) = L^{-1}[G(s)]$。习惯上将脉冲响应函数用 $g(t)$ 表示，即 $g(t) = L^{-1}[G(s)]$。

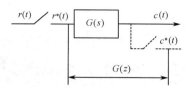

图 12.7　采样系统脉冲传递函数

如果在 $G(s)$ 上加的是 $\delta(t-a)$，即延迟到 a 时刻才将脉冲函数加上，那么输出信号也自然地延迟一段时间 a，而成为 $g(t-a)$。

再研究一系列脉冲依次作用到 $G(s)$ 上的情况。脉冲序列 $x^*(t)$ 可以表示成

$$x^*(t) = x(0)\delta(t) + x(T)\delta(t-T) + x(2T)\delta(t-2T) + \cdots \tag{12-18}$$

为了求解输出量在各个采样时刻的值，先计算各段时间内的 $y(t)$。

在 $0 \leqslant t < T$ 时间内，实际起作用的只有 $t=0$ 时刻加入的那一个脉冲，其余各个脉冲尚未加入。因此在这段时间内的输出量是 $y(t) = x(0)g(t)$，将 $t=0$ 代入上式得 $y(0) = x(0)g(0)$。

在 $T \leqslant t < 2T$ 时间内，$y(t) = x(0)g(t) + x(T)g(t-T)$，将 $t=T$ 代入上式得 $y(T) = x(0)g(t) + x(T)g(0)$，以此类推，可得出输出在各个采样时刻的值 $y(kT), (k = 0,1,2,\cdots)$。

于是 $y(t)$ 的 Z 变换为

$$
\begin{aligned}
Y(z) &= \sum_{k=0}^{\infty} y(kT)z^{-k} = y(0)z^0 + y(T)z^{-1} + y(2T)z^{-2} + \cdots \\
&= x(0)g(0) + [x(0)g(T) + x(T)g(0)]z^{-1} \\
&= x(0)[g(0) + g(T)z^{-1} + g(2T)z^{-2} + \cdots] \\
&\quad + x(T)[g(0)z^{-1} + g(T)z^{-2} + g(2t)z^{-3} + \cdots] \\
&\quad + x(2T)[g(0)z^{-2} + g(T)z^{-3} + \cdots] + \cdots \\
&= x(0)[g(0) + g(T)z^{-1} + g(2T)z^{-2} + \cdots] \\
&\quad + x(T)z^{-1}[g(0) + g(T)z^{-1} + g(2T)z^{-2} + \cdots] \\
&\quad + x(2T)z^{-2}[g(0) + g(T)z^{-1} + \cdots] + \cdots \\
&= [g(0) + g(T)z^{-1} + g(2T)z^{-2} + \cdots][x(0) + x(T)z^{-1} + x(2T)z^{-2} + \cdots] \\
&= \sum_{k=0}^{\infty} g(kT)z^{-k} \cdot \sum_{k=0}^{\infty} x(kT)z^{-k} = G(z)X(z)
\end{aligned}
\tag{12-19}
$$

2. 脉冲传递函数求解

连续系统或元件的脉冲传递函数 $G(z)$ 可以通过其传递函数 $G(s)$ 来求取。

方法是：先求 $G(s)$ 的拉氏反变换，得到脉冲过渡函数 $g(t)$，再将 $g(t)$ 按采样周期离散化，得到加权序列 $g(nT)$，最后将 $g(nT)$ 进行 Z 变换，得出 $G(z)$。这一过程比较复杂，通常可根据 Z 变换表，直接从 $G(s)$ 得到 $G(z)$，而不必逐步推导。

若已知系统的差分方程，则可对方程两端进行 Z 变换，应用 $G(z) = \dfrac{Y(z)}{X(z)}$ 求解。

（1）采样拉氏变换的两个重要性质。

① 采样函数的拉氏变换具有周期性，即 $G^*(s) = G^*(s + jk\omega_s)$。

② 若采样函数的拉氏变换与连续函数的拉氏变换相乘后再离散化，则可以从离散符号中提出来，即 $[G(s)E^*(s)]^* = G^*(s)E^*(s)$。

（2）开环脉冲传递函数。采样系统在开环状态下有两种不同的结构形式，分别如图 12.8 和图 12.9 所示。

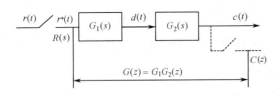

图 12.8　中间没有采样开关的两个环节串联

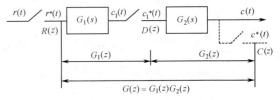

图 12.9　中间有采样开关的两个环节串联

串联环节之间有、无采样器时的脉冲传递函数分别为

$$G(z) = \frac{Y(z)}{X(z)} = G_1(z)G_2(z) , \qquad G(z) = \frac{Y(z)}{X(z)} = G_1G_2(z)$$

可以看出，被采样开关分隔的两个线性环节串联时，其脉冲传递函数等于这两环节的脉冲传递函数之积。这个结论可以推广到有 n 个环节串联而各相邻环节之间都有采样开关分离的情形。无采样开关分隔的两个线性环节串联时，其脉冲传递函数等于这两个环节传递函数之积的 Z 变换。显然，这一结论也可以推广到有 n 个环节直接串联的情况，但环节之间存在与不存在采样开关时的脉冲传递函数是不相同的。

（3）带有零阶保持器的开环系统脉冲传递函数。设有如图 12.10 所示的带零阶保持器的开环系统，经简单变换为如图 12.11 所示的等效的开环系统。

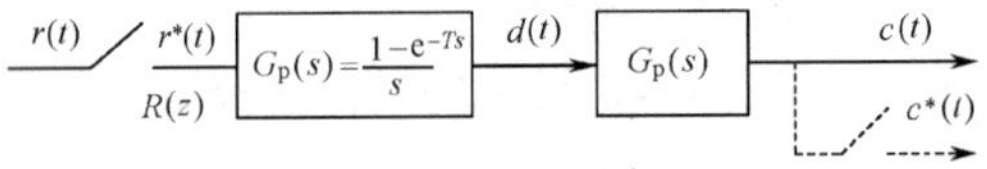

图 12.10　带零阶保持器的开环系统

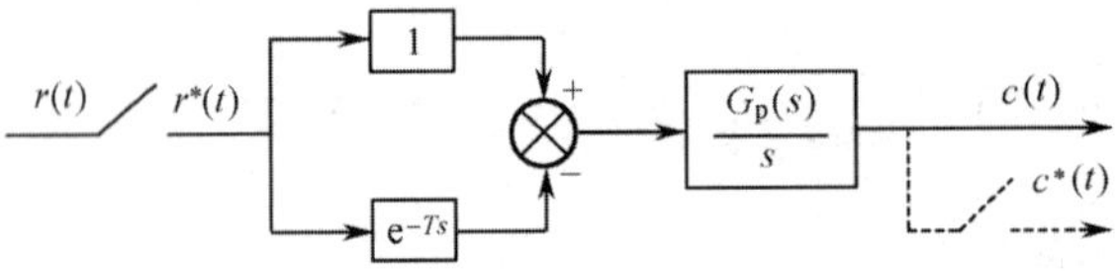

图 12.11　带有零阶保持器的开环系统等效图

根据实数位移定理及采样拉氏变换性质，可得 $Y(s) = \left[\dfrac{G_p(s)}{s} - e^{-Ts} \dfrac{G_p(s)}{s} \right] X^*(s)$，其 Z 变换式为 $Y(z) = Z\left[\dfrac{G_p(s)}{s} \right] X(z) - z^{-1} Z\left[\dfrac{G_p(s)}{s} \right] X(z)$。

于是，有零阶保持器时，开环系统脉冲传递函数为 $G(z) = \dfrac{Y(z)}{X(z)} = (1 - z^{-1}) Z\left[\dfrac{G_p(s)}{s} \right]$。

（4）采样系统的闭环脉冲传递函数。在采样系统中，由于设置采样器方式是多种多样的，所以闭环系统的结构形式也不是统一的。图 12.12 是比较常见的系统结构图，图中输入端和输出端的采样开关是为了便于分析而虚设的。

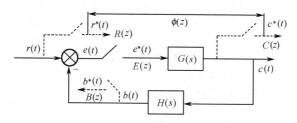

图 12.12　采样闭环系统结构示意图

系统闭环脉冲传递函数

$$\Phi(z) = \frac{Y(z)}{R(z)} = \frac{G(z)}{1 + HG(z)}$$

系统闭环误差脉冲传递函数

$$\Phi_e(z) = \frac{E(z)}{R(z)} = \frac{1}{1 + HG(z)}$$

与连续系统类似，令 $\Phi(z)$ 或 $\Phi_e(z)$ 的分母多项式为零，便可得到离散系统的特征方程为

$$D(z) = 1 + HG(z) = 0$$

需要指出，离散闭环系统脉冲传递函数不能从 $\Phi(z)$ 和 $\Phi_e(z)$ 求 Z 变换得来，即

$$\Phi(z) \neq Z[\Phi(s)], \quad \Phi_e(z) \neq Z[\Phi_e(s)]$$

通过与上面类似的方法可以导出采样器为不同配置形式的其他闭环系统脉冲传递函数。但只要误差信号 $e(t)$ 处没有采样开关，则输入采样信号 $r^*(t)$ 就不存在，此时不能写出闭环系统对于输入量的脉冲传递函数，而只能求出输出采样信号的 Z 变换函数 $Y(z)$ 或 $C(z)$。

对于采样开关在闭环系统中具有各种配置的闭环离散系统结构图，以及其输出采样信号 Z 变换函数 $Y(z)$，此处不再赘述。

MATLAB 提供了连续系统和离散系统相互转换的函数，如表 12.5 所示。

表 12.5　连续系统模型与离散系统模型转换函数

函　　数	调 用 格 式	函 数 说 明
c2d	sysd=c2d(sysc, Ts, 'method')	连续时间 LTI 系统模型转换成离散时间系统模型
d2c	sysc=d2c(sysd, , 'method')	离散时间 LTI 系统模型转换成连续时间系统模型
d2d	sys=d2d(sysd, Ts)	离散时间系统模型转换成新的 Ts 离散时间系统模型

在表 12.5 中，d 表示离散系统（discrete）；c 表示连续系统（continuous）；2 表示 to（转换成的含义，在其他函数中也经常这样使用）；Ts 表示采样周期，单位为 s。

表 12.5 函数中的"method"表示转换是选用的变换方法，基本含义如表 12.6 所示，其中，默认的方式是"zoh"。

表 12.6　选项"method"的功能说明

选　项	功　能　说　明	选　项	功　能　说　明
'zoh'	对输入信号加零阶保持器	'tustin'	双线性变换方法
'foh'	对输入信号加一阶保持器	'prewarp'	预先转折变换方法，即改进的双线性变换方法
'imp'	脉冲不变变换方法	'matched'	零极点匹配变换方法

【例 12-2】　已知一个连续线性系统如图 12.13 所示，对象模型 $G_p(s) = \dfrac{1}{s(s+1)}$，试用零阶保持器方法、一阶保持器方法、双线性变换方法和根匹配方法将此连续系统离散化，其中采样周期 $T_s = 0.1\,\text{s}$。

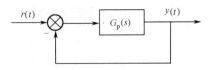

图 12.13　例 12-2 的连续系统结构图

解： MATLAB 程序代码如下。

```
num=[1];  den=[1 1 0];  Gs=tf(num, den)    %建立连续系统传递函数模型
Ts=0.1                                      %采样周期
Gd1=c2d(Gs, Ts, 'zoh')                      %采用零阶保持方法进行系统变换
Gd2=c2d(Gs, Ts, 'foh')                      %采用一阶保持方法进行系统变换
Gd3=c2d(Gs, Ts, 'tustin')                   %采用双线性变换方法进行系统变换
Gd4=c2d(Gs, Ts, 'matched')                  %采用零极点匹配变换方法进行系统变换
```

运行结果如下。

```
Transfer function:                          %零阶保持方法
0.004837 z + 0.004679
----------------------
z^2 - 1.905 z + 0.9048

Sampling time: 0.1
Transfer function:                          %一阶保持方法
0.001626 z^2 + 0.006344 z + 0.001547
------------------------------------
     z^2 - 1.905 z + 0.9048
Sampling time: 0.1
Transfer function:                          %双线性变换方法
0.002381 z^2 + 0.004762 z + 0.002381
------------------------------------
     z^2 - 1.905 z + 0.9048
Sampling time: 0.1
Transfer function:                          %根匹配变换方法
0.005004 z + 0.005004
----------------------
z^2 - 1.905 z + 0.9048
Sampling time: 0.1
```

【**例 12-3**】　已知一个连续线性系统如图 12.14 所示，对象模型 $G_1(s) = \dfrac{2}{s(s+30)}$，

$G_2(s) = \dfrac{10}{s^2+6s+5}$，采样周期 $T_s = 0.1\,\mathrm{s}$，试求系统的脉冲闭环传递函数。

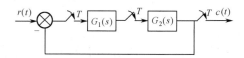

图 12.14　例 12-3 系统结构图

解： MATLAB 程序代码如下。

```
Ts=0.1                                  %采样周期
num1=[2];   den1=[1, 30, 0];  G1c=tf(num1, den1)
num2=[10];  den2=[1, 6, 5];   G2c=tf(num2, den2)
G1d=c2d(G1c, Ts)                        %采用零阶保持方法进行系统变换
G2d=c2d(G2c, Ts)                        %采用零阶保持方法进行系统变换
Gd=G1d*G2d;   GHd=feedback(Gd, 1)       %建立闭环系统模型
```

运行结果如下。

```
Transfer function:                      %G1(s)的传递函数
    2
----------
s^2 + 30 s
Transfer function:                      %G2(s)的传递函数

    10
------------
s^2 + 6 s + 5
Transfer function:                      %G1(s)转换后的z传递函数
 0.004555 z + 0.00178
----------------------
z^2 - 1.05 z + 0.04979
Sampling time: 0.1
Transfer function:                      %G2(s)转换后的z传递函数
 0.04117 z + 0.03372
----------------------
z^2 - 1.511 z + 0.5488
Sampling time: 0.1
Transfer function:                      %开环系统的z传递函数
    0.0001875 z^2 + 0.0002268 z + 6e-005
-------------------------------------------------
z^4 - 2.561 z^3 + 2.185 z^2 - 0.6514 z + 0.02732
Sampling time: 0.1
Transfer function:                      %闭环系统的z传递函数
    0.0001875 z^2 + 0.0002268 z + 6e-005
-------------------------------------------------
z^4 - 2.561 z^3 + 2.185 z^2 - 0.6512 z + 0.02738
Sampling time: 0.1
```

12.6　离散控制系统性能分析

12.6.1　稳定性分析

在线性连续系统中，根据特征方程的根在 S 平面的位置判别系统的稳定性。若系统特征方程的所有根都在 S 平面左半平面，则系统稳定。对线性离散系统进行了 Z 变换以后，对系统的分析要采用 Z 平面，因此需要弄清这两个复平面之间的相互关系。

1. S 平面到 Z 平面的映射关系

S 平面到 Z 平面的映射关系式为 $z = e^{Ts}$，其中，s 是复变量，也可写成 $s = \sigma + j\omega$，所以 z 也是复变量，即 $z = e^{Ts} = e^{T\sigma}e^{j\omega T}$。

极坐标形式为：$z = |z|e^{j\theta}$，其中，$|z| = e^{T\sigma}$，$\theta = \omega T$。

因此，从上式的关系可得到 Z 平面的稳定条件，如表 12.7 所示。

表 12.7　Z 平面稳定条件

在 S 平面内	系 统 状 态	在 Z 平面内
$\sigma_i > 0$	系统不稳定	$|z_i| > 1$
$\sigma_i = 0$	系统临界稳定	$|z_i| = 1$
$\sigma_i < 0$	系统稳定	$|z_i| < 1$

由此可见，S 平面的左半平面对应于 Z 平面以原点为圆心的单位圆内，S 平面的虚轴映射为 Z 平面的单位圆边界，如果 12.15 所示。

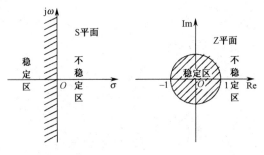

图 12.15　S 平面和 Z 平面的稳定区域

应当指出，如同分析连续系统的稳定性一样，用解特征方程根的方法来判别高阶采样系统的稳定性是很不方便的。因此，需要采用一些比较实用的判别系统稳定性的方法，其中比较常用的代数判据是劳斯判据。

2. 离散控制系统稳定性判据

离散控制系统闭环稳定的充分条件是：闭环脉冲传递函数的全部极点均位于单位圆内。因此判断离散控制系统稳定性的最直接的方法是计算闭环特征方程的根，然后根据根的位置来确定系统的绝对稳定性。

劳斯判据是判断连续系统是否稳定的一种简单的代数判据。由于连续系统和离散系统的稳定区不同，所以在离散控制系统中不能直接应用劳斯判据，必须进行变换。基于双线性变换和劳斯判据的方法能用来判断离散控制系统的稳定性。

该方法是将离散控制系统用双线性变换将 Z 平面单位圆内的点映射到 W 平面的左半平面，然后用劳斯判据判别系统的稳定性。

复变函数双线性变换公式为

$$z = \frac{w+1}{w-1}$$

其中 w 是复变量，可写成

$$w = \sigma_{\mathrm{w}} + \mathrm{j}\omega_{\mathrm{w}} \quad \text{或} \quad w = \frac{z-1}{z+1}$$

这样，Z 平面单位圆内部就变换到 W 平面的左半平面，它可以从几何上和数学上加以证明，此处从略。

因此稳定的条件就变为

$$|z| < 1 \rightarrow |z| = \left| \frac{w+1}{w-1} \right| = \left| \frac{\sigma_{\mathrm{w}} + \mathrm{j}\omega_{\mathrm{w}} + 1}{\sigma_{\mathrm{w}} + \mathrm{j}\omega_{\mathrm{w}} - 1} \right| < 1$$

即 $\dfrac{(\sigma_{\mathrm{w}}+1)^2 + \omega_{\mathrm{w}}^2}{(\sigma_{\mathrm{w}}-1)^2 + \omega_{\mathrm{w}}^2} < 1$。化简得 $\sigma_{\mathrm{w}} < 0$。

12.6.2　静态误差分析

在离散控制系统中，稳态误差系数的计算和线性连续系统中的类似，下面以单位反馈采样系统为例介绍系统的稳态误差系数。

设单位反馈采样系统如图 12.16 所示，其开环脉冲传递函数为 $G(z)$。

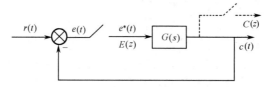

图 12.16　单位反馈采样系统

采样系统的稳态误差既可从输出信号在各采样时刻的数值 $c(nT)$ $(n = 0,1,2,\cdots,\infty)$ 中得到，也可以从过渡过程曲线 $c^*(t)$ 中求取，还可以应用 Z 变换的终值定理来计算。

系统的闭环传递函数 $Y(z) = \Phi(z)R(z)$，其中 $\Phi(z) = \dfrac{G(z)}{1+G(z)}$。

系统误差为

$$E(z) = R(z) - Y(z) = R(z) - \frac{G(z)}{1+G(z)}R(z) = \frac{1}{1+G(z)}R(z) = \Phi_{\mathrm{e}}(z)R(z)$$

利用 Z 变换的终值定理求的瞬时稳态误差为

$$e(\infty) = \lim_{t \to \infty} e^*(t) = \lim_{z \to 1}(z-1)E(z) = \lim_{z \to 1}\frac{(z-1)R(z)}{1+G(z)}$$

可以看出，系统的稳态误差 $e(\infty)$ 与 $G(z)$ 及输入信号的形式有关。

由于 $z = e^{Ts}$，原线性连续系统开环传递函数 $G(s)$ 在 $s=0$ 处极点的个数 v 作为划分系统型别的标准，可推广为将离散系统开环脉冲传递函数 $G(z)$ 在 $z=1$ 处极点的数目 v 作为离散系统的型别，将 $v=0$、1、2 的系统分别称为 0 型、I 型、II 型离散系统。

下面是几种典型输入条件下的稳态误差。

1. 单位阶跃输入时的稳态误差

把单位阶跃函数的 Z 变换式代入 $e(\infty)$ 的表达式，得到单位阶跃输入时的稳态误差为

$$e(\infty) = \lim_{z \to 1}(z-1)E(z) = \lim_{z \to 1}\frac{(z-1)}{1+G(z)}\cdot\frac{z}{z-1} = \frac{1}{\lim_{z \to 1}[1+G(z)]} = \frac{1}{k_p}$$

式中，$k_p = \lim_{z \to 1}[1+G(z)]$，称为静态位置误差系数。

对 0 型离散系统（没有 $z=1$ 的极点），$k_p \neq \infty$，从而 $e(\infty) \neq 0$；对 I 型、II 型以上的离散系统（有一个或一个以上 $z=1$ 的极点），$k_p = \infty$，从而 $e(\infty) = 0$。

因此，在单位阶跃函数作用下，0 型离散系统在采样瞬时存在位置误差；I 型或 II 型以上的离散系统在采样瞬时没有位置误差，这与连续系统十分相似。

2. 单位斜坡输入时的稳态误差

把单位阶跃函数的 Z 变换式代入式（12-69），得到单位阶跃输入时的稳态误差为

$$e(\infty) = \lim_{z \to 1}(z-1)E(z) = \lim_{z \to 1}\frac{(z-1)}{1+G(z)}\cdot\frac{Tz}{(z-1)^2} = \frac{T}{\lim_{z \to 1}[(z-1)G(z)]} = \frac{T}{k_v}$$

式中，$k_v = \lim_{z \to 1}[(z-1)G(z)]$，称为静态速度误差系数。

因为 0 型系统的 $k_v = 0$，I 型系统的为有限值，II 型和 II 型以上系统的为无限值，所以有如下结论：0 型离散系统不能承受单位斜坡函数作用；I 型离散系统在单位斜坡函数作用下存在速度误差；II 型和 II 型以上离散系统在单位斜坡函数作用下不存在稳态误差。

3. 单位加速度输入时的稳态误差

把单位阶跃函数的 Z 变换式代入 $e(\infty)$ 的表达式，得到单位阶跃输入时的稳态误差为

$$e(\infty) = \lim_{z \to 1}(z-1)E(z) = \lim_{z \to 1}\frac{(z-1)}{1+G(z)}\cdot\frac{T^2 z(z+1)}{2(z-1)^3} = \frac{T^2}{\lim_{z \to 1}[(z-1)^2 G(z)]} = \frac{T^2}{k_a}$$

式中，$k_a = \lim_{z \to 1}[(z-1)^2 G(z)]$，称为静态加速度误差系数，当然，上式也是系统的稳态位置误差，因此也称为加速度误差。

由于 0 型及 I 型系统的 $K_a = 0$，II 型系统的为常值，III 型及 III 型以上系统的 $K_a = \infty$，

因此有如下结论：0 型及 I 型离散系统不能承受单位加速度函数作用；II 型离散系统在单位加速度函数作用于下存在加速度误差；只有 III 型及 III 型以上的离散系统在单位加速度函数作用下，才不存在采样瞬时的稳态位置误差。

三种类型系统的误差系数归结如表 12.8 所示。

表 12.8　三种类型系统的误差系数表

系 统 类 型	位 置 误 差	速 度 误 差	加速度误差
0 型系统	$\dfrac{1}{k_\mathrm{p}}$	∞	∞
I 型系统	0	$\dfrac{1}{k_\mathrm{v}}$	∞
II 型系统	0	0	$\dfrac{1}{k_\mathrm{a}}$

12.6.3　动态特性分析

在线性连续系统中，闭环传递函数零、极点在 S 平面的分布对系统的暂态响应有非常大的影响。与此类似，采样系统的暂态响应与闭环脉冲传递函数零、极点在 Z 平面的分布也有密切的关系。

设闭环系统的脉冲传递函数为

$$\Phi(z) = \frac{M(z)}{N(z)} = \frac{b_0 z^m + b_1 z^{m-1} + b_2 z^{m-2} + \cdots + b_{m-1} z + b_m}{a_0 z^n + a_1 z^{n-1} + a_2 z^{n-2} + \cdots + a_{n-1} z + a_n}$$

式中，$m<n$。为便于分析，设其无重极点（极点分别为 p_1，p_2，$\cdots$，p_n）。

采样系统的单位阶跃响应为 $Y(z) = \Phi(z) R(z)$，其中 $R(z) = z/(z-1)$，则 $Y(z)$ 可写成

$$Y(z) = A_0 \frac{z}{z-1} + \sum_{i=1}^{n} A_i \frac{z}{z-p_i}$$

式中，A_i 为留数，通过 Z 反变换导出输出信号的脉冲序列 $y^*(t)$ 在技术上并无困难。

可求得

$$y(kT) = A_0(1) + \sum_{i=1}^{n} A_i p_i^{\,k}$$

式中，第一项为系统输出的稳态分量，第二项为输出的暂态分量。显然，随着极点在 Z 平面位置的变化，它所对应的暂态分量也不同。

1. 实轴上有闭环单极点

设闭环极点 p_i 为正实数，p_i 对应的暂态项为 $y_i^*(t) = Z^{-1}\left[A_i \dfrac{z}{z-p_i} \right]$。

$p_i > 0$ 时，$y_i(kT) = A_i p_i^{\,k} = A_i \mathrm{e}^{akT}$，动态过程为按指数规律变化脉冲序列。$p_i < 0$ 时，$y_i(kT) = A_i p_i^{\,k}$，动态过程为交替变号的双向脉冲序列。

闭环实极点分布与相应动态响应形式的关系，如图 12.17 所示，从图 12.17 中可以看出：

（1）当闭环实数极点位于右半 Z 平面，则输出动态响应形式为单向正脉冲序列。实极点位于单位圆内，脉冲序列收敛，且实极点越接近原点，收敛越快；实极点位于单位圆上，脉冲序列等幅变化；实极点位于单位圆外，脉冲序列发散。

（2）若闭环实数极点为于左半 Z 平面，则输出动态响应形式为双向交替脉冲序列。实极点位于单位圆内，双向脉冲序列收敛；实极点位于单位圆上，双向脉冲序列等幅变化；实极点位于单位圆外，双向脉冲序列发散。

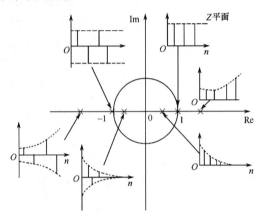

图 12.17　实极点与动态响应的关系

2．闭环共轭复极点

设 p_h 和 $p_{h+1} = |p_h| e^{\pm j\omega_k}$ 为一对共轭复数极点，则 p_h 和 p_{h+1} 对应的暂态项为

$$y*(t) = Z^{-1}\left[A_k \frac{z}{z-p_k} + A_{k+1} \frac{z}{z-p_{k+1}} \right],$$

$$y_k(nT) = 2|A_k| e^{anT} \cos(n\omega T + \varphi_k)$$

式中，$a = \dfrac{1}{T}\ln|p_k|$，$\omega = \theta_k / T$，$0 < \theta_k < \pi$。

若 $|p_h| > 1$，则闭环复数极点位于 Z 平面上的单位圆外，动态响应为振荡脉冲序列。

若 $|p_h| = 1$，则闭环复数极点位于 Z 平面上的单位圆上，动态响应为等幅振荡脉冲序列。

若 $|p_h| < 1$，则闭环复数极点位于 Z 平面上的单位圆内，动态响应为振荡收敛脉冲序列，且模越小，即复极点越靠近原点，振荡收敛越快。

闭环复数极点分布与相应动态响应形式的关系，如图 12.18 所示。从图 12.18 中可以看出，闭环脉冲传递函数的极点在 Z 平面上的位置决定相应暂态分量的性质和特点。

（1）当闭环极点位于单位圆内时，其对应的暂态分量是衰减的，极点离原点越近衰减越快。

（2）当闭环极点位于正实轴上时，暂态分量按指数衰减，一对共扼复数极点的暂态分量为振荡衰减，其角频率为 θ_k / T。

（3）当闭环极点位于负实轴上时，暂态分量也出现衰减振荡，其振荡角频率为 π/T。

因此，为了使采样系统具有较为满意的暂态响应，其 z 传递函数的极点最好分布在单位圆内的右半部靠近原点的位置。在线性连续系统中采用的，根据一对主导极点分析系统暂态响应的方法，也可以推广到采样系统。

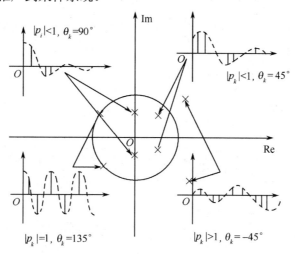

图 12.18　复极点分布与响应的关系

12.6.4　MATLAB/Simulink 在离散系统性能分析中的应用

在 MATLAB 中，提供了用于求离散系统时域响应和频域响应的函数，分别如表 12.9 和表 12.10 所示。

表 12.9　离散系统时域响应函数

函 数 名	调 用 格 式	功 能 说 明
dstep	dstep(dnum, dden, n) y=dstep(dnum, dden, n)	求离散系统单位阶跃响应
dimpulse	dimpulse(dnum, dden, n) y=dimpulse(dnum, dden, n)	求离散系统单位脉冲响应
dlsim	dlsim(dnum, dden, u) y=dlsim(dnum, dden, u)	求离散系统在输入 u 下的响应

注：n 为采样次数，u 为输入函数。

表 12.10　离散系统频域响应函数

函 数 名	调 用 格 式	功 能 说 明
dbode	dbode(dnum, dden, Ts, w) [mag, phase, w]=dbode(dnum, dden, Ts, w)	离散 Bode 图
dnyquist	dnyquist (dnum, dden, Ts, w) [re, im, w]=dnyquist (dnum, dden, Ts, w)	离散 Nyquist 图
dnichols	dnichols (dnum, dden, Ts, w) [re, im, w]=dnichols (dnum, dden, Ts, w)	离散 Nichols 图
margin	margin(dsys) [Gm, Pm, Wcg, Wcp]=margin(dsys)	离散 Bode 图，显示频域性能参数

注：Ts 为采样周期；mag 为幅值向量；phase 为相交向量；Gm 为增益裕量；Pm 为相角裕量；re 为 Nyquist 图或 Nychols 图实部向量；im 为 Nyquist 图或 Nychols 图虚部向量。

离散时间 LTI 系统频域分析方法主要有 3 种：Bode 图（开环对数幅频/相频特性曲线）法、Nyquist 曲线（开环频率特性 $G(j\omega)$ 的极坐标图）法，以及 Nichols 图（开环对数幅相图）法。表 12.10 列出了离散系统的频域分析函数。

下面通过几个实例，具体讲述 MATLAB/Simulink 在离散系统性能分析中的应用。

【例 12-4】 已知 $G_o(z) = \dfrac{K(0.368z + 0.264)}{z^2 - 1.368z + 0.368}$ ，（$T=1$），试用劳斯判据确定离散系统稳定的 K 值范围。

解：首先进行 w 变换，代入 $z = \left.\dfrac{1 + \dfrac{Tw}{2}}{1 - \dfrac{Tw}{2}}\right|_{T=1} = \dfrac{1 + 0.5w}{1 - 0.5w}$ ，得

$$G_o(w) = \frac{K(-0.038w^2 - 0.368w + 0.924)}{w(w + 0.924)}$$

由 $1 + G_o(w) = 0$ 导出特征方程式为

$$(1 - 0.038)w^2 + (0.924 - 0.368K)w + 0.924K = 0$$

列出劳斯表，可以求出离散系统稳定的 K 值范围为 $0 < K < 2.394$ 。

【例 12-5】 使用 MATLAB 画出离散系统 $H(z) = \dfrac{2z^2 - 3.4z + 1.5}{z^2 - 1.6z + 0.8}$ 的带栅格线的根轨迹图。

解：MATLAB 程序代码如下。

```
num=[2, -3.4, 1.5]; den=[1, -1.6, 0.8];      %传递函数分子、分母多项式系数行向量
axis('equal')                                %对两个轴用统一的比例尺度
zgrid('new')                                 %绘制出由等阻尼系数与自然振荡角频率组
                                             %成的栅格线
rlocus(num, den)                             %绘制根轨迹图
title('带栅格线的离散系统的根轨迹图')          %添加图标题
```

程序运行后得到如图 12.19 所示的根轨迹图。

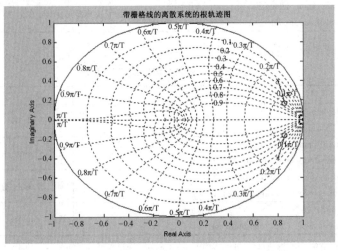

图 12.19 例 12-5 带栅格线的离散系统根轨迹

【例 12-6】　给定系统闭环传递函数为 $G(z) = \dfrac{z^3 - 1.3z^2 + 1.22z + 0.51}{z^4 + 0.522z^3 + 0.4z^2 + 0.0086z - 0.3915}$，

$T = 0.5$，试绘制其零极点图，并判断此系统的稳定性。

解： MATLAB 程序代码如下。

```
num=[1,-1.3,1.22,0.51]; den=[1,0.522,0.4,0.0086,-0.3915];
G=tf(num,den,0.5);
pzmap(G);
axis([-1.2,1.2,-1.2,1.2]);
axis equal;
```

程序运行后得到如图 12.20 所示的根轨迹图。

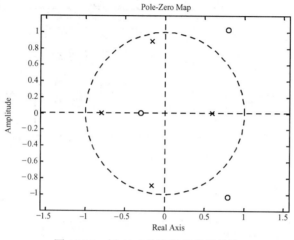

图 12.20　例 12-6 的离散系统根轨迹

从根轨迹图上可以看出，闭环传递函数的所有极点都在单位圆内部，闭环系统稳定。

【例 12-7】　设采样控制系统的开环脉冲传递函数为 $G(z) = \dfrac{KT^2(z+1)}{2(z-1)^2}$，$T=1$，试用根轨迹方法说明，对任意 K 闭环系统都是不稳定的。

解： MATLAB 程序代码如下。

```
num=[1,1]; den=2*conv([1,-1], [1,-1]);
G=tf(num,den,1);
rlocus(G)
axis equal;
```

程序运行后得到如图 12.21 所示的根轨迹图。

由系统根轨迹图可知，根轨迹并不穿过 Z 平面的单位圆区域，即所有的闭环极点都在单位圆外，此闭环系统始终不稳定。

【例 12-8】　已知一个离散线性系统如图 12.22 所示，其中采样周期 $T_s = 1\,\text{s}$，对象模型 $G_p(s) = \dfrac{K}{s(s+1)}$，零阶保持器 $G_o(s) = \dfrac{1 - e^{-T_s s}}{s}$，试求开环增益的稳定范围。

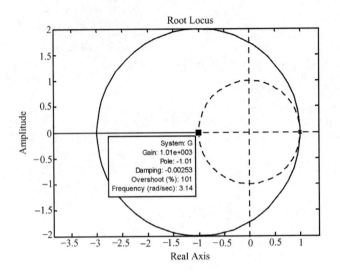

图 12.21　例 12-7 的离散系统根轨迹

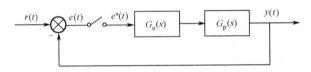

图 12.22　离散系统结构图

解： 开环系统的传递函数

$$\frac{Y(s)}{E^*(s)} = G_o(s)G_p(s) = G(s) = \frac{K(1 - e^{-T_s s})}{s^2(s+1)}$$

对开环传递函数进行 Z 变换，并将 $T_s = 1\,\mathrm{s}$ 代入，得

$$G(z) = \frac{K(0.3678z + 0.2644)}{z^2 - 1.3678z + 0.3678}$$

闭环 Z 传递函数 $T(z)$ 的极点是特征方程 $q(z) = [1 + G(z)] = 0$ 的根，因此

$$q(z) = 1 + G(z) = z^2 - 1.3678z + 0.3678 + K(0.3678z + 0.2644)$$

MATLAB 程序代码如下。

```
num=[0.3678, 0.2644]; den=[1, -1.3678, 0.3678]; sys=tf(num, den, -1)
rlocus(sys)                         %绘制根轨迹
[k, poles]=rlocfind(sys)            %选择根轨迹上的点
```

用鼠标单击根轨迹与单位圆的交点，输出如下。

```
Transfer function:
  0.3678 z + 0.2644
--------------------
z^2 - 1.368 z + 0.3678
Sampling time: unspecified
Select a point in the graphics window
selected_point=  0.2494 + 0.9736i
```

```
k=      2.3874
poles=    0.2449 + 0.9691i
          0.2449 − 0.9691i
>> abs(poles)                          %计算极点的模
ans=    0.9995
          0.9995
```

从输出结果可近似得到临界稳定的根轨迹图，根据根轨迹图可得系统稳定的 K 值范围。输出的根轨迹如图 12.23 所示。

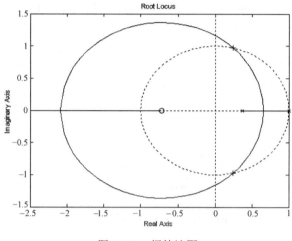

图 12.23　根轨迹图

在离散系统根轨迹图上，虚线表示的是单位圆，从根轨迹的走向，以及与单位圆的交点可以大致判断系统的稳定性。

本例中，一个极点位于单位圆上，另一个位于单位圆中，因此系统在 $K=0$ 时是稳定的；随着 K 值的增大，两条根轨迹离开单位圆，系统变得不稳定；随着 K 值继续增大，虽然有一个极点落在单位圆内，但另一个极点趋向实轴的无穷远处，系统是不稳定的。所以 K 值的稳定范围是从 0 开始的一段区间。

从图 12.23 上可以看出，使系统稳定的 K 值的稳定范围略为 $0 < K < 2.39$。

【例 12-9】　已知一个离散线性系统如图 12.24 所示，对象模型 $G_p(s) = \dfrac{2}{s(s+1)}$ ，$G_o(s)$ 为保持器，$R(t)$ 为单位阶跃输入，试求：

（1）当 $G_o(s)$ 为零阶保持器时，采样周期 $T_s = 0.1\,\text{s}, 1\,\text{s}, 2\,\text{s}$ 时系统的输出。

（2）当采样周期 $T_s = 1\,\text{s}$ 时，保持器为零阶保持器和一阶保持器时系统的输出。

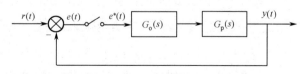

图 12.24　离散系统结构图

解： 此题可利用 Simulink 中的模型离散化工具 Model Discretizer 来实现系统在不同采样周期条件下的响应，其操作步骤如下。

（1）打开 Simulink，建立系统系统模型，如图 12.25 所示。

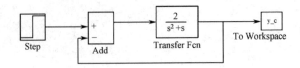

图 12.25　例 12-9 连续系统的 Simulink 仿真图

（2）选择 Model Discretizer 工具，其路径是 Tools→Control Design→Model Discretizer，如图 12.26 所示。

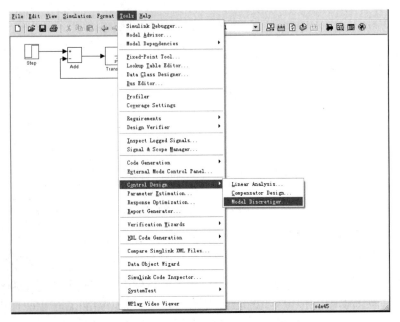

图 12.26　进入 Model Discretizer 的菜单

（3）打开 Model Discretizer 工具，如图 12.27 所示。在 Transform method 的下拉选项中选定 Z 变换的方法，这些方法有 zoh、foh、imp、tustin、prewarp 和 matched，它们的含义在前面已做介绍；在 Sample time 中输入采样周期；在 Replace current selection with 的下拉选项中选定变换后的模型参数显示，显示的方式有 Discrete blocks（Enter parameters in s-domain）（模型框显示原连续系统的参数）、Discrete blocks（Enter parameters in z-domain）（模型框显示变换后的离散系统的参数）、Configurable subsystem（Enter parameters in s-domain）（子系统显示原连续系统的参数）和 Configurable subsystem（Enter parameters in z-domain）（子系统显示变换后的离散系统的参数）；最后单击图标 实现模型的转换，变换后的模型如图 12.28 所示。

在本例中，依次按照上述步骤进行模型转换，可方便地求得不同变换条件下系统的输出。

（4）在 Transform method 的下拉选项中选定 zoh，在 Sample time 中输入 0.1，在 Replace current selection with 的下拉选项中选定 Discrete blocks（Enter parameters in z-domain）进行转换后并仿真，系统输出如图 12.29 所示。它是系统采用零阶保持器时，采样周期 $T_s = 0.1\,\text{s}$ 离散后的系统输出。

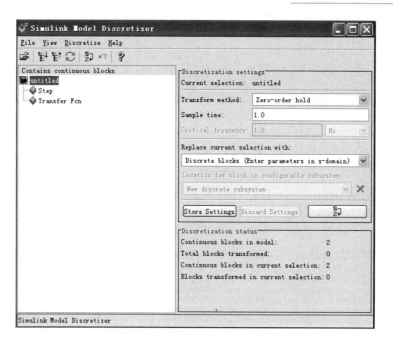

图 12.27 Model Discretizer 界面

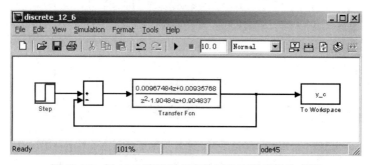

图 12.28 例 12-9 连续系统变换后的离散系统仿真图

用类似的方法得到系统采用零阶保持器时，采样周期 $T_s = 1\,\mathrm{s}$ 离散后的系统输出，如图 12.30 所示。

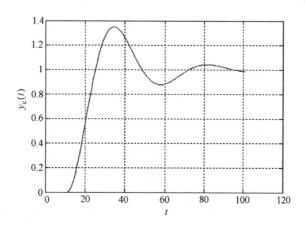

图 12.29 采用零阶保持器时，采样周期 $T_s = 0.1\,\mathrm{s}$ 离散后的系统输出

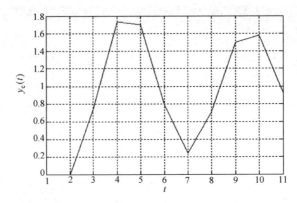

图 12.30　采用零阶保持器时，采样周期 $T_s = 1\,\mathrm{s}$ 离散后的系统输出

当系统采用零阶保持器时，采样周期 $T_s = 2\,\mathrm{s}$ 离散后的系统的输出如图 12.31 所示。

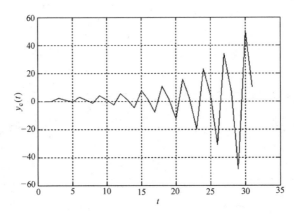

图 12.31　采用零阶保持器时，采样周期 $T_s = 2\,\mathrm{s}$ 离散后的系统输出

当系统采用一阶保持器时，采样周期 $T_s = 1\,\mathrm{s}$ 离散后的系统输出如图 12.32 所示。

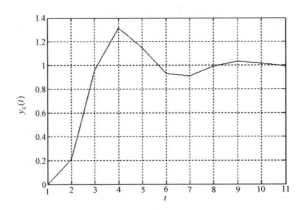

图 12.32　采用一阶保持器时，采样周期 $T_s = 1\,\mathrm{s}$ 离散后的系统输出

从以上结果可以看出，在同样的保持器下，随着采样周期的增大，系统稳定性能变差；而在同一采样周期条件下，采用一阶保持器变换的系统的动态特性比采用零阶保持器变换的系统要好。

【例 12-10】　若某控制系统结构如图 12.33 所示，其中 $D_1(z) = \dfrac{3.4z^{-1} - 1.5z^{-2}}{1 - 1.6z^{-1} + 0.8z^{-2}}$，$G_1$ 是

零阶保持器，$G_1(s) = \dfrac{1 - e^{-0.05s}}{s}$，$G_2(s) = \dfrac{0.25}{s^2 + 3s + 2}$，采样周期 $T_s = 0.05\,\text{s}$，试求系统开环和

闭环的 Z 传递函数以及 S 传递函数，当输入为单位阶跃函数时，试求其输出。

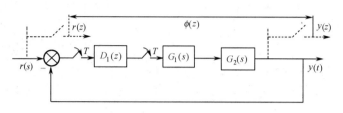

图 12.33　采样离散控制系统

解：求取系统开环和闭环 S 传递函数的程序代码如下。

```
dnum1=[3.4, -1.5]; dden1=[1, -1.6, 0.8];  Ts=0.05
sysd1=tf(dnum1, dden1, Ts)              %建立 z 传递函数模型
sysc1=d2c(sysd1, 'zoh')                 %z 传递函数模型转换成 S 传递函数模型
num2=[0.25]; den2=[1, 3, 2]; sys2=tf(num2, den2)
sysc2=sysc1*sys2;  sysbc=feedback(sysc2, 1)
[num, den]=tfdata(sysbc, 'v')           %提取闭环传递函数的分子和分母
p=roots(den)                            %求闭环系统特征根
```

运行结果如下。

```
Transfer function:                      %数字控制器脉冲传递函数
   3.4 z - 1.5
------------------
z^2 - 1.6 z + 0.8
Sampling time: 0.05
Transfer function:                      %数字控制器转换为 S 传递函数
  55.97 s + 864.2
---------------------
s^2 + 4.463 s + 90.97
Transfer function:                      %对象部分传递函数
    0.25
------------
s^2 + 3 s + 2
Transfer function:                      %系统开环传递函数
         13.99 s + 216
-------------------------------------------
s^4 + 7.463 s^3 + 106.4 s^2 + 281.8 s + 181.9
Transfer function:                      %系统闭环传递函数
         13.99 s + 216
-------------------------------------------
s^4 + 7.463 s^3 + 106.4 s^2 + 295.8 s + 398
%求出特征方程的根，根都在 S 平面左半部，可见系统是稳定的
```

```
p=  -2.1667 + 9.1429i
    -2.1667 - 9.1429i
    -1.5647 + 1.4351i
    -1.5647 - 1.4351i
```

求取系统开环和闭环 Z 传递函数程序代码如下。

```
dnum1=[3.4, -1.5]; dden1=[1, -1.6, 0.8];  Ts=0.05
sysd1=tf(dnum1, dden1, Ts)
num2=[0.25]; den2=[1, 3, 2]; sys2=tf(num2, den2)
sysd2=c2d(sys2, Ts, 'zoh')            %s 传递函数模型转换成 Z 传递函数模型
sysd=sysd1*sysd2;  sysbd=feedback(sysd, 1)
[dnum, dden]=tfdata(sysbd, 'v')       %提取闭环传递函数的分子和分母
pd=roots(dden)                        %求闭环系统特征根
t=0:0.05:5
y=dstep(dnum, dden, t)                %求闭环系统的单位阶跃响应
stem(t, y)                            %棒图显示响应曲线
xlabel('t'); ylabel('y')
grid
```

运行结果如下。

```
Transfer function:              %数字控制器脉冲传递函数
   3.4 z - 1.5
----------------
z^2 - 1.6 z + 0.8
Sampling time: 0.05
Transfer function:              %对象部分传递函数
   0.25
-------------
s^2 + 3 s + 2
Transfer function:              %对象部分传递函数转换成 Z 传递函数
0.0002973 z + 0.0002828
------------------------
z^2 - 1.856 z + 0.8607
Sampling time: 0.05
Transfer function:              %系统开环 Z 传递函数
  0.001011 z^2 + 0.0005156 z - 0.0004242
------------------------------------------
z^4 - 3.456 z^3 + 4.63 z^2 - 2.862 z + 0.6886
Sampling time: 0.05
Transfer function:              %系统闭环 Z 传递函数
   0.001011 z^2 + 0.0005156 z - 0.0004242
------------------------------------------
z^4 - 3.456 z^3 + 4.631 z^2 - 2.861 z + 0.6881
Sampling time: 0.05
%求出特征方程的根，根都在 Z 平面单位圆内，可见系统是稳定的
pd=   0.8030 + 0.3935i
      0.8030 - 0.3935i
      0.9250 + 0.0697i
      0.9250 - 0.0697i
```

程序输出的图形如 12.34 所示。

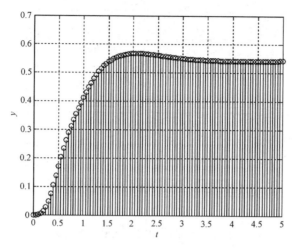

图 12.34　单位反馈采样系统

【例 12-11】　若某控制系统结构如图 12.35 所示，其中 $D_1(z) = \dfrac{3.4z^{-1} - 1.5z^{-2}}{1 - 1.6z^{-1} + 0.8z^{-2}}$，$G_1$ 是零阶保持器，$G_1(s) = \dfrac{1 - \mathrm{e}^{-0.05s}}{s}$，$G_2(s) = \dfrac{0.25}{s^2 + 3s + 2}$，采样周期 $T_s = 0.05\,\mathrm{s}$，试求系统频率特性参数，并绘制 Bode 图、Nyquist 图和 Nichols 图。

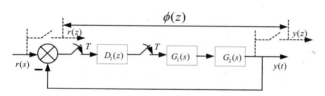

图 12.35　采样离散控制系统

解：求系统开环脉冲传递函数频率响应的程序代码如下。

```
dnum1=[3.4, -1.5]; dden1=[1, -1.6, 0.8]; Ts=0.05
sysd1=tf(dnum1, dden1, Ts)
num2=[0.25]; den2=[1, 3, 2]; sys2=tf(num2, den2)
sysd2=c2d(sys2, Ts, 'zoh')
sysd=sysd1*sysd2
[dnumc, ddenc]=tfdata(sysd, 'v')          %提取开环传递函数的零极点
 [Gm, Pm, Wcg, Wcp]=margin(sysd)          %求系统频率特性参数
margin(sysd); grid                        %绘制 Bode 图
w=0.01:0.01:100
figure(2); dnyquist(dnumc, ddenc, Ts, w); grid  %用 nyquist 函数绘制 Nyquist 图
figure(3); nichols(sysd) ; grid           %用 nichols 函数绘制 Nyquist 图
程序执行结果如下：
Gm=   10.8194
Pm=   133.7794
Wcg=    6.4303
Wcp=    0.5625
```

绘制的 Bode 图如图 12.36 所示。

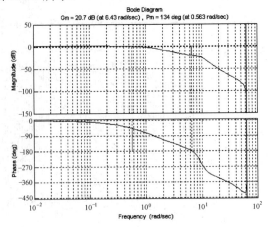

图 12.36 Bode 图及频率特性参数显示

绘制的 Nyquist 图如图 12.37 所示。

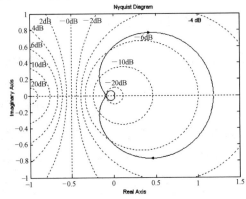

图 12.37 Nyquist 图

绘制的 Nichols 图如图 12.38 所示。

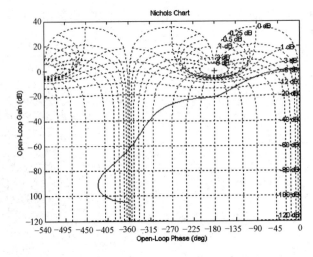

图 12.38 Nichols 图

12.7　综合实例及 MATLAB/Simulink 应用

下面通过一个综合实例，讲述 MATLAB/Simulink 在本章中的应用。

【例 12-12】　给定单位负反馈离散控制系统，其采样周期为 1 s，开环传递函数为 $G(s) = \dfrac{s+1}{s^2}$ 与零阶保持器 ZOH 串联；同时，开环增益为 K。求闭环系统稳定的条件，并且绘制 K 取不同值时闭环系统的阶跃响应曲线。

解：使用 MATLAB/Simulink 求解本题的基本步骤如下。

步骤 1　建立系统的数学模型。

首先，建立上述系统的数学模型，MATLAB 代码如下。

```
clc;                                      %清除屏幕显示
clear;                                    %清除工作空间中的所有变量
%建立控制系统的数学模型
Ts = 1;                                   %采样周期
num = [1,1];                              %传递函数分母多项式系数
den = [1,0,0];                            %传递函数分子多项式系数
sys_continue = tf(num,den)               %连续系统的传递函数
sys_discrete = c2d(sys_continue,Ts,'zoh') %离散系统的传递函数
sys_k = 1;                                %系统的开环增益
sys_open = sys_k * sys_discrete          %系统的开环传递函数
```

程序运行的结果为

```
%系统的开环传递函数
Transfer function:
 1.5 z - 0.5
 -------------
z^2 - 2 z + 1
Sampling time: 1
```

步骤 2　绘制系统的根轨迹。

欲确定使闭环系统稳定的 K 的范围，需要绘制上述离散控制系统的根轨迹图，找出根轨迹和单位圆的交点。程序代码如下。

```
%绘制离散控制系统的根轨迹图
figure(1);                                %开启新的绘图窗口
rlocus(sys_discrete);                     %绘制离散控制系统的根轨迹
```

运行结果如图 12.39 所示。

从图 12.39 中可以读到交点处的开环增益为 $K=0$，$K=2$；也就是说，使闭环系统稳定的 K 的范围是 $0 < K < 2$。为了验证这一结论，可以绘制系统的幅频特性曲线和 Nyquist 曲线，观察其稳定性。MATLAB 代码如下。

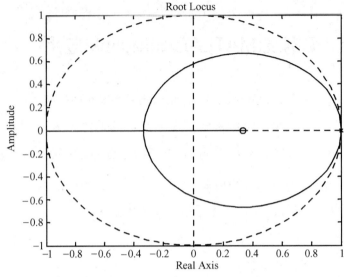

图 12.39　离散控制系统的根轨迹图

```
%K = 2 时系统的频率特性曲线
sys_k = 2;                                    %设定系统增益为 2
figure(2);                                    %开启新的图形窗口
margin(sys_k * sys_discrete);                 %绘制离散控制系统的 Bode 图
%K = 2 时系统的 Nyquist 曲线
figure(3);                                    %开启新的图形窗口
[dnum,dden] = tfdata(sys_k * sys_discrete,'v')   %提取开环传递函数的零极点
dnyquist(dnum, dden, Ts)                      %绘制离散控制系统的 Nyquist 曲线
grid on;                                      %显示网格线
```

程序运行的结果如图 12.40 和图 12.41 所示。

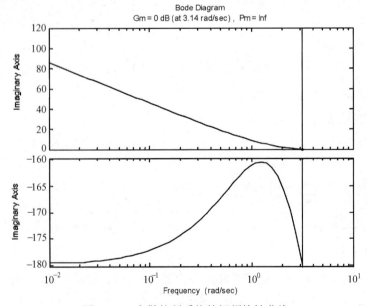

图 12.40　离散控制系统的幅频特性曲线

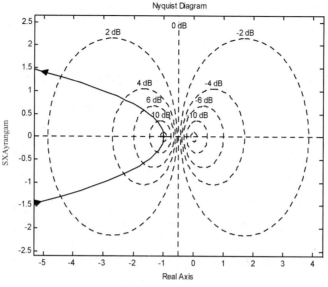

图 12.41　离散控制系统的 Nyquist 曲线

从图中不难看出，当 $K = 2$ 时，系统处于临界稳定状态。幅频特性曲线显示，此时相角裕量为 0，增益裕量为 0；Nyquist 曲线则恰好穿过（–1,0）点。可以确定，系统稳定时 K 的取值范围为（0,2）。

步骤 3　分析系统的阶跃响应。

给 K 赋不同的值（这里，令 K=1、2、3），观察相应的阶跃响应曲线，MATLAB 代码如下。

```
%K 取不同值时系统的阶跃响应曲线
sys_k = 1;                                      %设定系统增益为 1
figure(4);                                      %开启新的图形窗口
sys_close = feedback(sys_k * sys_discrete,1);   %计算闭环系统的传递函数
[dnumc,ddenc] = tfdata(sys_close,'v');          %提取闭环传递函数的零极点
dstep(dnumc,ddenc,25);                          %绘制闭环控制系统的阶跃响应曲线
sys_k = 2;                                      %设定系统增益为 2
figure(5);                                      %开启新的图形窗口
sys_close = feedback(sys_k * sys_discrete,1);   %计算闭环系统的传递函数
[dnumc,ddenc] = tfdata(sys_close,'v');          %提取闭环传递函数的零极点
dstep(dnumc,ddenc,25);                          %绘制闭环控制系统的阶跃响应曲线
sys_k = 3;                                      %设定系统增益为 3
figure(6);                                      %开启新的图形窗口
sys_close = feedback(sys_k * sys_discrete,1);   %计算闭环系统的传递函数
[dnumc,ddenc] = tfdata(sys_close,'v');          %提取闭环传递函数的零极点
dstep(dnumc,ddenc,25);                          %绘制闭环控制系统的阶跃响应曲线
```

程序运行的结果如图 12.42、图 12.43 和图 12.44 所示。

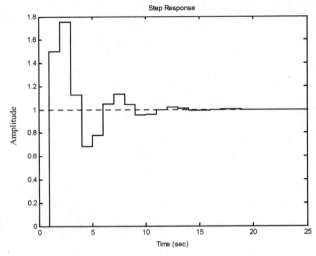

图 12.42　*K*=1 时闭环系统的阶跃响应曲线

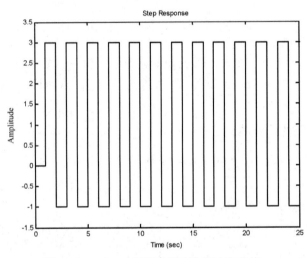

图 12.43　*K*=2 时闭环系统的阶跃响应曲线

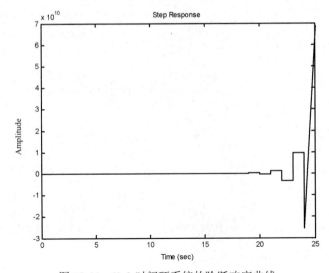

图 12.44　*K*=3 时闭环系统的阶跃响应曲线

　　从以上几幅图中不难看出，当 $K = 1$ 时，闭环系统稳定，阶跃响应曲线收敛，并且系统的静态误差为 0；当 $K = 2$ 时，闭环系统临界稳定，阶跃响应曲线等幅振荡；当 $K = 3$ 时，闭环系统不稳定，阶跃响应曲线很快发散。这与上面对 K 值的讨论结果是完全符合的。

　　步骤 4　分析采样周期对系统稳定性的影响。

　　进一步考察采样周期对系统稳定性的影响。取 $T_s = 0.5$ 和 $T_s = 2$，分别计算系统的阶跃响应，代码如下。

```
%考察采样周期对系统稳定性的影响
sys_k = 2;                                    %设定系统增益为2
figure(7);                                    %开启新的图形窗口
Ts = 0.5;                                     %设定采样周期为 0.5 s
sys_discrete = c2d(sys_continue,Ts,'zoh')     %计算离散系统的开环传递函数
sys_close = feedback(sys_k * sys_discrete,1); %计算离散系统的闭环传递函数
[dnumc,ddenc] = tfdata(sys_close,'v');        %提取闭环传递函数的零极点
dstep(dnumc,ddenc,25);                        %绘制闭环控制系统的阶跃响应曲线
sys_k = 2;                                    %设定系统增益为2
figure(8);                                    %开启新的图形窗口
Ts = 2;                                       %设定采样周期为 2 s
sys_discrete = c2d(sys_continue,Ts,'zoh')     %计算离散系统的开环传递函数
sys_close = feedback(sys_k * sys_discrete,1); %计算离散系统的闭环传递函数
[dnumc,ddenc] = tfdata(sys_close,'v');        %提取闭环传递函数的零极点
dstep(dnumc,ddenc,25);                        %绘制闭环控制系统的阶跃响应曲线
```

　　程序运行结果如图 12.45 和图 12.46 所示，结果显示，离散控制系统的稳定性不仅与开环增益有关，还与采样周期密切相关。原本临界稳定的系统，在缩短采样周期后变得稳定；加大采样周期则使得系统不稳定。理论计算表明，只有当 $KT < 2$ 时，题设中的离散控制系统才是稳定的。

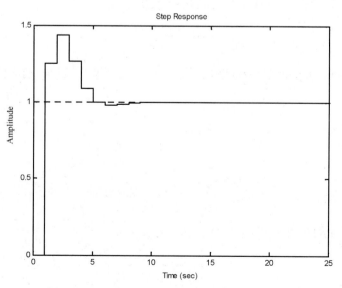

图 12.45　$T_s = 0.5, K = 2$ 时系统的阶跃响应曲线

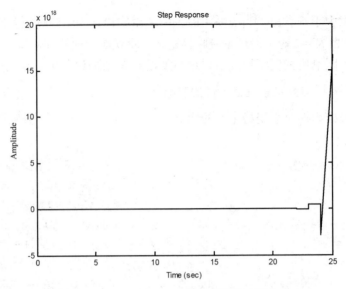

图 12.46 $T_s = 2, K = 2$ 时系统的阶跃响应曲线

习　　题

【12.1】　给定连续对象的传递函数为

$$G(s) = \frac{1}{s^2 + 1}$$

（1）利用 MATLAB 建立上述控制系统的传递函数模型。

（2）将得到的传递函数模型转化成离散的脉冲传递函数 $G(z)$。

【12.2】　给定离散控制系统的脉冲传递函数为

$$G(z) = \frac{1}{z - p}$$

利用 MATLAB 中的 dimpulse 命令绘制出以下几种情况下系统的脉冲响应曲线。

（1） $p = \pm 1$。

（2） $p = \pm 0.8$。

（3） $p = \pm 0.5$。

（4） $p = \pm 0.3$。

（5） $p = 0$。

【12.3】　给定离散控制系统的脉冲传递函数为

$$G(z) = \frac{1}{(z - p_1)(z - p_2)}$$

其中，p_1, p_2 是一对共轭极点。利用 MATLAB 中的 impulse 命令绘制以下几种情况下系统的脉冲响应曲线。

（1）$p_{1,2} = -0.8 \pm 0.6\mathrm{i}$。

（2）$p_{1,2} = 0.8 \pm 0.6\mathrm{i}$。

（3）$p_{1,2} = -0.8$。

（4）$p_{1,2} = 0.8$。

（5）$p_{1,2} = -0.5 \pm 0.866\mathrm{i}$。

（6）$p_{1,2} = 0.5 \pm 0.866\mathrm{i}$。

（7）$p_{1,2} = -0.5 \pm 0.4\mathrm{i}$。

（8）$p_{1,2} = 0.5 \pm 0.4\mathrm{i}$。

（9）$p_{1,2} = \pm 1\mathrm{i}$。

【12.4】　利用 MATLAB 中的 dstep 命令绘制习题 12.3 几种情况下的阶跃响应曲线。

【12.5】　某离散控制系统结构如图 12.A 所示。

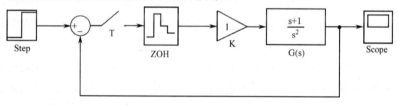

图 12.A　习题

（1）利用 MATLAB 建立上述控制系统的模型。

（2）分别取不同的增益值 K 和周期值 T，绘制系统的阶跃响应曲线，分析系统的稳定性。

（3）比较各条曲线之间的异同，并从中得出结论。

【12.6】给定离散控制系统的结构如图 12.B 所示。

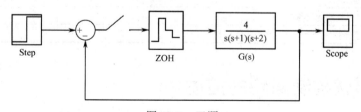

图 12.B　习题

（1）利用 MATLAB 建立上述控制系统的模型。

（2）采样周期为 1 s，判断系统的稳定性，并绘制系统的阶跃响应曲线。

第 13 章

最优控制系统

13.1　引言

最优控制就是使控制系统的性能指标实现最优化的基本条件和综合方法。大致可以概括为：对一个受控的系统，从一类允许的控制方案中找出一个最优的方案，使系统由初始状态转移到目标状态的同时某个特定的性能指标为最优。这类问题广泛存在于技术领域和社会问题中。例如，如何使空间飞行器从一个轨道转换到另一个轨道的过程中消耗最少的燃料等。

从数学上看，最优控制问题可以表述为：在运动方程和允许控制范围的约束下，对以控制函数和运动状态为变量的性能指标函数（称为泛函）求取极值（极大值或极小值）。解决最优控制问题的主要方法有古典变分法（对泛函求极值的一种数学方法）、极大值原理和动态规划。最优控制已被应用于综合和设计最速控制系统、最省燃料控制系统、最小能耗控制系统、线性调节器等，其中，线性二次型最优控制是一种普遍采用的最优控制系统设计方法。

考虑到教学的基本要求，本章简单介绍了最优控制问题的描述方式，重点讲解线性二次型最优控制问题的 MATLAB 实现方法，力求使读者对最优控制问题有一个初步的了解。

本章的知识点及要求概括如下。

序号	知　识　点	了解	熟悉	掌握	精通
1	最优控制问题的定义	√			
2	线性二次型最优控制问题的求解	√			
3	MATLAB 求解连续系统线性二次型最优控制问题		√		

13.2　最优控制问题的描述

给定连续时间控制系统为

$$x'(t) = f(x(t), u(t), t), \qquad x(t_0) = x_0$$

式中，$x(t)$ 是状态向量，$u(t)$ 是控制向量，$f(x(t), u(t), t)$ 是 $x(t)$、$u(t)$ 和 t 的连续函数。最优控制问题就是在保证系统从已知的初始状态 $x(t_0)$ 转移到预定的目标状态 $x(t_f)$ 的情况下，寻求最优的控制函数 $u(t)$，使性能指标取最小值。

$$J(u) = \theta[t_f, x_f] + \int_{t_0}^{t_f} L(x(t), u(t), t) \mathrm{d}t$$

有时，性能指标也可以采用 $J(u) = \theta[t_f, x_f]$ 或 $J(u) = \int_{t_0}^{t_f} L(x(t), u(t), t)\, \mathrm{d}t$ 的形式。

上面的形式是末指型性能指标，表示系统在控制过程结束后，终端状态需要满足一定的需求。例如，希望被控对象精确停止在空间中的某一位置、被控对象的温度尽可能地靠近设定值等。终端时间 t_f 可以固定，也可以是自由的，这由控制问题的性质所决定。

下面的形式则是最一般的性能指标形式，表示不仅对控制过程结束后的终端状态有一定的要求，还需要整个控制过程满足特定的条件。

$J(u) = \int_{t_0}^{t_f} L(x(t), u(t), t) \mathrm{d}t$ 中的被积函数 $L(x(t), u(t), t)$ 还可以有多种形式，例如，取 $L(x(t), u(t), t) = \sum_{i=0}^{N-1} |u_i(t)|$，那么 $J(u)$ 就表示整个控制过程所消耗的能量。此时，最优控制的目标就是使系统消耗的能量最小，这是航天工程中最常见的问题。又如登月飞行器在进行软着陆时，需要发动机产生一个与月球重力相反方向的推力；希望飞行器在着陆过程中消耗最小的燃料，进而减轻飞行器的重量，就是这类最优控制问题。

当 $L(x(t), u(t), t) = 1$ 时，$J(u) = t_f - t_0$，此时最优控制问题的目标就是使整个控制过程的时间最短。

$L(x(t), u(t), t)$ 的不同形式代表了不同的优化目标。这里提到的只是几种常见的形式而已。

对于离散时间控制系统，相应的最优控制问题可以描述为

$$x(k+1) = f[x(k), u(k), k], \qquad x(0) = x_0,\ g[x(N)] = 0$$

式中，$g[x(N)]$ 为表示末状态约束的向量函数。此时，最优控制问题就是求最优的控制序列 $u(k), k = 0, 1, 2, \cdots, N-1$，使性能指标

$$J = \theta[x(N)] + \sum_{k=0}^{N-1} L_k[x(k), u(k), k]$$

取最小值。

最优控制问题有多种解法。当性能指标、约束条件形式简单时，适合用解析法，将优化问题转化为一组方程或不等式，进行求解；当性能指标比较复杂，难以解析时，可以采用数值方法，通过迭代，逐步逼近理论解。二者相结合使用就是梯度型法。

13.3　线性二次型最优控制问题

给定连续定常系统的状态空间为 $x'(t) = Ax(t) + Bu(t)$，且 $x(0) = x_0$，最优控制的性能指标函数为

$$J(u) = \frac{1}{2} \int_{t_0}^{t_f} (x^{\mathrm{T}} \boldsymbol{Q} x + u^{\mathrm{T}} \boldsymbol{R} u)\, \mathrm{d}t$$

式中，Q 为状态加权系数矩阵，R 为控制加权系数矩阵。当 $t_f = \infty$ 时，上述问题就是典型的无限时间最优调节器问题，最优控制为

$$u(t) = -K(t)x(t)$$

式中，$K(t) = R^{-1}B^T P(t)$ 是最优控制反馈系数矩阵，$P(t)$ 需要满足如下的 Riccati 方程。

$$P' + PA + A^T P + Q - PBR^{-1}B^T P = 0$$

因为 Riccati 方程中的 A、B、Q、R 均为常数矩阵，所以 $P(t)$ 是存在且唯一的，并且是非负定的。

在最优控制下，性能指标可以写为

$$J = \frac{1}{2}x^T(t_0)P(t_0)x(t_0)$$

对状态完全可观的系统，如果 Q 可以分解为 $Q = S^T S$，且 (A, S) 可观，那么最优控制存在，并且闭环系统是渐进稳定的。

以上提到的都是针对连续系统的，如果控制系统是离散的，则状态方程为

$$x(k+1) = Ax(k) + Bu(k), \qquad k = 0, 1, 2, \cdots, N-1, \quad x(0) = x_0$$

最优控制的性能指标为

$$J = \frac{1}{2}x^T(N)Sx(N) + \frac{1}{2}\sum_{k=0}^{N-1}[x^T(k)Qx(k) + u^T(k)Ru(k)]$$

那么，最优控制序列为

$$u(k) = -K_k x(k), \qquad k = 0, 1, 2, \cdots, N-1$$

式中，最优反馈系数矩阵为

$$K_k = R^{-1}B^T[P_{k+1}^{-1} + BR^{-1}B^T]^{-1}A$$

P_k 为非负定矩阵，且满足离散的 Riccati 方程

$$P_k = Q + A^T P_{k+1}[I + BR^{-1}B^T P_{k+1}]^{-1}A$$

当 $N \to \infty$ 时，最优控制的解为稳态解，此时的性能指标为

$$J = \frac{1}{2}\sum_{k=0}^{\infty}[x^T(k)Qx(k) + u^T(k)Ru(k)]$$

式中，K、P 均为常数矩阵。计算可得，最优的性能指标值为 $J = \frac{1}{2}x^T(0)Px(0)$。

13.4　MATLAB/Simulink 在线性二次型最优控制中的应用

在 MATLAB 中，有专门求解连续系统线性二次型最优控制问题的函数 lqr()、lqr2()及 lqry()，常见的调用格式为

```
[K,P,E] = lqr(A,B,Q,R,N)
[K,P,E] = lqr2(A,B,Q,R,N)
[K,P,E] = lqry(sys,Q,R,N)
```

其中，输入的参数中，A 为系统的状态转移矩阵，B 为输入矩阵，Q 为给定的半正定矩阵，R 为给定的正的实对称矩阵，N 为性能指标中交叉乘积项的加权系数矩阵。

返回的参数中，K 表示最优反馈矩阵，P 是 Riccati 方程 $P' + PA + A^{\mathrm{T}}P + Q - PBR^{-1}B^{\mathrm{T}}P = 0$ 的解，E 则是 $A - BK$ 的特征值。

lqr2()与 lqr()在调用上是完全相同的，只是使用的算法不同。lqry()用于求解二次型状态调节器的特例，采用输出反馈代替状态反馈。此时，最优控制为

$$u = -Ky(t)$$

性能指标则转化为

$$J = \frac{1}{2}\int_0^\infty (y^{\mathrm{T}}Qy + u^{\mathrm{T}}Ru)\mathrm{d}t$$

也被称为次优控制。

对于离散系统线性二次型最优控制问题，MATLAB 提供了完全相似的函数 dlqr()和 dlqry()，常见的调用格式为

```
[K,P,E] = dlqr(A,B,Q,R,N)
[K,P,E] = dlqry(A,B,C,D,Q,R,N)
```

输入、输出中各参数的含义同前。

13.5　综合实例及 MATLAB/Simulink 应用

下面通过几个综合实例，讲述 MATLAB/Simulink 在本章中的应用。

【例 13-1】　给定系统 $x_1' = x_2, x_2' = u$。求最优控制，使性能指标 $J = \dfrac{1}{2}\int_0^\infty (x^{\mathrm{T}}Qx + ru^2)\mathrm{d}t$ 取极小值。性能指标中，$Q = \begin{bmatrix} 1 & 0 \\ 0 & 1 \end{bmatrix}$，$r = 1$。

解：利用 MATLAB 求解的基本步骤如下。

步骤 1　建立系统的模型。

建立给定控制系统的数学模型，MATLAB 代码如下。

```
clc;                                        %清除窗口显示
clear;                                      %清除工作空间所有变量
A = [0,1;0,0]; B = [0 ; 1]; C = [1,0]; D = [0];   %系统的状态空间矩阵
sys = ss(A,B,C,D)                           %建立控制系统的状态空间模型
```

步骤 2　判断系统的可控性和可观性。

根据建立的控制系统状态空间模型，计算系统的可控矩阵，判断其可控性。MATLAB 代码如下。

```
control = ctrb(A,B)                    %计算系统的可控矩阵
if rank(control) == 2                   %如果系统的可控矩阵满秩
    disp('系统是完全能控的！');          %说明系统的完全能控的
else                                    %如果不满秩
    disp('系统是不完全能控的！');        %说明系统不完全能控
end
```

程序运行结果为

```
control = 0     1
          1     0
系统是完全能控的！
```

其次，还可以将 $Q = \begin{bmatrix} 1 & 0 \\ 0 & 1 \end{bmatrix}$ 分解为 $Q = \begin{bmatrix} 1 & 0 \\ 0 & 1 \end{bmatrix} = \begin{bmatrix} 1 & 0 \\ 0 & 1 \end{bmatrix}\begin{bmatrix} 1 & 0 \\ 0 & 1 \end{bmatrix} = S^T S$。计算相应的能观矩阵，代码如下。

```
s = [1 0; 0 1];    observe = [s ; s * A]      %计算能观矩阵
```

程序运行的结果为

```
observe = 1     0
          0     1
          0     1
          0     0
```

矩阵的秩为 2，系统能改，因此，可以设计最优反馈调节器，并且使得闭环后的系统稳定。

步骤 3   计算线性二次型最优控制的解。

根据建立好的系统模型，利用 lqr() 函数计算线性二次型最优控制的解。MATLAB 代码如下。

```
%最优控制与最优性能的求解
R = 1;  Q = [1 0; 0 1];  [K,P,E] = lqr(A,B,Q,R)     %计算最优状态反馈的解
```

程序运行的结果为

```
K = 1.0000    1.7321
P = 1.7321    1.0000
    1.0000    1.7321
E = -0.8660    + 0.5000i
    -0.8660    - 0.5000i
```

也就是说，最优的状态反馈为 $K = [1 \ 1.7321]$。因此，系统的最优控制为 $u = -Kx = -x_1 - 1.7321x_2$。

步骤 4   分析闭环系统的特性。

下面进一步讨论闭环系统的特性。引入状态反馈后，系统的状态转移矩阵变为 $\overline{A} = A - BK$。利用 MATLAB 建立闭环系统的数学模型，并且比较反馈前后系统的稳定性。代码如下。

```
A_new = A - B * K;                  %反馈后系统的状态矩阵
sys_new = ss(A_new,B,C,D)           %建立闭环控制系统的数学模型
figure(1)                           %开启新的图形窗口
step(sys);                          %绘制反馈前系统的阶跃响应曲线
gtext('反馈前')                      %给曲线添加标注
figure(2)                           %开启新的图形窗口
step(sys_new);                      %绘制反馈后系统的阶跃响应曲线
gtext('反馈后')                      %给曲线添加标注
```

程序运行的结果为

```
%闭环系统的状态空间表示
a =             x1         x2
    x1          0          1
    x2         -1         -1.732
b =             u1
    x1          0
    x2          1
c =             x1   x2
    y1          1    0
d =             u1
    y1          0
```

对比反馈前后系统的阶跃响应曲线，如图 13.1 所示。

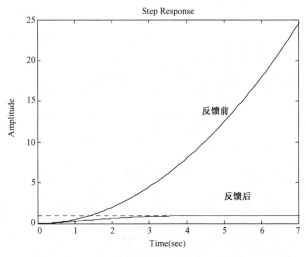

图 13.1　对比反馈前后系统的阶跃响应曲线

从图 13.1 中不难看出，反馈前系统不稳定；通过状态反馈，闭环系统稳定，并且在阶跃响应下的稳态值为 1，稳态误差为 0。这与步骤 2 中对系统能控性和能观性的分析结果相符合。

从步骤 3 计算得出的矩阵 E 中也可以分析出闭环系统的稳定性。因为 E 是闭环系统状态矩阵的特征值，而它们都位于复平面的左半部分，因此系统是稳定的。

【例 13-2】　给定离散控制系统如下。

$$x(k+1) = \begin{bmatrix} 1 & 0 \\ -1 & 1 \end{bmatrix} x(k) + \begin{bmatrix} 1 \\ -1 \end{bmatrix} u(k), \quad y(k) = \begin{bmatrix} 1 & 0 \end{bmatrix} x(k)$$

求最优控制，使性能指标 $\sum_{k=0}^{k=\infty} [x^\mathrm{T}(k)\boldsymbol{Q}x(k) + u^\mathrm{T}(k)\boldsymbol{R}u(k)]$ 取极小值。式中，$\boldsymbol{Q} = \begin{bmatrix} 100 & 0 \\ 0 & 1 \end{bmatrix}$，

$\boldsymbol{R} = 1$。

解：利用 MATLAB 求解的基本步骤如下。

步骤 1　建立系统的模型。

建立控制系统的数学模型，代码如下。

```
clc;                                         %清除工作区中的显示
clear;                                       %清除工作空间中的所有变量
A = [1,0; -1,1]; B = [1; -1]; C = [1,0];  D = [0];       %系统的状态矩阵
Q = [100,0; 0,1];      R = 1;              %设定指标函数中的 Q、R 矩阵
sys = ss(A,B,C,D)                            %建立控制系统的状态空间模型
```

步骤 2　计算离散线性二次型最优控制的解。

利用 MATLAB 中的 dlqr 命令，计算离散线性二次型最优控制的解，代码如下。

```
[K,S,E] = dlqr(A,B,Q,R)                      %计算最优控制的解
A_new = A - B * K;                           %反馈后系统的状态矩阵
sys_new = ss(A_new,B,C,D)                     %建立反馈后系统的数学模型
```

程序运行的结果为

```
K = 0.9911     -0.0942
S = 100.9911   -0.0942
    -0.0942    10.5219
E = 0.0098
    0.9049
```

也就是说，最优的状态反馈矩阵为 $\boldsymbol{K} = \begin{bmatrix} 0.9911 & -0.0942 \end{bmatrix}$。

同时，系统进行状态反馈后的状态空间模型为

```
a =       x1         x2
    x1   0.008873    0.0942
    x2  -0.008873    0.9058
b =       u1
    x1    1
    x2   -1
c =       x1  x2
    y1    1   0
d =       u1
    y1    0
```

步骤 3　求取系统反馈前后的阶跃响应。

对比反馈前后系统的阶跃响应，代码如下。

```
dstep(A,B,C,D,1,10);                        %绘制反馈前系统的阶跃响应曲线
hold on;                                     %在同一幅图像上绘制多条曲线
dstep(A_new,B,C,D,1,10);                     %绘制反馈后系统的阶跃响应曲线
gtext('状态反馈前');   gtext('状态反馈后');     %给曲线添加标注
```

程序运行的结果如图 13.2 所示。

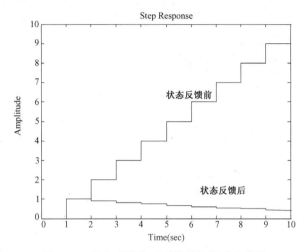

图 13.2　状态反馈前后系统的阶跃响应曲线

可见，通过状态反馈，使得原先不稳定的系统变得稳定。

习　　题

【13.1】　已知某受控系统的状态空间表达式为

$$\dot{x}(t) = \begin{bmatrix} 0 & 1 \\ 0 & 0 \end{bmatrix} x(t) + \begin{bmatrix} 0 \\ 1 \end{bmatrix} u(t)$$

$$y(t) = \begin{bmatrix} 1 & 0 \end{bmatrix} x(t)$$

（1）利用 MATLAB 建立上述控制系统的数学模型。

（2）假定性能指标为 $J = \dfrac{1}{2} \displaystyle\int_0^\infty [y^2(t) + 4u^2(t)] \mathrm{d}t$，计算使系统的性能指标 J 为极小值时的最优反馈矩阵 $\boldsymbol{K}$。

（3）绘制反馈前后系统的阶跃响应曲线，比较二者的不同。

【13.2】　已知二阶系统的状态空间表达式为

$$\dot{x}(t) = \begin{bmatrix} 0 & 1 \\ 0 & -2 \end{bmatrix} x(t) + \begin{bmatrix} 0 \\ 20 \end{bmatrix} u(t)$$

$$y(t) = \begin{bmatrix} 1 & 0 \end{bmatrix} x(t)$$

（1）利用 MATLAB 建立上述控制系统的数学模型。

（2）假定性能指标为 $J = \int_0^\infty [(y_r - y(t))^2 + u^2(t)]\mathrm{d}t$，给定的预期输出为 $y_r = 1(t)$。确定使 J 为极小值时的控制律。

【13.3】 给定系统 $\dot{x} = x + u$。求最优控制，使性能指标

$$J = \frac{1}{2}\int_0^\infty u^2(t)\mathrm{d}t$$

取极小值。

参 考 文 献

[1] 胡寿松. 自动控制原理（第六版）. 北京：科学出版社，2016.

[2] 汪仁先. 自动控制原理. 北京：兵器工业出版社，1996.

[3] [美] Katsuhiko Ogata. 现代控制工程（第五版）. 卢伯英，译. 北京：电子工业出版社，2011.

[4] 何衍庆. 工业生产过程控制（第二版）. 北京：化学工业出版社，2010.

[5] 刘豹. 现代控制理论（第五版）. 北京：机械工业出版社，2011.

[6] 刘坤. MATLAB 自动控制原理习题精解. 北京：国防工业出版社，2004.

[7] 薛定宇. 控制系统仿真与计算机辅助设计（第 2 版）. 北京：机械工业出版社，2014.

[8] 邵裕森，戴先中. 过程控制工程. 北京：机械工业出版社，2011.

[9] 黄忠霖. 控制系统 MATLAB 计算及仿真（第 3 版）. 北京：国防工业出版社，2016.

[10] [美] Richard C. Dorf. 现代控制系统（第十二版）. 谢红卫，译. 北京：电子工业出版社，2015.

[11] 谢克明. 自动控制原理（第 3 版）. 北京：电子工业出版社，2013.

[12] 钱积新. 控制系统仿真及计算机辅助设计（第二版）. 北京：化学工业出版社，2010.

[13] [美] 迪安·K·弗雷德里克. 反馈控制问题. 张彦斌，译. 西安：西安交通大学出版社，2001.

[14] 王正林. 基于数字信号处理器 DSP 的热连轧实时仿真. 冶金自动化，2004，(5)：25-28.

[15] 蔡启仲. 控制系统计算机辅助设计. 重庆：重庆大学出版社，2009.

[16] 王正林，郭阳宽. MATLAB/Simulink 与过程控制系统仿真. 北京：电子工业出版社，2012.

[17] 王胜开. 卫星通信仿真研究. 2004 年电子对抗重点实验室学术年会论文集，2004.

[18] [美] 乔. H. 周著. 离散时间控制问题. 王健，译. 西安：西安交通大学出版社，2004.

[19] 王锦标. 计算机控制系统（第二版）. 北京：清华大学出版社，2008.

[20] 王正林，刘明. 精通 MATLAB（第 3 版）. 北京：电子工业出版社，2013.